## Verwendung des Zusatzbuches: Leistungsüberprüfungen und Abschlussprüfungen

Die jeweilige **Lernfeld-Leistungsüberprüfung** kann nach Erarbeiten der Inhalte des entsprechenden Lernfelds zur Leistungsüberprüfung der Auszubildenden eingesetzt werden.

Dies ist im Berufsschulunterricht, in der betrieblichen Ausbildung und auch bei eigenständigem Erarbeiten der Inhalte anwendbar.

Dazu sind die Seiten des Buches perforiert und die Leistungsüberprüfungen und Abschlussprüfungen können einzeln aus dem Zusatzbuch herausgetrennt werden.

Die **Übungs-Abschlussprüfungen** können als direkte Vorbereitung auf die Abschlussprüfungen Teil 1 und Teil 2 ebenso in der Berufsschule, im Ausbildungsbetrieb und bei eigenständigem Vorbereiten eingesetzt werden.

Da die Übungs-Abschlussprüfungen in Form, Inhalt und Umfang den PAL-Abschlussprüfungen entsprechen, können sie als Probelauf für die Abschlussprüfungen dienen.

Hierbei kann sich der zu Prüfende mit den speziellen Gegebenheiten der PAL-Abschlussprüfungen bekannt und vertraut machen.

Mit den Lösungen der Lernfeld-Leistungsüberprüfungen und der Übungs-Abschlussprüfungen ist eine Leistungsbewertung durch den Lehrer bzw. Ausbilder oder auch selbst durch den zu Prüfenden möglich.

## Einsatz des Zusatzbuches im Klassenverband

Falls der Lehrer bzw. Ausbilder das Zusatzbuch im Laufe der Ausbildungszeit begleitend zum Unterricht zur fortlaufenden Leistungsüberprüfung und zur Vorbereitung auf die Abschlussprüfungen Teil 1 und Teil 2 verwenden will, sollte nur das Hauptbuch PRÜFUNGSBUCH METALL an die Schüler ausgegeben werden.

Das Zusatzbuch mit den Lernfelder-Leistungsüberprüfungen und den Abschlussprüfungen sollte vom Lehrer aufbewahrt werden.

Die Seiten des Zusatzbuches sind perforiert, so dass sie leicht aus dem Buch herausgetrennt werden können.

Der Lehrer bzw. Ausbilder kann die jeweils zu bearbeitende Leistungsüberprüfung oder die Übungs- Abschlussprüfung zum Zeitpunkt der Leistungskontrolle bzw. zur Prüfungsvorbereitung aus dem Zusatzbuch heraustrennen und an die Schüler ausgeben.

Dadurch lassen sich vergleichbare Bedingungen wie bei einer Klassenarbeit bzw. bei einer Abschlussprüfung schaffen.

Die Leistungsbewertung der bearbeiteten Lernfeld-Leistungsüberprüfungen bzw. der Übungs-Abschlussprüfungen kann anhand der im Buch gegebenen Lösungen und des Bewertungsschlüssels auf der hinteren, inneren Umschlagseite des Buches erfolgen.

# Teil VI Leistungsüberprüfungen zu den Lernfeldern

Für jedes Lernfeld des Ausbildungsberufs Industriemechaniker und verwandter Berufe steht eine **Leistungsüberprüfung** zur Verfügung.

Jede Leistungsüberprüfung enthält am Anfang ein **Leitprojekt.**

An diesem Leitprojekt werden ungebundene Aufgaben sowie Aufgaben mit Auswahlantworten gestellt.

Außerdem gibt es für die Inhalte des Lernfelds, die nicht mit dem Leitprojekt abgedeckt werden können, zusätzliche Aufgaben.

## Hinweise für die Bearbeitung

Die erarbeiteten Lösungen der **ungebundenen Aufgaben** der Leistungsüberprüfungen sind schriftlich auf getrennten Blättern aufzuschreiben.

Bei den **Aufgaben mit Auswahlantworten** ist die richtige Lösung durch Ankreuzen des richtigen Antwortbuchstabens zu kennzeichnen.

Die **Lösungen** der Leistungsüberprüfungen sind im Buchteil VIII gegeben (Seite 491).

Bei den ungebundenen Aufgaben ist jeweils ***ein*** Lösungsvorschlag gemacht, andere Lösungsformulierungen sind möglich.

Bei den Aufgaben mit Auswahlantworten ist die richtige Lösung als Buchstabe in einer Tabelle genannt.

Die bei jeder Prüfungseinheit angegebene **Bearbeitungszeit** ist eine Richtzeit. Sie sollte in etwa eingehalten werden.

## Einsatz der Leistungsüberprüfungen bei Lernfeld-orientiertem Unterricht

Die jeweilige Leistungsüberprüfung kann nach der Behandlung des Lernfeldes im Berufsschulunterricht als **freie Leistungsüberprüfung** oder als **Klassenarbeit** eingesetzt werden.

Sie prüft an einem Leitprojekt die projektbezogene Sach- und Handlungskompetenz sowie das Fachwissen.

Die Leistungsüberprüfungen sind ähnlich wie die Berufs-Abschlussprüfungen aufgebaut:

An einem Leitprojekt werden ungebundene Aufgaben sowie Aufgaben mit Auswahlantworten gestellt. Hiermit wird der Schüler bereits in seiner Berufsschulzeit auf die gleich strukturierten Abschlussprüfungen vorbereitet.

Für die Leistungsbewertung der Leistungsüberprüfungen sind vom Lehrer – je nach Schwierigkeitsgrad der Aufgabe und Umfang der Lösung – Punkte von 0 bis zur Höchstpunktzahl der jeweiligen Aufgabe zu vergeben.

Nach Ermittlung der Gesamtpunktzahl der bearbeiteten Leistungsüberprüfung wird der Prozentsatz der erreichten Punkte mit nebenstehender Gleichung berechnet:

$$\text{Prozentsatz} = \frac{\text{erreichte Punktzahl}}{\text{Gesamtpunktzahl}} \cdot 100\%$$

Mit Hilfe des Bewertungsschlüssels auf der hinteren inneren Buch-Umschlagseite kann der erhaltene Prozentsatz in eine Note umgerechnet werden.

Die **Leistungsbewertung** der bearbeiteten Leistungsüberprüfung bzw. Übungs-Abschlussprüfung kann anhand der gegebenen Lösungen und des Bewertungsschlüssels auf der hinteren, inneren Umschlagseite des Buches erfolgen.

## Leistungsüberprüfung zu LERNFELD 1: Fertigen von Bauelementen mit handgeführten Werkzeugen

Bearbeitungszeit : ______________________ Bearbeiter : ______________________

Hilfsmittel : ______________________ Datum : ______________________

### LEITPROJEKT 1: Bohrplatte

**Draufsicht**

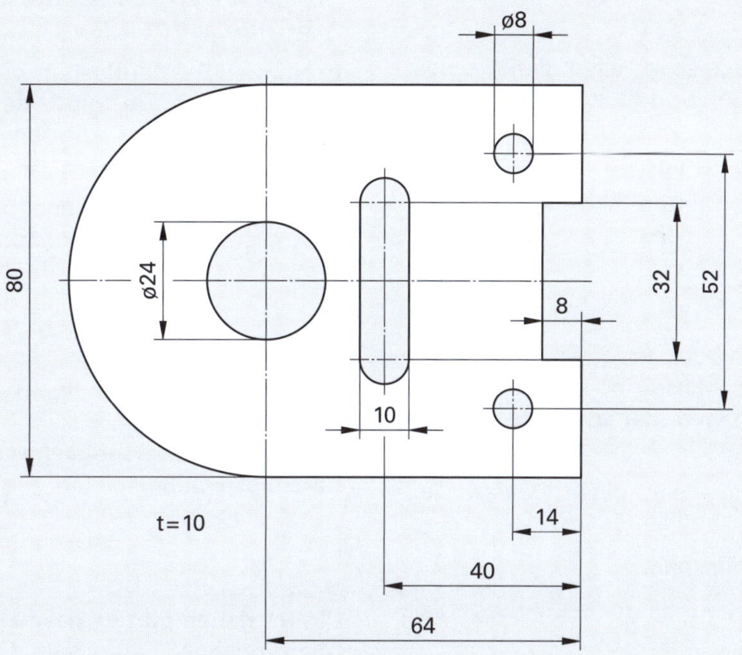


**Rohteil**

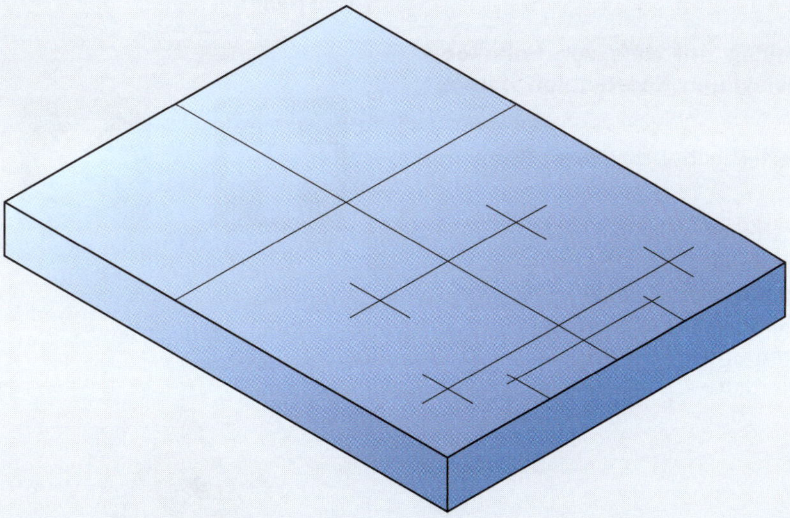

**Fertigteil**

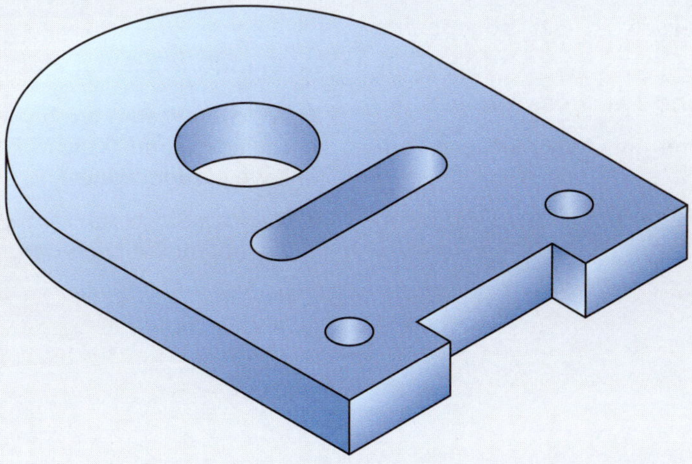

## Ungebundene Aufgaben

**1**

**Bei der Herstellung der vorstehend gezeichneten Bohrplatte müssen vor der Bearbeitung die dargestellten Maße auf das Rohteil übertragen werden.**

a) Beschreiben Sie den Vorgang des Anreißens. Erläutern Sie dabei die Begriffe Maßbezugsebene und Maßbezugslinie.

b) Nennen Sie vier Werkzeuge bzw. Hilfsmittel, die beim Anreißen eingesetzt werden und deren jeweiligen Einsatzzweck.

c) Welche Möglichkeiten gibt es bei der Fertigung mehrerer Werkstücke, die zeitaufwändige Anreißarbeit zu verkürzen?

**2**

**Bei der Eintragung der Maße in eine technische Zeichnung unterscheidet man die absolute und die inkrementale Bemaßung.**

a) Beschreiben Sie den Unterschied dieser beiden Maßeintragungen.

b) Zeichnen Sie jeweils ein Beispiel.

c) Nennen Sie für jede Eintragungsart ein Einsatzgebiet.

**3**

**Zeichnungselemente können mit Hilfe von Polarkoordinaten oder mit rechtwinkligen Koordinaten bemaßt werden.**

a) Was ist das Charakteristische bei der Bemaßung mit Polarkoordinaten?

b) Zeichnen Sie einen Lochkreis nach nebenstehendem Beispiel mit vier Bohrungen und bemaßen Sie eine der Bohrungen mit Polarkoordinaten und eine der Bohrungen mit rechtwinkligen Koordinaten.

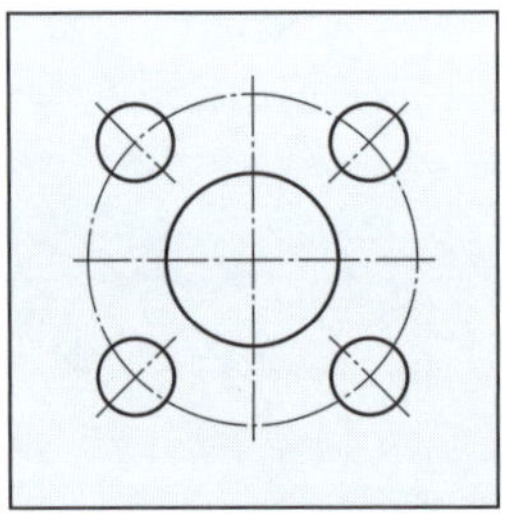

**4**

**Eine Teilaufgabe beim Anreißen ist das sogenannte Körnen.**

a) Beschreiben Sie den Sinn und Zweck des Körnens.

b) Weshalb kommen Körner mit unterschiedlichem Spitzenwinkel zum Einsatz?

c) Welche Aufgabe haben beim Anreißen Kontrollkörnungen?

**5**

**Die Betriebs- und Arbeitswelt mit ihren Anlagen, Maschinen und Geräten sowie Werkzeugen und Hilfsmitteln ist voller Gefahrenquellen. Jedes Jahr werden in der Bundesrepublik Deutschland mehr als eine Million Arbeitsunfälle registriert, die es zu vermeiden gilt.**

a) Welche Verhaltensweisen sind zu befolgen, um Unfallgefahren zu verringern bzw. um zur Unfallverhütung beizutragen?

b) Nennen Sie mindestens vier Gefahrenarten im Betrieb und ordnen Sie mindestens ein entsprechendes Beispiel zu (Beispiel: Lärmbelastung durch Schleifmaschinen).

c) Nennen Sie mindestens fünf Gegenstände, die zur persönlichen Schutzausrüstung im Betrieb gehören können.

**6**

**Zu Arbeitsunfällen kann es aus unterschiedlichen Gründen kommen.**
**Nennen Sie drei mögliche Unfallursachen und erläutern Sie diese an Beispielen.**

**7**

**In Betrieben gibt es gesetzlich vorgeschriebene Sicherheitszeichen, die auf Gefahrenquellen hinweisen und oft ein bestimmtes Verhalten verlangen (siehe Beispiele).**

a) Welche Arten von Sicherheitszeichen werden unterschieden und welche Farbe bzw. welche Form wird jeweils zugeordnet?

b) Nennen Sie jeweils ein weiteres Beispiel aus den durch die obigen Zeichen dargestellten Kategorien.

**8**

**Für die verschiedenen Werkstoffe, aus denen Werkstücke hergestellt sein können, werden Anreißnadeln aus unterschiedlichen Werkstoffen benutzt.**

a) Nennen Sie drei verschiedene Werkstoffe für Anreißnadeln.

b) Welchen Werkstoff schlagen Sie vor, wenn die Bohrplatte aus Stahl mit niedriger Festigkeit hergestellt wird? – Begründen Sie ihre Antwort.

**9**

**Welche Möglichkeiten bietet das dargestellte Anreiß- und Messgerät.**

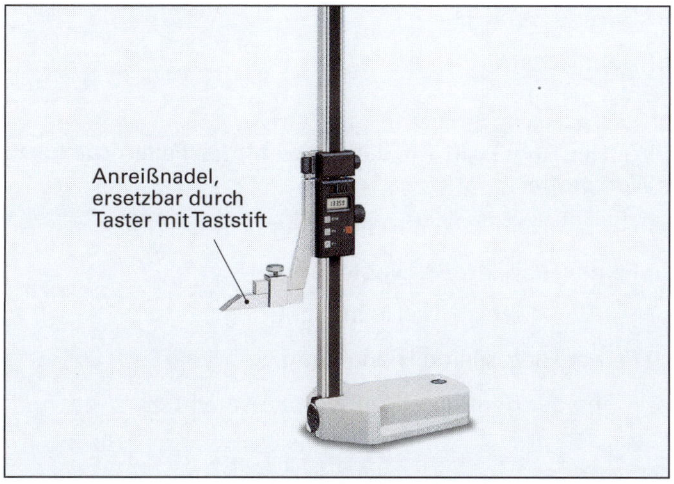


**10**

**In den Bildern ist die Spanabnahme an einem Werkstück mit Hilfe eines Meißels dargestellt. Die dabei auftretenden Verhältnisse sind grundlegend für die spanende Bearbeitung und treten in ähnlicher Form auch bei anderen spanenden Verfahren auf.**

a) Benennen Sie die mit den Zahlen 1 bis 5 gekennzeichneten Winkel und Flächen.

b) Welchen beiden Anforderungen muss eine Werkzeugschneide grundsätzlich genügen, wenn ein Span abgenommen werden soll?

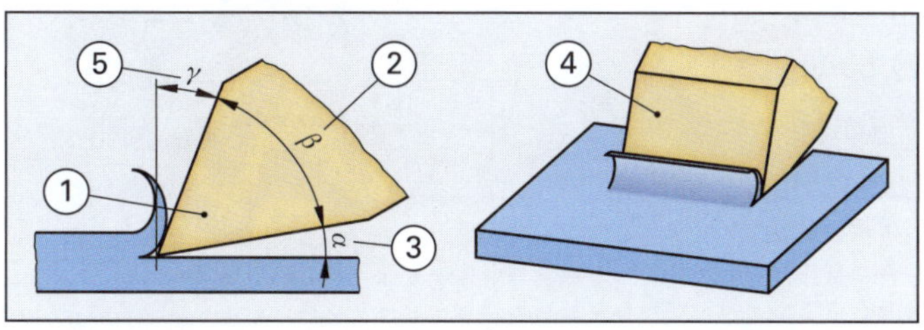


**11**

**In den Bildern sind Werkzeugschneiden mit unterschiedlichen Geometrien abgebildet**

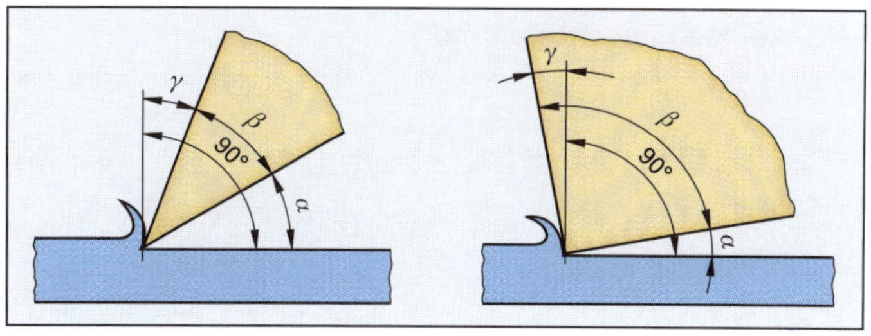


a) Beschreiben Sie die Unterschiede, indem Sie die dargestellten Winkel vergleichen.

b) Beschreiben Sie die jeweilige Wirkung, die sich für die Schneiden daraus ergibt.

c) Nennen Sie den Zusammenhang zwischen den dargestellten Schneiden und dem bearbeitbaren Werkstoff.

**12**

**Beim Meißeln mit einem Hammer wird eine Schlagkraft von $F = 200$ N aufgebracht. Der Keilwinkel des benutzten Meißels beträgt 60°.**

a) Zeichnen Sie ein Kräfteparallelogramm in einem geeigneten Maßstab.

b) Bestimmen Sie die Trennkräfte $F_T$.

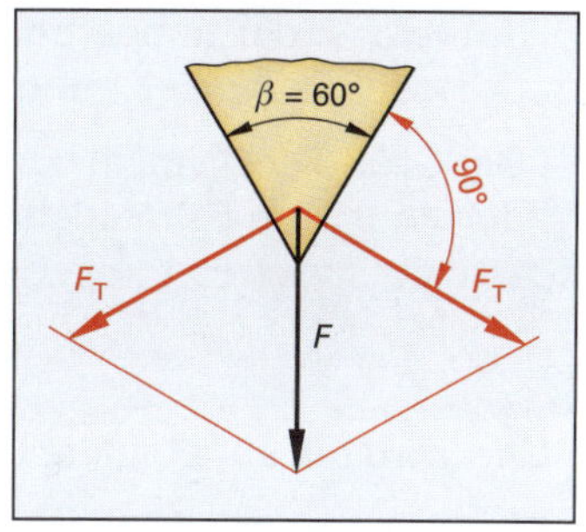


**13**

**Von welchen Einflussgrößen hängt die Schlagkraft $F$ ab, die man beim Meißeln aufbringen muss?**

## Aufgaben mit Auswahlantworten

**1**

**Wie wird der im nachfolgenden Bild mit 2 bezeichnete Winkel fachgerecht benannt?**

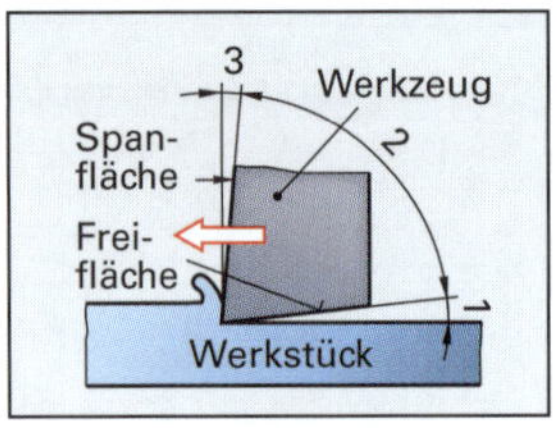


a) Drallwinkel
b) Freiwinkel
c) Keilwinkel
d) Scherwinkel
e) Spanwinkel

**2**

**Welche Aussage zu dem im Bild dargestellten Schneidkeil ist richtig?**

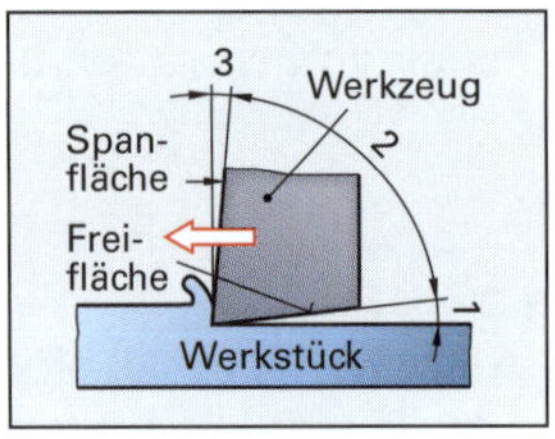


a) Zur Bearbeitung harter Werkstoffe muss der Winkel 1 vergrößert werden.
b) Je härter der zu bearbeitende Werkstoff, desto größer muss der Winkel 2 sein.
c) Je härter der zu bearbeitende Werkstoff, desto größer muss der Winkel 3 sein.
d) Je weicher der zu bearbeitende Werkstoff, desto kleiner müssen die Winkel 1 und 3 sein.
e) Die Größe der Winkel hängt nicht vom Werkstück, sondern nur vom Schneidstoff ab.

**3**

**Wie wird die abgebildete Säge bezeichnet?**

a) Einstreichsäge
b) Fuchsschwanz
c) Nutensäge
d) Bügelsäge
e) Schlitzsäge

**4**

**Wodurch wird das Freischneiden des abgebildeten Sägeblattes erzielt?**

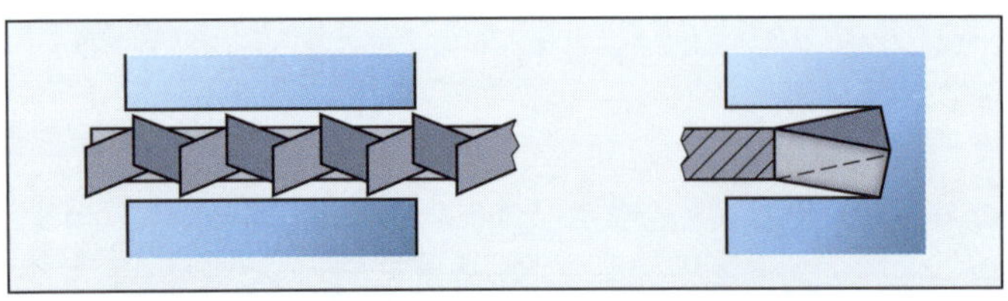

a) Wellen des Blattes
b) Schränken der Zähne
c) Hohlschleifen des Blattes
d) Stauchen des Blattes
e) Einsetzen von Zahnsegmenten

**5**

**Welches der dargestellten Sägeblätter ist geschränkt?**

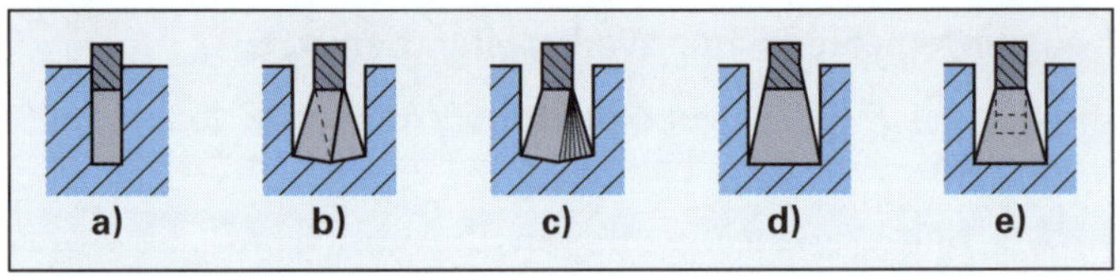


**6**

**Wie wird die dargestellte Schere bezeichnet?**

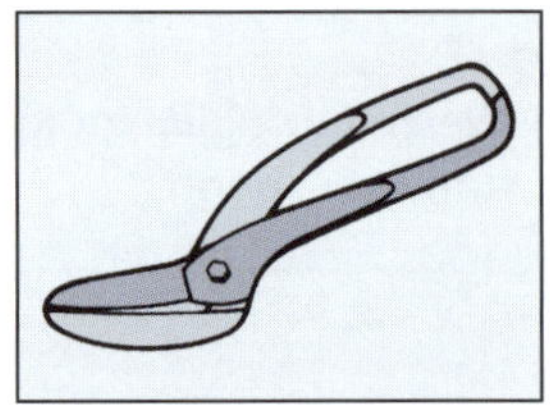

a) Hebeltafelschere
b) Durchlaufschere
c) Lochschere
d) Gerade Handschere
e) Hebelschere

**7**

**Welche Regel gilt für die Auswahl der Feilen für harte Werkstoffe?**

a) Grober Hieb, kleine Hiebteilung
b) Feiner Hieb, große Hiebteilung
c) Grober Hieb, große Hiebteilung
d) Feiner Hieb, kleine Hiebteilung
e) Keine der genannten Antworten ist richtig

**8**

**Wie wurde der im Bild gezeigte Feilenzahn hergestellt?**

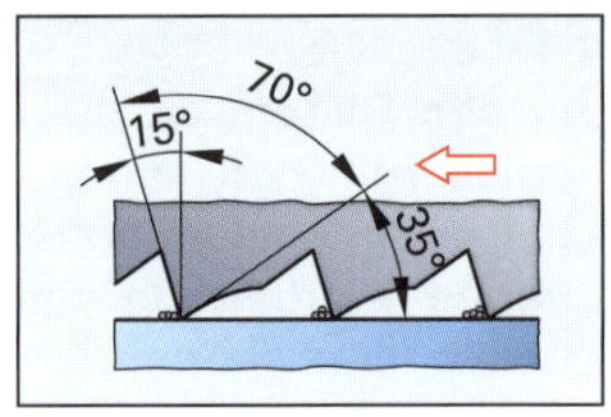


Durch ...
a) Fräsen
b) Sägen
c) Räumen
d) Hauen
e) Hobeln

**9**

**Wie groß ist die Masse des gezeichneten Werkstücks aus EN AC-Al Mg5? ($\varrho$ = 2,6 kg/dm³)**

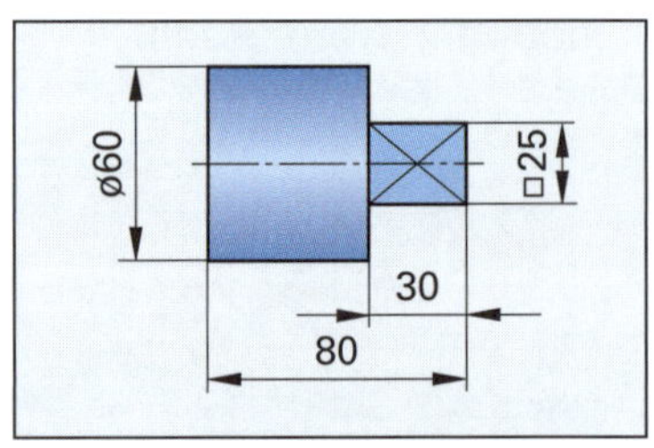


a) 400 g
b) 416 g
c) 500 g
d) 512 g
e) 516 g

**10**

**Wie groß ist die Masse des skizzierten Ringes aus legiertem Stahl? ($\varrho$ = 8,1 kg/dm³)**

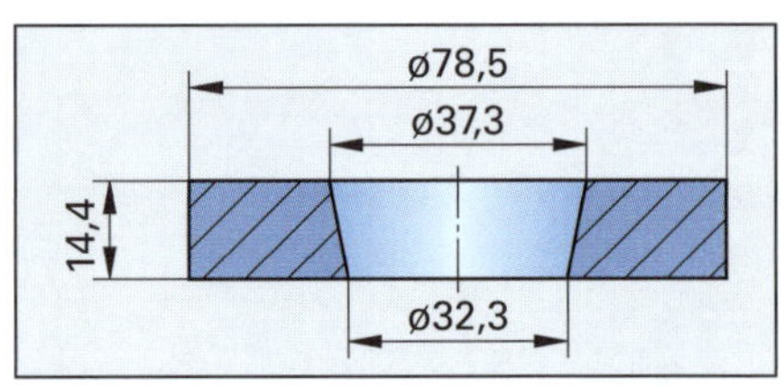


a) 453 g
b) 552 g
c) 591 g
d) 620 g
e) 904 g

**11**

**Welche Methode zur Gewindeherstellung ist dargestellt?**

a) Gewindedrehen

b) Gewindewalzen

c) Kurzgewindefräsen

d) Gewindeschneiden mit Schneideisen

e) Gewindebohren

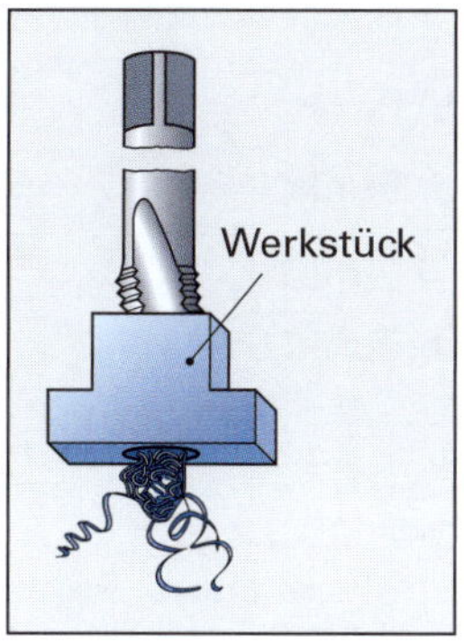


**12**

**Das dargestellte Bild zeigt ein …**

a) Spitzgewinde

b) Sägengewinde

c) Trapezgewinde

d) Rundgewinde

e) Flachgewinde

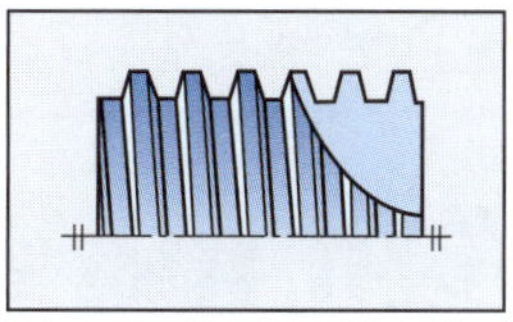

**13**

**Bei einem dreigängigen Gewinde entspricht die Steigung …**

a) der Teilung

b) ⅓ mal der Teilung

c) 3 mal der Teilung

d) 6 mal der Teilung

e) ⅙ mal der Teilung

**14**

**Welche Aussage über das Gewindewalzen ist richtig?**

a) Die Gewinde werden spanend gefertigt.

b) Es eignet sich nur für Innengewinde.

c) Gewalzte Gewinde haben eine geringere Festigkeit als geschnittene Gewinde.

d) Durch das Gewindewalzen wird der Werkstoff verfestigt und die Werkstofffasern werden nicht durchschnitten.

e) Es sind nur Werkstoffe geeignet, deren Dehnung kleiner als 2% ist.

**15**

**Welche Bezeichnung hat der mit X (3 Ringe oder kein Ring) gekennzeichnete Gewindebohrer im Bild?**

a) Vorschneider

b) Nachschneider

c) Mittelschneider

d) Fertigschneider

e) Maschinengewindebohrer

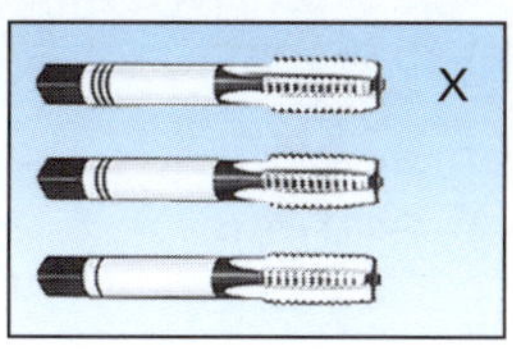


**16**

**Welches Werkzeug ist dargestellt?**

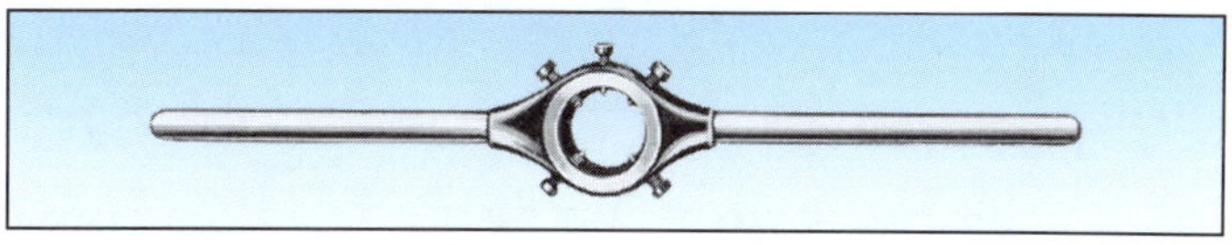

a) Läppkluppe

b) Halter für Außenhonsteine

c) Gewindeschneidkluppe

d) Schneideisenhalter

e) Windeisen, verstellbar

**17**

**Welches Gewindemaß wird mit der dargestellten Methode gemessen?**

a) Außendurchmesser

b) Kerndurchmesser

c) Flankendurchmesser

d) Flankenwinkel

e) Steigung

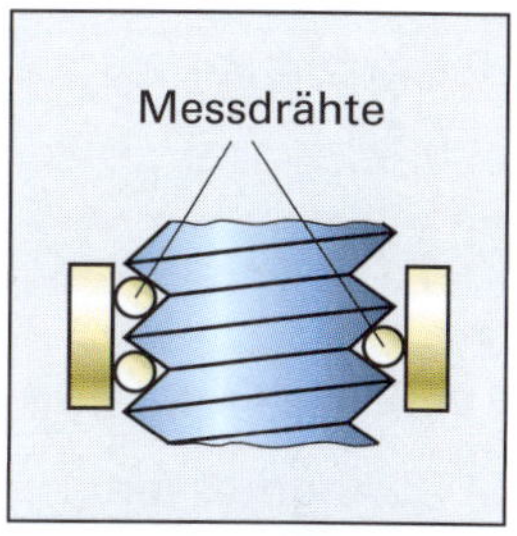


**18**

**Welches der dargestellten Gewindeprofile ist besonders für eine Bewegung mit einseitiger Belastung geeignet?**

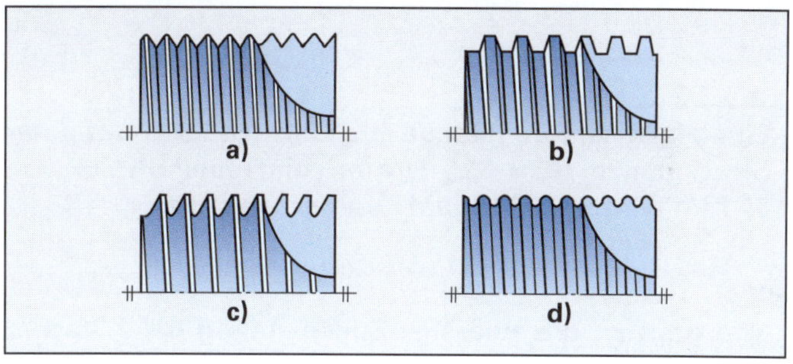


a) Gewinde a

b) Gewinde b

c) Gewinde c

d) Gewinde d

e) Alle dargestellten Gewinde

**19**

**Wie wird die mit X gekennzeichnete Linie im Biegeteil bezeichnet?**

a) Gestreckte Faser

b) Neutrale Faser

c) Gestauchte Faser

d) Biegelinie

e) Biegeradius

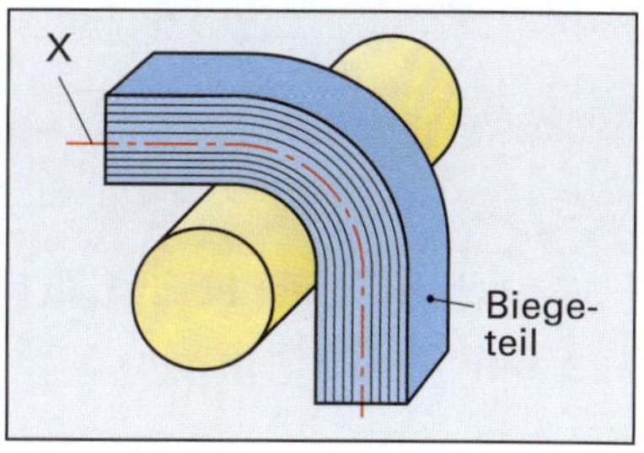

**20**

**Welcher Umformvorgang ist im Bild dargestellt?**

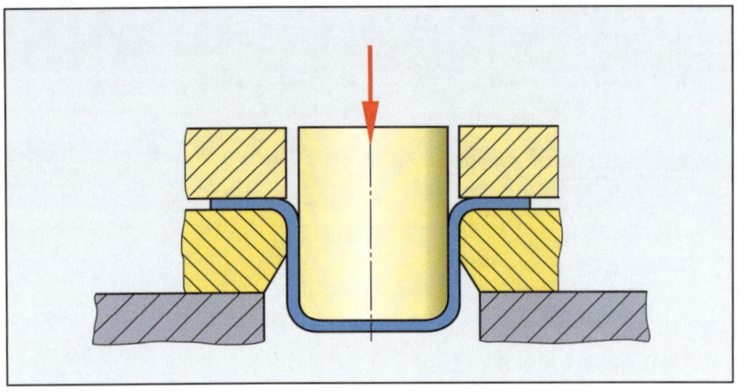

a) Tiefziehen

b) Strangpressen

c) Gesenkumformen

d) Gleitziehen

e) Verschieben

**21**

**Welches Fertigungsverfahren ist im Bild dargestellt?**

a) Strangpressen

b) Tiefziehen

c) Warmkammer-Druckgießen

d) Drücken

e) Gleitziehen

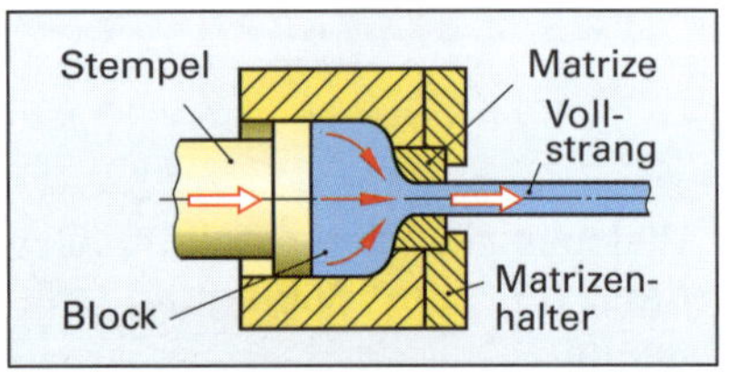


**22**

**Eine Flachstahl-Zugstange aus E335 (St 60-2) mit einer Streckgrenze $R_e$ = 325 N/mm² und einer Breite von 30 mm wird mit 30 kN auf Zug beansprucht.**

**22.1**

**Wie groß ist die zulässige Zugspannung bei 1,3facher Sicherheit?**

a) 100 N/mm² b) 150 N/mm²

c) 200 N/mm² d) 250 N/mm²

e) 300 N/mm²

**22.2**

**Wie groß muss der Querschnitt der Zugstange sein?**

a) 80 mm² b) 100 mm²

c) 120 mm² d) 140 mm²

e) 160 mm²

**22.3**

**Wie dick muss der Flachstahl sein?**

a) 3 mm b) 4 mm

c) 5 mm d) 6 mm

e) 8 mm

**23**

**Bei welchem Punkt im gezeigten Spannungs-Dehnungs-Schaubild beginnt der Werkstoff zu fließen?**

a) Punkt 1

b) Punkt 2

c) Punkt 3

d) Punkt 4

e) Punkt 5

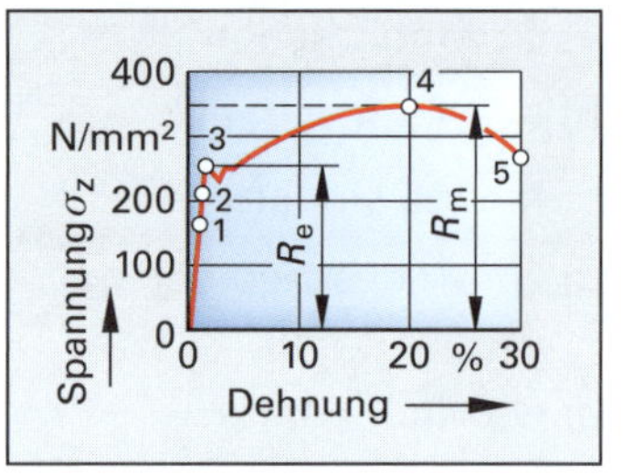


**24**

**Bei welchem Punkt im Spannungs-Dehnungs-Schaubild (Bild oben) bricht der Werkstoff?**

a) Punkt 1 b) Punkt 2

c) Punkt 3 d) Punkt 4

e) Punkt 5

**25**

**Bis zu welcher Spannung darf der Werkstoff im Spannungs-Dehnungs-Schaubild (Bild oben) höchstens belastet werden?**

a) 20 N/mm² b) 170 N/mm²

c) 205 N/mm² d) 250 N/mm²

e) 350 N/mm²

**26**

**Die Flächenpressung am Kopf eines Schneidstempels mit der Fläche $A$ = 14 mm x 22 mm soll bei einer Schneidkraft $F$ = 26 200 N berechnet werden.**

**26.1**

**Welche Formel dient zur Berechnung der Flächenpressung $p$?**

a) $p = F \cdot A$ b) $p = A/F$

c) $p = F \cdot A/2$ d) $p = F/A$

e) $p = F + A$

**26.2**

**Welches Ergebnis für $p$ ist richtig?**

a) 36 N/mm² b) 85 N/mm²

c) 92 N/mm² d) 262 N/mm²

e) 308 N/mm²

**27**

**Wie groß ist die gestreckte Länge des skizzierten Ringes?**

a) 57,3 mm

b) 70,8 mm

c) 84,0 mm

d) 103,7 mm

e) 125,2 mm

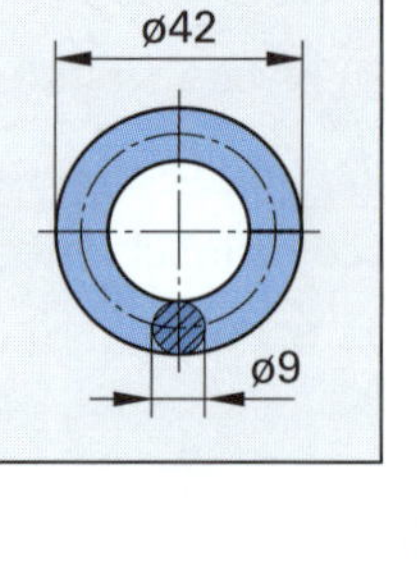

## Leistungsüberprüfung zu Lernfeld 2: Fertigen von Bauelementen mit Maschinen

Bearbeitungszeit : ______________________ Bearbeiter : ______________________

Hilfsmittel : ______________________ Datum : ______________________

### Leitprojekt 1: Bohrmaschine

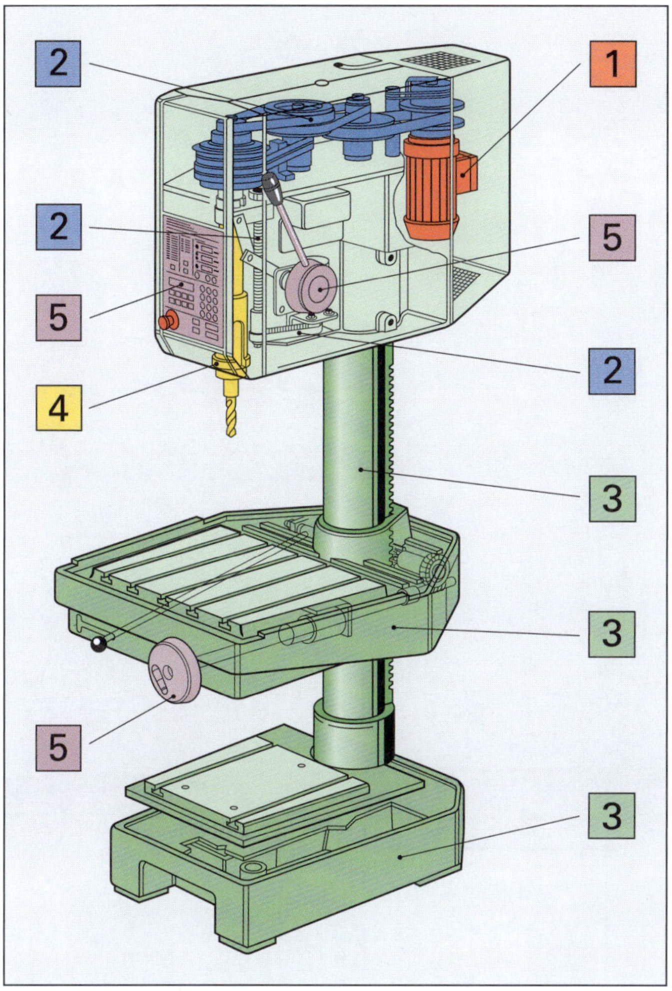


### Ungebundene Aufgaben

**1**

**Eine Werkzeugmaschine, wie z.B. die obenstehend dargestellte Bohrmaschine, kann als „Technisches System" aufgefasst werden.**

Beschreiben Sie deren Funktionen mit den systemtechnischen Begriffen der Eingabe, Verarbeitung und Ausgabe. (EVA-Prinzip genannt).

**2**

**Im Bild sind die Funktions- und Baueinheiten einer Bohrmaschine nummeriert.**

Erstellen Sie eine Tabelle, in der jeweils in einer Spalte die Nummer der Baugruppe, die Bezeichnung der Funktionsgruppe sowie die konkreten Maschinenteile aufgetragen sind.

**3**

**Nennen Sie, ausgehend vom Hauptantrieb, die am Energiefluss (Kraftfluss) einer Bohrmaschine beteiligten Baugruppen bis zum Werkzeug, dem Bohrer.**

**4**

**Welche Anforderungen werden an tragende und stützende Bauteile, wie z.B. den Bohrmaschinenkopf der Bohrmaschine, gestellt und welche Maßnahmen werden ergriffen, um diese Anforderungen zu erfüllen?**

**5**

**Nennen Sie mindestens drei Sicherheitseinrichtungen an Werkzeugmaschinen (evtl. auch an anderen Fertigungsanlagen) und beschreiben Sie deren Aufgabe.**

**6**

**Welche Arbeitsregeln bzw. Unfallverhütungsvorschriften für das Arbeiten mit Halte- und Spannvorrichtungen werden im gezeigten Bild nicht berücksichtigt?**

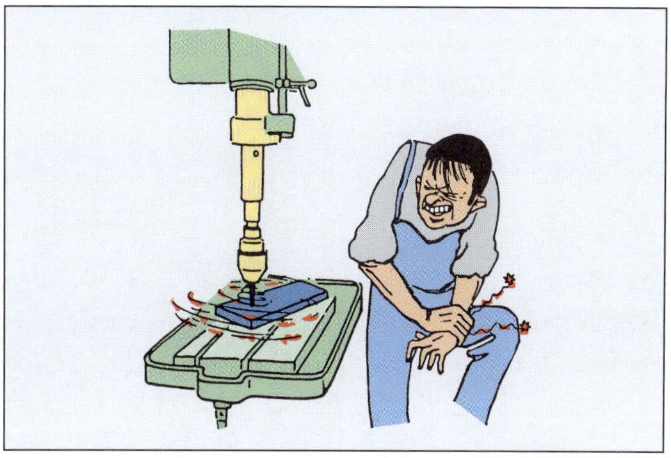

**7**

**Welche Möglichkeiten gibt es, um *an der Bohrmaschine* Einfluss auf das Ergebnis (die Qualität) des Bohrvorgangs zu nehmen?**

**8**

**Nennen Sie drei weitere Möglichkeiten, um Einfluss auf das Ergebnis des Bohrvorgangs zu nehmen?**

**9**

**Nennen Sie fünf wesentliche Eigenschaften, die von Schneidstoffen einer Werkzeugschneide verlangt werden, um optimale Arbeitsergebnisse zu erzielen.**

**10**

**Die Formel zur Berechnung der Schnittgeschwindigkeit am Bohrer lautet: $v_c = \pi \cdot d \cdot n$**

Stellen Sie diese Formel so um, dass Sie einmal die Drehzahl $n$ und zum anderen den Durchmesser $d$ berechnen können.

**11**

**Welche negativen Folgen ergeben sich beim Zerspanungsvorgang (beim Bohren), wenn die Schnittgeschwindigkeit zu hoch gewählt wird?**

## Leitprojekt 2: Klemmstück

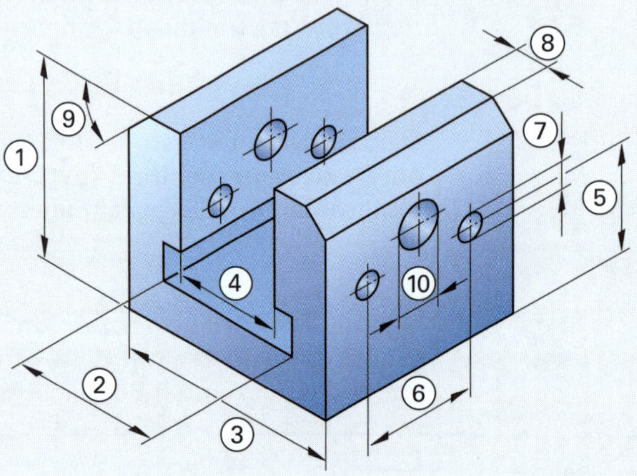


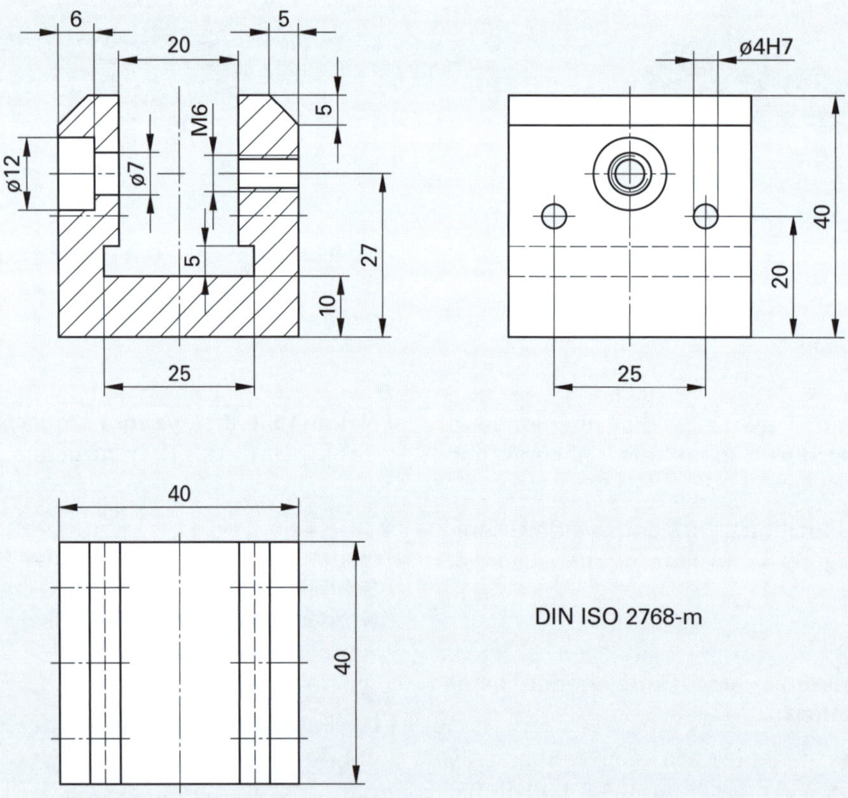

## Ungebundene Aufgaben

**12**

**Bei der Fertigung des Klemmstücks (Bild nebenstehend) kommen die Bearbeitungsverfahren Bohren, Senken und Reiben zum Einsatz.**

Beschreiben Sie die jeweiligen Verfahren und nennen Sie jeweils ein typisches Werkzeug.

**13**

**Bei der Fertigung des Klemmstücks aus dem Werkstoff S275JR (unlegierter Baustahl) sind die mit den Ziffern 7 und 10 gekennzeichneten Bohrungen einzubringen.**

a) Erstellen Sie für die Fertigung der beiden Bohrungen ∅ 4H7 einen Arbeitsplan, indem Sie die dazu erforderlichen Arbeitsschritte einzeln benennen und die jeweils benötigten Werkzeuge bzw. Hilfsmittel zuordnen.

b) Ermitteln Sie mit Hilfe eines Tabellenbuches die für die Bohrarbeiten jeweils einzustellenden Drehzahlen und nehmen Sie diese in den Arbeitsplan mit auf.

c) Welche Aufgabe erfüllt die mit 10 gekennzeichnete Bohrung?

**14**

**Drehzahlen können mit einem Drehzahldiagramm ermittelt oder mit einer Formel berechnet werden.**

Nennen Sie für beide Vorgehensweisen mindestens einen Vorteil.

**15**

**Das Prüfen von Bauteilen während bzw. nach der Fertigung kann durch Messen oder Lehren erfolgen.**

Beschreiben Sie kurz die beiden Prüfverfahren und nennen Sie zu jedem zwei Vorteile.

**16**

**Beim Prüfen von Bauteilen treten systematische und zufällige Abweichungen vom tatsächlichen Maß auf (Prüf- bzw. Messfehler).**

a) Erläutern Sie, was man unter systematischer Messabweichung und was man unter zufälliger Messabweichung versteht.

b) Nennen Sie für die jeweiligen Messabweichungen mindestens zwei Beispiele.

**17**

**In der technischen Zeichnung des Klemmstücks findet sich die Bezeichnung DIN ISO 2768-m.**

Erläutern Sie an Hand dieser Bezeichnung den Begriff „Allgemeintoleranzen".

**18**

**Für das Klemmstück ist eine Prüftabelle anzufertigen.**

Legen Sie dazu nach untenstehendem Muster eine Tabelle für die Maße 1 bis 10 an.

**Prüftabelle** (zu Aufgabe 18)

| Maß-Nr. | Benennung des zu prüfenden Maßes | Nennmaß | Abmaße | Mindestmaß | Höchstmaß | gewählte Prüfmittel | Begündung der Auswahl |
|---|---|---|---|---|---|---|---|
| 1 | (Werkstück-)Höhe | 40 | ± 0,3 | 39,7 | 40,3 | Messschieber | Messung im Bereich 0,1mm möglich |
| 2 | ... | | | | | | |
| | | | | | | | |
| | | | | | | | |
| | | | | | | | |
| | | | | | | | |
| | | | | | | | |
| | | | | | | | |
| | | | | | | | |

## Aufgaben mit Auswahlantworten

**1**

**In der spanenden Fertigung gibt es verschiedene Bewegungen, die für den Spanvorgang notwendig sind. Welche der folgenden Aussagen ist richtig?**

a) Beim Bohren führt das Werkstück die Schnittbewegung aus.

b) Beim Fräsen erfolgt die Zustellbewegung über das Werkzeug.

c) Beim Drehen führt das Werkzeug die Schnittbewegung aus.

d) Beim Bohren erfolgt die Zustellbewegung über das Werkzeug.

e) Beim Schleifen erfolgt die Zustellbewegung über das Werkstück.

**2**

**Welche Aussage zum Aufbau eines Spiralbohrers ist richtig?**

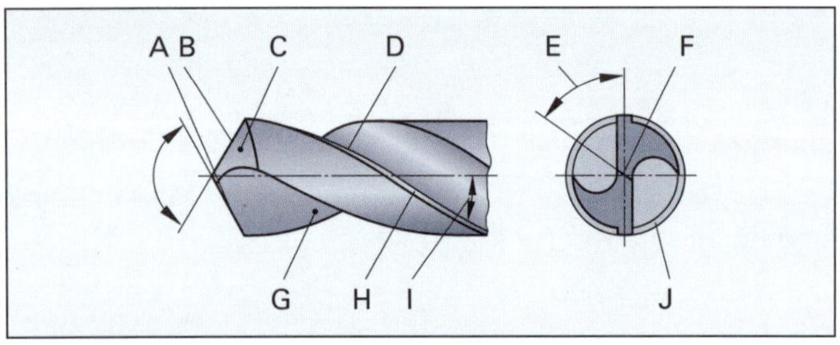


a) E bezeichnet den Spitzenwinkel.

b) G bezeichnet die Spannut.

c) A und B bezeichnen die Nebenschneiden.

d) D ist die Querschneide.

e) I bezeichnet den Freiwinkel.

**3**

**Wie wird das dargestellte Werkzeug normgerecht bezeichnet?**

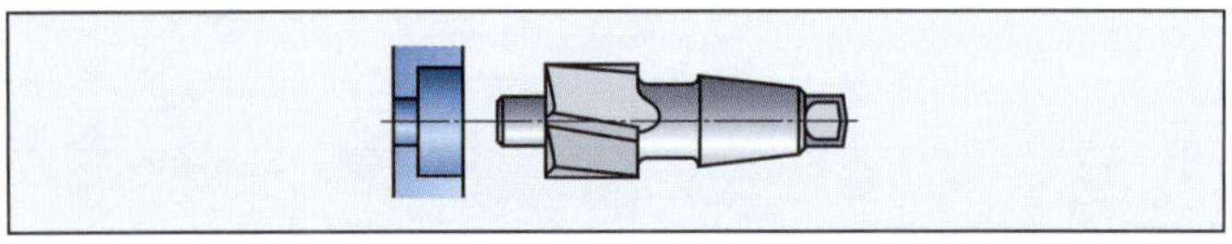

a) Flachsenker mit Zapfen

b) Stirnsenker mit Zapfen

c) Walzenstirnfräser mit Führungszapfen

d) Aufbohrer (Aufsenker) mit Führung

e) Führungssenker

**4**

**Welche Aussage zu dem dargestellten Bohrer ist richtig?**

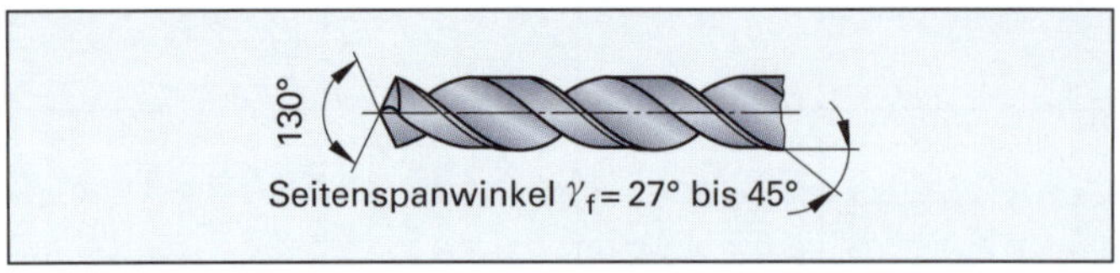


Der Bohrer ist besonders zum Bohren von ...

a) Stahl und Gusseisen geeignet.

b) CuZn42 (Messing) geeignet.

c) Aluminium geeignet.

d) harten Werkstoffen geeignet.

e) Duromeren geeignet.

**5**

**Wie wird das dargestellte Werkzeug normgerecht bezeichnet?**

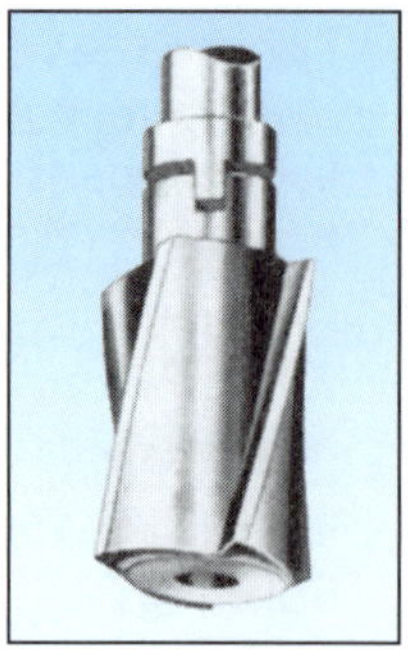

a) Führungssenker

b) Flachsenker

c) Aufsteck-Aufbohrer

d) Pendelreibahle

e) spiralgenutete Reibahle

**6**

**Für welche Dreharbeit wird der dargestellte Zentrierbohrer verwendet?**

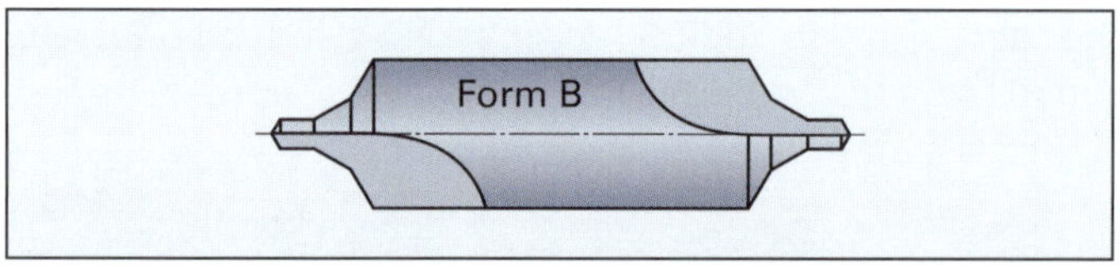


a) Zentrierbohrungen ohne Schutzsenkung

b) Zentrierbohrungen mit Schutzsenkung

c) Zentrierbohrungen mit Rundung (ohne Schutzsenkung)

d) Zentrierbohrungen mit Rundung (mit Schutz Senkung)

e) Radiuszentrierbohrungen

**7**

**Ein Spiralbohrer ist mit gleich langen Schneiden, aber ungleichem Schneidenwinkel angeschliffen (Bild). Welche Folgen hat dies?**

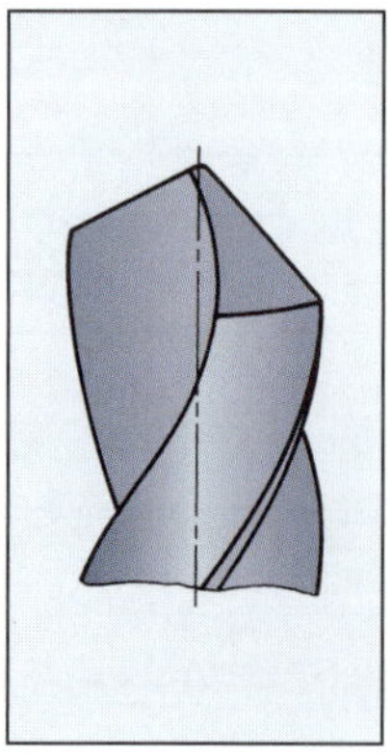

a) Der Bohrer bohrt nicht in Achsrichtung, er „verläuft".

b) Die Bohrung wird zu groß.

c) Die Schneiden haken ein und brechen aus oder stumpfen frühzeitig ab.

d) Der Bohrer drückt, da der Freiwinkel zu klein ist.

e) Eine Schneide nützt sich stärker ab als die andere, da sie alleine die gesamte Schneidarbeit verrichten muss.

**8**

**Der Werkzeugschlitten einer Fräsmaschine legt die Vorschubstrecke von 0,24 m in einer Zeit von 35 s zurück.**

**8.1**

**Welche Formel dient zur Berechnung der Vorschubgeschwindigkeit?**

a) $v = \frac{t}{s}$

b) $v = s - t$

c) $v = t \cdot s$

d) $v = \frac{s}{t}$

e) $v = s + t$

**8.2**

**Wie groß ist die Geschwindigkeit des Werkzeugschlittens in mm/min?**

a) 627 mm/min

b) 7 mm/min

c) 411 mm/min

d) 84 mm/min

e) 204 mm/min

**9**

**Welche Verwendung finden die im Bild mit X bezeichneten Teile?**

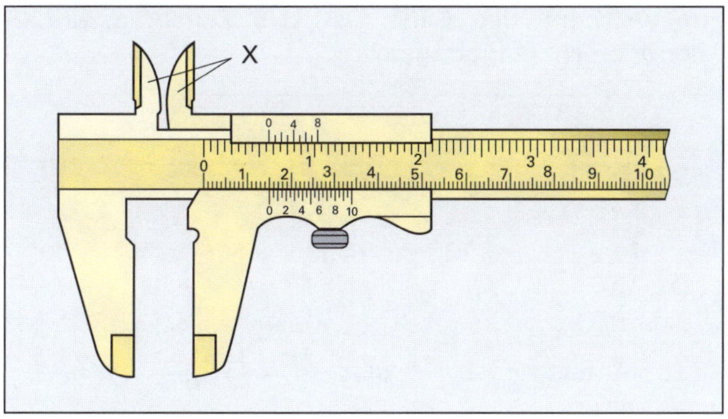


Sie dienen ...

a) als fest einstellbare Lehre

b) zum Messen von Nutbreiten

c) zum Messen von Gewinden

d) zum Messen von Außenmaßen

e) zum Schutz des Messschiebers

**10**

**Wie wird das dargestellte Teil benannt?**

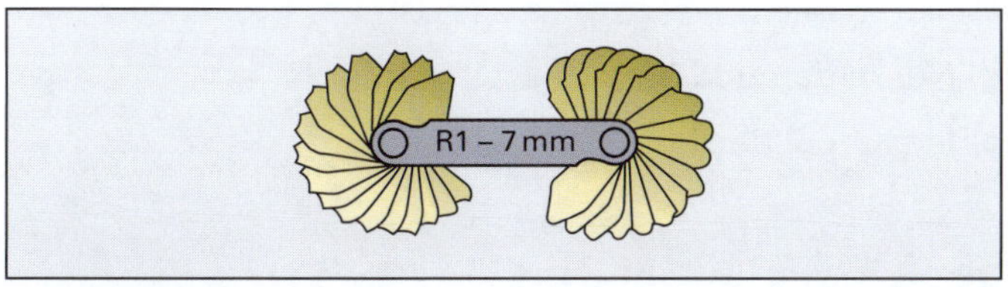


a) Fühlerlehre

b) Gewindelehre

c) Profillehre

d) Rundungslehre

e) Gewindemeißellehre

**11**

**Welches Prüfmittel ist im Bild dargestellt?**

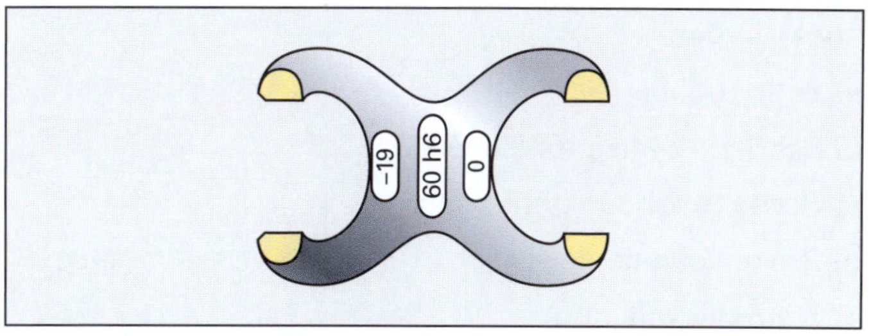


a) Grenzrachenlehre mit Gut- und Ausschussseite

b) Gutseite einer zweiteiligen Grenzrachenlehre

c) Ausschussseite einer zweiteiligen Grenzrachenlehre

d) Grenzlehrdorn

e) Wellenmessgerät

**12**

**Welche Maßnahme ist *nicht* dazu geeignet, eine Qualitätslenkung in der Fertigung durchzuführen?**

a) Die Qualitätsprüfung, um fehlerhafte Teile möglichst früh zu erkennen.

b) Die Erkennung von Trends in der Fertigung, um Fehler zu vermeiden.

c) Die Prozessregelung durch Regeleinrichtungen an der Werkzeugmaschine, um möglichst gleich bleibende Maße zu erhalten.

d) Die unmittelbare Messwertverarbeitung zur Produktsteuerung.

e) Die seltene Überprüfung von Messwerten, um die Kosten gering zu halten.

**13**

**Ein Werkstück aus Stahl mit einer Länge von 120 mm hat kurz nach der Bearbeitung eine Temperatur von 42 °C.**
**Wie groß ist der Messfehler, wenn es mit einer Bügelmessschraube gemessen wird, die eine Temperatur von 20 °C hat? (Der thermische Längenausdehnungskoeffizient von Stahl ist $\alpha_{St}$ = 0,000 012 1/°C.)**

a) 0,012 mm

b) 0,029 mm

c) 0,032 mm

d) 0,044 mm

e) 0,060 mm

**14**

**Welcher der genannten Maßstäbe ist nach DIN ISO 5455 *nicht* genormt?**

a) 2 : 1

b) 1 : 2

c) 1 : 5

d) 1 : 10

e) 1 :25

**15**

**In welcher Linienart muss in Maschinenbau-Zeichnungen die mit Punkten dargestellte Abbruchlinie gezeichnet werden?**

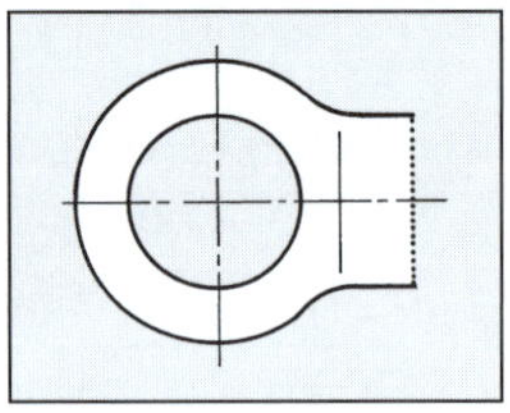

a) Freihandlinie

b) Schmale Strichpunktlinie

c) Breite Strichpunktlinie

d) Breite Volllinie

e) Schmale Volllinie

**16**

**Welche Aussage zu dem dargestellten Teil ist richtig?**

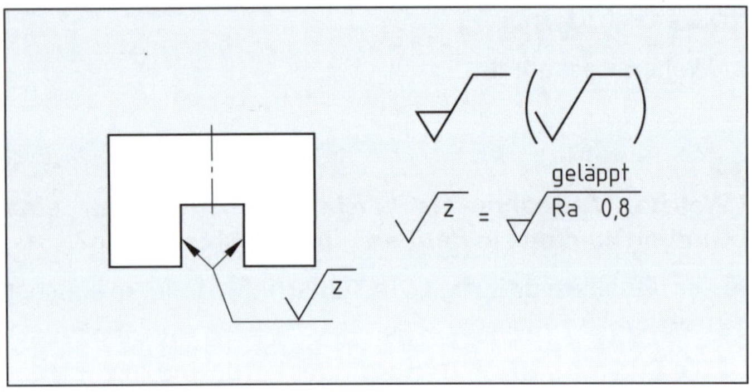


a) Alle Flächen müssen spanend gefertigt werden; die Seitenflächen der Nut werden geläppt, Läppzugabe 0,8 µm.

b) Die Bearbeitung ist freigestellt; die Seitenflächen der Nut werden geläppt, zulässiger Mittenrauwert 0,8 mm.

c) Alle Flächen müssen spanend gefertigt werden; die Seitenflächen der Nut werden mit einem maximalen Mittenrauwert von 0,8 µm geläppt.

d) Alle Flächen, mit Ausnahme der Seitenflächen der Nut, werden geläppt; zulässiger Mittenrauwert 0,8 µm.

e) Diese Art der Eintragung von Oberflächenangaben entspricht nicht DIN ISO 1302.

**17**

**Welche Aussage zu dem Sinnbild ist richtig?**

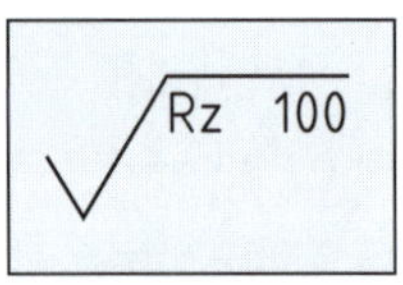


a) Das Bearbeitungsverfahren ist freigestellt, die zulässige gemittelte Rautiefe darf 100 µm nicht überschreiten.

b) Spanende Fertigung ist vorgeschrieben, die zulässige gemittelte Rautiefe darf 100 µm nicht überschreiten.

c) Spanlose Fertigung ist vorgeschrieben, die zulässige gemittelte Rautiefe darf 100 µm nicht überschreiten.

d) Der zulässige Biegeradius ist 100 mm

e) Die höchstzulässige Rücklaufgeschwindigkeit ist 100 m/min.

**18**

**Welche Aussage zu dem Sinnbild ist richtig?**

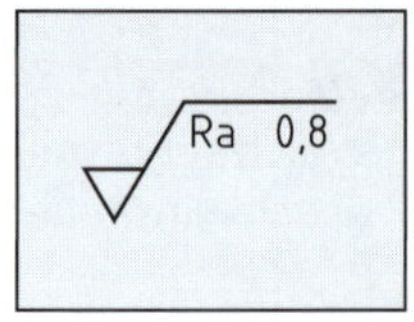


a) Die Bearbeitungszugabe beträgt 0,8 µm.

b) Der zulässige Mittenrauwert Ra beträgt 0,8 µm.

c) Die zulässige gemittelte Rautiefe Rz beträgt 0,8 µm.

d) Die zulässige Rautiefe Rt beträgt 0,8 µm.

e) Der Vorschub darf bis 0,8 µm betragen.

**19**

**Welche Linie ist nach DIN ISO 128 für die Angabe des Schnittverlaufes vorgeschrieben?**

a)

b)

c)

d)

e)

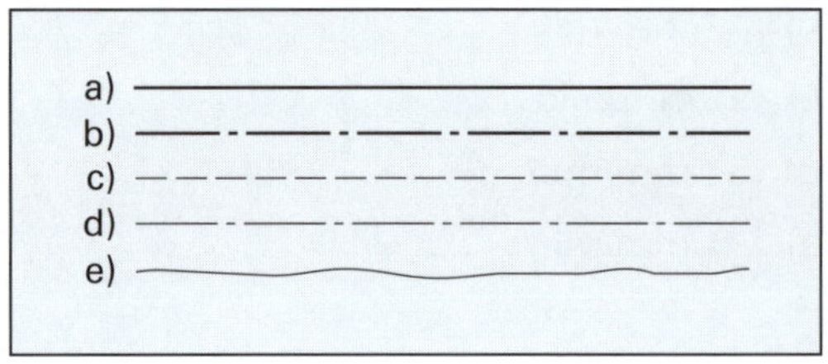


**20**

**In welchem der Bilder ist das Durchmessermaß normgerecht eingetragen?**

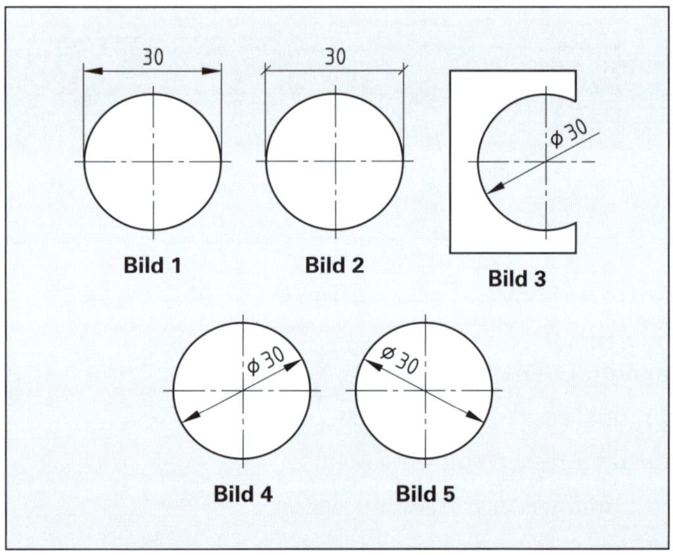


a) Nur in den Bildern 1 und 2

b) Nur in den Bildern 3, 4 und 5

c) Nur in Bild 3

d) Nur in den Bildern 3 und 4

e) In allen Bildern

**21**

**In welcher Linienbreite ist eine Maßlinie zu zeichnen, wenn die Zeichnung in der Liniengruppe 0,5 gefertigt wird?**

a) 0,7 mm b) 0,5 mm

c) 0,35 mm d) 0,25 mm e) 0,18 mm

## Leistungsüberprüfung zu Lernfeld 3: Herstellen von einfachen Baugruppen

Bearbeitungszeit : ______________________ Bearbeiter : ______________________

Hilfsmittel : ______________________ Datum : ______________________

## Leitprojekt 1: Bohrvorrichtung

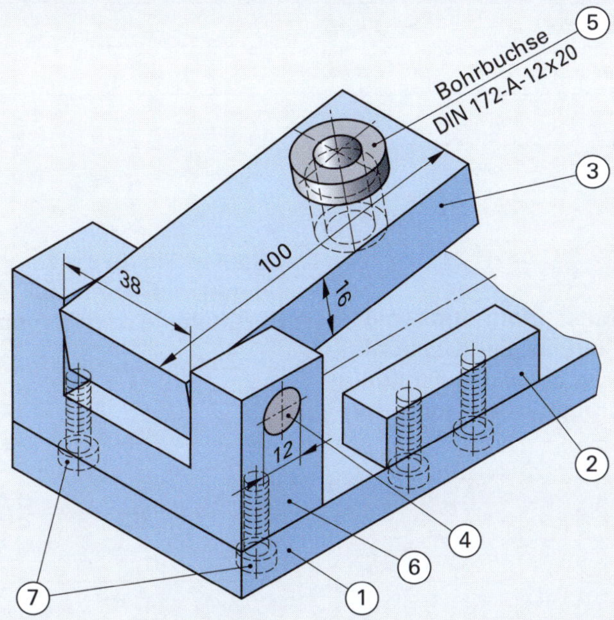


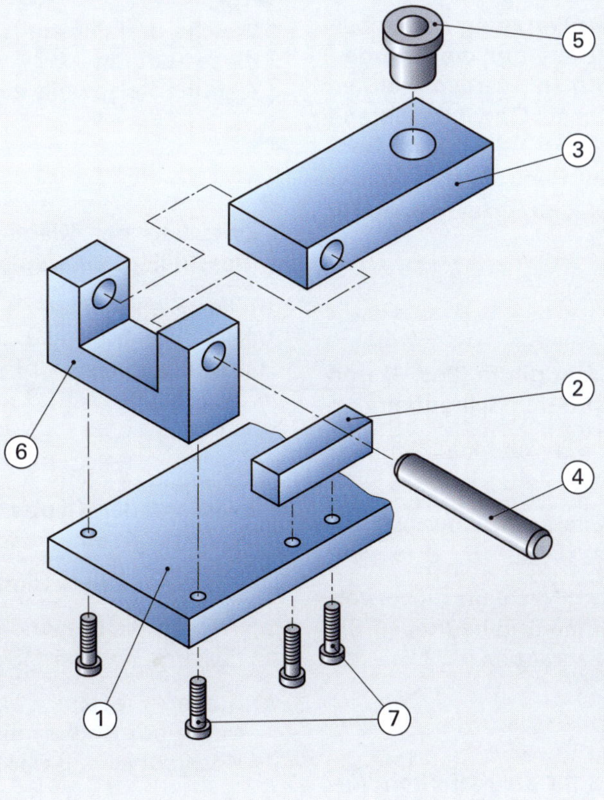

| Bohrvorrichtung, Stückliste | | | | |
|---|---|---|---|---|
| Pos.-Nr. | Menge Einheit | Benennung | Werkstoff/Normbezeichnung | Rohteilmaße |
| 1 | 1 | Grundplatte | S235JR | Fl 200 x 20 x 70 lg |
| 2 | 1 | Anschlagleiste | S235JR | Fl 60 x 20 x 15 lg |
| 3 | 1 | Klappe | S235JR | Fl 110 x 20 x 40 lg |
| 4 | 1 | Zylinderstift | ISO 8734 – 12x60 – B | |
| 5 | 1 | Bundbohrbuchse | DIN 172-A 12x20 | |
| 6 | 1 | Gabelbrücke | S235JR | 70 x 50 x 50 |
| 7 | 4 | Zylinderschrauben | ISO 4762 – M 8x16 – 10.9 | |

## Ungebundene Aufgaben

**1**

**Erfassen Sie mit Hilfe der gegebenen Informationen das Zusammenspiel der einzelnen Bauteile der Klappbohrvorrichtung. Beschreiben Sie deren Zweck sowie deren Funktionsweise in einer zweispaltigen Tabelle nach dem gezeigten Muster.**

| Pos. Nr. Bauteil | Zweck/Funktionsweise |
|---|---|
| | |

**2**

**Erstellen Sie zur Vorbereitung der Fertigung der Gabelbrücke (Pos. 6) eine Zeichnung, aus der die erforderlichen Fertigungsmaße entnommen werden können (Fertigmaße: L x B x H = 60 x 30 x 40; Gewindeabstand längsseitig 10 mm von außen, breitseitig mittig; Bohrung ∅ 12H7 10 mm vom oberen Rand, mittig). Versuchen Sie dabei mit möglichst wenigen Ansichten auszukommen.**

**3**

**Die Verbindung zwischen der Grundplatte (Pos. 1) und der Anschlagleiste (Pos. 2) erfolgt durch Schrauben.**

a) Begründen Sie die Auswahl der verwendeten Zylinderschrauben.

b) Nennen Sie mindestens drei weitere Verbindungsmöglichkeiten der beiden Bauteile.

c) Stellen Sie die jeweiligen Vor- und Nachteile dieser Verbindungsmöglichkeiten zusammen und beurteilen Sie die vorliegende Lösung durch Schrauben.

**4**

**Erstellen Sie einen Montageplan für die Klappbohrvorrichtung. Benennen Sie dabei die einzelnen Arbeitsschritte sowie die erforderlichen Werkzeuge.**

**5**

**Stellen Sie für die Hauptmaße der Klappe (Pos. 3) sowie deren Aufnahme für die Bohrbuchse eine Maß- bzw. Prüftabelle nach folgender Beispielangabe auf.**

| Maß- und Prüftabelle Klappe | | | | |
|---|---|---|---|---|
| Benennung | Maß | Toleranz | Abmaße | Prüfgerät |
| Höhe | 16 | Allgemeintoleranz m | ±0,2 | Messschieber |
| | | | | |
| | | | | |
| | | | | |

**6**

**Welche drei Passungsarten gibt es und wann kommen diese zum Einsatz?**
**Nennen Sie jeweils zwei Einsatzbeispiele.**

**7**

**Zwischen der Klappe (Pos. 3) und der Gabelbrücke (Pos. 6) liegt eine Spielpassung H7/f7 vor.**

Stellen Sie für diese Passung eine Passmaßtabelle für die betroffenen Maße auf und ermitteln Sie das Höchst- und das Mindestspiel der Passung.

**8**

**Zwischen der Klappe (Pos. 3) und der Bundbohrbuchse (Pos. 5) liegt eine Passung vor.**

a) Welchem Zweck dient diese Passung?

b) Wählen Sie hierzu die Passungsart und eine geeignete Passung aus dem ISO-Passungssystem aus.

c) Stellen Sie eine Passmaßtabelle für die betroffenen Maße auf und ermitteln Sie das Höchstspiel und das Höchstübermaß der Passung.

**9**

**Die Bundbohrbuchse (Pos. 5) unterliegt im Gebrauch einem gewissen Verschleiß.**

a) Aus welchem Werkstoff kann die Bohrbuchse gefertigt werden, um diesem Verschleiß zu widerstehen?

b) Beschreiben Sie die Wärmebehandlung, welche die Buchse verschleißfester werden lässt.

**10**

**Die Klappe (Pos. 3) der Bohrvorrichtung wird während des Bohrvorgangs an ihrer vorderen Kante mit einer Spannkraft von 150 N nach unten gedrückt. Dabei entsteht ein Drehmoment.**

a) Wie heißt die Formel zur Berechnung des Drehmomentes?

b) Berechnen Sie die Größe des Drehmomentes in Nm.

c) Beschreiben Sie das Hebelgesetz für einen zweiseitigen Hebel. Verwenden und erläutern Sie dabei die Begriffe: Kraft (bzw. Kräfte), Hebelarm und Drehmoment.

**11**

**Verbindungen können nach verschiedenen Kriterien unterschieden werden. Im Bild sind drei Verbindungen und die dabei wirkenden Kräfte genannt.**

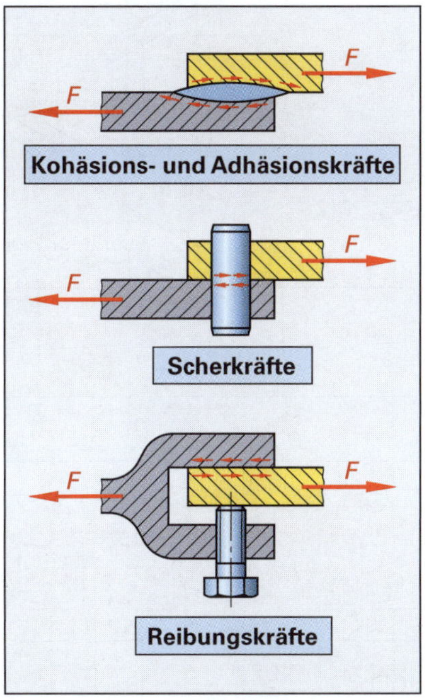


a) Nennen Sie die drei dargestellten Wirkungsweisen und beschreiben Sie den jeweiligen Wirkmechanismus der Verbindung.

b) Führen Sie mindestens zwei Beispiele für die jeweilige Art der Verbindung an.

c) Welche weiteren Unterscheidungsmerkmale für Verbindungen gibt es?

d) Ordnen Sie die an der Bohrvorrichtung erkennbaren vier Verbindungen den entsprechenden Wirkmechanismen zu.

**12**

**Steuerungen lassen sich nach der Art ihres Energieträgers unterscheiden, z.B. pneumatische Steuerungen mit dem Energieträger Luft.**

a) Unterscheiden Sie drei Steuerungsarten nach der Art des jeweiligen Energieträgers.

b) Nennen Sie für zwei Steuerungsarten jeweils mindestens drei Vor- und drei Nachteile.

**13**

**Der nachfolgend dargestellte Steuerungsteil zeigt u.a. die Abluftdrosselung eines pneumatischen Zylinders.**

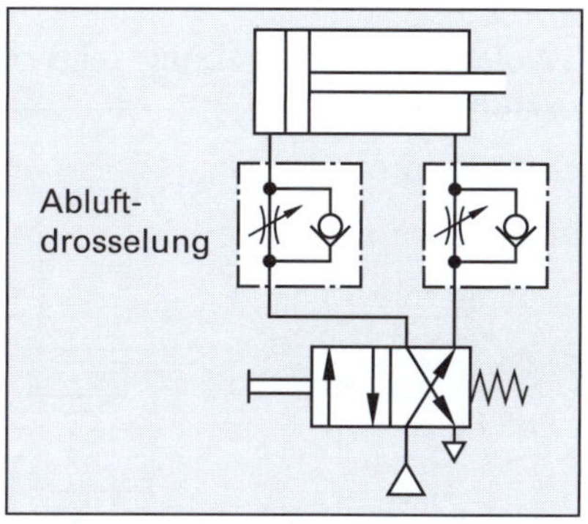


a) Welche Vor- und Nachteile haben pneumatische Steuerungen?

b) Benennen Sie die an dieser Steuerung beteiligten Bauteile.

c) Welchen Vorteil bietet die dargestellte Abluftdrosselung im Gegensatz zu einer Drosselung der Zuluft eines Zylinders?

d) Zeichnen Sie analog zu der skizzierten Steuerung eine Zuluftdrosselung für einen einfach wirkenden Zylinder.

## Aufgaben mit Auswahlantworten

**1**

**Welcher Ablesewert für die Messschraube ist richtig?**

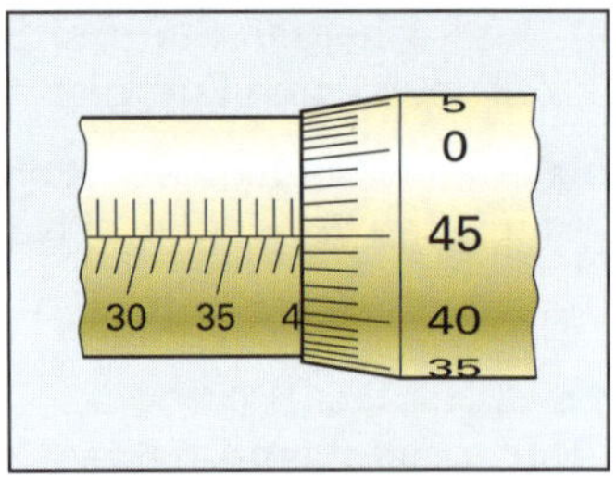


a) 35,45 mm
b) 38,45 mm
c) 38,95 mm
d) 39,45 mm
e) 39,95 mm

**2**

**Welches Messergebnis zeigt die dargestellte Messschraube?**

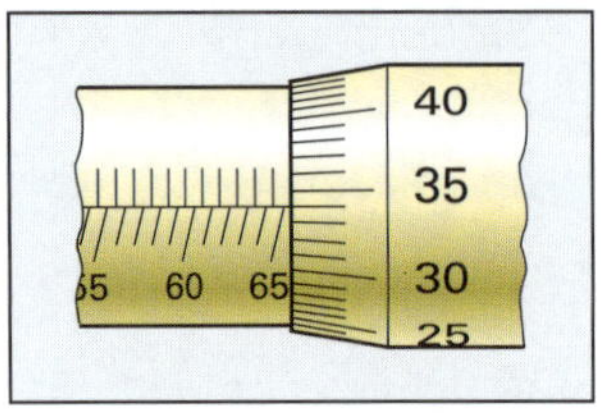


a) 65,36 mm
b) 65,84 mm
c) 65,34 mm
d) 63,84
e) 63,86

**3**

**Welches Prüfmittel ist abgebildet?**

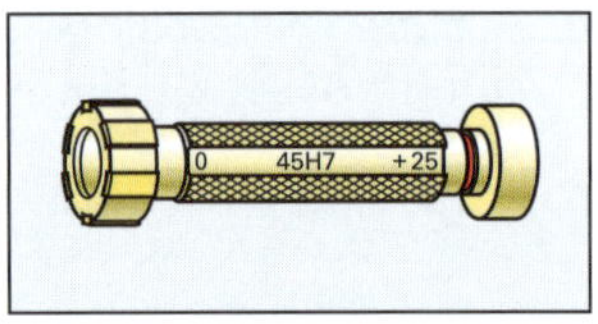


a) Grenzlehrdorn
b) Grenzrachenlehre
c) Schraubenschlüssellehre
d) Formlehre
e) Radiuslehre

**4**

**Welche Aussage über eine digitale Messwertanzeige ist *falsch*?**

Die Anzeige ...
a) erlaubt ein leichtes Verfolgen von Maßänderungen
b) erlaubt das Ablesen von Zwischenwerten
c) kann auf Datenträger gespeichert werden
d) verringert die Zahl der Ablesefehler
e) erfolgt sprunghaft

**5**

**Welcher der genannten Vorteile bietet die elektronische Messdatenverarbeitung *nicht*?**

Elektronisch ermittelte Messdaten ...
a) können schnell und sicher beurteilt werden.
b) können gespeichert werden.
c) können unabhängig vom Messort verarbeitet werden.
d) sind genauer als analog ermittelte Messdaten.
e) können statistisch ausgewertet werden.

**6**

**Wie groß wird im Bild das Höchstspiel?**

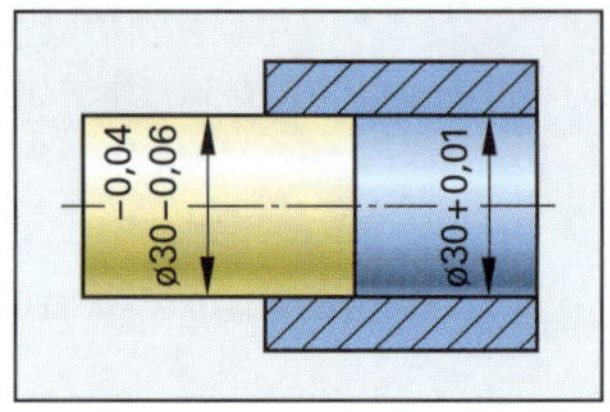


a) 0,01 mm
b) 0,04 mm
c) 0,06 mm
d) 0,05 mm
e) 0,07 mm

**7**

**Wie groß ist bei dem Passmaß 28f7 die Toleranz?**

| Passmaß | Abmaße |
|---|---|
| 28f7 | −0,020<br>−0,041 |

a) 0,020 mm
b) 0,021 mm
c) 0,041 mm
d) 0,061 mm
e) −0,041 mm

**8**

**Bei welchen der dargestellten Passungen kann Spiel auftreten?**

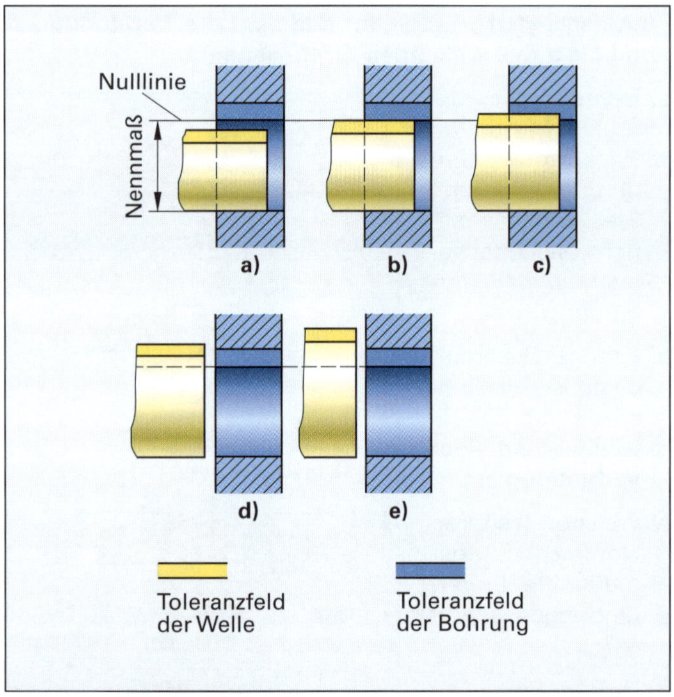


a) Nur in Bild a
b) In den Bildern a und b
c) Nur in Bild c
d) In den Bildern a, b, c, d
e) Nur in Bild e

**9**

**Welches Toleranzfeld hat der abgebildete Zylinderstift?**

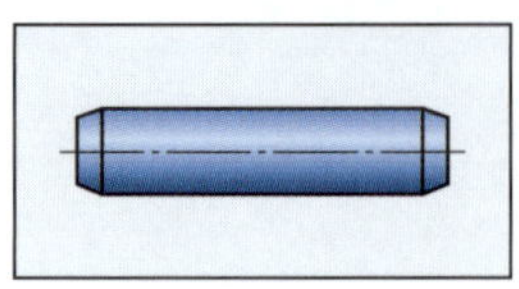

a) H8
b) h11
c) d7
d) m6
e) H7

**10**

**Was versteht man unter dem Begriff Kohäsion?**

a) Die Haftung eines Klebstoffes auf einer Oberfläche

b) Das Einziehen des Lotes in den Lötspalt

c) Die Zusammenhangskraft der Teilchen eines Stoffes

d) Die Zähflüssigkeit eines Schmiermittels

e) Das Erstarren einer Schmelze

**11**

**Ein Werkstück wird mit dem skizzierten Spannzeug gespannt.**

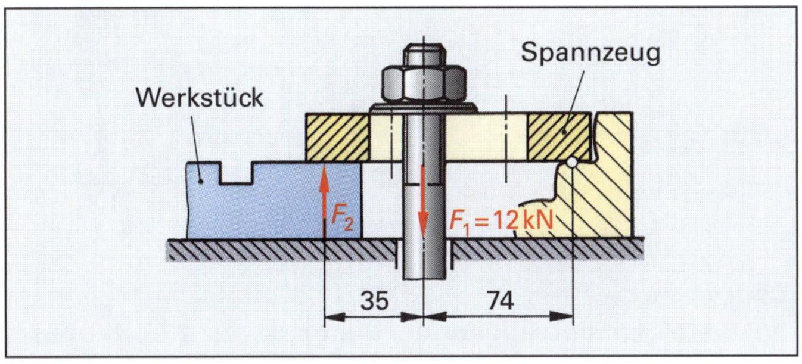


**11.1**

**Welche Formel ist zur Berechnung der Spannkraft $F_2$ anzuwenden?**

a) $F_1 \cdot l_1 = F_2 \cdot l_2$

b) $F_1 \cdot l_2 = F_2 \cdot l_1$

c) $F_2 - l_1 = F_1 \cdot l_2$

d) $F_1 + l_1 = F_2 + l_2$

e) $\frac{F_1}{l_1} = \frac{F_2}{l_2}$

**11.2**

**Welches Ergebnis für die Spannkraft $F_2$ ist richtig?**

a) 8,1 kN

b) 16,2 kN

c) 25,4 kN

d) 35 kN

e) 74 kN

**12**

**Welche Größe hat in der Skizze die aus den Kräften $F_1$, und $F_2$ resultierende Kraft $F_R$? (Hinweis: Ermitteln Sie zeichnerisch)**

a) 6 N

b) 17,5 N

c) 175 N

d) 350 N

e) 1750 N

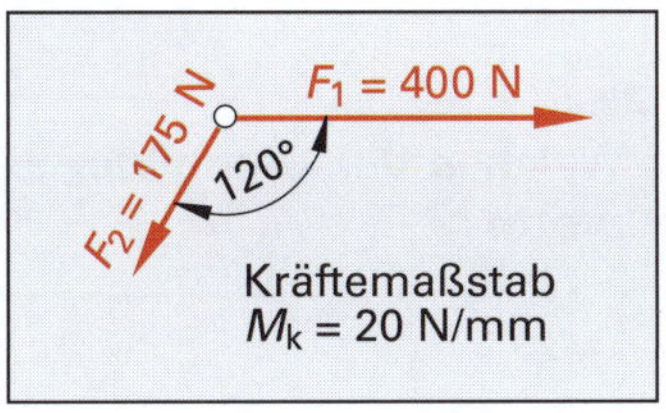


**13**

**Welcher Wert wird durch das Kurzzeichen $R_e$ im dargestellten Spannungs-Dehnungs-Diagramm gekennzeichnet?**

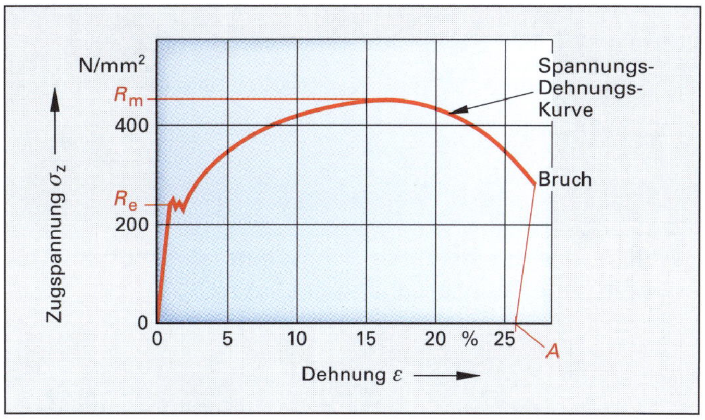


a) Bruchgrenze

b) Dehngrenze

c) Streckgrenze

d) Zulässige Spannung

e) Proportionalitätsgrenze

**14**

**Wie wird das im Bild dargestellte Diagramm (Schaubild) bezeichnet?**

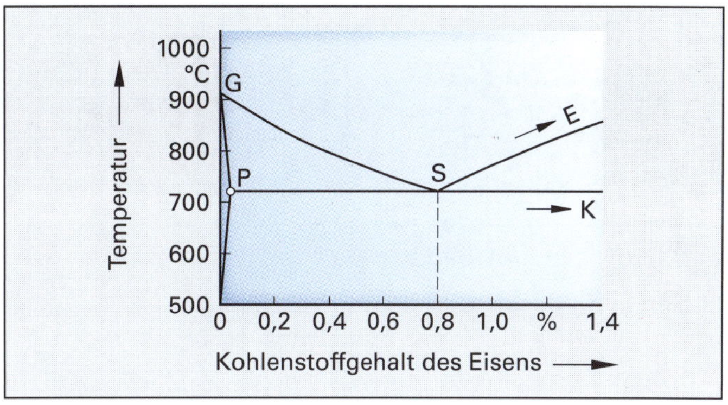


a) Stahlschaubild

b) Roheisenschaubild

c) Eisen-Kohlenstoff-Zustandsdiagramm

d) Eisenschaubild

e) Kohlenstoff-Schaubild

**15**

**Welches Gefüge besitzt Stahl oberhalb der Linie GSE in obigem Bild von Aufgabe 14?**

a) Perlit b) Ferrit

c) Zementit d) Austenit

e) Nur eutektisches Gefüge

**16**

**Welche Kurzbezeichnung gehört zu einem Werkzeugstahl?**

a) 35S20 b) C70U

c) 32CrMo12 d) 16MnCr5

e) Ck10

**17**

**Auf welche Art wird im Bild die Kraft übertragen?**

a) Kraftschluss
b) Stoffschluss
c) Masseschluss
d) Formschluss
e) Kurzschluss

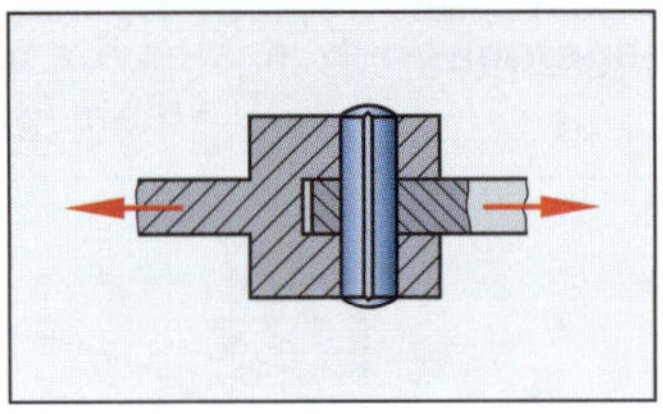

**18**

**Welche der dargestellten Schrauben ist besonders für dynamische Beanspruchung geeignet?**

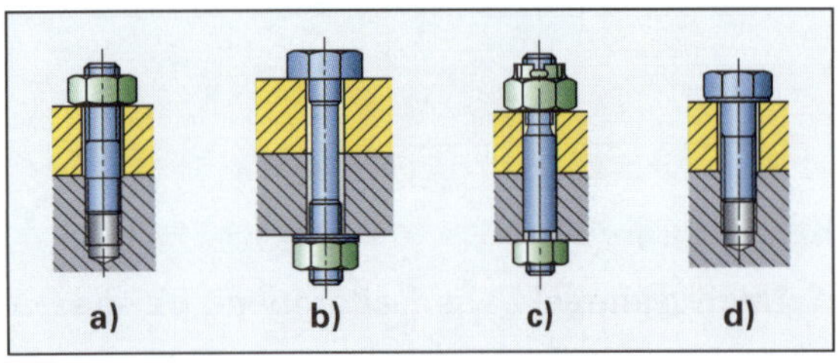


a)
b)
c)
d)
e) Jede der Schrauben a bis d ist gleich gut geeignet.

**19**

**In welchem Bild ist ein Gewindestift dargestellt?**

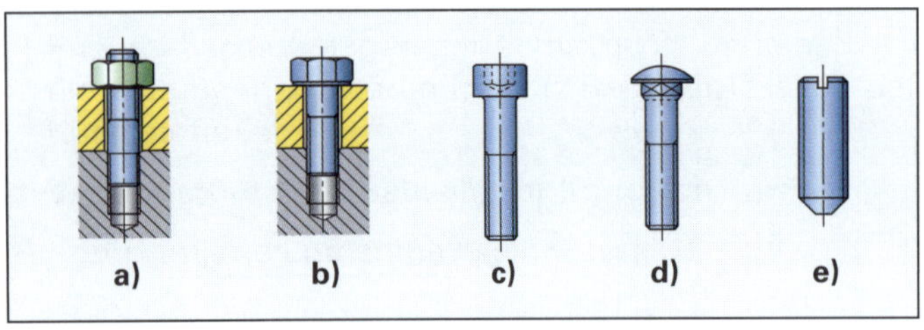


a) Bild a
b) Bild b
c) Bild c
d) Bild d
e) Bild e

**20**

**Welches der abgebildeten Verbindungselemente stellt keine Schraubensicherung dar?**

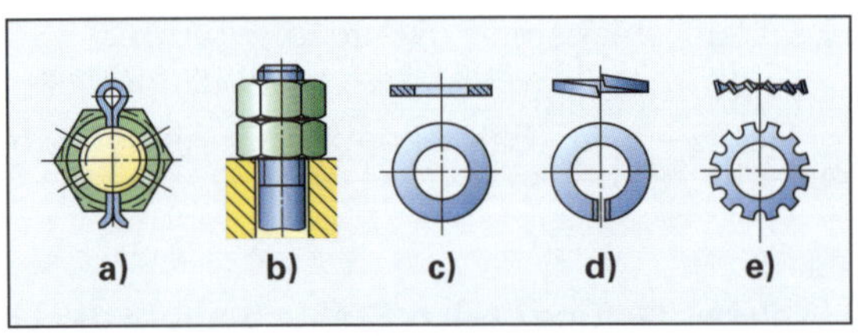


a)
b)
c)
d)
e)

**21**

**Welche Wellensicherung ist im Bild dargestellt?**

a) Stellring
b) Kegelstift
c) Sprengring
d) Sicherungsring
e) Sicherungsscheibe

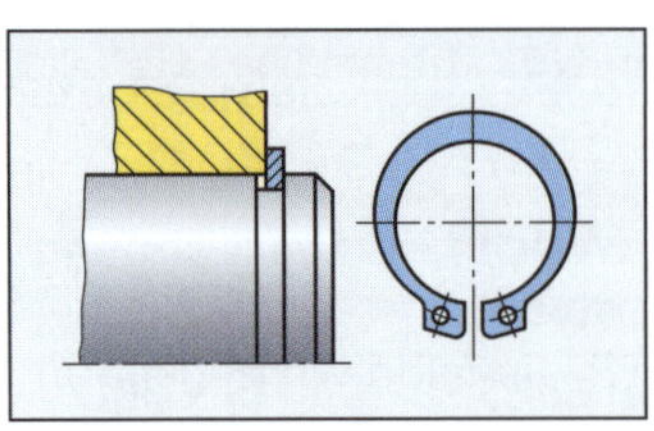

**22**

**In welchem der folgenden Bilder ist eine Verschraubung normgerecht dargestellt?**

a) Nur in Bild 1
b) Nur in Bild 2
c) Nur in Bild 3
d) In keinem der 4 Bilder
e) In allen 4 Bildern

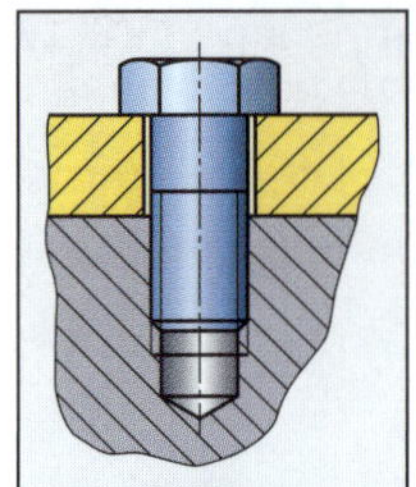
Bild 1

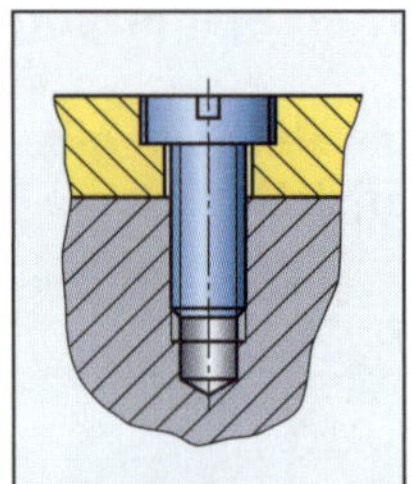
Bild 2

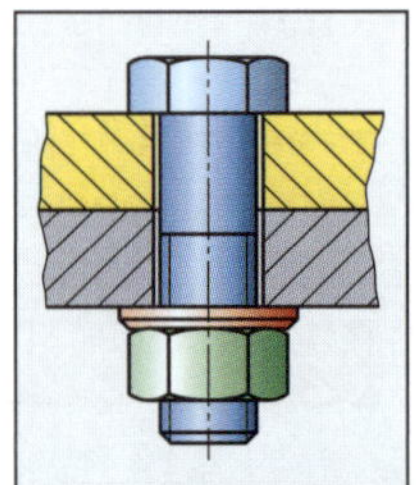
Bild 3

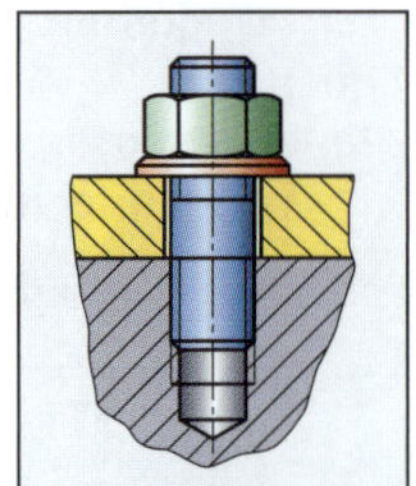
Bild 4

**23**

**In welchem der folgenden Bilder ist eine Verbindung normgerecht dargestellt?**

a) Bild 1
b) Bild 2
c) Bild 3
d) Bild 4
e) In keinem der Bilder

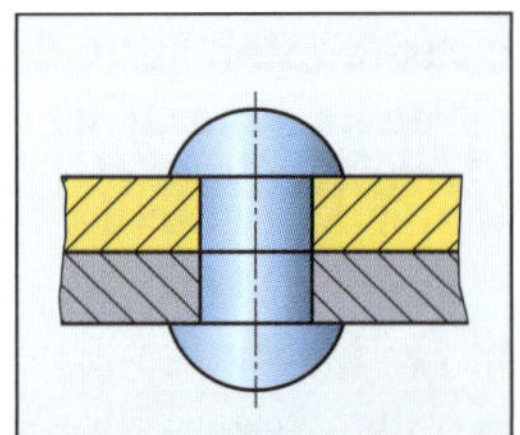
Bild 1

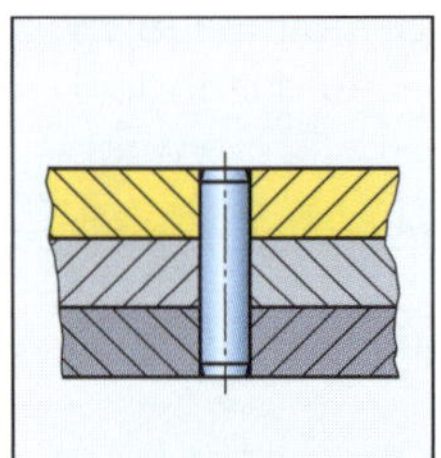
Bild 2

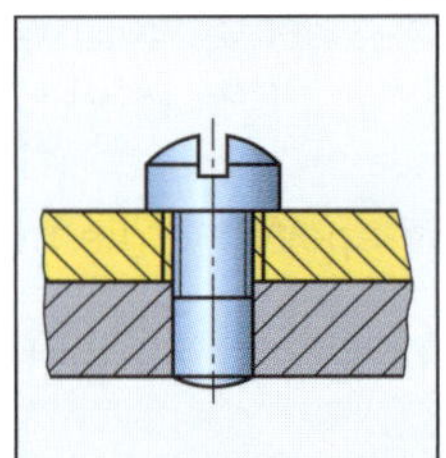
Bild 3

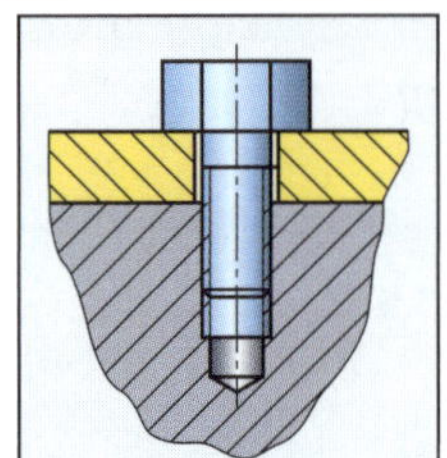
Bild 4

**24**

**Bei welchem Speicher wird der Inhalt beim Abschalten des Computers gelöscht?**

a) Festwertspeicher (ROM, EPROM)
b) Festplatte
c) Compact-Disk (CD-ROM)
d) Arbeitsspeicher (RAM)
e) USB-Stick

**25**

**Welches der Sinnbilder kennzeichnet einen Universalmotor?**

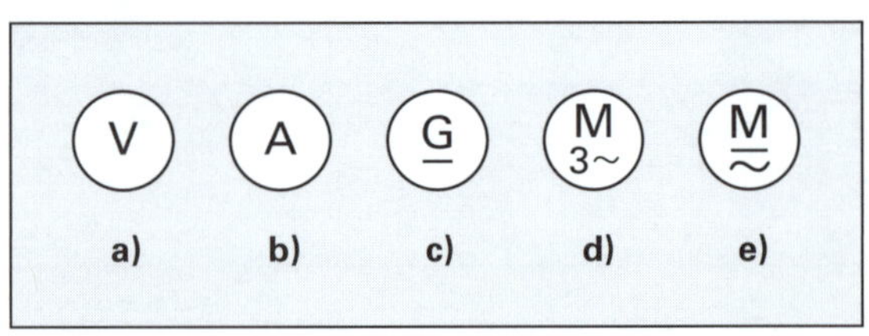


a)
b)
c)
d)
e)

## Leistungsüberprüfung zu Lernfeld 4: Warten technischer Systeme

Bearbeitungszeit : ______________________ Bearbeiter : ______________________

Hilfsmittel : ______________________ Datum : ______________________

### Leitprojekt: Wartung und Verbesserung einer Bandsägemaschine

Ihr Meister hat Ihnen den Auftrag gegeben die Bandsägemaschine zu warten und die manuell betätigte Spannvorrichtung durch eine elektropneumatische Spannvorrichtung auszutauschen.

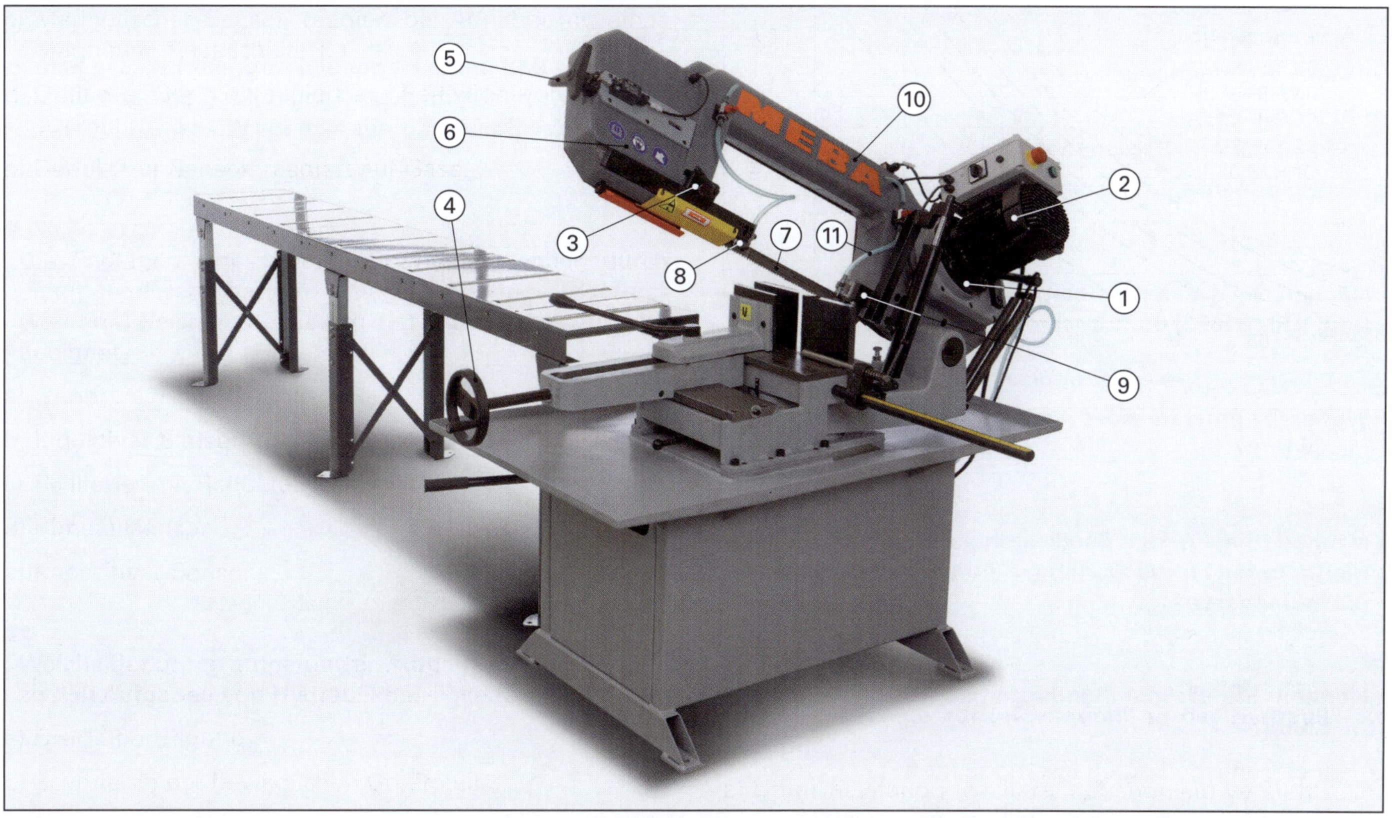


| Nr. | Wartungsstelle | Tätigkeit | Häufigkeit | Hilfsstoffe/ Schmiermittel |
|---|---|---|---|---|
| 1 | Keilriementrieb | Spannung prüfen | wöchentlich | – |
| | | Lager schmieren | wöchentlich | CLP 100 |
| 2 | Motor | Motorbefestigung kontrollieren | wöchentlich | – |
| | | Kabel auf Beschädigungen und festen Sitz prüfen. | wöchentlich | – |
| 3 | Verstellung Bandführungen | Schmieren | wöchentlich | K1K |
| 4 | Spannstock | Spannbacken kontrollieren | monatlich | – |
| | | Führung prüfen und schmieren | wöchentlich | K1K |
| | | Spindel schmieren | wöchentlich | K2M |
| 5 | Spannvorrichtung Sägeband | Spindel schmieren | wöchentlich | KP2K |
| | | Spannung Sägeband überprüfen | täglich | – |
| 6 | Sägebandlaufrollen | Auf Verschleiß prüfen | monatlich | – |
| | | Laufrollenlagerung schmieren | wöchentlich | CLP 100 |
| 7 | Sägeband | Auf Beschädigung kontrollieren | täglich | – |
| 8 | Bandführungen | Führungen auf Verschleiß kontrollieren | monatlich | – |
| | | Verschleiß Dämpfungsrollen prüfen | monatlich | – |
| | | Bandlaufrollenlager schmieren | wöchentlich | CLP 100 |
| 9 | Endlagentaster | Auf Beschädigungen kontrollieren | wöchentlich | – |
| 10 | Abdeckgehäuse | Lackierung prüfen | monatlich | – |
| 11 | Kühlschmierstoff | Qualität prüfen | wöchentlich | |

## Ungebundene Aufgaben

**1**

**Die Bandsäge besteht aus verschiedenen Baugruppen (Bild vorhergehende Seite farbig eingekreiste Nummern 1 bis 10).**
**Welche Baugruppen der Maschine lassen sich den folgenden Funktionseinheiten zuordnen?**

a) Antriebseinheit

b) Verbindungseinheit

c) Arbeitseinheit

d) Stütz- und Trageinheit

e) Steuereinheit

f) Einheit zur Arbeitssicherheit

g) Energieübertragungseinheit

**2**

**Nennen Sie die vier Grundmaßnahmen der Instandhaltung (DIN 31051) und beschreiben Sie diese kurz.**

**3**

**Wodurch unterscheidet sich die Wartung von der Inspektion?**

**4**

**Nennen Sie für die Bandsägemaschine jeweils zwei Maßnahmen für die Wartung, für die Inspektion und für die Instandsetzung.**

**5**

**Nennen Sie für die Bandsägemaschine jeweils eine Maßnahme**

a) der störungsbedingten Instandhaltung

b) der vorbeugenden Instandhaltung

c) der zustandsabhängigen Instandhaltung

**6**

**Planen Sie die Wartung der Bandsägemaschine. Schreiben Sie Ihre Erkenntnisse, benötigten Werkzeuge und Schmierstoffe geordnet nach folgende Fragen auf.**

a) Welche Sicherheitsvorschriften sind bei der Wartung zu beachten?

b) Welche Werkzeuge benötigen Sie für die Wartungsarbeiten?

c) Welche Schmierstoffe benötigen Sie für die Wartungsarbeiten? Entschlüsseln Sie dazu die Bezeichnungen der Schmierstoffe.

d) Wie entsorgen Sie die verbrauchten Schmierstoffe?

**7**

**Die Spannung des Keilriemens der Bandsägemaschine soll geprüft werden. Beschreiben Sie mit eigenen Worten, wie Sie bei der Überprüfung vorgehen.**

**8**

**Der Umbau der manuell betätigten Spannvorrichtung zu einer elektropneumatischen Spannvorrichtung wird als Verbesserung bezeichnet. Erklären Sie mit eigenen Worten, warum dieser Umbau zur Maßnahme der Verbesserung gehört.**

**9**

**Wenn Sie den mechanischen Teil der elektropneumatischen Spannvorrichtung angebaut haben, müssen die Sensoren, Schalter und Ventile verdrahtet werden. Dürfen Sie die Arbeiten als Industriemechaniker durchführen? Begründen Sie Ihre Meinung.**

**10**

**Die Lackierung am Gehäuse der Bandsägemaschine blättert stellenweise ab. Wie kann die Korrosion an der Maschine verhindert werden?**

**11**

**Auf dem Bild unten ist der elektropneumatische Schaltplan der Spannvorrichtung abgebildet. Erklären Sie den Ablauf der Steuerung mit eigenen Worten.**

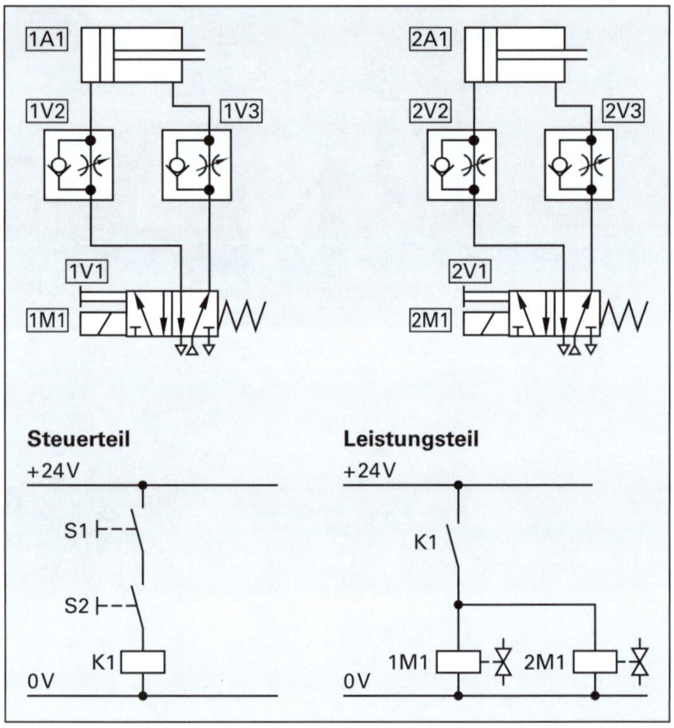


**12**

**Erstellen Sie für die Steuerung einen Ablaufplan in der grafischen Funktionssprache GRAFCET.**

**13**

**Bei der Wartung haben Sie festgestellt, dass der Kühlschmierstoff ausgetauscht werden muss. Welche Sicherheitsmaßnahmen müssen Sie bei der Entsorgung des Kühlschmierstoffes beachten?**

**14**

**Zur Beleuchtung des Arbeitsplatzes an der Bandsägemaschine dienen drei Leuchten.**

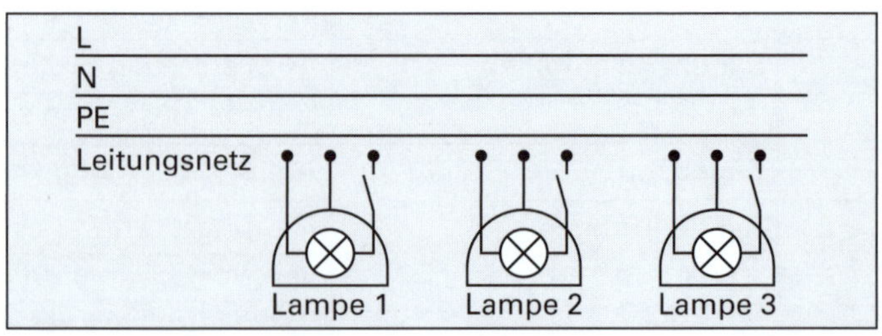


a) Wie müssen diese an das Leitungsnetz angeschlossen werden, damit sie gleich hell leuchten?

b) Zeichnen Sie das Bild (s. oben) ab und zeichnen Sie die fehlenden Leitungsanschlüsse der drei Lampen ein.

**15**

**Der Drehstrom-Asynchronmotor der Bandsägemaschine wird mit einem Schalter eines Steuerstromkreises eingeschaltet (Bild unten).**
**Um welche Bauteile handelt es sich bei den mit Buchstaben benannten Teilen im Bild?**

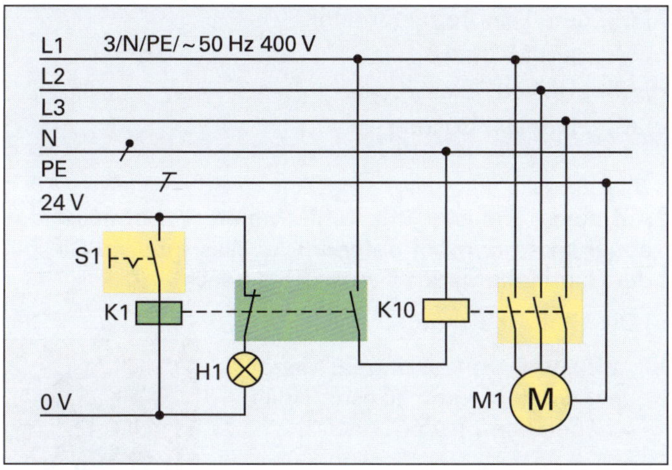


**16**

**Die Bandsägemaschine wird mit 400-V-Dreiphasen-Wechselstrom betrieben. Die elektropneumatische Spannvorrichtung benötigt nur 24 V. Die Reduzierung der Spannung soll mit dem Transformator erfolgen.**

a) Skizzieren Sie den prinzipiellen Aufbau eines Transformators.

b) Erklären Sie mit eigenen Worten die Funktionsweise eines Transformators.

c) Der Transformator besitzt auf der Sekundärseite eine Windungszahl von 60 Windungen.
Berechnen Sie die erforderliche Windungszahl auf der Primärseite.

d) Berechnen Sie das Verhältnis der Windungszahlen der Spulen.

## Aufgaben mit Auswahlantworten

**1**

**An der Bandsägemaschine werden die nachfolgend genannten Arbeitsschritte ausgeführt.**
**Welche der Arbeit ist keine Inspektionsarbeit?**

a) Sichtprüfung des Keilriemens auf Verschleiß

b) Austausch eines verschlissenen Keilriemens

c) Verschleißkontrolle der Führungen

d) Prüfen der Keilriemenspannung

e) Kabel auf Beschädigungen und festen Sitz prüfen

**2**

**Welches der genannten Ziele verfolgt die Instandhaltung bei der Bandsägemaschine nicht?**

a) Steigerung der Wirtschaftlichkeit der Maschine

b) Bewahrung der Gesundheit der Beschäftigten

c) Bewahrung einer lebenswerten Umwelt

d) Einhaltung gesetzlicher Vorschriften

e) Ausnutzung der vollen Leistungsfähigkeit der Maschine

**3**

**Welche Arbeit an der Bandsägemaschine gehört nicht zu den Wartungsarbeiten?**

a) Reinigen des Arbeitsraumes

b) Schmieren der Sägebandandruckrollen

c) Nachspannen des Keilriemens

d) Auffüllen von Schmierstoff

e) Umstellen des Fertigungsprozesses

**4**

**Wonach richtet sich der Zeitpunkt des Ölwechsels bei der Bandsägemaschine?**

a) Wenn das Öl beginnt zu „verharzen".

b) Wenn Lagergeräusche auftreten.

c) Wenn der Ölfilter verstopft ist.

d) Der Zeitpunkt wird im Schmierplan des Herstellers angegeben.

e) Wenn kein Öl mehr vorhanden ist.

**5**

**Was geschieht, wenn die Gebrauchstemperatur des Öles überschritten wird?**

a) Das Öl beginnt zu „verharzen".

b) Die Viskosität des Öles nimmt zu.

c) Die Viskosität des Öles nimmt ab.

d) Die Schmierwirkung des Öles wird begünstigt.

e) Die Dichte des Öles wird vergrößert.

**6**

**Welches Bauteil zur Schmierstoffversorgung der Bandsägemaschine ist auf dem Bild dargestellt?**

a) Fettkammer

b) Tropföler

c) Dochtöler

d) Schmiernippel

e) Selbstschmierung

**7**

**Im Schmierplan der Bandsägemaschine ist das nachstehende Symbol abgebildet. Was bedeutet dieses Symbol?**

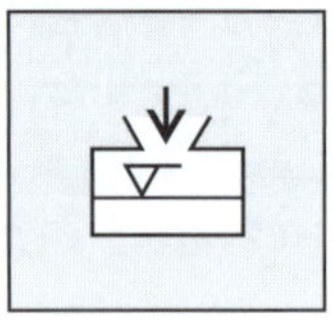

a) Schmieren mit der Fettpresse.

b) Austausch des Schmieröls.

c) Ölen mit der Ölkanne.

d) Ölstand prüfen und bis zur Markierung nachfüllen.

e) Ölwechselintervalle beachten.

**8**

**Welche Aufgabe erfüllen Kühlschmierstoffe?**

a) Sie kühlen und reduzieren die Reibung zwischen Werkstück und Werkzeug.

b) Sie erhöhen die Reibung zwischen Werkzeug und Werkstück.

c) Sie kühlen nur.

d) Sie begünstigen die Bildung kurzer Späne.

e) Sie reduzieren nur die Reibung zwischen Werkstück und Werkzeug.

**9**

**Welcher Wert wird bei der Kontrolle von Kühlschmierstoffen nicht ermittelt?**

a) Konzentration des Kühlschmierstoffes

b) Kohlenhydrate im Kühlschmierstoff

c) pH-Wert des Kühlschmierstoffes

d) Nitritgehalt des Kühlschmierstoffes

e) Keimzahl der Mikroorganismen und Bakterien

**10**

**Beim Sägen mit der Bandsägemaschine wird zum Kühlen des Sägeblattes eine Kühlschmieremulsion eingesetzt. Woraus besteht diese?**

a) Aus Wasser und Spülmittel

b) Aus einer Mischung mehrerer Öle

c) Aus einer Öl-Wasser-Mischung

d) Aus Wasser mit Weichmachern

e) Aus Wasser und Emulgatoren

**11**

**Was macht man mit verbrauchten Kühlschmierstoffen?**

a) Sie werden verbrannt.

b) Sie werden neutralisiert und in die Kanalisation entsorgt.

c) Man lässt sie absetzen und dann werden sie wieder verwendet.

d) Sie werden gesammelt und einem Spezialbetrieb zur Entsorgung übergeben.

e) Sie werden mit Sägemehl gebunden und auf eine Sondermülldeponie gebracht.

**12**

**Bei einer Sägearbeit wird das Sägeblatt sehr schnell stumpf. Die Kühlschmieremulsion scheint verbraucht. Womit können Sie einfach die Konzentration der Kühlschmieremulsionen messen?**

a) Mit einem Spektroskop

b) Mit dem Handrefraktometer

c) Mit dem Mikroskop

d) Mit pH-Wert-Teststäbchen

e) Mit einer Nährlösung

**13**

**Auf einem Kanister mit Kühlschmierkonzentrat ist das abgebildete Symbol aufgedruckt. Was müssen Sie bei der Handhabung des Konzentrats beachten?**

a) Der Stoff ist ätzend.

b) Aufnahme von geringen Mengen des Stoffes kann Gesundheitsschäden hervorrufen.

c) Der Stoff ist gesundheitsförderlich.

d) Gehörschutz sollte getragen werden.

e) Der Stoff ist explosionsgefährlich.

**14**

**Was bedeutet das abgebildete Symbol?**

a) Verbandszeichen der Deutschen Elektroingenieure

b) Prüfzeichen des Verbandes deutscher Elektrotechniker

c) Kennzeichen für energiesparende Geräte

d) Verein Deutscher Elektroniker

e) Vereinigung der Elektrofachgeschäfte

**15**

**Wie lautet das Ohm'sche Gesetz?**

a) $U = R \cdot I$  b) $I = U \cdot R$  c) $R = U \cdot I$

d) $U = I/R$  e) $R = I/U$

**16**

**Wie groß ist der Strom, der durch die Leitungen der Magnetspulen der Elektropneumatikventile fließt, wenn jede Magnetspule einen Widerstand von 48 Ω hat? (Schaltplan: Ungebundene Aufgabe 11, Seite 378)**

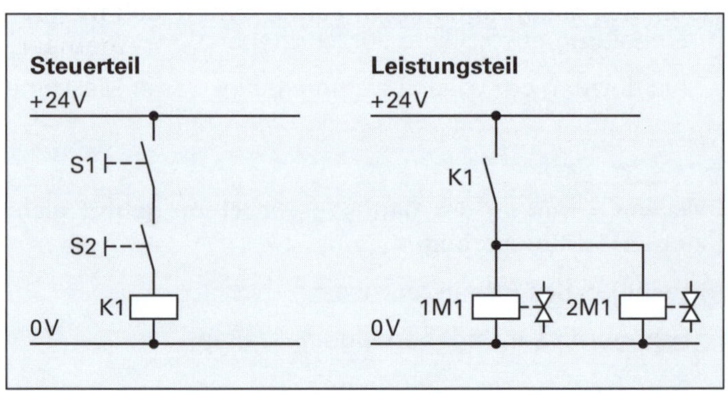


a) $I$ = 0,5 A  b) $I$ = 1,0 A  c) $I$ = 1,5 A

d) $I$ = 4,0 A  e) $I$ = 0,25 A

**17**

**Wie groß ist der Widerstand des Schützes K1 (Schaltplan: siehe Aufgabe 16), wenn im Strompfad 1 ein Strom von 40 mA gemessen wurde und die Anlage mit 24 V betrieben wird?**

a) $R = 100\ \Omega$ b) $R = 200\ \Omega$ c) $R = 400\ \Omega$

d) $R = 500\ \Omega$ e) $R = 600\ \Omega$

**18**

**Wie verhalten sich in einer Schaltung Ströme, wenn sie in Reihe geschaltete Widerstände enthält?**

a) $I_1 = I_2 = I_{ges}$ b) $I_1 + I_2 = I_{ges}$

c) $I_1 : I_2 = I_{ges}$ d) $I_1 - I_2 = I_{ges}$

e) $I_1 = I_{ges}$

**19**

**Wie groß ist der Spannungsabfall an jeder Magnetspule, wenn die Magnetspulen statt parallel in Reihe geschaltet wären? Jede Magnetspule hat einen Widerstand von $R = 48\ \Omega$. Die Anlage wird mit $U = 24$ V betrieben (siehe Aufgabe 16).**

a) $U = 48$ V b) $U = 24$ V c) $U = 12$ V

d) $U = 6$ V e) $U = 14{,}3$ V

**20**

**Durch einen menschlichen Körper fließt ein Strom. Ab welcher Strom-Spannungs-Kombination ist mit körperlichen Schäden zu rechnen?**

a) Ströme über 50 mA und Spannungen über 50 V

b) Ströme über 5 A und Spannungen über 40 V

c) Ströme über 0,5 A und Spannungen über 30 V

d) Ströme über 50 A und Spannungen über 100 V

e) Ströme über 5 A und Spannungen über 230 V

**21**

**Was versteht man unter dem Begriff „Korrosion"?**

a) Die Zerstörung der Oberfläche eines Metalles durch Abrieb

b) Plötzlich auftretende Risse an der Oberfläche eines Bauteiles

c) Die von der Oberfläche ausgehende Zerstörung metallischer Werkstoffe durch chemische und/oder elektrochemische Reaktionen.

d) Die Entstehung von Löchern an der Oberfläche in Folge starker Bauteilbeanspruchung

e) Die Zerstörung der Oberfläche eines Metalles durch Adhäsion

**22**

**Abgesägte, blanke Metallteile sollen zur Weiterverarbeitung in einen anderen Betrieb verschickt werden. Welche Möglichkeit des Korrosionsschutzes ist hier anzuwenden?**

a) Die blanken Metallteile durch einen Zweikomponenten-Lack vor Korrosion schützen.

b) Die blanken Metallteile einölen.

c) Die blanken Metallteile mit einer Opferanode schützen.

d) Die blanken Metallteile mit Luftpolsterfolie verpacken.

e) Die blanken Metallteile in einem wassergefüllten Behälter transportieren.

**23**

**Welche Aussage zur Kontaktkorrosion ist richtig?**

Kontaktkorrosion kann auftreten ...

a) beim Zutritt von Luft an eine Stahloberfläche.

b) an der Berührungsstelle von Metallen und Kunststoffen.

c) durch elektrische Schaltvorgänge.

d) durch Berühren eines Metalles mit feuchten Händen.

e) an der Berührungsstelle von zwei verschiedenen Metallen.

**24**

**Welche Aussage zum Korrosionsschutz ist richtig?**

a) Beim Phosphatieren wird ein metallischer Überzug erzeugt.

b) Eloxieren (Anodisieren) lassen sich nur Aluminium und seine Legierungen.

c) Kunststoffüberzüge sind besonders widerstandsfähig gegen mechanische Beschädigungen.

d) Bei einer Beschädigung der Chromschicht auf Stahl wird das Überzugsmetall Chrom elektrochemisch zerstört.

e) Nickelschichten werden vorzugsweise im Schmelztauchverfahren aufgetragen.

**25**

**Welches Korrosionsschutzverfahren erzeugt einen nichtmetallischen Überzug?**

a) Galvanisieren

b) Plattieren

c) Diffundieren

d) Phosphatieren

e) Schmelztauchen

**26**

**Der Wälzkörpers des Kugellagers der Kegelscheibenlagerung im Riemengetriebe der Bandsägemaschine hat die im Bild gezeigte Beschädigung. Auf welche Verschleißursache ist sie zurück zu führen?**

a) Adhäsion

b) Abrasion

c) Triboxidation

d) Oberflächenermüdung

e) Kohäsion

**27**

**In welcher der genannten Antworten werden nur Ursachen genannt, die den Verschleiß der Bandführungen der Bandsägemaschine (Seite 377) beschleunigen?**

a) Polierte Führungen

b) Verschmutzte und ungeschmierte Führungen

c) Geölte Führungen

d) Bei Schmierung mit CGLP 220

e) Bei Schmierung mit K2K-20

**28**

**Welche physikalische Größe hat den größten Einfluss auf die relative Feuchtigkeit der Luft?**

a) Temperatur

b) Druck

c) Strömungsgeschwindigkeit

d) Volumen

e) Helligkeit

**29**

**Der doppelt wirkende Zylinder der elektropneumatischen Spannvorrichtung (Frage 11, Seite 378) hat einen Kolbendurchmesser $D$ = 40 mm. Die Anlage wird bei einem Druck von $p_e$ = 6 bar betrieben. Der Wirkungsgrad des Zylinders beträgt $\eta$ = 0,88. Wie groß ist die Zugkraft des Zylinders?**

a) $F_Z$ = 644 N

b) $F_Z$ = 560 N

c) $F_Z$ = 665 N

d) $F_Z$ = 636 N

e) $F_Z$ = 756 N

**30**

**Wie wird das gezeigte Ventil 1V1 der Steuerung bezeichnet?**

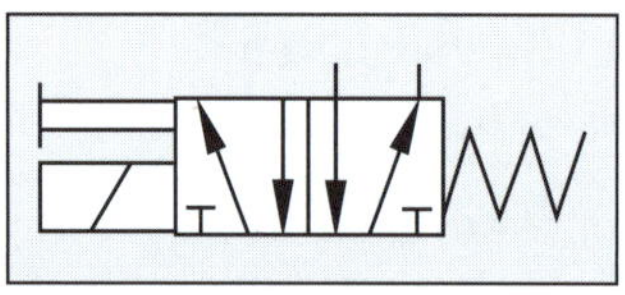

a) 5/2 Wegeventil mit Sperrruhestellung, federrückgestellt

b) 4/2 Wegeventil durch Elektomagnet und Handhilfssteuerung angesteuert

c) 5/3 Wegeventil durch Elektomagnet und Handhilfssteuerung angesteuert, federrückgestellt

d) 5/2 Wegeventil durch Elektomagnet und Handhilfssteuerung angesteuert, federrückgestellt

e) 5/2 Wegeventil mit Sperrmittelstellung

**31**

**Wie bezeichnet man das abgebildete Diagramm?**

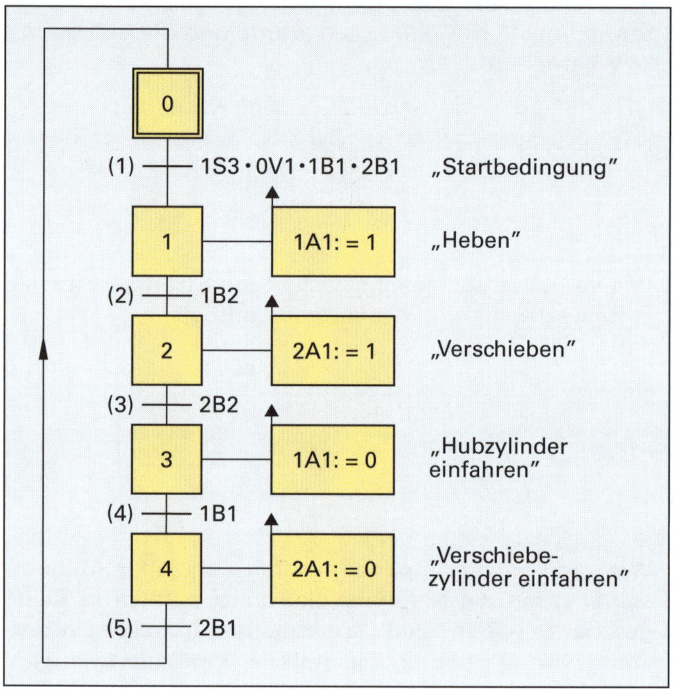


a) Ablaufkette

b) Funktionsdiagramm

c) GRAFCET Funktionsplan für Ablaufsteuerungen

d) Weg-Schritt-Diagramm

e) Steuerungsablaufplan (WORKFLOW)

**32**

**Der Luftverbrauch der beiden doppelt wirkenden Zylinder mit einem Kolbendurchmesser $D$ = 40 mm, einem Hub $s$ = 100 mm und einer Hubzahl $n$ = 3 Hübe/min soll aus dem Diagramm ermittelt werden. Der Druck beträgt $p_e$ = 6 bar.**

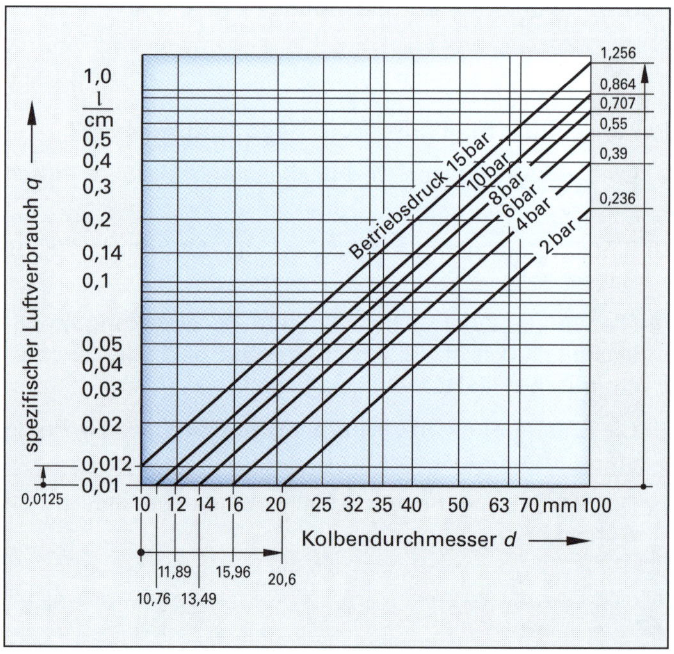


a) $Q$ = 12 l/min b) $Q$ = 6 l/min c) $Q$ = 3 l/min

d) $Q$ = 108 l/min e) $Q$ = 0,1 l/min

## Leistungsüberprüfung zu LERNFELD 5: Fertigen von Einzelteilen mit Werkzeugmaschinen

Bearbeitungszeit : ______________ Bearbeiter : ______________

Hilfsmittel : ______________ Datum : ______________

### LEITPROJEKT: Laufrollenlagerung

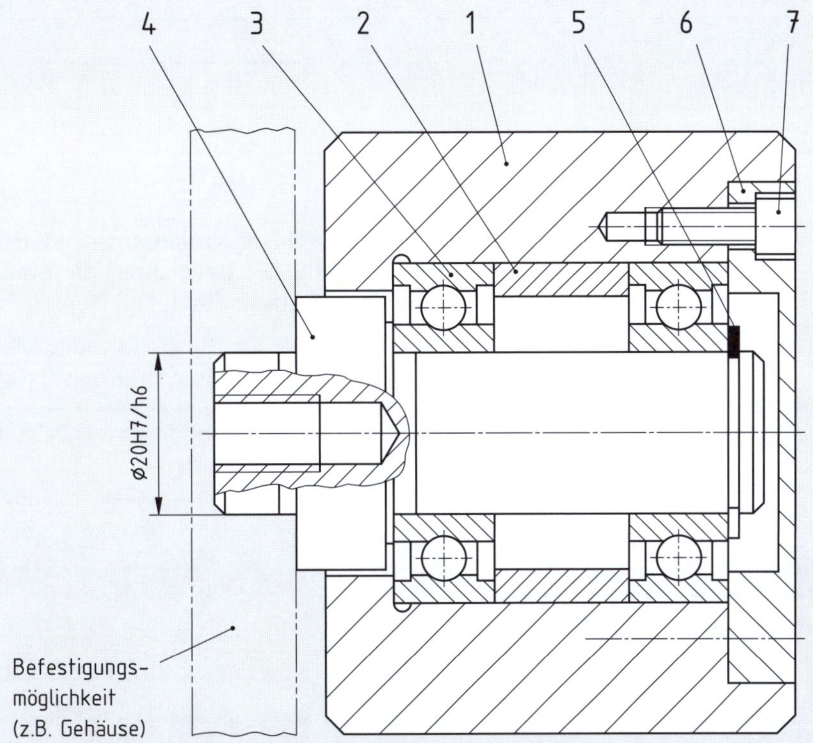


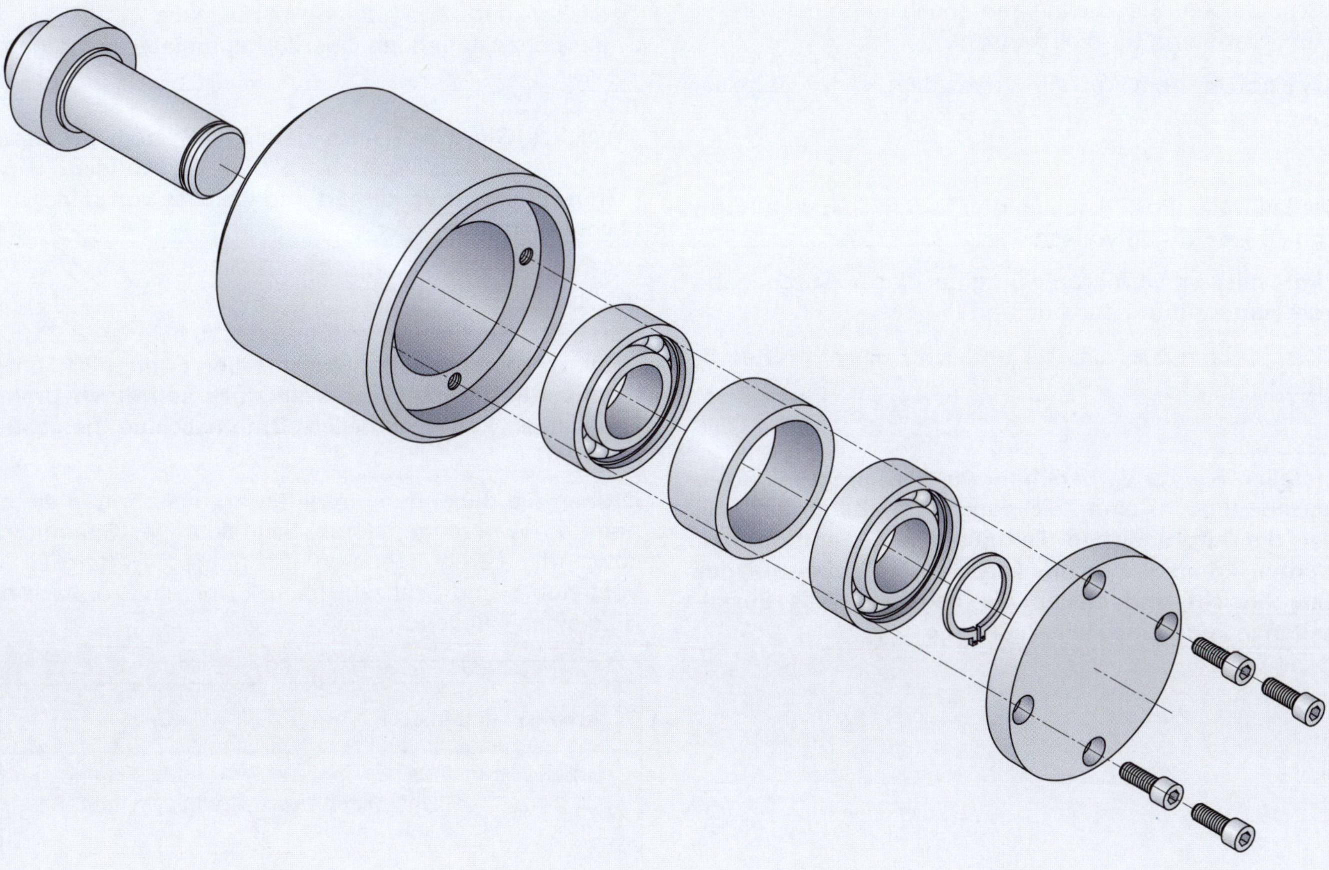

| Laufrollenlagerung, Stückliste | | | | |
|---|---|---|---|---|
| Pos-Nr. | Menge/Einheit | Benennung | Werkstoff/Normbezeichnung | Rohteilmaße |
| 1 | 1 | Laufrolle | 38Cr2 | ∅ 90 × 160 lg |
| 2 | 1 | Abstandring | E235+C | ∅ 55 × 40 lg |
| 3 | 2 | Rillenkugellager | DIN 625 – 6004.2 RSR | |
| 4 | 1 | Achsbolzen | E295 | ∅ 50 × 160 lg |
| 5 | 1 | Sicherungsring | DIN 471 — 20x1.2 | |
| 6 | 1 | Lagerdeckel | E295 | ∅ 60 × 30 lg |
| 7 | 4 | Zylinderschraube | ISO 4762 – M 4x12 – 8.8 | |

## Ungebundene Aufgaben

### 1

**Erfassen Sie mit Hilfe der Zusammenbauzeichnung und der Stückliste das Zusammenspiel der einzelnen Bauteile der Laufrollenlagerung.**

a) Welchem Zweck dient die Laufrolle?

b) Beschreiben Sie die Funktionsweise der Laufrollenlagerung.

### 2

**Die Laufrolle (Pos. 1) unterliegt an ihrer Außenfläche einem starken Verschleiß. Um dem entgegenzuwirken wird die Laufrolle in der Randzone gehärtet und danach angelassen.**

a) Welche Eigenschaften besitzt die Laufrolle, nachdem ihre Randzone gehärtet wurde?

b) Nennen Sie drei Härteverfahren zur Härtung der Randzone eines Werkstücks.

c) Beschreiben Sie den Verfahrensablauf eines dieser Härteverfahren für die Randzone.

d) Warum wird ein Werkstück nach dem Härten angelassen?

### 3

**Die Laufrolle (Pos. 1) soll an den Laufflächen eine Härte von 48 + 4 HRC aufweisen.**

a) Mit welchem Verfahren wurde bei dieser Härteangabe die Härteprüfung durchgeführt?

b) Beschreiben Sie die Durchführung dieser Härteprüfung.

### 4

**Erstellen Sie zur Vorbereitung der Fertigung des Achsbolzens (Pos. 4) eine Zeichnung im Maßstab 2:1, aus der die erforderlichen Fertigungsmaße entnommen werden können. Beschränken Sie sich dabei auf nur eine Ansicht und stellen Sie gegebenenfalls Einzelheiten in Form eines Teilschnitts dar.**

### 5

**In der Gesamtzeichnung steht die Maßangabe ∅ 20H7/h6. Sie bezeichnet die Maße an der Aufnahme des Achsbolzens (Pos. 4).**

a) Stellen Sie für die genannten Maße eine Maß- bzw. Prüftabelle nach folgendem Muster auf.

| Prüftabelle (Muster) | | | | |
|---|---|---|---|---|
| Benennung | Maß | Toleranz | Abmaße | Prüfgerät |
| Durchmesser | 20 | H7 | ... | ... |
| | | | | |

b) Welche Passungsart ergibt sich beim Fügen der Bohrung ∅ 20H7 mit der Welle ∅ 20h6?

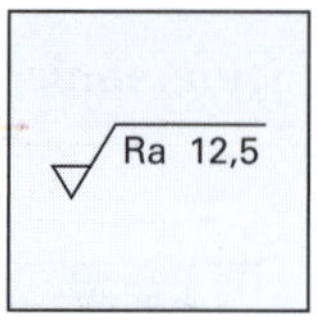


c) Warum ist es *nicht* sinnvoll, die Oberflächen der angegebenen Maße nach der nebenstehenden Oberflächenangabe zu fertigen?

### 6

**Welches Grenzmaß nach dem ISO-System für Grenzmaße und Passungen wird von der Gutseite eines Grenzlehrdorns verkörpert und welches von seiner Ausschussseite?**

### 7

**Erstellen Sie für die Fertigung des Achsbolzens (Pos. 4) einen Arbeitsplan in tabellarischer Form nach unten stehendem Muster. Das Werkstück soll durch Drehen auf einer konventionellen Drehmaschine hergestellt werden.**

Ordnen Sie dabei den einzelnen Arbeitsschritten die benötigten Werkzeuge, deren Schneidstoffe, Spannmittel sowie die Fertigungsdaten (Schnittgeschwindigkeit $v_c$, Vorschub *f*, und Drehzahl *n*) zu. Ermitteln Sie diese mit Hilfe eines Tabellenbuches.

| Arbeitsplan (Muster) | | |
|---|---|---|
| Arbeitsschritt | Werkzeuge, Hilfsmittel, ggf. Schnittgeschwindigkeit | Schnittdaten (Drehzahl) |
| | | |

**8**

**Berechnen Sie die Hauptnutzungszeit für das Längsdrehen des Durchmessers für die Aufnahme der Rillenkugellager des Achsbolzens (Pos. 4). Gehen Sie dabei von insgesamt 5 benötigten Schnitten aus und unterscheiden Sie Schrupp- und Schlichtvorgang durch zwei verschiedene Berechnungen. Der Anlauf vor den jeweiligen Schnitten soll $l_a$ = 2 mm betragen.**

a) Ermitteln Sie mit Hilfe des Tabellenbuches die Formel zur Berechnung der Hauptnutzungszeit für das Fertigungsverfahren Drehen und geben diese an.

b) Berechnen Sie die Hauptnutzungszeit für die beschriebene Drehaufgabe.

c) Warum ist die ermittelte Formel nicht ohne weiteres auf die Fertigungsverfahren Bohren und Fräsen übertragbar?

**9**

**Die Oberfläche an den Passmaßen des Achsbolzens (Pos. 4) soll die theoretische Rautiefe $R_{th}$ von 5 µm nicht überschreiten. Diese hängt beim Drehen von der Größe des Vorschubs und vom Eckenradius am Drehmeißel ab.**

a) Ermitteln Sie mit Hilfe des Tabellenbuches die Formel zur Berechnung der theoretischen Rautiefe.

b) Berechnen Sie den Eckenradius des Drehmeißels für den Fall, dass die Rautiefe der Oberfläche weniger als 5 µm betragen soll.

**10**

**Alternativ zum Drehen sollen die Passmaße des Achsbolzens (Pos. 4) geschliffen werden.**

a) Welches Schleifmittel ist zu verwenden?

b) Welche Körnung sollte die Schleifscheibe besitzen, wenn die Oberflächen eine gemittelte Rautiefe von höchstens 5 µm erhalten sollen?

c) Wie hoch darf die Umfangsgeschwindigkeit einer Schleifscheibe sein, wenn diese einen blauen Farbstreifen aufweist?

**11**

**Die Fertigungsverfahren Bohren, Drehen und Fräsen werden, neben anderen Verfahren, als „spanende" Fertigungsverfahren bezeichnet.**

a) Nennen Sie fünf unterschiedliche Spanformen.

b) Welche Spanformen werden üblicherweise in der spanenden Fertigung angestrebt?
Begründen Sie Ihre Meinung.

c) Nennen Sie mindestens zwei Maßnahmen im Fertigungsprozess, mit denen die Spanform günstig beeinflusst werden kann.

**12**

**Moderne Schneidstoffe für Werkzeuge sind für ein breites Spektrum von Einsatzmöglichkeiten geeignet.**

a) Nennen Sie vier grundsätzliche Anforderungen, die allgemein an moderne Schneidstoffe gestellt werden.

b) Beschreiben Sie vier Ziele bei der Fertigung, welche durch die richtige Schneidstoffauswahl angestrebt werden.

c) Ermitteln Sie aus einem Tabellenbuch für die Schneidstoffe Schnellarbeitsstahl, Hartmetall und Schneidkeramik deren jeweiligen Einsatzbereich bezüglich der Schnittgeschwindigkeit $v_c$ und der Warmhärte.

**13**

**Kühlschmierstoffe sind Hilfsstoffe, auf die bei der spanenden Fertigung meist nicht verzichtet werden kann.**

Welche Hauptaufgaben übernehmen diese Stoffe?

## Aufgaben mit Auswahlantworten

**1**

**Das Bild zeigt den Arbeitsvorgang des ...**

a) Stirnfräsens
b) Gegenlauffräser
c) Gleichlauffräsen
d) Stirnens
e) Formfräsens

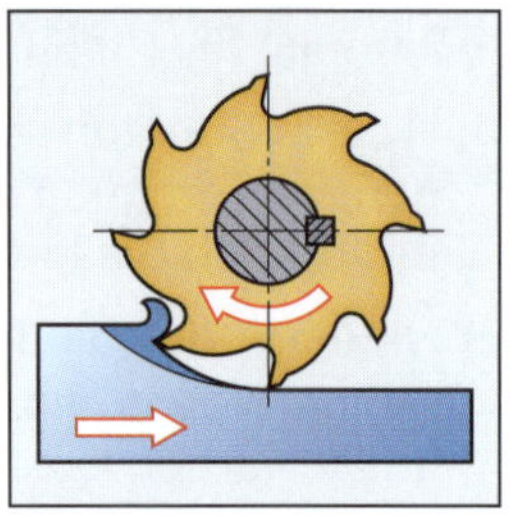

**2**

**In welchen Bildern sind V-Führungen dargestellt?**

In den Bildern ...

a) a und b b) b und d
c) b und c d) c und e e) c und d

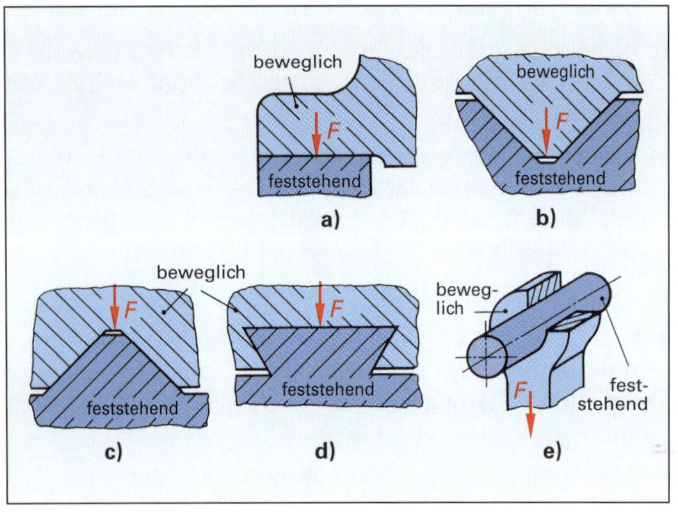


**3**

**Was versteht man unter Plandrehen (Querdrehen)?**

a) Drehen der Stirnflächen
b) Drehen der Mantelfläche parallel zur Achse
c) Nach Plan (Zeichnung) drehen
d) Das Werkstück kegelig drehen
e) Das Werkstück zentrieren

**5**

**Wie heißt das mit X gekennzeichnete Bauteil der im Bild dargestellten Drehmaschine?**

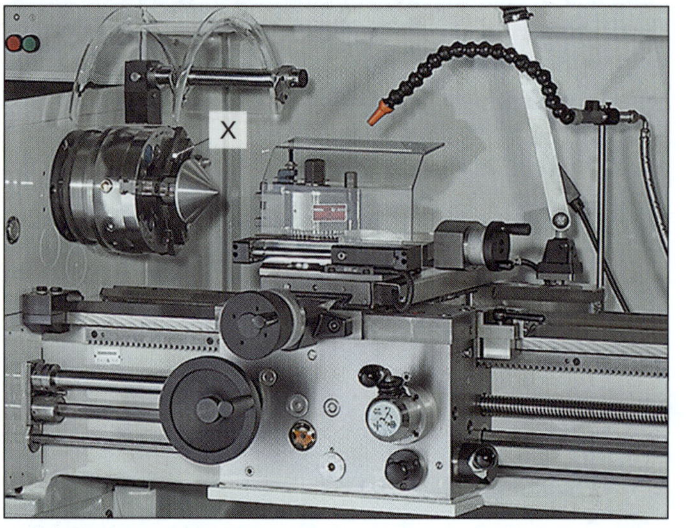


a) Planschlitten
b) Spindelstock
c) Drehmaschinenfutter
d) Werkzeughalter
e) Zugspindel

**6**

**Welches Schleifverfahren ist dargestellt?**

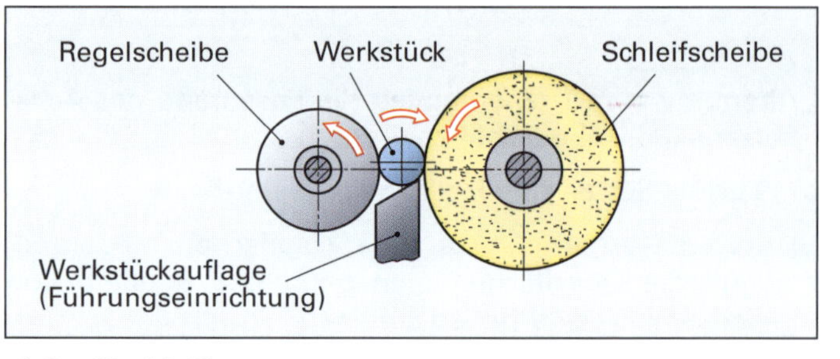


a) Profilschleifen
b) Gewindeschleifen
c) Einstechschleifen
d) Außenhonen
e) spitzenloses Rundschleifen

**4**

**Bei welchem Bild ist der Spanungsquerschnitt hinsichtlich der Standzeit am günstigsten, wenn alle Bilder dieselbe Größe des Spanungsquerschnittes zeigen?**

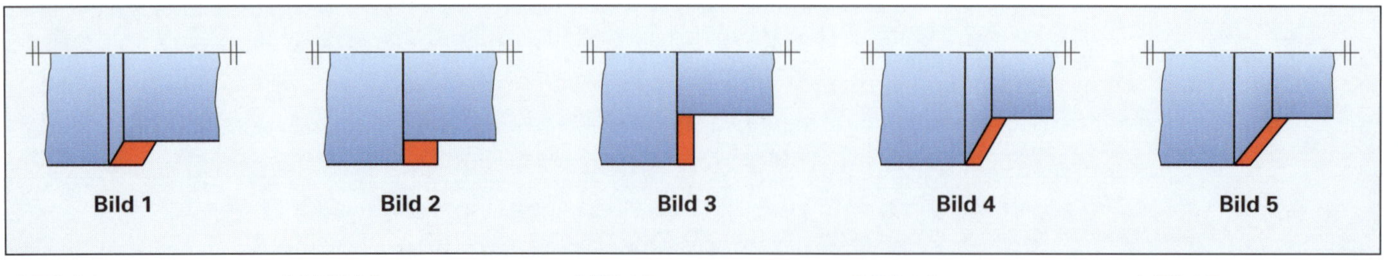


a) Bild 1 b) Bild 2 c) Bild 3 d) Bild 4 e) Bild 5

**7**

**Eine glatte Weile aus dem Stahl C60 mit einem Außendurchmesser von 60 mm und einer Länge von 462 mm soll mit einer unbeschichteten Schneidplatte (P10) in einem Schnitt längs abgedreht werden. Der Vorschub beträgt 0,4 mm.**

**7.1**

**Mit welchem Richtwert für die Schnittgeschwindigkeit sollte gedreht werden?**

a) 200 m/min

b) 100 m/min

c) 165 m/min

d) 145 m/min

e) 125 m/min

**7.2**

**Welche Drehzahl ist an einer Drehmaschine mit den Drehzahlstufen 280/min, 355/min, 450/min, 560/min, 710/min, 900/min, 1120/min einzustellen?**

a) 300/min

b) 560/min

c) 710/min

d) 900/min

e) 1120/min

**7.3**

**Wie groß ist die Hauptnutzungszeit $t_H$, wenn An- und Überlauf je 3 mm betragen?**

a) 0,5 min b) 1,3 min

c) 1,75 min d) 2 min e) 2,25 min

**8**

**Bei einer Schleifscheibe mit dem Durchmesser $d$ = 300 mm darf die Umfangsgeschwindigkeit $v$ = 35 m/s nicht überschritten werden.**

**8.1**

**Mit welcher Formel wird die maximal zulässige Drehzahl der Schleifscheibe berechnet?**

a) $v = \pi \cdot d \cdot n$

b) $v = \frac{\pi \cdot d}{n}$

c) $v = \frac{\pi \cdot n}{d}$

d) $v = \pi \cdot d^2 \cdot n$

e) $v = \frac{\pi \cdot d^2}{n}$

**8.2**

**Wie groß ist die zulässige Drehzahl?**

a) 1440/min

b) 2230/min

c) 3000/min

d) 3500/min

e) 4460 min

**9**

**Ein Fräskopf zum Fräsen von Leichtmetall besitzt $z$ = 22 Zähne und einen Durchmesser $d$ = 420 mm. Er arbeitet mit einer Schnittgeschwindigkeit von $v_c$ = 950 m/min und einer Vorschubgeschwindigkeit $v_f$ = 1100 mm/min.**

**9.1**

**Nach welcher Formel wird die Drehzahl $n$ des Fräskopfs berechnet?**

a) $n = \frac{d}{\pi \cdot v_c}$

c) $n = \frac{v_c}{\pi \cdot d}$

d) $n = v_c \cdot \pi \cdot d$

b) $n = \frac{\pi}{d \cdot v_c}$

e) $n = \frac{v_c \cdot d}{\pi}$

**9.2**

**Welche Formel ergibt sich, wenn in die Formel $f_z = \frac{v_f}{z \cdot n}$, die zum Berechnen des Vorschubes je Fräserzahn dient, die Formel für die Drehzahl $n$ eingesetzt wird?**

a) $f_z = \frac{v_f \cdot d \cdot z}{\pi \cdot v_c}$

b) $f_z = \frac{v_f \cdot d \cdot v_c}{d \cdot z}$

c) $f_z = \frac{v_f \cdot \pi}{z \cdot d \cdot v_c}$

d) $f_z = \frac{v_f}{z \cdot v_c \cdot \pi \cdot d}$

e) $f_z = \frac{v_f \cdot \pi \cdot d}{z \cdot v_c}$

**9.3**

**Wie groß ist der gerundete Wert für den Vorschub $f_z$ je Fräserzahn?**

a) 0,035 mm

b) 0,07 mm

c) 0,28 mm

d) 0,36 mm

e) 0,44 mm

**10**

**Welche Stahlsorte wird durch den Kurzhamen 11SMn37 gekennzeichnet?**

a) Unlegierter Stahl

b) Kesselblech

c) Automatenstahl

d) Niedrig legierter Werkzeugstahl

e) Nicht rostender Stahl

**11**

**Welcher Stoff wird nicht als Schleifmittel verwendet?**

a) Siliciumkarbid b) Edelkorund

c) Diamant d) Bornitrid e) Dolomit

**12**

**Wie wird die mit X gekennzeichnete Fläche benannt?**

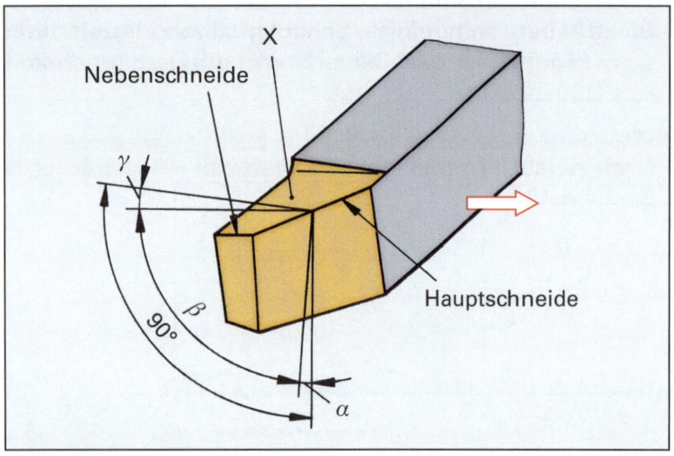


a) Schnittfläche

b) Spanfläche

c) Hauptfreifläche

d) Nebenfreifläche

e) Keilfläche

**13**

**Welche Behauptung über die mit X gekennzeichnete Stelle eines Drehmeißels ist richtig?**

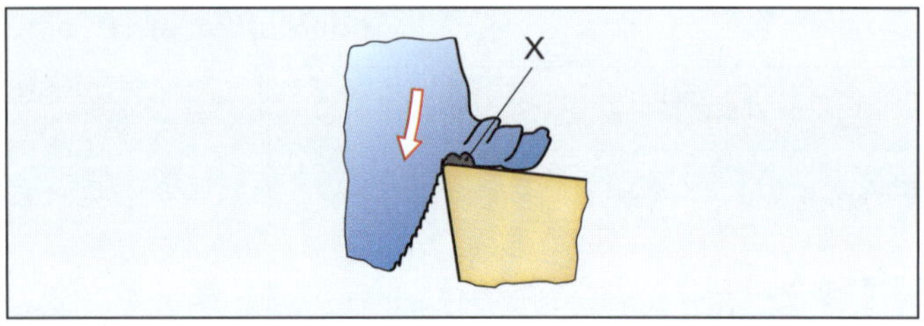


a) Zum Verschleißschutz wurde Hartmetall aufgeschweißt.

b) Diese Formveränderung eines Schneidwerkzeuges wird als Kolk bezeichnet.

c) Es ist eine durch den ablaufenden Span gebildete Verschleißmulde.

d) Es handelt sich um eine durch Werkstoffablagerung gebildete Aufbauschneide.

e) Dargestellt ist der Schneidenanschliff zur Bearbeitung sehr weicher Werkstoffe.

**14**

**Wie wird die abgebildete Schleifscheibe bezeichnet?**

a) Flachscheibe

b) Tellerscheibe

c) Topfscheibe

d) Deckelscheibe

e) Rundscheibe

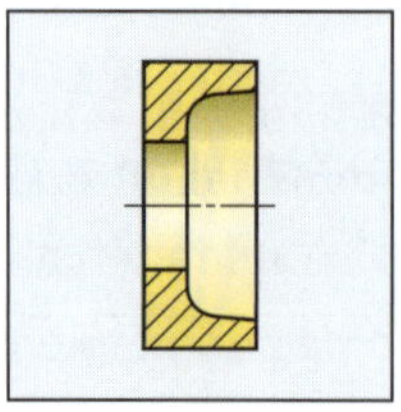

**15**

**Welche der dargestellten Drehmeißel eignen sich zum Längs- *und* Querdrehen?**

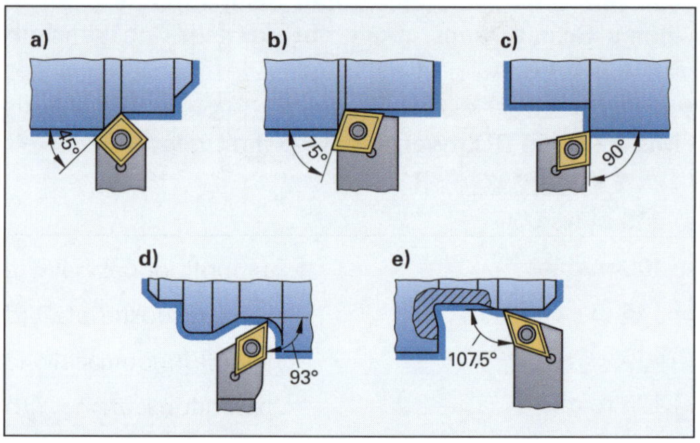


Die Drehmeißel der …

a) Bilder a, b und c

b) Bilder b, d und e

c) Bilder a, b und d

d) Bilder a, b und e

e) Bilder a, c und e

**16**

**Wie heißt das abgebildete Fräswerkzeug?**

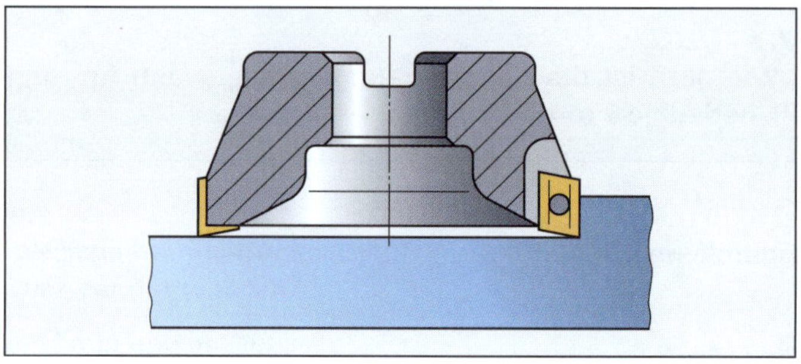

a) Eckfräskopf

b) Winkelfräser

c) Planfräskopf

d) Scheibenfräser

e) Walzenstirnfräser

**17**

**Welches Bild zeigt einen Prismenfräser?**

a)

b)

c)

d)

e)

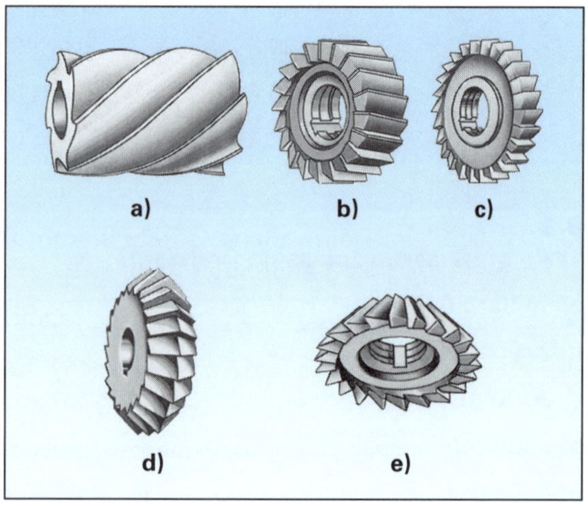

## Leistungsüberprüfung zu Lernfeld 6: Installieren und Inbetriebnehmen steuerungstechnischer Systeme

Bearbeitungszeit : ______________________ Bearbeiter : ______________________

Hilfsmittel : ______________________ Datum : ______________________

### Leitprojekt: Steuerung einer Montagestation

Aus einem Fallmagazin werden Metall- und Kunststoff-Bauteile von einem Pneumatikzylinder 1A1 ausgeschoben und an einer Arretierung unterhalb eines zweiten Zylinders gespannt. Der zweite Zylinder 2A1 soll eine Metallbuchse nur in die Kunststoffteile eindrücken. Dieser Vorgang wird erst freigegeben, wenn ein Sensor festgestellt hat, dass ein Kunststoffteil unter dem Einpresszylinder liegt. Befindet sich ein Metallteil unter dem Einpresszylinder, wird die Verspannung des Bauteils durch den Zylinder 1A1 aufgehoben und von einem dritten Zylinder 3A1 ausgeworfen.

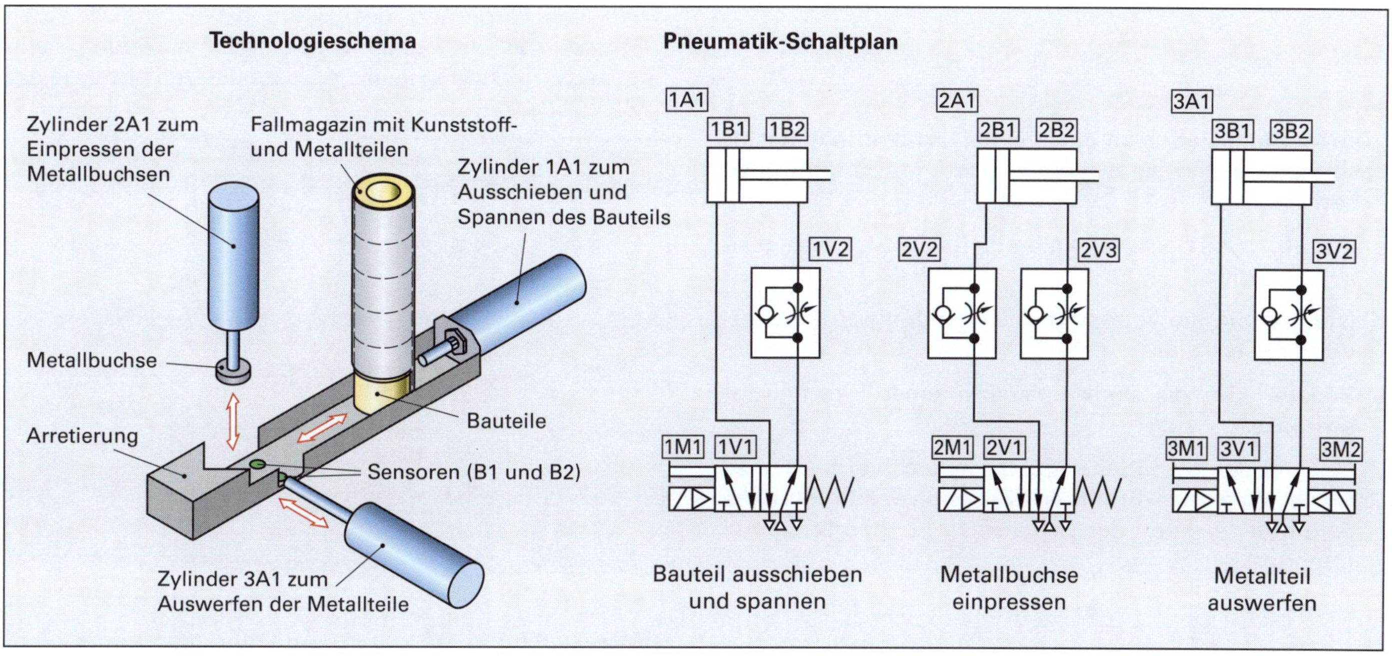


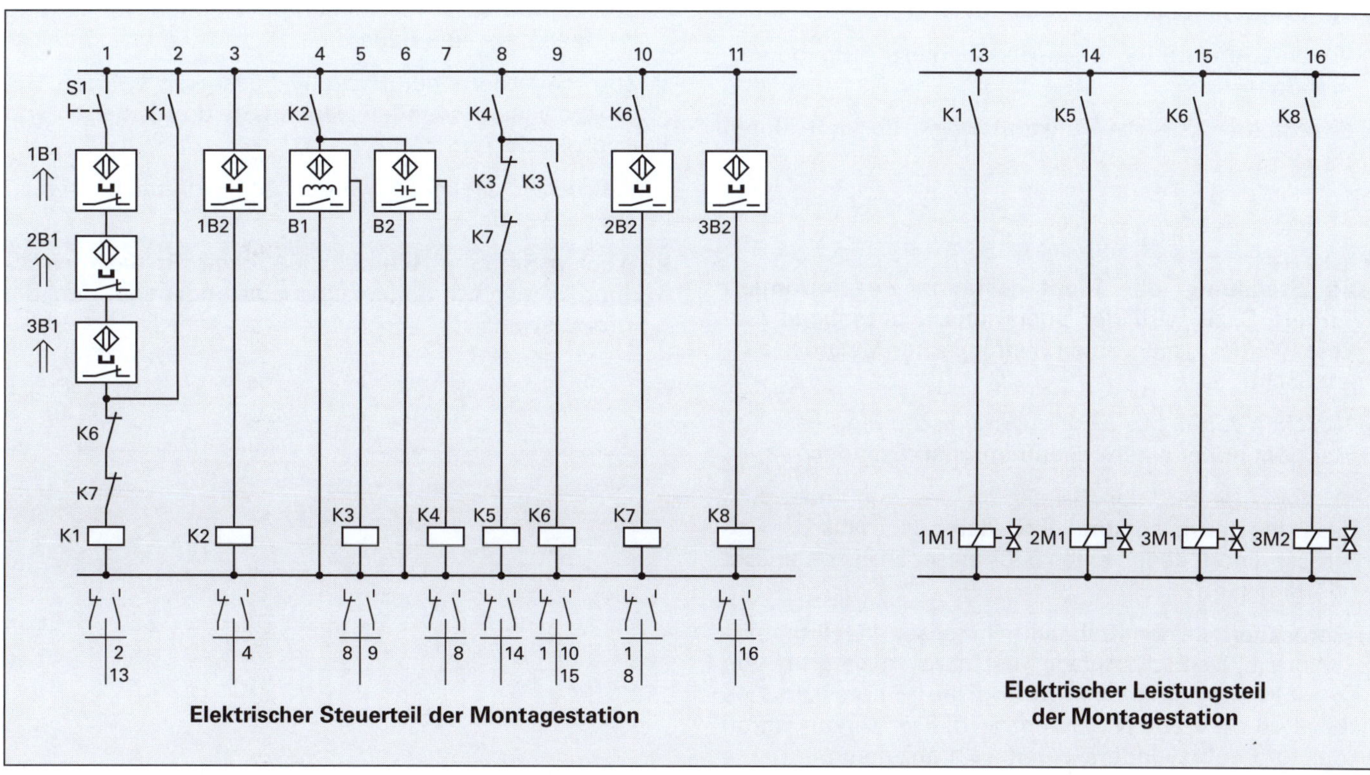

## Ungebundene Fragen

**1**

**Erstellen Sie für die Steuerung der Montagestation ein Ablaufdiagramm in der Entwurfsprache GRAFCET.**

**2**

**Für die Abfrage „Vorhandensein eines Kunststoffteiles unter der Einpressvorrichtung" müssen Sensoren ausgewählt werden.**

a) Erklären Sie den Unterschied zwischen aktiven und passiven Sensoren.

b) Welchen Sensor würden Sie für die Überprüfung des Materials verwenden? Begründen Sie Ihre Entscheidung.

**3**

**Die Montagestation ist durch einen Lichtvorhang (Lichtschranke) gegen einen unbeabsichtigten Eingriff gesichert.**

a) Warum muss die Anlage mit einem Lichtvorhang gesichert werden?

b) Nennen Sie die Vorteile der Verwendung eines Lichtvorhanges.

c) Erklären Sie die Funktionsweise einer Einweglichtschranke.

d) Im Stromlaufplan (Seite 389) ist der Lichtvorhang noch nicht integriert. Ergänzen Sie den Strompfad/die Strompfade, wenn der Lichtvorhang in den Steuerteil integriert ist.

**4**

**Vor dem Einspannen der Metallbuchse soll überprüft werden, ob das Kunststoffbauteil in der richtigen Lage liegt (Bohrung oben).**

a) Welche Sensorart würden Sie für diese Aufgabe verwenden?

b) Beschreiben Sie die Funktionsweise des gewählten Sensors.

**5**

**Die Steuerung der Montagestation soll optimiert werden. Dazu wird der pneumatisch betriebene Einpresszylinder gegen einen hydraulischen Zylinder ausgetauscht.**

a) Welchen Vorteil besitzt der hydraulische Einpresszylinder gegenüber einem pneumatischen Zylinder?

b) Ändern Sie nur den Schaltplan des pneumatischen Leistungsteiles so um, dass der pneumatische Einpresszylinder gegen einen hydraulischen ausgetauscht werden kann.

c) Berechnen Sie den Kolbendurchmesser des Hydraulikzylinders, wenn die Anlage mit einem Arbeitsdruck von $p_e$ = 30 bar betrieben wird und zum Einpressen eine Kraft von $F_E$ = 600 N benötigt wird. (Der Wirkungsgrad des Hydraulikzylinders ist mit $\eta$ = 1 anzunehmen).

d) In der Hydraulikanlage muss ein Druckbegrenzungsventil eingebaut werden. Begründen Sie die Notwendigkeit des Einbaus.

e) Erklären Sie die Funktionsweise des Druckbegrenzungsventils anhand der schematischen Darstellung.

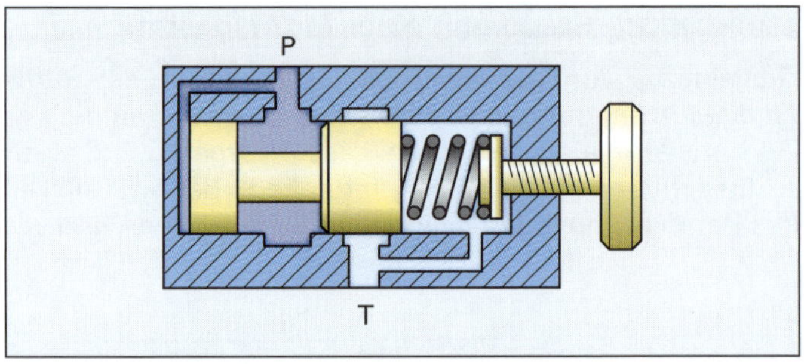


f) Für die Förderung des Hydrauliköles und für den Druckaufbau im System wird eine Zahnradpumpe eingesetzt. Zeichnen Sie in die Skizze die Drehrichtung der Zahnräder ein.

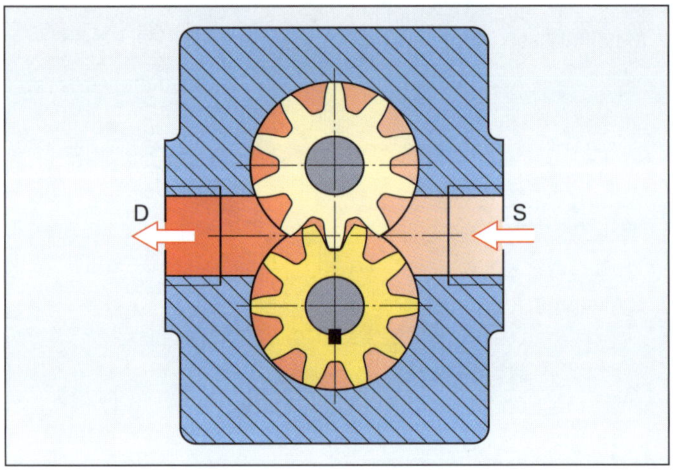


g) Was versteht man unter dem Volumenstrom in einer Pneumatikanlage?

h) Erklären Sie den Unterschied zwischen einer Konstantpumpe und einer Verstellpumpe. Nennen Sie für jede Pumpenart je eine Bauart.

i) Zum Speichern der Hydraulikflüssigkeit werden Hydrospeicher verwendet. Nennen Sie drei Bauarten von Hydrospeichern.

j) Welche Flüssigkeiten werden als Hydraulikflüssigkeiten verwendet?

k) Wählen Sie eine Hydraulikflüssigkeit für die Verwendung in der Montagestation aus und begünden Sie Ihre Auswahl.

**6**

**In Ihrer Firma beträgt der Systemdruck der Pneumatikleitungen $p_e = 8$ bar. Die Montagestation soll aber mit einem Druck von $p_e = 6$ bar betrieben werden. Zur Reduzierung wird ein Druckregelventil eingebaut (Bild unten).**

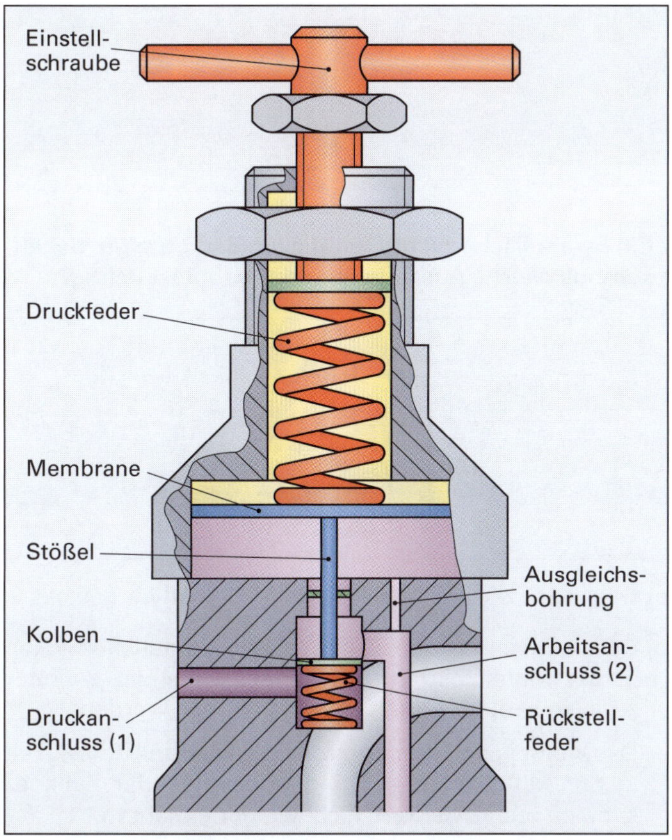


a) Erklären Sie stichwortartig dessen Funktionsweise.

b) Der eingestellte Systemdruck wird mit einem Stahlrohrfeder-Manometer (Druckmessgerät) gemessen. Erklären Sie die Funktionsweise anhand der schematischen Darstellung.

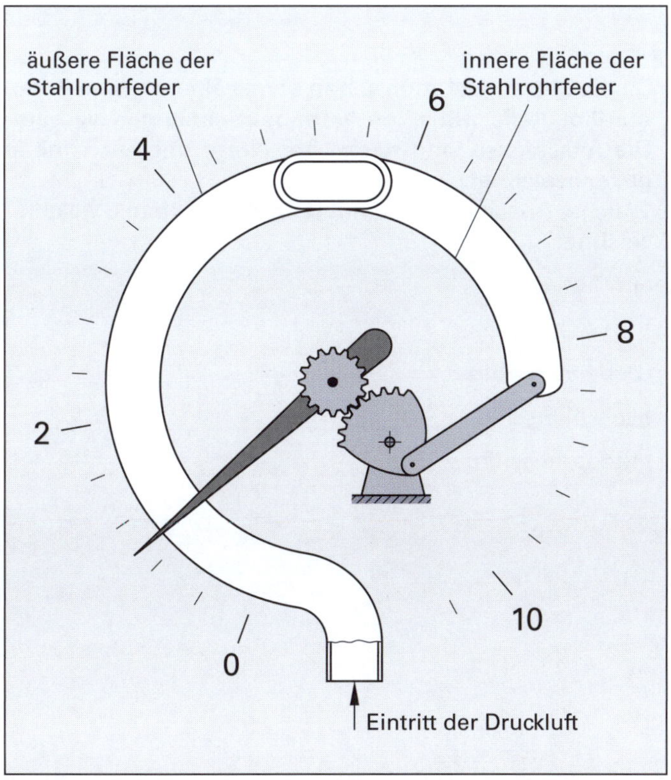


**7**

**Um die pneumatischen Bauteile vor Korrosion und Verschleiß zu schützen, wird die Druckluft im Luftfilter mit einem Wasserabscheider (siehe Bild unten, Aufgabe a) entwässert, bevor sie im Öler (siehe Bild unten, Aufgabe b) mit Ölnebel versetzt wird.**

a) Erklären Sie die Funktionsweise des Luftfilters mit Wasserabscheider.

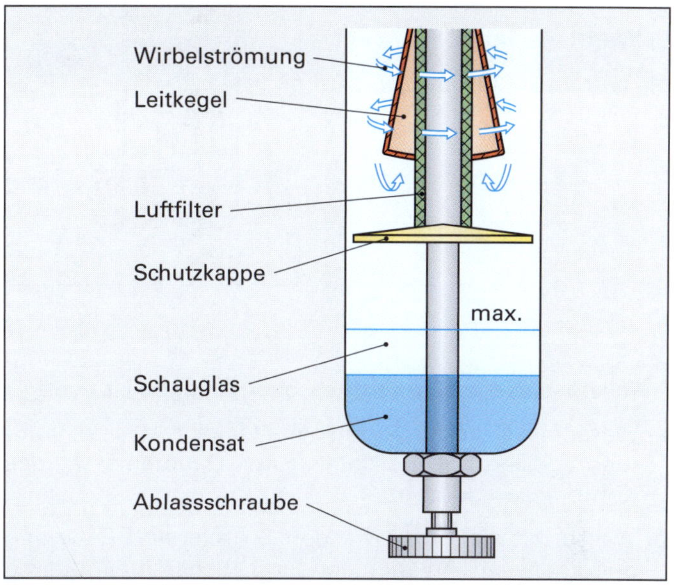


b) Erklären Sie die Funktionsweise des Ölers.

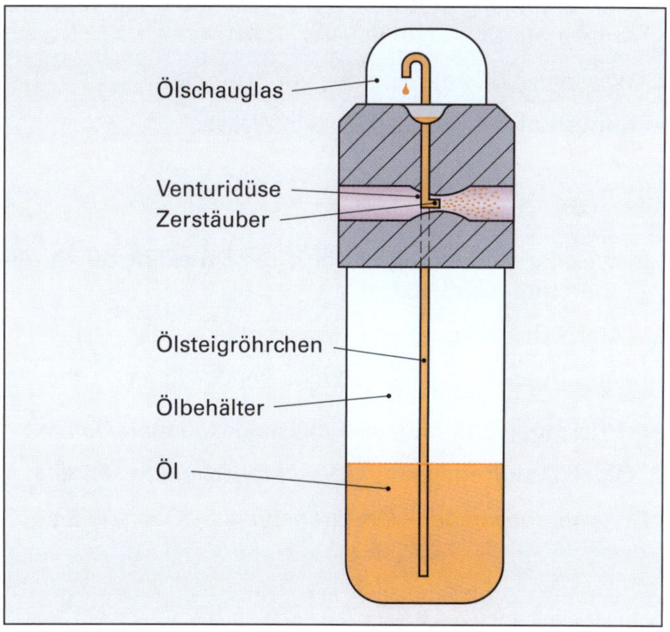


**8**

**Es kommt zu einer Störung: Der Zylinder zum Einpressen der Buchse (2A1) fährt aus, aber nicht wieder ein (Bild 1, Seite 389).**

a) Nennen Sie mögliche Ursachen für den Fehler in der Anlage.

b) Wie können Sie den Fehler näher eingrenzen?

c) Dürfen Sie als Industriemechaniker(in) mit der Zusatzqualifikation als unterwiesene Fachkraft in den elektrischen Teil der Steuerung eingreifen, um z.B. Spannungen zu prüfen und defekte Teile auszutauschen? Begründen Sie Ihre Antwort.

## Aufgaben mit Auswahlantworten

**1**

**Welches Bauteil der Pneumatikanlage der Montagestation ist im Bild unten dargestellt?**

a) Lufttrockner

b) Kompressor

c) Geräuschdämpfer

d) Wartungseinheit

e) Hydraulikölaufbereiter

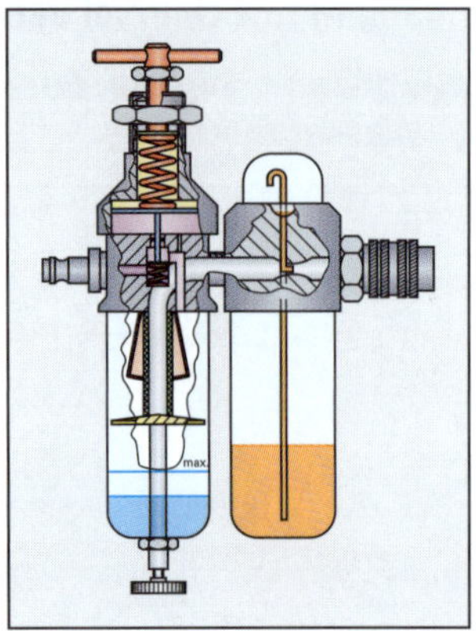


**2**

**Welche Aussage zu pneumatischen Anlagen ist richtig?**

a) Wasser im Druckluftvorratsbehälter kann zu einer Volumenreduzierung und somit zum „Dauereinsatz“ des Kompressors führen.

b) Wasser ist ein Ersatz für den Schmierstoff Öl, wenn pneumatische Anlagen in der Lebensmittelindustrie zum Einsatz kommen.

c) Pneumatische Anlagen dürfen nie geölt werden, da Öl die Leitungen zerstören kann (z.B. durch Quellen der Kunststoffe).

d) Wasser schützt die Bauteile vor Korrosion.

e) Komprimierte Luft enthält kein Wasser.

**3**

**In welcher Reihenfolge strömt die Druckluft durch die Aufbereitungseinheit?**

a) Filter – Druckregelventil – Wasserabscheider – Öler

b) Wasserabscheider – Druckregelventil – Filter – Öler

c) Druckregelventil – Wasserabscheider – Filter – Öler

d) Öler – Druckregelventil – Wasserabscheider – Filter

e) Wasserabscheider – Druckregelventil – Öler – Filter

**4**

**Wodurch wird der Schall im Schalldämpfer reduziert?**

Eine Reduzierung des Schalles wird durch …

a) die Erhöhung der Strömungsgeschwindigkeit der Luft erzielt.

b) die Erzeugung eines Gegendrucks erzielt.

c) die Erzeugung eines Unterdruckes erzielt.

d) ein elektrisches Spannungsfeld erzielt.

e) die Herabsetzung der Strömungsgeschwindigkeit der Luft erzielt.

**5**

**Mit welchem der unten aufgeführten Kennbuchstaben werden nach DIN ISO 5599 die Entlüftungsanschlüsse der 5/2 Wegeventile 1V1, 2V1 bzw. 3V1 gekennzeichnet?**

a) R

b) 1

c) 2

d) 3

e) 12

**6**

**Ein hydraulisches Ventil hat das im Bild gezeigte Schaltsymbol. Welche Aussage über das Ventil ist richtig?**

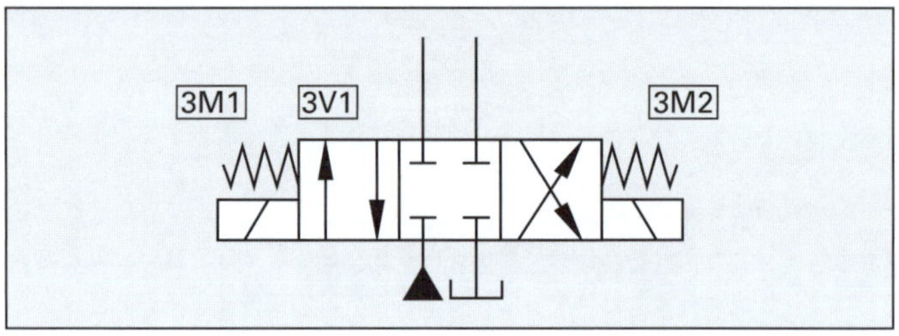


a) Das Ventil wird nicht als Hydraulikbauteil hergestellt.

b) Das Ventil sperrt den Zustrom der Hydraulikflüssigkeit in der Mittelstellung. Ein doppeltwirkender Zylinder kann so in einer Mittelposition gehalten werden.

c) Das Ventil sperrt den Zustrom der Hydraulikflüssigkeit in der Mittelstellung. Ein doppeltwirkender Zylinder kann so nur ausfahren, nicht wieder einfahren.

d) In der linken Schaltposition ist der Durchflussweg in Nebenschlussschaltung und zwei Anschlüsse gesperrt.

e) Es handelt sich um ein 5/3-Wege-Ventil mit Sperrruhestellung.

**7**

**Da die Montagestation schon etwas älter ist, sind Pneumatikbauteile mit alten Normbezeichnungen verbaut. Die Anschlüsse sind nach alter Norm mit Buchstaben gekennzeichnet.**
**Welcher Anschluss wird mit dem Buchstaben S gekennzeichnet?**

a) Entlüftung

b) Druckanschluss

c) Arbeitsanschluss

d) Leckölanschluss

e) Steueranschluss

**8**

**Um welche Art von Sensoren handelt es sich bei den im Bild von Seite 389 dargestellten Sensoren 1B1, 1B2, 2B1, 2B2, 3B1 und 3B2?**
**(Hinweis: Verwenden Sie ein Tabellenbuch)**

a) Kapazitiver Sensor, reagiert bei Annäherung aller Stoffe.

b) Induktiver Sensor, reagiert bei Annäherung von Metallen.

c) Magnetischer Sensor, reagiert bei Annäherung eines Magneten (Reedschalter).

d) Optischer Sensor, reagiert auf Reflexion von Infrarotstrahlung.

e) Deduktiver Sensor, reagiert auf Gase.

**9**

**Die Endlagen eines Pneumatikzylinders sollen durch einen anderen berührungslosen Sensor abgefragt werden. Welcher Sensortyp ist für diese Aufgabe geeignet?**

a) Öffner mit Rollbetätigung

b) Induktiver Sensor

c) Schließer mit Rollbetätigung

d) Bimetallsensor

e) Kapazitiver Sensor

**10**

**Welche der unten aufgeführten Aufgaben gehören nicht zu den Aufgaben von Hydraulikflüssigkeiten?**

a) Druckübertragung

b) Schmieren der beweglichen Geräteteile.

c) Signalübertragung

d) Verbesserung der Dichtfunktion an Verschraubungen

e) Dämpfung von Schwingungen

**11**

**Welchen Vorteil besitzen schwer entflammbare Hydraulikflüssigkeiten?**

a) Die Druckflüssigkeiten sind für hohe Betriebstemperaturen geeignet.

b) HFD-Flüssigkeiten zersetzen Schläuche und Dichtungen.

c) Die Viskosität der HFD-Flüssigkeiten ändert sich bei Temperaturschwankungen.

d) Die Pumpenansaugbedingungen sind erschwert.

e) HFC-Flüssigkeiten haben eine begrenzte Betriebstemperatur.

**12**

**Die Zahnradpumpe in der optimierten Montagestation (Seite 389) arbeitet mit einer mittleren Betriebstemperatur von 35 °C. Während des Betriebs darf die zulässige kinematische Viskosität des Hydrauliköls zwischen 50 und 100 mm²/s schwanken.**
**Welche Hydrauliköle dürfen verwendet werden?**

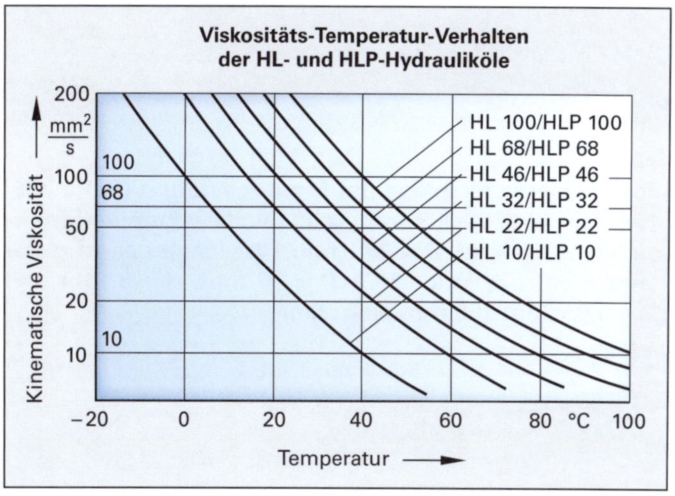


a) HL 10 / HLP 10

b) HL 22 / HLP 22

c) HL 32 / HLP 32

d) HL 46 / HLP 46

e) HL 68 / HLP 68

**13**

**Welche Aussage zur „Kavitation" in der Hydraulik ist richtig?**

a) Unter Kavitation (cavitare = aushöhlen) versteht man das Herauslösen von kleinen Werkstoffteilchen aus der Zylinderwand durch strömendes Hydrauliköl.

b) Bei der Kavitation explodieren Luftblasen in der Hydraulikflüssigkeit.

c) Bei der Kavitation bilden sich durch große Strömungsgeschwindigkeit kleine Gasblasen im Hydrauliköl, die plötzlich in sich zusammenfallen (implodieren) und dadurch die inneren Wände der Leitungen und Pumpen schädigen.

d) Bei der Kavitation bilden sich Luftblasen, die für die Aufschäumung des Öls sorgen.

e) Unter Kavitation in der Hydraulik versteht man die Reduzierung der Strömungsgeschwindigkeit.

**14**

**Zum Einpressen der Metallbuchsen in das Kunststoffbauteil (Seite 389) wird eine Kraft von $F_E$ = 600 N benötigt. Der pmeumatisch betriebene doppeltwirkende Zylinder 2A1 arbeitet mit einem Wirkungsgrad von $\eta$ = 0,88. Der Druck im System beträgt $p_e$ = 6 bar. Welchen Durchmesser muss der eingesetzte Hydraulikzylinder haben?**

a) $D$ = 16 mm

b) $D$ = 32 mm

c) $D$ = 40 mm

d) $D$ = 50 mm

e) $D$ = 63 mm

**15**

**In den Zylinder 2A1 (Kolbendurchmesser $D$ = 20 mm) strömt Öl mit einem Volumenstrom $Q$ = 25 l/min. Mit welcher Geschwindigkeit fährt der Zylinder ein?**

a) 221 mm/s

b) 221 cm/min

c) 2,0 mm/s

d) 947 mm/min

e) 2653 cm/min

**16**

**In der Hydraulikanlage der Montagestation (Seite 389) herrscht ein Druck von $p_e$ = 30 bar. Das Pumpenfördervolumen beträgt $Q$ = 25 l/min. Wie lange benötigt der eingebaute Zylinder 2A1 ($D$ = 20 mm, $d$ = 8 mm und $\eta$ = 0,85), um 150 mm auszufahren?**

a) 9,5 s

b) 0,158 s

c) 570 s

d) 29,4 s

e) 2378 s

**17**

**Bei welcher der aufgeführten Pumpen kann man den Volumenstrom regeln, obwohl sich die Pumpe mit konstanter Umdrehungsfrequenz dreht.**

a) Zahnradpumpe

b) Kolbenpumpe

c) Axialverdichter

d) Roots-Verdichter

e) Radialverdichter

**18**

**Beim Austausch des peumatischen Zylinders 2A1 (Seite 389) gegen einen Hydraulikzylinder müssen Druckleitungen verlegt werden. Welches Bild zeigt eine nicht zulässige Verlegung?**

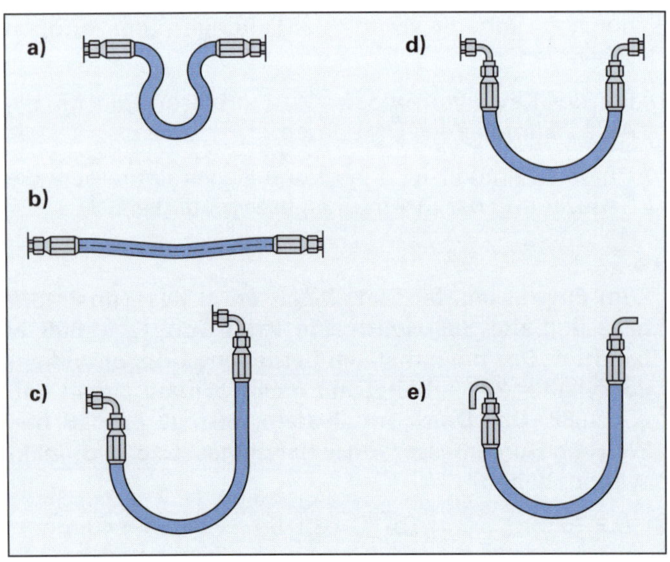


**19**

**Der dargestellte Zylinder 1A1 wurde, wie im Bild gezeigt, versehentlich falsch angeschlossen und mit Druckluft beaufschlagt. Welche Aussage zur Reaktion des Zylinders ist richtig?**

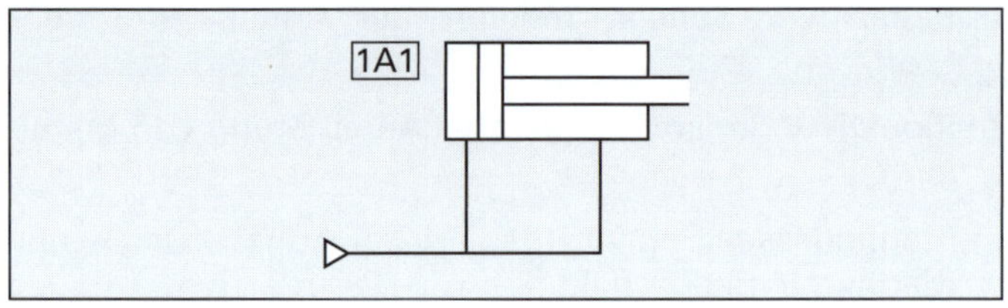


a) Der Zylinder fährt ein.

b) Der Zylinder bleibt in seiner momentane Lage stehen.

c) Es tritt ein Stick-Slip-Effekt auf.

d) Die Pneumatikschläuche platzen, da der Druck zu hoch wird.

e) Der Zylinder fährt aus.

**20**

**Welche Aussage ist richtig, wenn in Strompfad 10 (Bild, Seite 389) ein Leitungsbruch vorliegt?**

a) Das Schütz K7 ist spannungslos und öffnet in Strompfad 1.

b) Der Zylinder 1A1 kann nicht ausfahren.

c) Die Materialerkennung kann nicht mehr erfolgen.

d) Das Schütz K7 bekommt keine Spannung und Zylinder 2A1 kann nicht zurückfahren.

e) Der Zylinder 3A1 fährt nicht mehr zurück.

**21**

**Welche Aussage zum Stromlaufplan (Bild, Seite 389) ist richtig?**

a) In der Grundstellung ist Sensor 1B1 in Strompfad 1 betätigt und öffnet den Stromkreis.

b) Sensor B1 reagiert nur auf Metalle.

c) Erst wenn das Schütz K2 in Strompfad 4 schaltet, werden die Sensoren zur Bauteilerkennung mit Strom durchflossen.

d) Sensor B2 reagiert auf Metalle und auf Kunststoffe.

e) Die Sensoren 1B1 und 1B2 fragen die Endlagen der Zylinder berührend ab.

**22**

**Auf dem Magnetventil 1M1 der Anlage von Bild 1, Seite 389 sind folgende technische Daten aufgedruckt: $U$ = 24 V, $P$ = 6,2 W. Wie hoch ist die Stromstärke, die durch die Leitungen fließt?**

a) 0,26 A

b) 149 A

c) 3,9 A

d) 0,38 A

e) 2,6 A

## Leistungsüberprüfung zu Lernfeld 7: Montieren von technischen Systemen

Bearbeitungszeit : ______________________ Bearbeiter : ______________________

Hilfsmittel : ______________________ Datum : ______________________

### Leitprojekt: Montieren eines Kegelradgetriebes

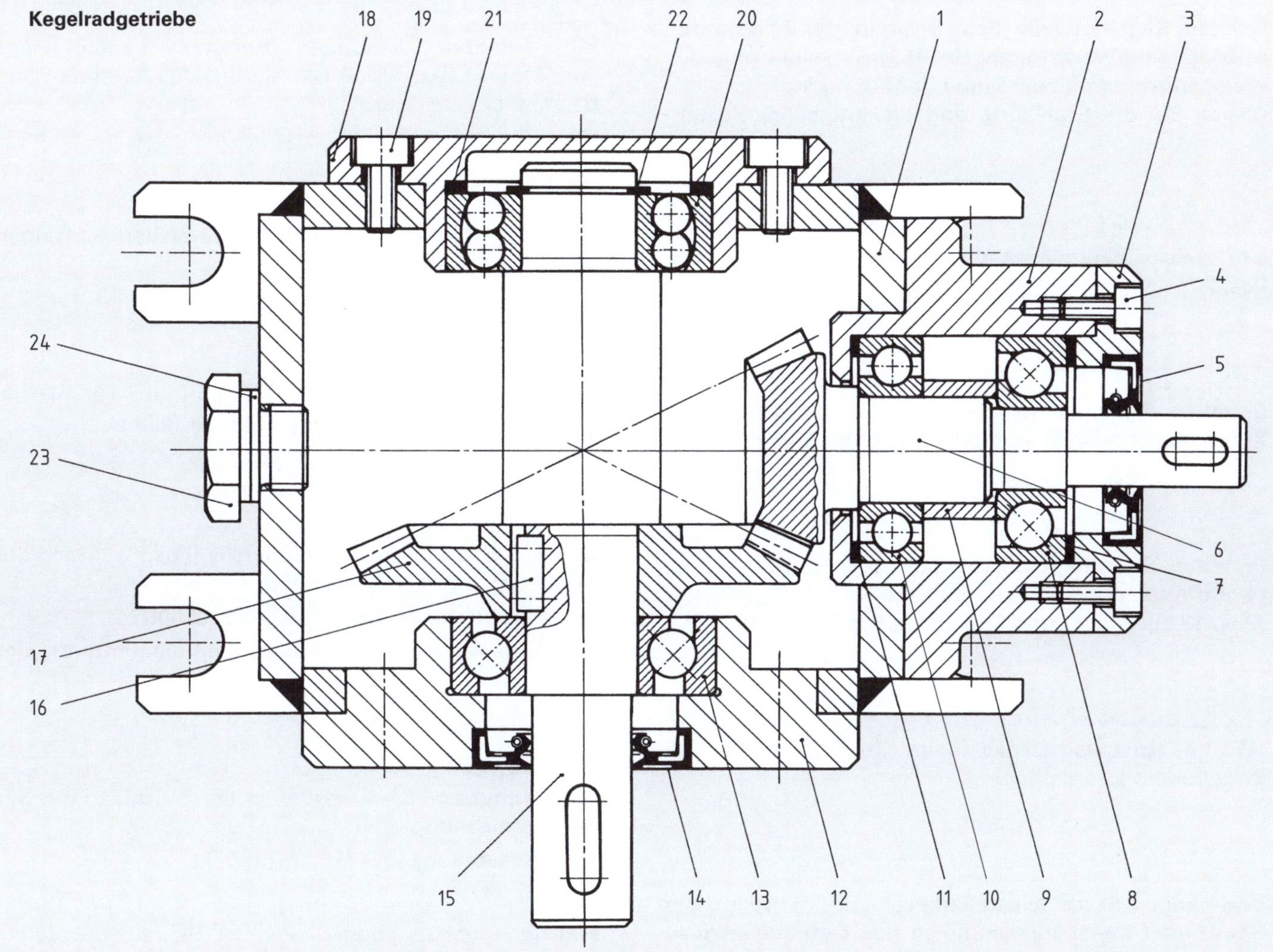


| Stückliste: Kegelradgetriebe | | | | | | | | |
|---|---|---|---|---|---|---|---|---|
| Pos. | Menge | Benennung | Pos. | Menge | Benennung | Pos. | Menge | Benennung |
| 1 | 1 | Getriebegehäuse | 9 | 1 | Abstandsring | 17 | 1 | Kegelrad |
| 2 | 1 | Lagergehäuse | 10 | 1 | Rillenkugellager | 18 | 1 | Lagergehäusedeckel |
| 3 | 1 | Lagerdeckel | 11 | 1 | Passscheibe | 19 | 12 | Zylinderschraube |
| 4 | 6 | Zylinderschraube | 12 | 1 | Lagergehäuse | 20 | 1 | |
| 5 | 1 | Radial-Wellendichtring | 13 | 1 | Schrägkugellager | 21 | 1 | Abstandsscheibe |
| 6 | 1 | Welle mit Kegelradritzel | 14 | 1 | | 22 | 1 | |
| 7 | 1 | Passscheibe | 15 | 1 | Welle | 23 | 1 | Verschlussschraube |
| 8 | 1 | Schrägkugellager | 16 | 1 | Passfeder | 24 | 1 | Flachdichtring |

## Ungebundene Aufgaben

**1**

Die Lagerung der Kegelradwelle Pos. 6 erfolgt durch die Lager Pos. 8 und Pos 20.

a) Wie werden diese Lager bezeichnet?

b) Welche Aufgaben hat das Lager Pos. 8?

c) Welche Aufgabe hat das Lager Pos. 20?

d) Wozu dient das Bauelement Pos. 9?

**2**

Für die Kegelradwelle Pos. 6 ist in der erweiterten Stückliste die Werkstoffangabe 16MnCr5 eingetragen. Welchen Werkstoff bezeichnet der Kurzname? Geben Sie die Stahlsorte und die ungefähre Zusammensetzung an.

**3**

Um welche Bauteile handelt es sich bei Pos. 14 bzw. Pos. 22?

**4**

Erstellen Sie einen Montageplan für die Baugruppe: Kleine Kegelradwelle mit Lagerung (Pos. 2 bis Pos. 10).

**5**

Erstellen Sie einen Montageplan für die Baugruppe: Große Welle mit Kegelrad und Lager. (Pos. 13 bis Pos. 17 und Pos. 20 bis Pos. 22)

**6**

Welche Einstellarbeit ist beim Zusammenbau von Kegelrädern erforderlich?

**7**

Wie kann diese Einstellarbeit beim Einbau der Baugruppe Kegelradlagerung in das Getriebegehäuse erfolgen?

**8**

Erstellen Sie einen Montageplan für das Kegelradgetriebe aus den beiden Kegelrad-Baugruppen und dem Gehäuse.

**9**

Fertigen Sie eine Skizze mit Paaren verschiedener Zahnradarten an und tragen Sie die Anordnung der Achsen ein.

**10**

Wie kann das Austreten von Öl an der Anlagefläche zwischen Pos. 1 und 2 verhindert werden?

**11**

Mit welchen Dichtungen zwischen Lagergehäuse Pos. 2 und Lagerdeckel Pos. 3 wird das Austreten von Getriebeöl verhindert?

**12**

Worauf ist beim Einbau von Radial-Wellendichtringen besonders zu achten?

**13**

Welche besonderen Anforderungen müssen Schmieröle für hoch belastete Kegelradgetriebe erfüllen?

**14**

An den Absätzen der Kegelradwelle (Pos. 6) sind in der Zeichnung breite Volllinien eingetragen.

a) Was wird durch diese Linien dargestellt?

b) Welche Aufgabe haben diese Formelemente bei der Fertigung?

**15**

Die Schrauben Pos. 4 werden in der Stückliste mit der Kurzbezeichnung

Zylinderschraube ISO 4762-M8x20-8.8

bezeichnet.

Welche Angaben können aus der Schraubenbezeichnung abgelesen werden?

**16**

Durch welche Maßnahmen kann Korrosion in den Lagern Pos. 8 und 10 des Kegelradgetriebes verhindert werden?

**17**

Die Schrauben Pos. 19 sollen bei der Montage gesichert werden.
Welche Arten von Schraubensicherungen können im vorliegenden Fall eingesetzt werden?

**18**

Beschreiben Sie die Funktionskontrolle des montierten Kegelradgetriebes.
Entwerfen Sie ein Prüfprotokoll der Funktionskontrolle.

**19**

Warum sind bei dem Kegelradgetriebe Wälzlager eingebaut und keine Gleitlager?
Begründen Sie die Wahl des Lagers aus den unterschiedlichen Eigenschaften der Lagerarten.

**20**

Welche Reibungsart tritt in den Wälzlagern des Kegelradgetriebes auf?

**21**

An welchen Bauteilen des Kegelradgetriebes tritt Flächenpressung auf?

**22**

Für die Lageraufnahme im Gehäuse (Pos. 2) ist ein maximaler Mittenrauwert von 0,8 µm vorgeschrieben.

a) Welchen Grund hat dies?

b) Durch welches Fertigungsverfahren ist der Rauheitswert zu erreichen?

**23**

Im Getriebegehäuse befindet sich eine Ölfüllung von 3,6 Liter. Sie erwärmt sich bei Nennbetrieb des Kegelradtriebs von 20 °C auf 46 °C.
$\rho_{Öl} = 0{,}91\ kg/dm^3$, $c_{Öl} = 2{,}09\ kJ/(kg \cdot K)$

a) Welche Wärmemenge wurde dabei auf die Ölfüllung übertragen?

b) Die getriebene Welle (Pos. 15) hat zwischen den Lagern (Pos. 13 und Pos. 20) bei 20 °C eine Anfangslänge von 468 mm.
Um welches Maß dehnt sich die getriebene Welle bei der Erwärmung auf 46 °C aus?

**24**

Der Innenring des Schrägkugellagers (Pos. 13) ist mit einer Übermaßpassung auf dem Wellenzapfen (Pos. 15) montiert.

| Bauteil | Grenzabmaße in µm | |
|---|---|---|
| Lagerinnenring ∅ 20 P6 | 0 | –10 |
| Wellenzapfen ∅ 20 k6 | +15 | +2 |

a) Welches Mindestübermaß und welches Höchstübermaß liegen vor? (4 Punkte)

b) Auf welche Temperatur muss der Innenring des Lagers bei der Montage mindestens erwärmt werden, um ihn mit einem Spiel von mindestens 10 µm über den Wellenzapfen zu schieben? (Ausgangstemperatur: 20 °C)

**25**

Das Kegelrad (Pos. 17) ist mit einer Passfeder (Pos. 16) mit der Welle verbunden.

a) Welche Aufgabe erfüllt die Passfeder?

b) Welche Welle-Nabe-Verbindungen müssten eingesetzt werden, wenn das Kegelradgetriebe stoßartiger und hoher Belastung ausgesetzt würde?

**26**

Welches der Lager an der Welle mit dem großen Kegelrad wirkt als Festlager und welches als Loslager?

**27**

Bei welchen Anwendungen werden bevorzugt Gleitlager bzw. bevorzugt Wälzlager eingesetzt?

## Aufgaben mit Auswahlantworten

**1**

**Welche Aufgabe hat die Welle Pos. 15 im Kegelradgetriebe (Bild Seite 395)?**

a) Sie steift das Gehäuse aus.
b) Sie dichtet die Gehäuseöffnung ab.
c) Sie verbindet zwei Gehäusewände.
d) Sie trägt die Wellendichtringe.
e) Sie leitet ein Drehmoment weiter.

**2**

**Das Lager Pos. 20 im Kegelradgetriebe ist ein …**

a) Schrägkugellager
b) Rillenkugellager
c) Pendelkugellager
d) Nadellager
e) Kegelrollenlager

**3**

**Welches Wälzlager ist *nur* in axialer Richtung belastbar?**

a)
b)
c)
d)
e)

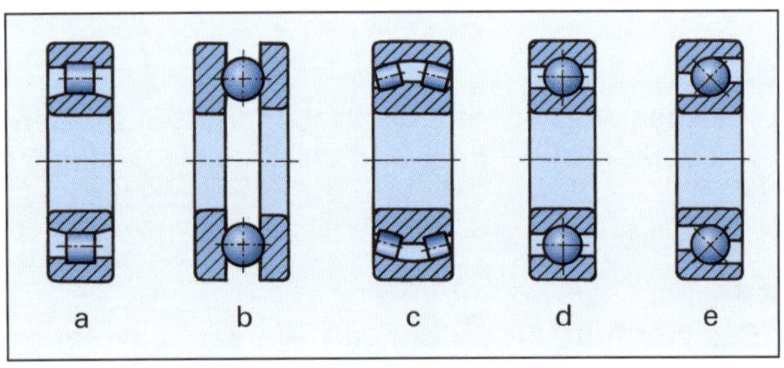


**4**

**Welches Bauteil hat in dem gezeichneten Bild Umfangslast?**

a) Nur die Welle
b) Nur der Innenring des Wälzlagers
c) Nur die Spannrolle
d) Innenring und Welle
e) Spannrolle und Außenring

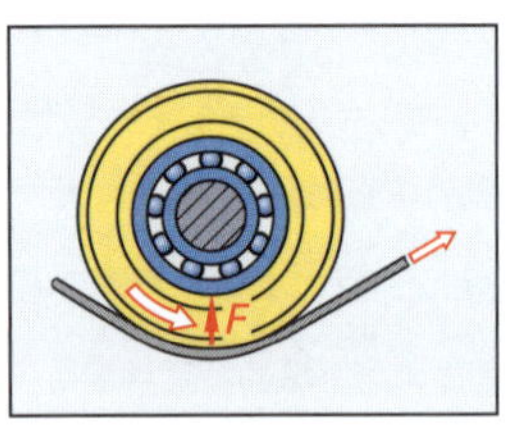


**5**

**Welchen Vorteil hat ein Gleitlager gegenüber einem Wälzlager gleicher Baugröße?**

a) Geringere Reibung
b) Höhere Tragfähigkeit
c) Leichtere Montage
d) Geringerer Preis
e) Bessere Ausbaubarkeit

**6**

**Mit welchem Maschinenelement werden im gezeigten Bild die Welle und die Riemenscheibe verbunden?**

a) Scheibenfeder
b) Zapfenfeder
c) Gleitfeder
d) Passfeder
e) Einlegekeil

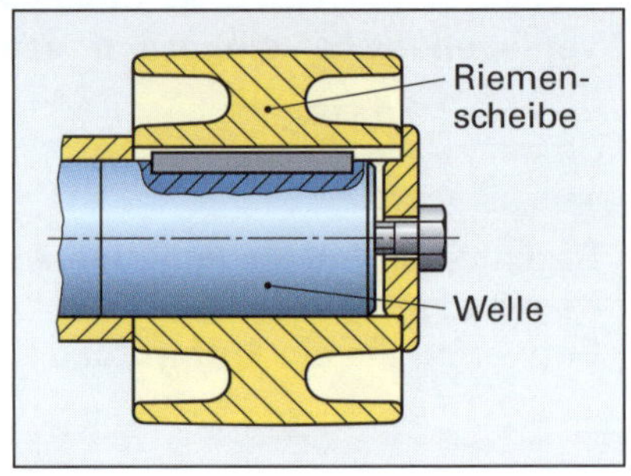


**7**

**Welches Verbindungselement ist zwischen dem linken und dem rechten Getriebeteil im Bild dargestellt?**

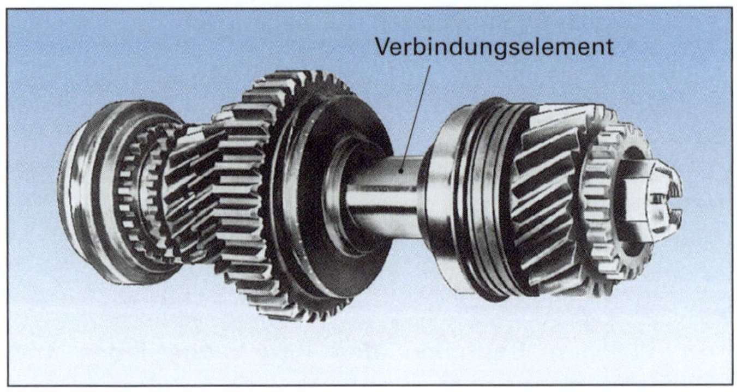


a) Querkeil
b) Treibkeil
c) Keilwelle
d) Polygonwelle
e) Kerbverzahnung

**8**

**Welche Aussage über die dargestellte Welle-Nabe-Verbindung ist richtig?**

a) Die Verbindung kann nur geringe Kräfte übertragen.
b) Die Verbindung genügt nur geringen Anforderungen an den Rundlauf.
c) Die Verbindung kann große Drehmomente übertragen und ist axial verschiebbar.
d) Diese Verbindung verhindert ein axiales Verschieben der Welle.
e) Diese Verbindungsart ist nur für die Übertragung kleiner Drehmomente bei niedrigen Drehzahlen geeignet.

**9**

**Welche Dichtung zeigt Pos. 14 im Kegelradgetriebe (Bild Seite 395)?**

a) Nutringdichtung

b) Stopfbuchsdichtung

c) Radial-Wellendichtring

d) Labyrinthdichtung

e) Flachringdichtung

**10**

**Welche Wellensicherung ist im Bild dargestellt?**

a) Stellring

b) Kegelstift

c) Sprengring

d) Sicherungsring

e) Sicherungsscheibe

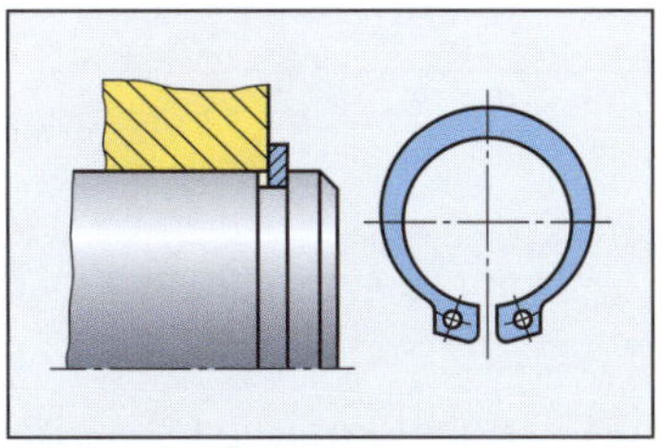

**11**

**Welche Reibungsart herrscht zwischen den Flanken der Kegelräder Pos. 6 und 17 des Kegelradgetriebes?**

a) Rollreibung b) Gleitreibung

c) Kriechreibung d) Flüssigkeitsreibung

e) Wälzreibung

**12**

**Welcher Schmierstoff wird für die Schmierung der Lager Pos. 8 und 10 des Kegelradgetriebes verwendet?**

a) Synthetisches Schmieröl

b) Schmierfett mit Korrosionsschutz

c) Festschmierstoffpaste

d) Mineralöl

e) Gleitlack

**13**

**In welchen Bildern sind V-Führungen dargestellt?**

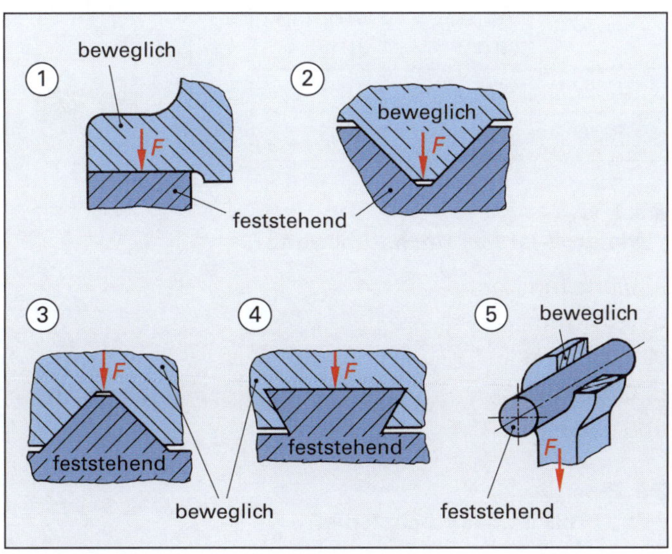


In den Bildern ...

a) ① und ② b) ② und ④

c) ② und ③ d) ③ und ⑤ e) ③ und ④

**14**

**Ein Werkstück aus Stahl mit einer Länge von 120 mm hat kurz nach der Bearbeitung eine Temperatur von 42 °C.**
**Wie groß ist der Messfehler, wenn es mit einer Bügelmessschraube gemessen wird, die eine Temperatur von 20 °C hat? (Der thermische Längenausdehnungskoeffizient von Stahl ist $\alpha_{St}$ = 0,000 012 1/°C.)**

a) 0,012 mm b) 0,029 mm

c) 0,032 mm d) 0,044 mm

e) 0,060 mm

**15**

**Auf welche Belastungsart werden die Laufringe durch die Kugeln des Kugellagers Pos. 8 und 10 im Kegelradgetriebe belastet?**

a) Zugbelastung

b) Torsionsbelastung

c) Biegung

d) Flächenpressung

e) Scherung

**16**

**Die Flächenpressung am Kopf eines Schneidstempels mit der Fläche $A$ = 14 mm x 22 mm soll bei einer Schneidkraft $F$ = 26 200 N berechnet werden.**

**16.1**

**Welche Formel dient zur Berechnung der Flächenpressung $p$?**

a) $p = F \cdot A$ b) $p = \frac{A}{F}$

c) $p = \frac{F \cdot A}{2}$ d) $p = \frac{F}{A}$

e) $p = F + A$

**16.2**

**Welches Ergebnis für $p$ ist richtig?**

a) 36 N/mm² b) 85 N/mm²

c) 92 N/mm² d) 262 N/mm²

e) 308 N/mm²

**17**

**Welche Festigkeits-Kenngrößen sind für die Kugeln des Wälzlagers im Kegelradgetriebe von großer Bedeutung?**

a) Zugfestigkeit und Bruchdehnung

b) Streckgrenze und Scherfestigkeit

c) 0,2%-Dehngrenze und Torsionsfestigkeit

d) Kerbschlagfestigkeit und Biegefestigkeit

e) Härte und Druckfestigkeit

**18**

**Durch welche Montageart wird das Kegelradgetriebe (Bild Seite 395) montiert?**

a) Stationäre Fließmontage

b) Gleitende Fließmontage

c) Stationäre Montage

d) Verzweigte Montage

e) Automatisierte Montage

**19**

**Bei welchen der dargestellten Passungen kann Spiel auftreten?**

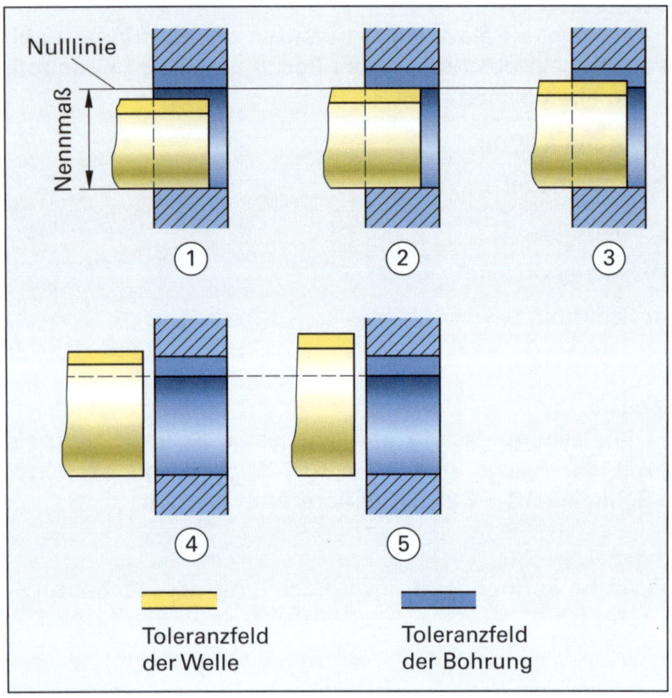


a) Nur in Bild ①

b) In den Bildern ① und ②

c) Nur in Bild ③

d) In den Bildern ①, ②, ③, ④

e) Nur in Bild ⑤

**20**

**Wie groß wird für die im Bild gezeigte Passung das Höchstspiel?**

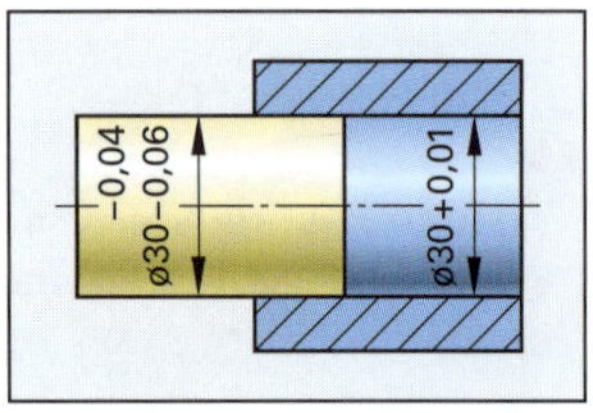


a) 0,01 mm

b) 0,04 mm

c) 0,06 mm

d) 0,05 mm

e) 0,07 mm

**21**

**Wie groß ist bei dem Passmaß 28f7 die Toleranz?**

a) 0,020 mm

b) 0,021 mm

c) 0,041 mm

d) 0,061 mm

e) −0,041 mm

| Passmaß | Abmaße |
|---|---|
| 28f7 | −0,020<br>−0,041 |

**22**

**Welche Aussage zum Bild ist richtig?**
**Das Bild zeigt die grafische Darstellung einer …**

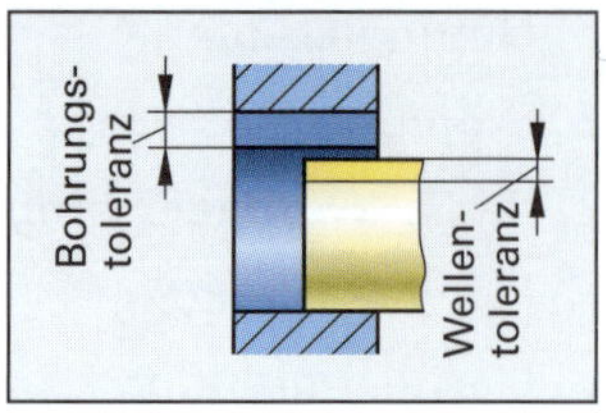


a) Spielpassung

b) Übergangspassung

c) Übermaßpassung

d) Einheitsbohrung

e) Einheitswelle

**23**

**Welche Aussage zum Bild ist richtig?**

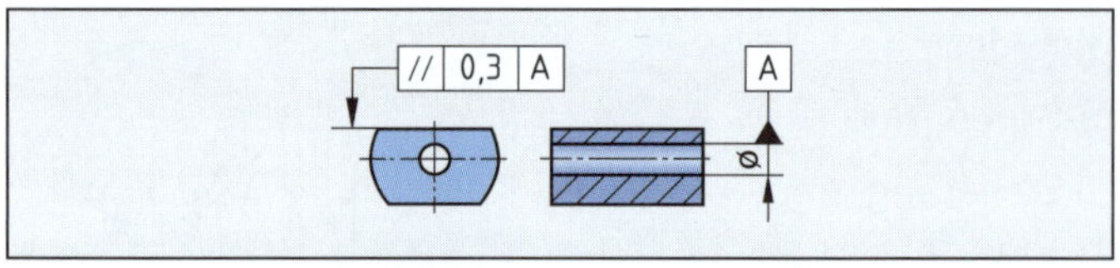


a) Bezugselement ist die obere Werkstückfläche.

b) Das tolerierte Element ist die Bohrung.

c) Die Toleranzzone befindet sich zwischen zwei zueinander parallelen Ebenen.

d) Der Toleranzwert beträgt 0,3 µm.

e) Die tolerierte Eigenschaft ist die Ebenheit der oberen Werkstückfläche.

**24**

**Welches Toleranzfeld hat der abgebildete Zylinderstift?**

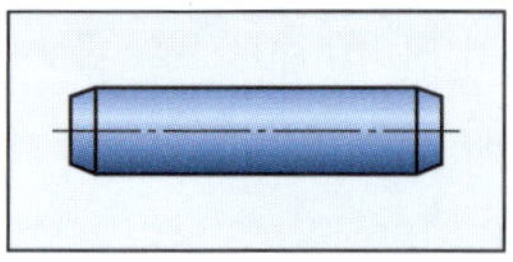

a) H8 b) h11

c) d7 d) m6

e) H7

**25**

**Für die Passung ∅ 40 H7/j6 sind das Höchstübermaß und das Höchstspiel zu bestimmen.**

| Passung | oberes Abmaß µm | unteres Abmaß µm |
|---|---|---|
| ∅ 40H7 | +25 | 0 |
| ∅ 40J6 | +11 | −5 |

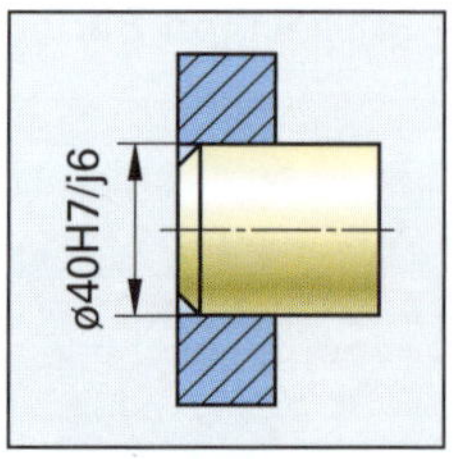


**25.1**

**Wie groß ist das Höchstübermaß?**

a) 0,005 mm

b) 0,011 mm

c) 0,016 mm

d) 0,030 mm

e) 0,036 mm

**25.2**

**Wie groß ist das Höchstspiel?**

a) 0 b) 0,011 mm

c) 0,016 mm d) 0,030 mm

e) 0,036 mm

## Leistungsüberprüfung zu Lernfeld 8: Fertigen auf numerisch gesteuerten Werkzeugmaschinen

Bearbeitungszeit : ____________________ Bearbeiter : ____________________

Hilfsmittel : ____________________ Datum : ____________________

### Leitprojekt: Lagerung einer Kegelradwelle

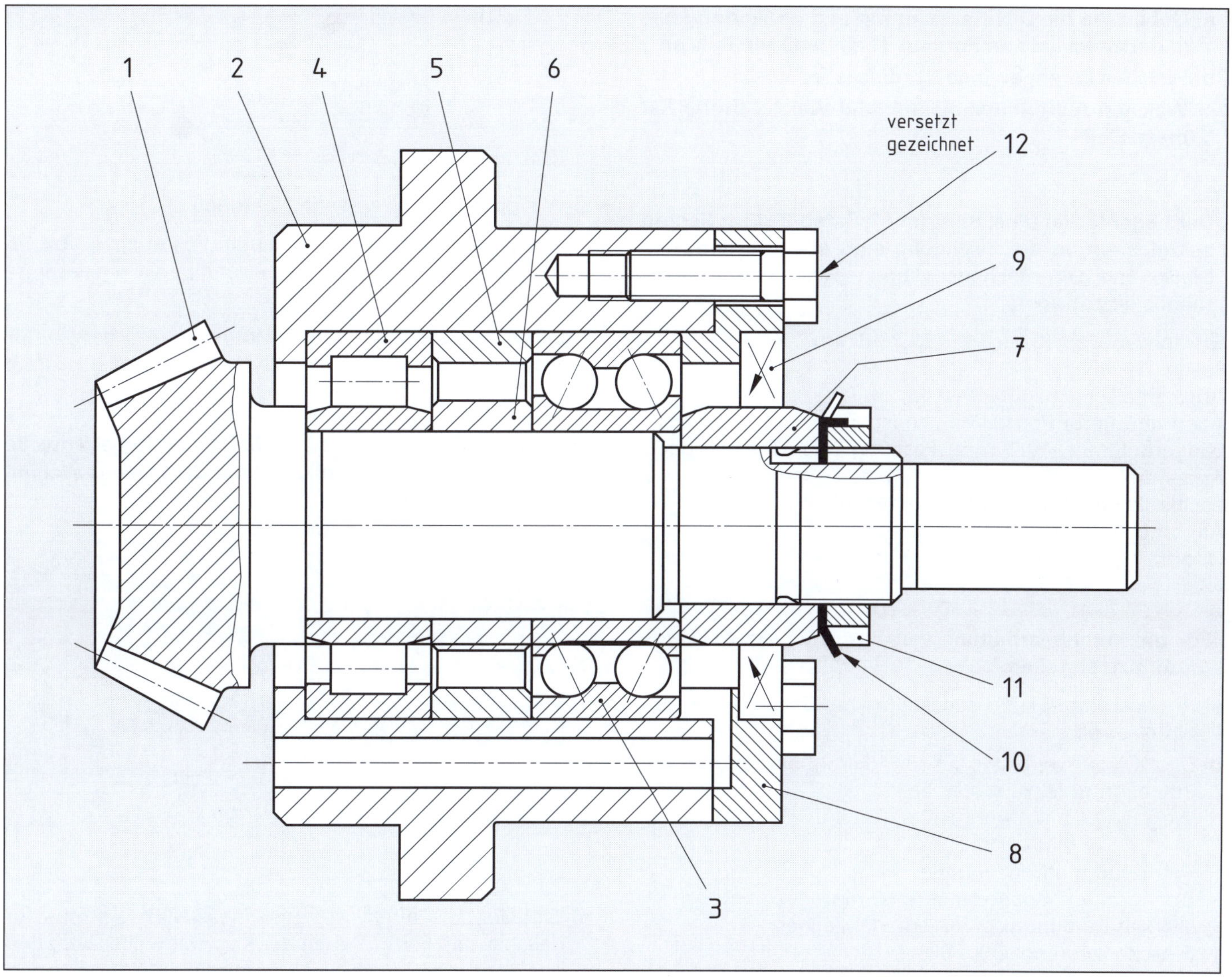


| Stückliste: Lagerung einer Kegelradwelle | | | | | | | |
|---|---|---|---|---|---|---|---|
| Pos. | Menge | Benennung | Werkstoff/ Norm-Kurzzeichen | Pos. | Menge | Benennung | Werkstoff/ Norm-Kurzzeichen |
| 1 | 1 | Kegelradwelle | 34CrMo4 | 7 | 1 | Buchse | S275JR |
| 2 | 1 | Lagergehäuse | S275JR | 8 | 1 | Lagerdeckel | S275JR |
| 3 | 1 | Schrägkugellager | DIN 628-3206 | 9 | 1 | | DIN 3760-AS38x62x7-NB |
| 4 | 1 | Zylinderrollenlager | DIN 5412-NU2206 | 10 | 1 | Sicherungsblech | DIN 5406-MB5 |
| 5 | 1 | Distanzring | S275JR | 11 | 1 | | DIN 981-KM5 |
| 6 | 1 | Distanzring | S275JR | 12 | 4 | Sechskantschraube | ISO 4017-M8x20-8.8 |

## Ungebundene Aufgaben

**1**

**a) Geben Sie die DIN-Bezeichnung und Benennung des in der Stückliste an Position 9 eingetragen Teils an.**

**b) Geben Sie die Einbaumaße mit Hilfe einer Skizze an.**

**c) Aus welchem Werkstoff ist dieses Normteil hergestellt?**

**2**

**a) Geben Sie die DIN-Bezeichnung und Benennung des in der Stückliste an Position 11 eingetragen Teils an.**

**b) Welches Innengewinde hat dieses Teil?**

**c) Welchen Außendurchmesser und welche Breite hat dieses Teil?**

**3**

**Der Lagerdeckel (Pos. 8) ist im Maßstab 2 :1 im Schnitt zu zeichnen. In die Zeichnung sind alle erforderlichen Maße und Oberflächenangaben sowie eine Abmaßtabelle einzutragen.**

Grundmaße: ∅ 95 – 0,2 x ∅ 52 x 16 mm
Fasen: 1 x 45°
Absatzmaße: ∅ 62g6 x 5 – 0,05
Ausdrehung für Pos. 9: Maße nach Stückliste, Längemoleranz +0,2 mm, Passung nach Tabellenbuch, Anfasung 1,5 x 10°
Lochkreis für Schraubenbohrungen ∅ 80 ± 0,2
Allgemeinloleranzen: ISO 2768-m
Oberflächen: *Ra*-Höchstwert 3,2 µm

**4**

**Für die Innenbearbeitung von Pos. 8 ist ein CNC-Programm zu erstellen.**

a) Anhand einer Skizze ist der Durchmesser der Fase 1,5 x 10° zu errechnen.

b) Das CNC-Programm für die Fertigbearbeitung der Innenkontur ist zu schreiben:
Werkzeug: Innendrehmeißel T06 mit Wendeschneidplatte P10, $\varkappa = 95°$
Werkzeug hinter Drehmitte
Spannmittel: Spannzange ∅ 62 mm
Werkstücknullpunkt: vordere Planfläche
Einschaltzustand: G90, G95
Werkzeugwechselpunkt: X100, Z100

**5**

**Moderne Drehmaschinen sind mit einer CNC-Steuerung ausgerüstet. Ihre Konstruktion unterscheidet sich von konventionellen Drehmaschinen.**

a) Welche Motoren dienen zum Antrieb der Arbeitsspindel?

b) Welche Besonderheit besitzen die Spindeln zum Vorschubantrieb?

c) Welche Eigenschaften besitzt das Maschinenbett?

d) Welche Steuerungsart ist für das Drehen von Kegeln und Rundungen erforderlich?

e) Wie sind die Achsen einer CNC-Drehmaschine festgelegt?

f) Welche Vorteile bietet eine zusätzliche C-Achse an einer Drehmaschine?

**6**

**Die im Bild gezeichnete Buchse (Pos. 7, Bild Seite 393) der Lagerung soll auf einer CNC-Drehmaschine gefertigt werden.**

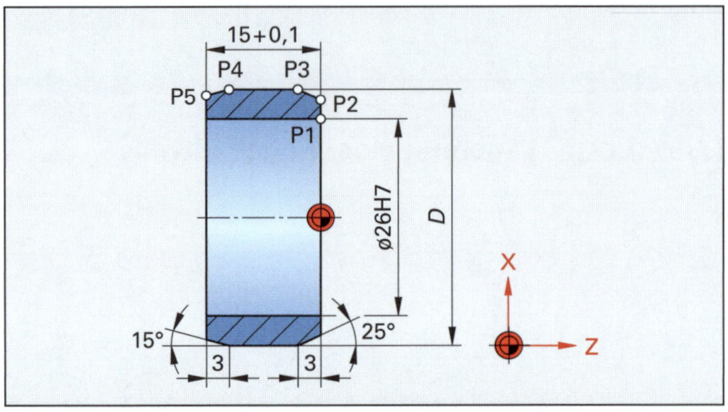


a) Wie groß ist das fehlende Nennmaß D?

b) Welche Koordinatenmaße haben die Punkte P1 bis P5 (Wegbedingung G90, Werkstücknullpunkt rechte Planseite)?

c) Schreiben Sie das CNC-Schlichtprogramm der Kontur zwischen P1 und P5. Der Drehmeißel steht bei X24/Z2.

**7**

**Die im Bild gezeigte rechte Seite der Kegelradwelle (Pos. 1, Bild Seite 393) soll auf einer CNC-Drehmaschine hergestellt werden.**

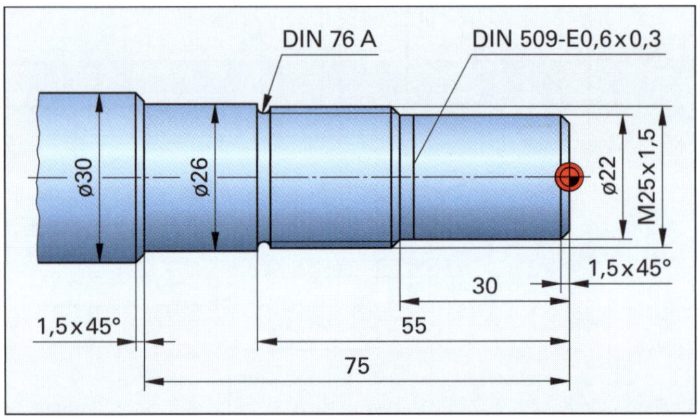


a) Erstellen Sie einen Auszug eines Teilprogramms für das Vor- und Fertigdrehen der Kegelradwelle (Bild) und das dazugehörige Unterprogramm für die Fertigkontur ohne den Freistich.

b) Das Gewinde der Kegelradwelle wird mit $v_c$ = 120 m/min gedreht. Die Maschinenkenngröße *K* beträgt 600/min. Bestimmen Sie die Parameter für den Gewindedrehzyklus.

c) Wie lautet der Satz, den Sie für den Freistich nach DIN 509 im Unterprogramm einfügen müssen?

**8**

**Für den Lagerdeckel (Pos. 8, Bild Seite 393) werden die Bohrungen auf einer CNC-Fräsmaschine gefertigt.**

a) Welche Bohrzyklen unterscheidet man?

b) Welchen Bohrzyklus wählen Sie aus?

c) Erstellen Sie einen Auszug eines Teilprogramms für das Bohren der vier Bohrungen mit dem Zyklusaufruf auf einem Teilkreis (Werkstücknullpunkt ist die Mitte auf der rechten Planseite) und dem Werkzeug T11.

**9**

**Der gezeigte Umlenkhebel soll auf einem CNC-Bearbeitungszentrum gefertigt werden.**

Zur Erstellung des Programms sind die Koordinaten der Punkte P1 bis P7 im Absolutmaß zu ermitteln. (10 Punkte)

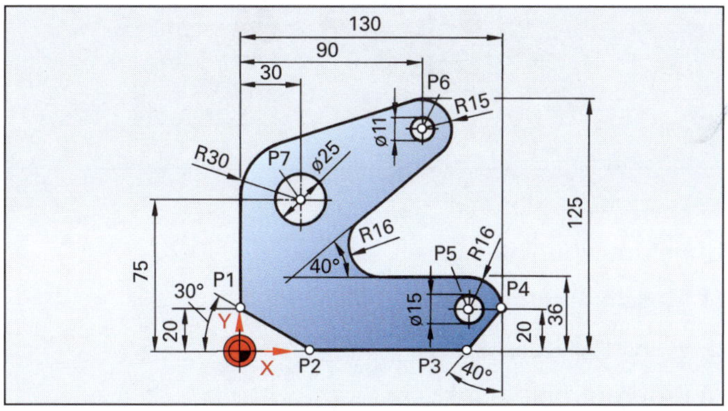


**10**

**Die Außenkontur der nachstehend gezeichneten Erodier-Elektrode soll gefräst werden. Dazu soll ein CNC-Programm nach DIN 66025 nach untenstehenden Vorgaben erstellt werden:**

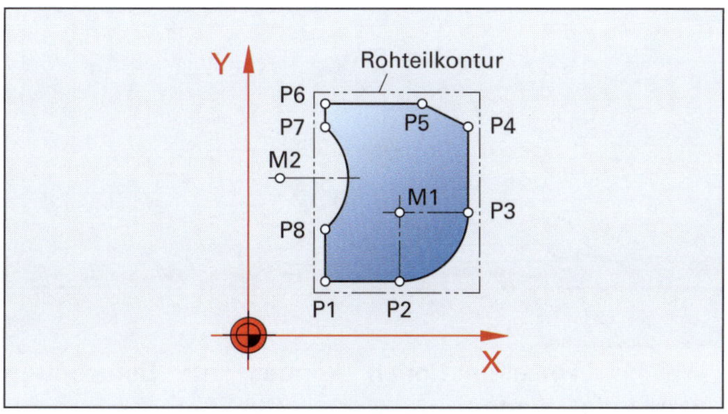


| | |
|---|---|
| Elektroden-Werkstoff: | Cu99,99 |
| Werkzeug: | Schaftfräser, Durchmesser 10 mm, 3 Schneiden (T1) |
| Frästiefe: | 8 mm |
| Fräsart: | Gegenlauffräsen mit Fräserradiuskorrektur |
| Ausgangspunkt: | X0,Y0, Z100 |
| Einschaltzustand: | G90; G94; G17 |
| Drehzahl: | $n$ = 3550/min |
| Vorschub-geschwindigkeit: | $v_f$ = 550 mm/min |

Koordinatenmaße:

| | $P_1$ | $P_2$ | $P_3$ | $P_4$ | $P_5$ |
|---|---|---|---|---|---|
| X | 10 | 22 | 34,5 | 34,5 | 24,474 |
| Y | 10 | 10 | 22,5 | 34,5 | 40 |

| | $P_6$ | $P_7$ | $P_8$ | $M_1$ | $M_2$ |
|---|---|---|---|---|---|
| X | 10 | 10 | 10 | 22 | 3,5 |
| Y | 40 | 36,246 | 19,754 | 22,5 | 28 |

## Aufgaben mit Auswahlantworten

**1**

**In einem NC-Programm ist der Fräsweg von Punkt P2 nach Punkt P3 der gezeichneten Platte zu programmieren. Welcher Satz N80 ist richtig (Einschaltbedingung G90)?**

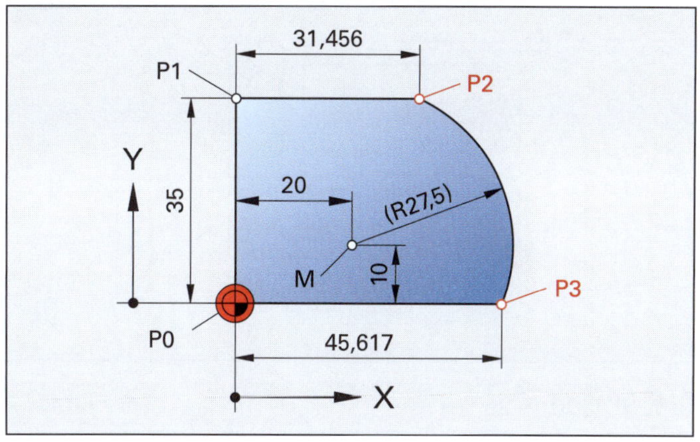


a) N80 G02 X45.617 Y0 120 J10

b) N80 G03 X45.617 Y0 114.161 J7,5

c) N80 G02 X45.617 YO 111.456 K25

d) N80 G02 X45.617 Y0 1-11.456 J-25

e) N80 G02 X45.617 Y0 111.456 J25

**2**

**Welche Steuerungsart ist bei einer NC-Maschine wirksam, wenn Bearbeitungsstellen im Eilgang ohne Werkzeugeingriff angesteuert werden?**

a) 2-Achsen-Bahnsteuerung

b) 3-Achsen-Bahnsteuerung

c) Punktsteuerung

d) Streckensteuerung

e) 2½-D-Bahnsteuerung

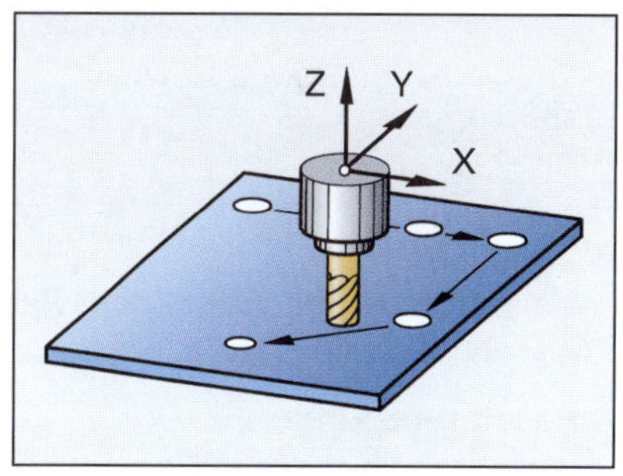


**3**

**Auf einer NC-Drehmaschine soll das dargestellte Werkstück gefertigt werden. Welche Steuerungsart ist dafür geeignet?**

a) Punkt- oder Streckensteuerung

b) Strecken- oder Bahnsteuerung

c) Nur Bahnsteuerung

d) Nur Streckensteuerung

e) Punkt-, Strecken- oder Bahnsteuerung

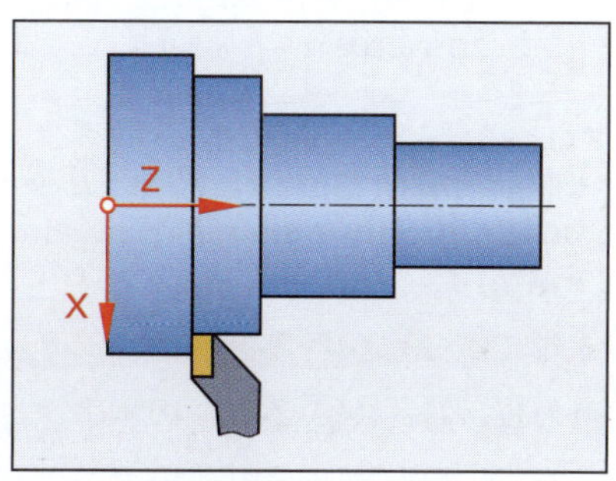

**4**

**Bei dem dargestellten Werkstück soll der Fräser im Eilgang von der Mitte der Bohrung zu dem linken Mittelpunkt des Langloches verfahren werden (Absolutmaßangabe G 90). Welcher NC-Satz ist richtig?**

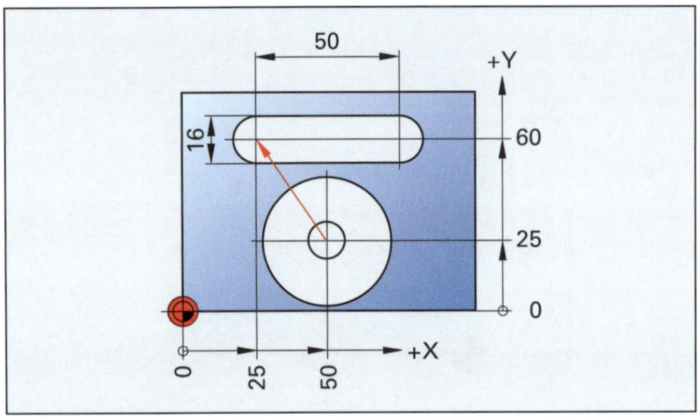


a) N10 G00 X-25 Y35

b) N10 G01 X-35 Y85

c) N10 G00 X25 Y60

d) N10 G00 X-25 Y60

e) N10 G00 X25 Y85

**5**

**Wie lautet die Wegbedingung einer NC-Maschine für die dargestellte Bahn?**

a) G00

b) G01

c) G02

d) G03

e) G90

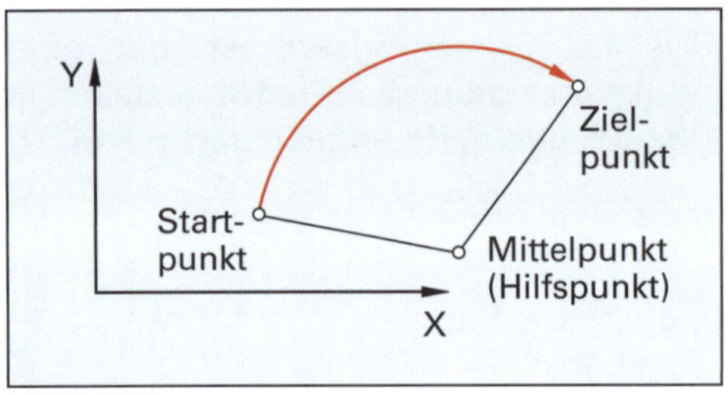


**6**

**Welche Aussage über den Referenzpunkt einer NC-Maschine ist richtig?**

Der Referenzpunkt ...

a) liegt im Schnittpunkt der Maschinenachsen.

b) kann vom Programmierer frei gewählt werden.

c) ist Bezugspunkt für die Werkzeugbahnkorrektur.

d) ist Bezugspunkt für die Werkstückmaße.

e) muss beim Wiedereinschalten einer Maschine angefahren werden.

**7**

**In welchem Satz N120 ist das Drehen des Radius R5 richtig programmiert? (Hinweis: Werkzeug hinter Drehmitte)**

a) N120 G3 X40 Z-15 15 K0

b) N120 G2 X40 Z-15 15 K0

c) N120 G3 X40 Z-15 10 K-5

d) N120 G2 X35 Z15 10 K5

e) N120 G3 X35 Z15 10 K5

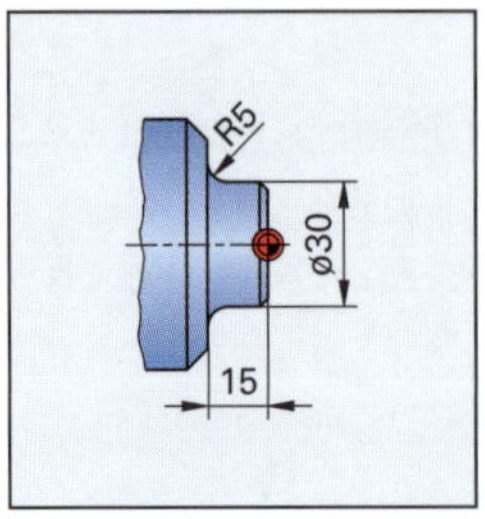


**8**

**Wie heißt der mit ⊕ im Bild eingetragene Punkt?**

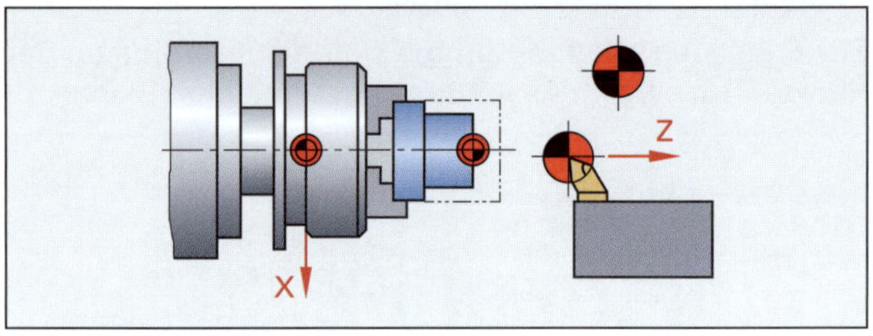


a) Werkzeugnullpunkt

b) Referenzpunkt

c) Maschinennullpunkt

d) Werkstücknullpunkt

e) Programmnullpunkt

**9**

**Für den gezeigten Flansch sind die Koordinatenwerte X und Y der Bohrung 1 zu bestimmen.**

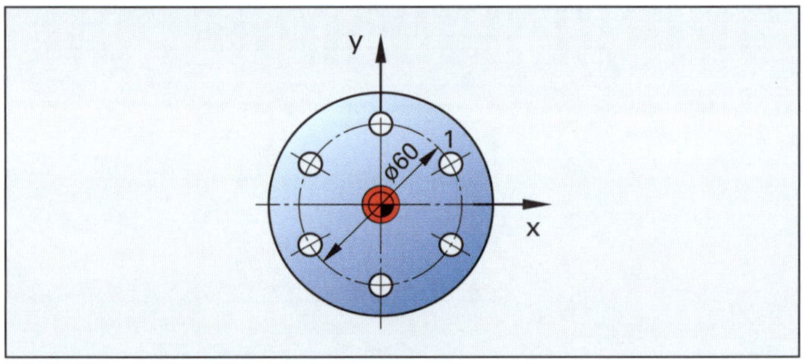


**9.1**

**Welche Winkelfunktionen können zur Berechnung verwendet werden?**

a) Sinus und Tangens

b) Sinus und Cosinus

c) Tangens und Cosinus

d) Tangens und Cotangens

e) Sinus und Cotangens

**9.2**

**Welche Ergebnisse sind richtig?**

a) X = 30,00 mm, Y = 15,00 mm

b) X = 25,98 mm, Y = 30,00 mm

c) X = 15,00 mm, Y = 25,98 mm

d) X = 25,98 mm, Y = 15,00 mm

e) X = 30,00 mm, Y = 25,98 mm

**10**

**Woher kommen die Signale, die bei einer CNC-Maschine die Bewegung der Achs-Schlitten auslösen?**

a) Vom Bediener

b) Vom Wegmesssystem

c) Von der Steuerung

d) Vom Werkzeugwechselsystem

e) Vom Antriebsmotor

**11**

**Welche Zuordnung der Null- und Bezugspunkte einer CNC-Drehmaschine ist richtig?**

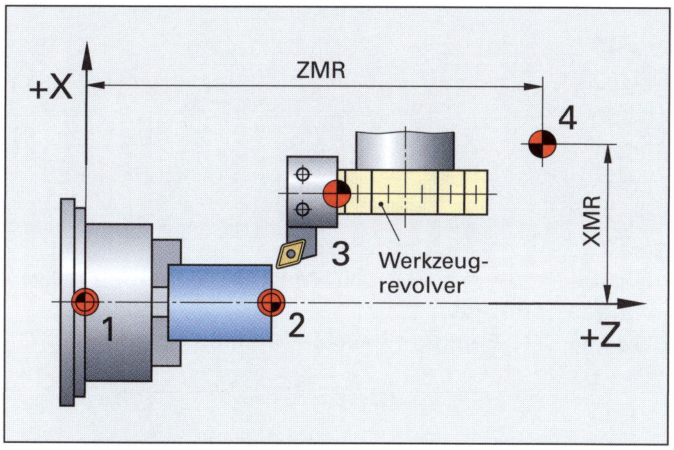


a) 1 ≙ Werkstücknullpunkt W

b) 2 ≙ Werkzeugträger-Bezugspunkt T

c) 3 ≙ Maschinennullpunkt M

d) 4 ≙ Referenzpunkt R

e) Keine der genannten Zuordnungen

**12**

**Das Drehteil wird auf einer CNC-Drehmaschine gefertigt.**

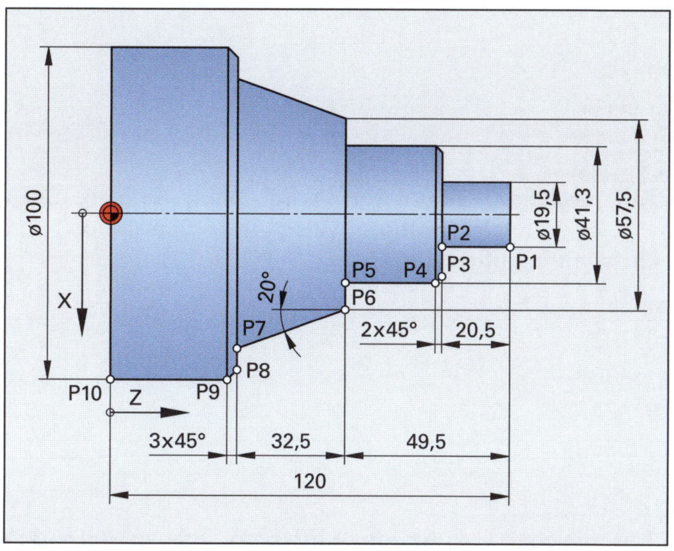


**12.1**

**In welcher Auswahlantwort sind die Koordinatenmaße als Absolutmaße für den Punkt 7 richtig eingetragen?**

a) X 19,5 Z 20,5

b) X 37,3 Z 99,3

c) X 39,3 Z 95,5

d) X 39,3 Z 97,5

e) X 41,3 Z 22,5

**12.2**

**In welcher Auswahlantwort sind die Koordinatenmaße als Absolutmaße für den Punkt 6 richtig eingetragen?**

a) X 68,6 Z 35

b) X 69,3 Z 82

c) X 77,5 Z 38

d) X 79,7 Z –82

e) X 81,2 Z 38

**13**

**Welche Maßnahme verringert den Energieverbrauch auf einer CNC-Maschine?**

a) Mehrfache Anfahr- und Abbremsvorgänge im Programm aufnehmen.

b) Ausschalten der Arbeitsraumbeleuchtung.

c) Fertigung ohne Kühlschmierstoff.

d) Optimieren des Zerspanungsvorgangs mit Berücksichtigung der technologischen Daten von Maschine bzw. Werkzeuge und der Verfahrwege.

e) Kleineren Vorschub programmieren um die Standzeit der Werkzeuge zu erhöhen

**14**

**Weshalb werden in CNC-Werkzeugmaschinen verstärkt Wälzführungen eingesetzt?**

a) Sie sind selbsteinstellend (selbstjustierend).

b) Sie brauchen keine Wartung.

c) Sie sind schmutzunempfindlich.

d) Sie entwickeln weniger Geräusche als Gleitführungen.

e) Beim Anlaufen haben sie geringere Reibung als Gleitführungen.

**15**

**In welcher Auswahlantwort sind die Koordinatenmaße als Absolutmaße für den Punkt 3 richtig eingetragen?**

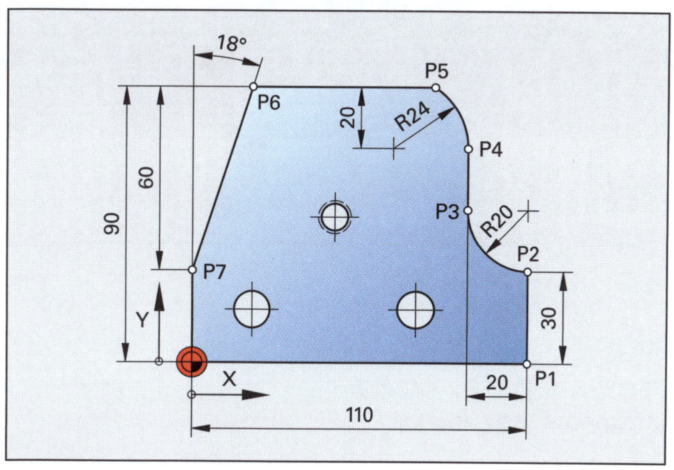


a) X 18 Y 90

b) X 18,5 Y 90

c) X 19,5 Y 90

d) X 40,5 Y 90

e) X 57,1 Y 90

**16**

**Welche Aussage über den Referenzpunkt in Verbindung mit einer inkrementalen Wegmessung ist richtig?**

a) Der Referenzpunkt ist der Ursprung des Koordinatensystems an der CNC-Maschine.

b) Der Referenzpunkt ist der Ausgangspunkt des Maschinenkoordinatensystems.

c) Der Referenzpunkt muss nach dem Einschalten der Steuerung in jeder Achse angefahren werden.

d) Der Referenzpunkt wird nach erfolgtem Programmtest eingestellt

e) Der Referenzpunkt wird vom Bediener festgelegt.

**17**

**Welches Wegmessungssystem ist in diesem Bild dargestellt?**

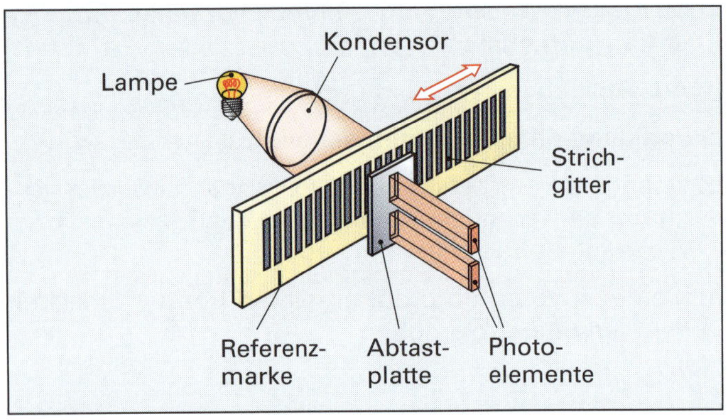


a) Indirekt, absolut
b) Indirekt inkremental
c) Direkt absolut
d) Direkt inkremental
e) Absolut

**18**

**Welcher Satz ist für die Kreisprogrammierung von P0 nach P1 richtig, wenn sich der Drehmeißel hinter der Drehmitte befindet?**

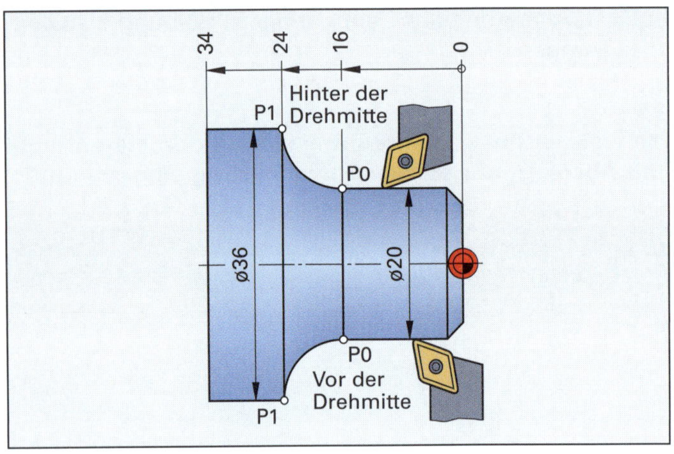


a) G3 X18 Z-24 I-8 K0
b) G2 X36 Z-24 I8 K0
c) G3 X36 Z-24 I0 K-8
d) G2 X18 Z-24 I0 K0
e) G2 X36 Z-24 I0 K0

**19**

**Welche Baueinheit ist das Kernstück einer flexiblen Fertigungszelle?**

a) Ein zentral gelegener Werkzeugspeicher
b) Eine Palettenwechsler für Werkstücke
c) Eine Werkzeugwechseleinrichtung
d) Eine oder mehrere CNC-Werkzeugmaschinen
e) Ein System zur automatischen Werkzeugvermessung

**20**

**An welchem Punkt steht das Werkzeug am Ende eines Bearbeitungszyklus?**

a) Am Anfangspunkt des Zyklus
b) Am Werkstücknullpunkt
c) Am Referenzpunkt
d) Am Endpunkt der Bearbeitung
e) Der Punkt kann vom Programmierer gewählt werden.

**21**

**Mit welcher G-Funktion wird die Schneidenradius-Kompensation links von der Kontur im CNC-Programm aufgerufen?**

a) G40
b) G02
c) G90
d) G41
e) G42

**22**

**Für die Steuerung von CNC-Maschinen werden Anweisungen benötigt.**
**Welche CNC-Funktion beschreibt einen Schaltbefehl?**

a) G40
b) M08
c) F0.5
d) X100
e) T101

**23**

**Mit welcher G-Funktion wird auf die inkrementale Bemaßung umgeschaltet?**

a) G90
b) G91
c) G00
d) G40
e) G41

**24**

**Mit welcher G-Funktion wird beim Fräsen nach PAL-Zyklen ein Tiefbohrzyklus mit Spanbruch und Entspanen aufgerufen?**

a) G81
b) G82
c) G83
d) G84
e) G85

**25**

**Mit welcher G-Funktion wird beim Fräsen nach den PAL-Zyklen ein Zyklusaufruf auf einem Lochkreis aufgerufen?**

a) G75
b) G76
c) G77
d) G78
e) G79

**26**

**Welche Kenngröße wird beim Gewindezyklus G31 nach den PAL-Zyklen mit dem Adressbuchstaben „D“ aufgerufen?**

a) Gewindeendpunkt
b) Gewindesteigung
c) Gewindeüberlauf
d) Anzahl der Schnitte
e) Gewindetiefe

## Leistungsüberprüfung zu Lernfeld 9: Instandsetzen von technischen Systemen

Bearbeitungszeit : ______________________ Bearbeiter : ______________________

Hilfsmittel : ______________________ Datum : ______________________

### Leitprojekt: Drehmaschine mit defekter Zentrierspitze

An der mitlaufenden Zentrierspitze einer Drehmaschine tritt im Betrieb ein ratterndes Geräusch auf und sie erwärmt sich.

Sie haben von Ihrem Meister den Auftrag bekommen, die Zentrierspitze Instand zu setzen. Außerdem ist eine große Inspektion und Wartung der Drehmaschine durchzuführen, da diese in letzter Zeit wegen Personalmangel nicht nach Plan erfolgt ist.

Drehmaschine

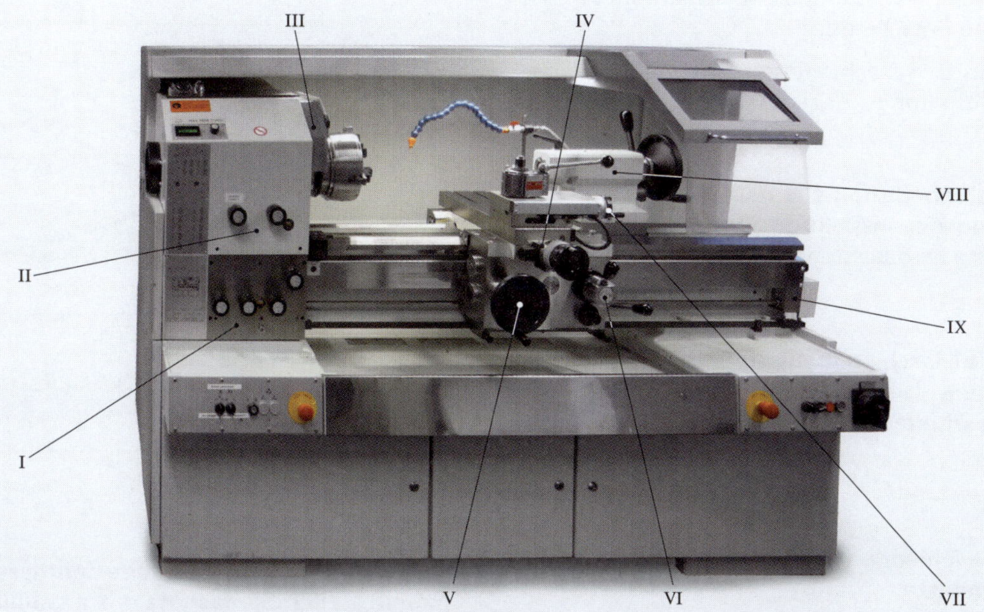


Mitlaufende Zentrierspitze

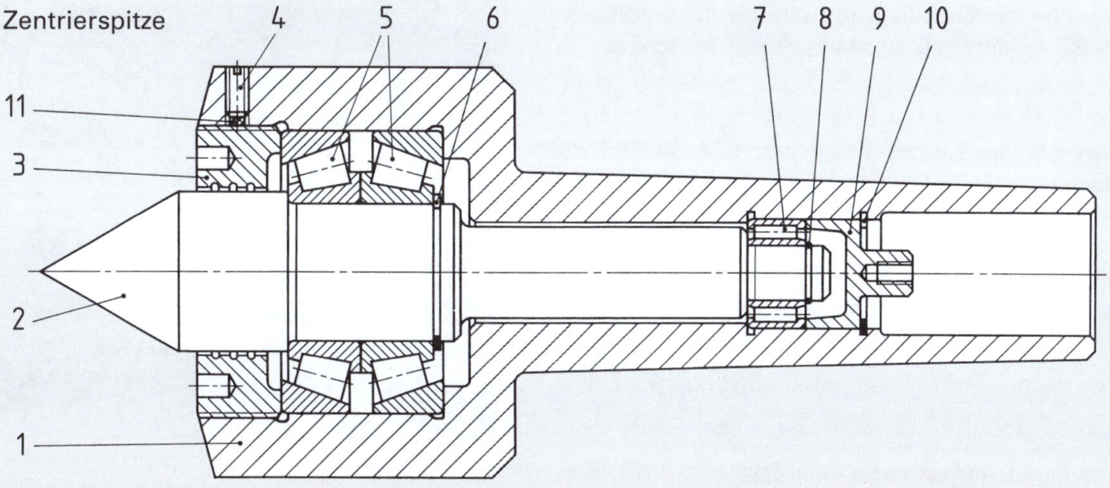


| Stückliste: Zentrierspitze | | | | | | | |
|---|---|---|---|---|---|---|---|
| Pos. | Menge | Benennung | Werkstoff/ Norm-Kurzzeichen | Pos. | Menge | Benennung | Werkstoff/ Norm-Kurzzeichen |
| 1 | 1 | Gehäuse | 45Cr2 | 7 | 1 | | DIN 617-Na 4901 |
| 2 | 1 | Zentrierspitze | 17CrNi6-6 | 8 | 1 | | DIN 9045-12 |
| 3 | 1 | Zweilochschraube | M64 x 1,5SI | 9 | 1 | Abstandstück | E295 |
| 4 | 1 | | ISO 4766-M5 x 10-5.8 | 10 | 1 | | DIN 472-25 x 1,2 |
| 5 | 2 | | DIN 720-30206 | 11 | 1 | Druckstück | Vulkanfiber ∅ 4 x 4 |
| 6 | 1 | | DIN 471-30 x 15 | | | | |

## Ungebundene Aufgaben

**1**

**Erklären Sie den Unterschied zwischen einer Inspektion und einer Instandsetzung.**

**2**

**Es gibt drei verschiedene Instandhaltungskonzepte.**

a) Zählen Sie die verschiedenen Instandhaltungskonzepte auf und beschreiben Sie diese mit eigenen Worten.

b) Zu welchem Instandhaltungskonzept gehört die Instandsetzung der mitlaufenden Zentrierspitze? Begründen Sie Ihre Entscheidung.

c) Nennen Sie Vor- und Nachteile des in *Aufgabe b)* genannten Instandhaltungskonzeptes.

**3**

**Welche allgemeinen Sicherheitsmaßnahmen sind bei der Durchführung der Inspektion und Instandsetzung der Drehmaschine zu beachten und durchzuführen?**

**4**

**Benennen Sie die Maschinenbaugruppen III bis V und VII der Drehmaschine (Seite 407) und geben Sie die Instandhaltungsarbeiten an der jeweiligen Baugruppe an.**

**5**

**Ergänzen Sie die fehlenden Benennungen in der Stückliste der Zentrierspitze.**

**6**

**Skizzieren Sie ein Flussdiagramm für die systematische Fehlersuche an einem Bauteil bzw. einer Maschine.**

**7**

**Schreiben Sie die Einzelschritte auf, wie Sie bei der Instandsetzung der mitlaufenden Zentrierspitze (Seite 407) vorgehen.**

**8**

**Die Lagerung der Zentrierspitze erfolgt durch Pos. 5 und 7.**

a) Welchen besonderen Vorteil haben die Lager Pos. 5?

b) Welchen besonderen Vorteil hat das Lager Pos. 7?

c) Welches Lager nimmt die axiale Spannkraft der Zentrierspitze auf?

d) Welche Folgen hätte es, wenn eines der beiden Lager Pos. 5 umgekehrt eingebaut würde?

**9**

**Welche Aufgabe hat das Bauteil mit der Pos. 4?**

**10**

**Erstellen Sie einen Demontageplan für die Demontage der mitlaufenden Zentrierspitze.**

**11**

**Aus welchen Kosten setzen sich die Instandhaltungskosten zusammen?**

**12**

**In der Grafik ist der Zusammenhang zwischen Instandhaltungskosten und Ausfallkosten in Abhängigkeit von der Anzahl der Inspektionsintervalle der Drehmaschine dargestellt.**

**Ermitteln Sie zeichnerisch die Kurve der Gesamtkosten und bestimmen Sie die Anzahl der Inspektionsintervalle, an dem die Gesamtkosten am geringsten sind.**

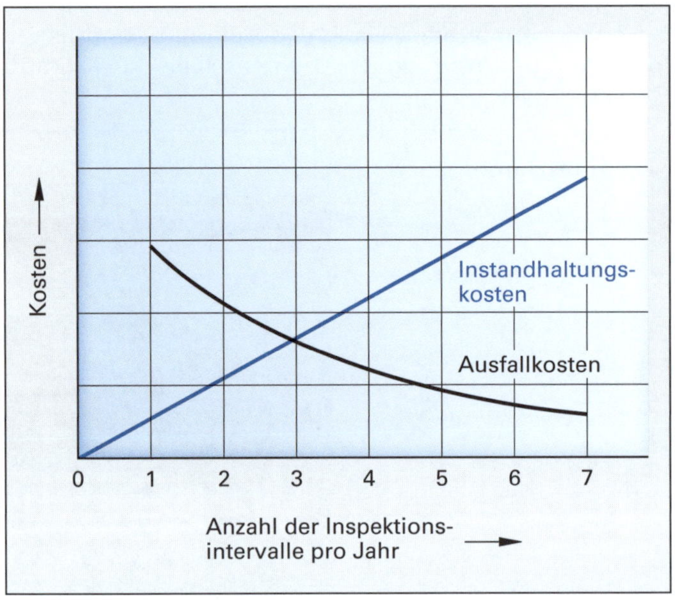


**13**

**Nachdem Sie die mitlaufende Zentrierspitze demontiert haben, stellen Sie fest, dass die Laufflächen des Kegelrollenlagers verschlissen sind (Bild).**

a) Geben Sie vier verschiedenen Verschleißursachen an und erklären Sie diese mit eigenen Worten.

b) Welcher Verschleißmechanismus ist für den Verschleiß der Lauffläche im Bild verantwortlich?

c) Nennen Sie mögliche Ursachen für den Verschleiß der Lauffläche.

d) Warum ist es wichtig, die Ursache für den Verschleiß der Lauffläche festzustellen?

**14**

**Erklären Sie mit eigenen Worten, was man unter dem Abnutzungsvorrat des Kegelrollenlagers versteht.**

**15**

**Sie müssen ein neues Kegelrollenlager bestellen.**

a) Welche Angaben müssen bei der Bestellung gemacht werden?

b) Falls die Stückliste verlorengegangen ist:
Welche Daten sollten Sie bei der Bestellung des Kegelrollenlagers angeben?

**16**

**Bevor Sie die neuen Kegelrollenlager einbauen, müssen Sie diese mit Schmierstoff versorgen.**

Welche Aufgabe haben Schmierstoffe?

**17**

**Welche Reibungszustände können bei mechanischen Bauteilen auftreten? Erklären Sie die verschiedenen Reibungszustände.**

**18**

**Die Schmierstoffe unterteilt man nach ihrem Aggregatzustand in drei verschiedene Gruppen.**
**Benennen Sie die Gruppen und geben Sie deren Aggregatzustand an.**

**19**

**Erklären Sie den Begriff „Viskosität".**

**20**

**Welchen der in Frage 18 genannten Schmierstoffe würden Sie für die Schmierung der Kegelrollenlager verwenden? Begründen Sie Ihre Auswahl.**

**21**

**Im Wartungsplan wird als Schmierstoff für die Lager der Schmierstoff mit der Bezeichnung K2K-20 angegeben. Entschlüsseln Sie die Schmierstoffbezeichnung.**

**22**

**Neben der verschlissenen Lauffläche des Lagers ist auch die Spitze der Zentrierspitze (Pos. 2) verschlissen.**

a) Aus welchem Werkstoff wurde die Zentrierspitze hergestellt?

b) Was kann aus der Werkstoff-Kurzbezeichnung abgelesen werden?

c) Welchen Vorteil würde die Bestückung der Zentrierspitze mit einer Hartmetallspitze bringen?

**23**

**Nachdem Sie die defekten Bauteile der mitlaufenden Zentrierspitze ausgetauscht haben, müssen Sie die Zentrierspitze wieder montieren. Erstellen Sie einen Montageplan für die Zentrierspitze.**

**24**

**Wie stellen Sie das Lagerspiel der Kegelrollenlager Pos. 5 ein?**

**25**

**Nachdem Sie die Zentrierspitze montiert haben, müssen Sie ein Abnahmeprotokoll erstellen.**

a) Welche Daten sollte das Abnahmeprotokoll enthalten?

b) Wer füllt das Abnahmeprotokoll in dem oben aufgeführten Fall der Instandhaltung der Zentrierspitze aus?

## Aufgaben mit Auswahlantworten

**1**

**Welche Angaben können Sie aus der Stückliste der Zentrierspitze (Seite 407) zur Pos. 5 angegebenen Bezeichnung DIN 720-30206 entnehmen?**

a) Kegelrollenlager der Lagerreihe 06.

b) Kegelrollenlager der Lagerreihe 720.

c) Kegelrollenlager mit Durchmesser 720.

d) Kegelrollenlager mit Durchmesser 72,0.

e) Kegelrollenlager gemäß DIN 720 Lagerreihe 302 mit Lagerart 3, Breitenreihe 0, Durchmesserreihe 2, Bohrungskennzahl 06.

**2**

**Als Werkstoff für Pos. 11 in der Stückliste der Zentrierspitze wird „Vulkanfiber" angegeben. Aus welchem Rohstoff besteht „Vulkanfiber"?**

a) Papierfasern

b) Naturkautschuk

c) Celluloid

d) Kohlenstoff

e) Eisen

**3**

**Was bezeichnet man bei einem Werkzeug als „Abnutzungsvorrat"?**

a) Den vorhandenen Vorrat an Schmierstoff.

b) Den Vorrat eines Betriebes an Werkzeugen.

c) Das Maß, bis zu dem das Werkzeug abgenutzt werden darf.

d) Die monatliche Abnutzung des Werkzeuges.

e) Den Vorrat eines Betriebes an abgenutzten Werkzeugen.

**4**

**Was versteht man in der Instandhaltung unter dem Begriff „Nutzungszeit"?**

a) Die Zeit, die die Maschine für die Herstellung des Bauteils im Einsatz ist.

b) Die Zeit, die für die Instandhaltung benötigt wird.

c) Die Zeit für das Schärfen einer Werkzeugschneide.

d) Die Einsatzzeit bis zum Abbau des Abnutzungsvorrates.

e) Die Zeit, die ein Werzeug im Eingriff ist.

**5**

**Wo finden Sie Angaben zur Instandsetzung der Drehmaschine von Seite 407?**

a) In der Bedienungsanleitung der Maschine.

b) In der DIN 31051 (Grundlagen der Instandhaltung).

c) Die Instandhaltungsvorschriften gibt immer der Meister vor.

d) Für die Drehmaschine existieren keine Instandhaltungsvorschriften.

e) Im Kaufvertrag für die Drehmaschine.

**6**

**Was können Sie den Instandsetzungsvorschriften für die Drehmaschine nicht entnehmen?**

a) Wartungsintervalle

b) Ausfallkosten

c) Zu verwendende Schmierstoffe

d) Zeitangaben zum Austausch verschiedener Bauteile

e) Montagevorschriften (z.B. Anzugsdrehmomente für Schrauben)

**7**

**In den elektrotechnischen Unterlagen der Drehmaschine befindet sich folgender elektrischer Schaltplan für den Anschluss des Hauptspindelmotors. Welche Motorart ist dargestellt?**

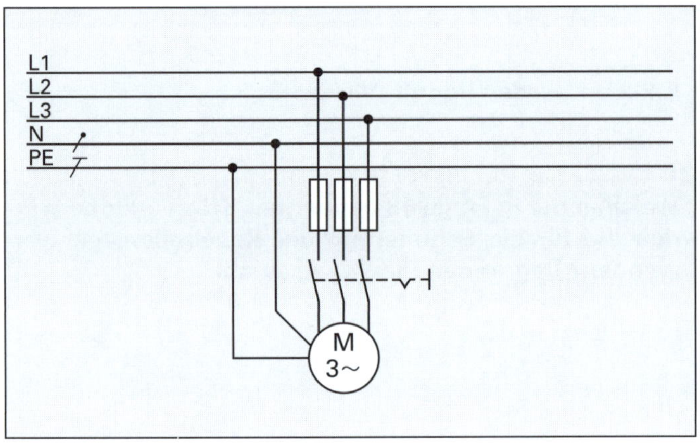


a) Drehstrommotor

b) Gleichstrommotor

c) 230-V-Wechselstrommotor

d) Schrittmotor

e) Einphasen-Induktionsmotor

**8**

**Welcher Fehler an elektrischen Anlagen ist im Bild bei X dargestellt?**

a) Kurzschluss

b) Erdschluss

c) Magnetschluss

d) Windungsschluss

e) Körperschluss

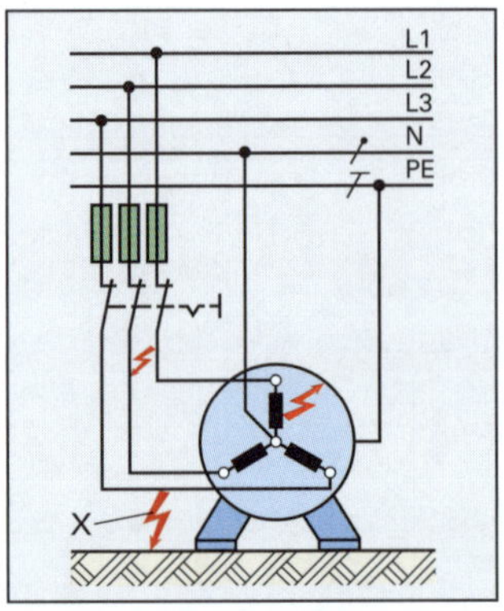

**9**

**Während der Inspektion und Wartung steht die Drehmaschine und kann nicht in der Produktion eingesetzt werden.**

**Wie berechnet man die Produktionsausfallkosten der Maschine?**

a) Kosten für die Instandhaltung plus Kosten für die Ersatzteilbeschaffung

b) Kosten für Material plus Personalkosten

c) Kosten der Verbesserung plus Wartungskosten

d) Inspektionskosten plus Fertigungskosten

e) Maschinenstundensatz mal Stillstandszeit

**10**

**Was beinhaltet die Inspektion der Zentrierspitze nicht?**

a) Erstellen der Inspektionsliste

b) Dokumentation der Inspektionsergebnisse

c) Austausch der defekten Teile

d) Ableitung notwendiger Maßnahmen

e) Auswertung der Inspektionsergebnisse

**11**

**Was versteht man unter einer autonomen Instandhaltung?**

a) Die Instandhaltung wird von einer Fremdfirma durchgeführt.

b) Für die Instandhaltung gibt es keine Vorschriften.

c) Jeder Maschinenbediener kann die Instandhaltung durchführen, wann er es für richtig hält.

d) Die Instandhaltung darf nur von einem Meister durchgeführt werden.

e) Die Instandhaltung wird von betriebseigenem Personal durchgeführt.

**12**

**Vor der Instandsetzung der mitlaufenden Zentrierspitze kann sich der Instandsetzer einen Überblick über eine Störung machen, wenn er systematisch vorgeht.**

**Welche der unten angegebenen Schritte ist in der richtigen Reihenfolge genannt, nach der gearbeitet werden sollte?**

a) Demontieren – Maschinenbediener Fragen stellen – Besichtigen

b) Besichtigung – Demontage – Probelauf

c) Besichtigung – Probelauf – auf Fehler/Störungen schließen

d) Demontage – Probelauf – Maschinenbediener Fragen stellen

e) Messungen durchführen – Demontage – Maschinenbediener Fragen stellen

**13**

**Die Ursache für den Schaden an der mitlaufenden Zentrierspitze können Bedienungsfehler sein. Welche der unten aufgeführten Fehler gehört nicht zu den Bedienfehlern?**

a) Die Drehmaschine/die Zentrierspitze wird überlastet.

b) Fehlerhafte Montage der Kegelrollenlager

c) Falsche Werte werden an der Drehmaschine eingestellt.

d) Die Sicherheitsregeln werden missachtet.

e) Trotz eines beginnenden Schadens wird an der Drehmaschine weitergearbeitet.

**14**

**Ursache für den Schaden der mitlaufenden Zentrierspitze können Wartungsfehler sein. Welche der unten aufgeführten Fehler gehört nicht zu den Wartungsfehlern?**

a) Verwendung falscher Schmierstoffe

b) Späne werden nicht beseitigt.

c) Unzureichende Schmierung der Drehmaschine

d) Spiel in den Führungen wird nicht korrigiert.

e) Verwendung falscher Ersatzteile

**15**

**Ursache für den Schaden der mitlaufenden Zentrierspitze können Instandsetzungsfehler sein. Welche der unten aufgeführten Fehler gehört nicht zu den Instandsetzungsfehlern?**

a) Falsche Montage der Kegelrollenlager

b) Fehlerhafte Montage der Kegelrollenlager

c) Die Drehmaschine/die Zentrierspitze wird überlastet.

d) Verwendung falscher Ersatzteile

e) Fehlerhafte Demontage der mitlaufenden Zentrierspitze

**16**

**Welche der folgenden Aussagen ist richtig bzw. von Bedeutung, wenn der Instandsetzer der mitlaufenden Zentrierspitze unter Zeitdruck arbeiten muss?**

a) Der Zeitdruck hat keinen Einfluss auf die Qualität der Instandsetzung der mitlaufenden Zentrierspitze.

b) Der Instandhalter kann seine vorgeschriebenen Ruhezeiten nicht einhalten.

c) Der Kaffee des Instandhalters wird kalt.

d) Die Arbeitssicherheit wird besonders beachtet.

e) Die Qualität der Instandsetzungsarbeit wird beeinträchtigt.

**17**

**Was versteht man bei einer Maschine unter einer „Sollbruchstelle"?**

a) Das Bauteil soll unter Last brechen.

b) Die Stelle einer Maschine, die bei einer Demontage bricht.

c) Wird eine Maschine überlastet, bricht ein vom Konstrukteur definiertes Bauteil.

d) Das Bauteil einer Maschine, das nicht bricht.

e) Das teuerste Bauteil einer Maschine

**18**

**Die Kegelrollenlager (Pos. 5) der mitlaufenden Zentrierspitze müssen ausgetauscht werden.**
**Welche der unten aufgeführten Methoden dürfen nicht für die Montage verwendet werden?**

a) Mit dem Schonhammer werden die Lager vorsichtig auf die Zentrierspitze geschlagen.

b) Mit einer hydraulischen Presse werden die Lager auf die Zentrierspitze geschoben.

c) Mit Hilfe einer Schlagbüchse und einem Schonhammer werden die Lager vorsichtig auf die Zentrierspitze geschlagen.

d) Mit einem thermischen Verfahren, bei dem die Lager erwärmt werden, werden die Lager auf die Zentrierspitze aufgeschoben.

e) Mit einer mechanischen Presse werden die Lager auf die Zentrierspitze geschoben.

**19**

**Die durchgeführten Instandhaltungsarbeiten an der Drehmaschine werden in Protokollen festgehalten.**
**Wozu dienen diese Protokolle?**

a) Die Schadensart und Schadenshäufigkeit der Drehmaschine kann so ermittelt werden.

b) Die Protokolle dienen nur dem Nachweis, dass die Instandhaltungsarbeiten an der Drehmaschine ordnungsgemäß durchgeführt wurden.

c) Durch die Abfassung der Protokolle sollten die Mitarbeiter gutes Formulieren lernen.

d) Die Protokolle sind nur wichtig für das nächste Audit.

e) Die Protokolle dienen nur dazu die Lohnstunden der einzelnen Instandhalter nachzuweisen.

**20**

**Die Bohrung für das Kegelrollenlager (Pos. 5) ist wie folgt bemaßt: ∅ 30,0 –0,012. Die Zentrierspitze hat am Lagersitz den Durchmesser ∅ 30g6.**
**In welcher der unten angegebenen Auswahlantworten stimmen Höchstspiel und Mindestübermaße?**

a) $P_{SH} = -0{,}005 / P_{ÜH} = 0{,}020$

b) $P_{SH} = -0{,}007 / P_{ÜH} = -0{,}020$

c) $P_{SH} = 0{,}020 / P_{ÜH} = -0{,}005$

d) $P_{SH} = 0{,}000 / P_{ÜH} = -0{,}012$

e) $P_{SH} = -0{,}020 / P_{ÜH} = -0{,}013$

**21**

**Der Maschinenführer kann während des Laufs der Maschine eine direkte Kurzinspektion durchführen.**
**Welche Aussage hierzu ist falsch?**

a) Flüssigkeitsstände können an Sichtfenstern durch Sehen kontrolliert werden.

b) Auffällige Laufgeräusche von Motoren und Spindeln können durch Hören erkannt werden.

c) Raue Oberflächen können durch Tasten und Sehen erkannt werden.

d) Die Schmierung der Lager kann durch Sichtprüfung erkannt werden.

e) Verschmorte Dichtungen können durch Riechen erkannt werden.

## Leistungsüberprüfung zu Lernfeld 10: Herstellen und Inbetriebnehmen von technischen Systemen

Bearbeitungszeit : ______________ Bearbeiter : ______________

Hilfsmittel : ______________ Datum : ______________

### Leitprojekt: Getriebeeinheit einer Handbohrmaschine

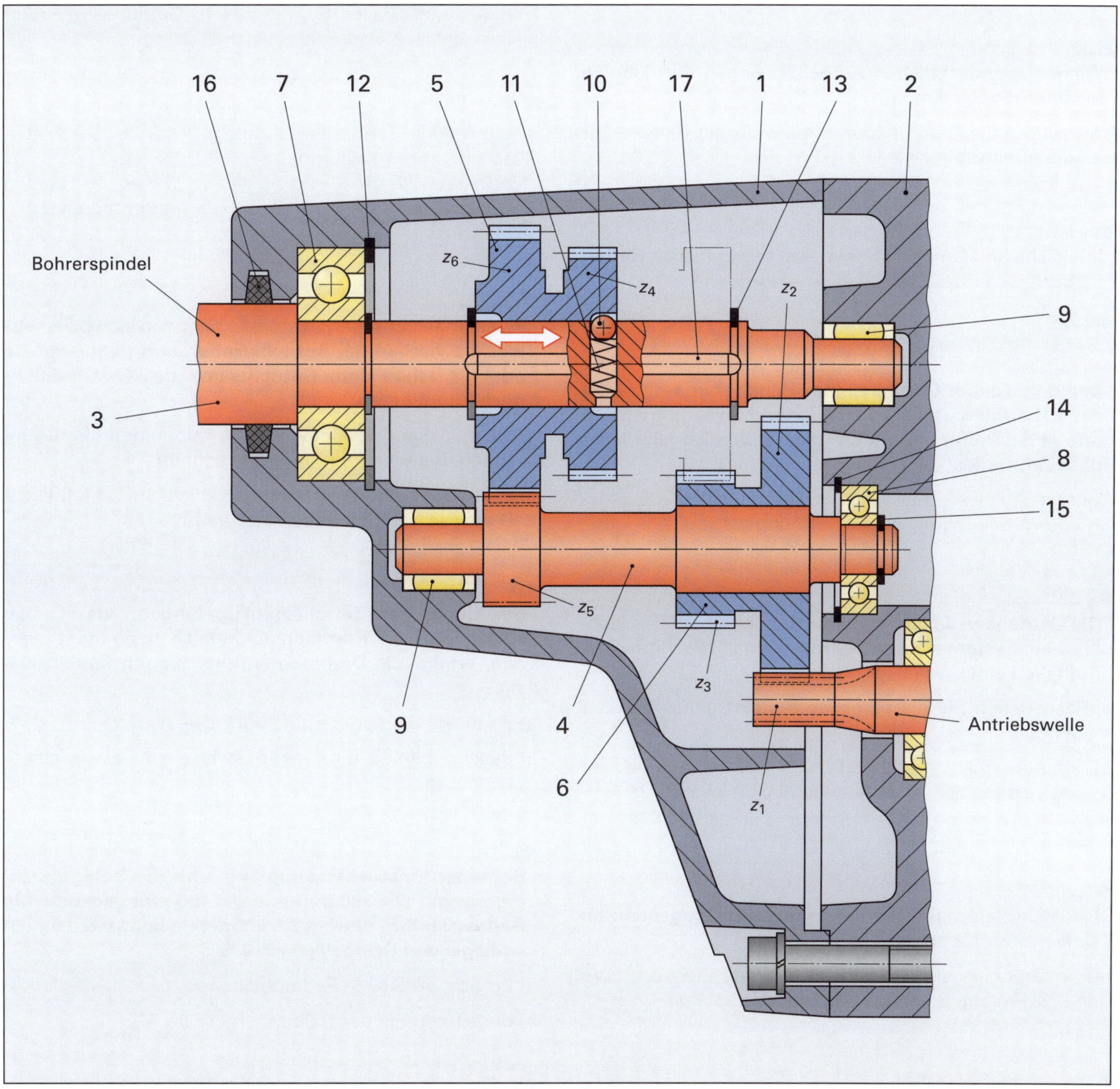


| Stückliste: Getriebeeinheit | | | | | | | | |
|---|---|---|---|---|---|---|---|---|
| Pos. | Menge | Benennung | Pos. | Menge | Benennung | Pos. | Menge | Benennung |
| 1 | 1 | Getriebegehäuse | 7 | 2 | Rillenkugellager | 13 | 2 | Sicherungsring |
| 2 | 1 | Getriebedeckel | 8 | 1 | Rillenkugellager | 14 | 1 | Sicherungsring |
| 3 | 1 | Bohrerspindel | 9 | 2 | Nadelkugellager | 15 | 12 | Sicherungsring |
| 4 | 1 | Getriebewelle | 10 | 1 | Sperrkugel | 16 | 1 | Dichtungsring |
| 5 | 1 | Verschiebeblock | 11 | 1 | Druckfeder | 17 | 1 | Passfeder |
| 6 | 1 | Zahnradblock | 12 | 1 | Sicherungsring | | | |

## Ungebundene Aufgaben

**1**

**Erfassen Sie mit Hilfe der Schnittdarstellung und der Stückliste das Zusammenspiel der einzelnen Bauteile des Handbohrmaschinengetriebes.**

Beschreiben Sie dessen Aufgabe und seine Funktionsweise.

**2**

**Welche grundsätzlichen Aufgaben haben Getriebe in technischen Systemen?**

Nennen Sie diese und geben Sie jeweils ein Beispiel für die Aufgabenerfüllung an.

**3**

**In welche drei Gruppen lassen sich mechanische Getriebe bezüglich ihrer Schaltbarkeit einordnen?**

**4**

**Das dargestellte Getriebe einer Handbohrmaschine ist ein Zahnrädergetriebe. In anderen Anwendungsfällen erfolgt die Drehmomentübertragung der Getriebe nicht über Zahnräder.**

Nennen Sie zwei andere Übertragungsmittel, deren jeweilige Vorteile und je ein Anwendungsbeispiel.

**5**

**Die Getriebewelle Pos. 4 übernimmt innerhalb des technischen Systems „Handbohrmaschine" die typischen Aufgaben einer Welle.**

a) Beschreiben Sie die vorliegende Belastungsart dieser Welle.

b) Erläutern Sie Unterschiede von Wellen und Achsen und nennen Sie zwei Anwendungsbeispiele für Achsen.

**6**

**Die Handbohrmaschine wird mit einem sogenannten Universalmotor angetrieben.**

Informieren Sie sich über diese Art des Elektromotors und beschreiben Sie dessen Antriebsverhalten.

**7**

**An den Haupt(spindel)antrieb einer Werkzeugmaschine werden andere Anforderungen gestellt als an den Antrieb der Handbohrmaschine.**

Welchen Anforderungen muss ein Hauptspindelantrieb genügen und mit welcher Motorbauart wird dies üblicherweise erreicht?

**8**

**Die Drehzahl des Universalmotors der Handbohrmaschine beträgt 5000 $^1/_{min}$. Die Zahnräder des zweistufigen Getriebes verfügen über folgende Zähnezahlen: $z_1 = 10$, $z_2 = 48$, $z_3 = 22$, $z_4 = 32$, $z_5 = 18$ und $z_6 = 42$. Siehe Bild Seite 413.**

a) Berechnen Sie das Gesamtübersetzungsverhältnis des Getriebes in der gezeichneten Position der Zahnräder.

b) Berechnen Sie es für die zweite Getriebestufe (Verschiebeblock, Pos. 5, in rechter Stellung).

c) Berechnen Sie für beide Fälle die Drehzahl der Bohrerspindel ($n_a$).

d) Die beiden Zahnräder ($z_5$ und $z_2$) werden zur Mittelachse hin mit Kräften von $F_1$ = 1,2 kN und $F_2$ = 3,2 kN belastet. Wie groß sind die Kräfte, die an den beiden Lagerstellen (Pos. 9 und Pos. 8) aufgenommen werden müssen?

**9**

**In vielen technischen Systemen befinden sich beispielsweise zwischen der Antriebseinheit und dem Getriebe oder zwischen dem Getriebe und der Arbeitseinheit noch Kupplungen.**

a) Nennen Sie drei Aufgaben, die Kupplungen in technischen Systemen übernehmen können.

b) In welche beiden Gruppen bezüglich der Schaltbarkeit lassen sich Kupplungen einordnen?

**10**

**Bei klassischen Einscheibenkupplungen, wie sie beispielsweise im Kraftfahrzeugbereich verwendet werden, erfolgt die Drehmomentübertragung kraftschlüssig.**

a) Erläutern Sie den Begriff „kraftschlüssig".

b) Beschreiben Sie die Funktionsweise einer Einscheibenkupplung.

**11**

**Bei einer Einscheibenkupplung sind die Belagsdurchmesser mit $D$ = 380 mm und $d$ = 190 mm gegeben. Die Anpresskraft $F_A$ beträgt 8,5 kN, die Reibungszahl für die vorliegenden Reibbeläge $\mu$ = 0,6.**

a) Berechnen Sie die Reibungskraft $F_R$.

b) Berechnen Sie das Reibungsmoment $M_R$.

**12**

**Einige Kupplungen kann man unter dem Begriff „Sicherheitskupplungen" zusammenfassen.**

a) Welche Hauptaufgabe haben Sicherheitskupplungen?

b) Beschreiben Sie zwei verschiedene Arten von Sicherheitskupplungen.

**13**

**Mit welchen Sicherheitskupplungen wird bei Werkzeugmaschinen ein sicherer Betrieb gewährleistet?**

Nennen und beschreiben Sie eine solche Sicherheitskupplung.

**14a)**

**Zeichnen Sie die Getriebewelle (Pos. 4) der Handbohrmaschine im Maßstab 1:1. Entnehmen Sie die Maße mit einem Lineal aus der folgenden Zeichnung.**

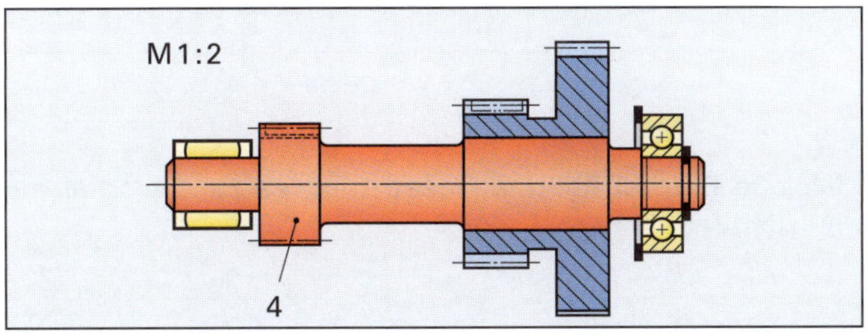


**14b)**

**Ermitteln Sie die für die beiden Lagerstellen und für die Zahnradaufnahme erforderlichen Passungsarten sowie entsprechende Passmaße und tragen Sie diese normgerecht in die Zeichnung ein.**

**14c)**

**Stellen Sie für die Durchmesser, die eine Toleranzklasse aufweisen, die jeweiligen Nennmaße, die Toleranzklasse, die Abmaße und die Grenzabmaße in einer Tabelle dar.**

**14d)**

**Ermitteln Sie für die linke Lagerstelle der Getriebewelle die erforderliche Wärmebehandlung.**
**Tragen Sie auch diese Information in die Technische Zeichnung ein.**

**15**

**Der Zahnradblock der Handbohrmaschine (Pos. 6) soll für einen möglichst langlebigen Betrieb an den Zahnradflanken gehärtet werden.**

a) Welchen Werkstoff schlagen Sie vor, wenn die Zahnradflanken einsatzgehärtet werden sollen?

b) Nennen Sie zwei weitere Möglichkeiten, gehärtete Randzonen herzustellen.

c) Beschreiben Sie für alle drei genannten Verfahren jeweils einen Vor- und einen Nachteil.

## Aufgaben mit Auswahlantworten

### 1

**Der Wirkungsgrad $\eta$ eines 2-zähnigen Schneckentriebes ist zu berechnen. Die dem Getriebe zugeführte Leistung beträgt 35,7 kW, die abgegebene Leistung 25 kW.**

### 1.1

**Welche Formel zur Berechnung des Wirkungsgrades in Prozent ist richtig?**

a) $\eta = \frac{P_2 \cdot 100}{P_1}$ %

b) $\eta = \frac{P_1 \cdot P_2}{100}$ %

c) $\eta = \frac{100}{P_1 \cdot P_2}$ %

d) $\eta = \frac{P_1}{100 \cdot P_2}$

e) $\eta = \frac{P_1 \cdot 100}{P_2}$ %

### 1.2

**Wie groß ist der Wirkungsgrad?**

a) 10,7%

b) 25%

c) 35,7%

d) 60,7%

e) 70%

### 2

**Der Achsabstand *a* des skizzierten Stirnrädertriebes ist zu berechnen.**

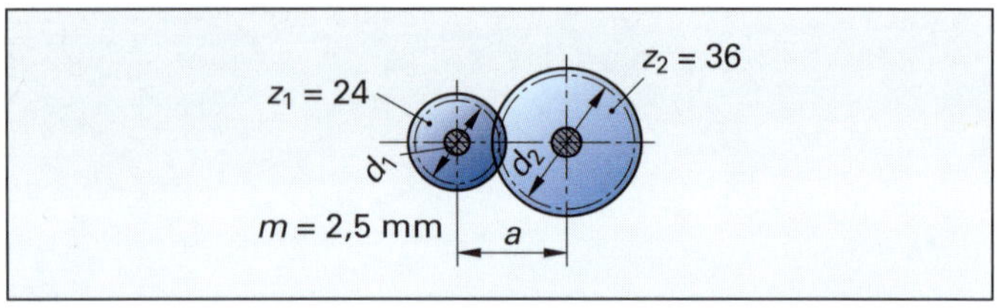


### 2.1

**Nach welcher Formel wird der Achsabstand *a* berechnet?**

a) $a = \frac{2 \cdot (z_1 + z_2)}{m}$

b) $a = \frac{z_1 + z_2}{2 \cdot m}$

c) $a = \frac{2 \cdot (z_1 + m)}{z_2}$

d) $a = \frac{z_1 \cdot (z_2 + 2)}{m}$

e) $a = \frac{m \cdot (z_1 + z_2)}{2}$

### 2.2

**Welches Ergebnis für *a* ist richtig?**

a) 30 mm

b) 60 mm

c) 75 mm

d) 90 mm

e) 150 mm

### 3

**Mit dem skizzierten Keilriementrieb soll ein Gesamtübersetzungsverhältnis von 0,1 (1 : 10) erzielt werden.**

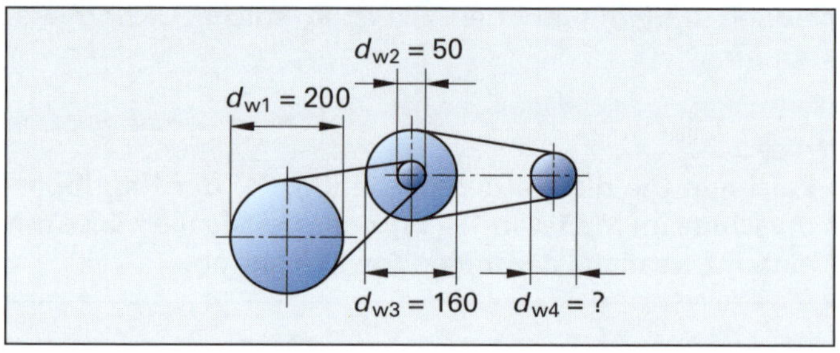


### 3.1

**Welche Formel für das Gesamtübersetzungsverhältnis ist richtig?**

a) $i = \frac{d_{W2} \cdot d_{W3}}{d_{W1} \cdot d_{W4}}$

b) $i = \frac{d_{W1} \cdot d_{W4}}{d_{W2} \cdot d_{W3}}$

c) $i = \frac{d_{W1} \cdot d_{W2}}{d_{W3} \cdot d_{W4}}$

d) $i = \frac{d_{W2} \cdot d_{W4}}{d_{W1} \cdot d_{W3}}$

e) $i = \frac{d_{W1} \cdot d_{W3}}{d_{W2} \cdot d_{W4}}$

### 3.2

**Welchen Wirkdurchmesser $d_{W4}$ muss das letzte Keilriemenrad haben?**

a) 32 mm

b) 48 mm

c) 64 mm

d) 80 mm

e) 96 mm

### 4

**Welche geometrische Kurve haben die Zahnflanken eines Zahnrades?**

a) Evolvente

b) Zykloide

c) Parabel

d) Hyberbel

e) Ellipse

### 5

**Welches Zahnradmaß wird im Bild mit *c* bezeichnet?**

a) Außendurchmesser

b) Zahnhöhe

c) Zahnkopfhöhe

d) Kopfspiel

e) Teilung

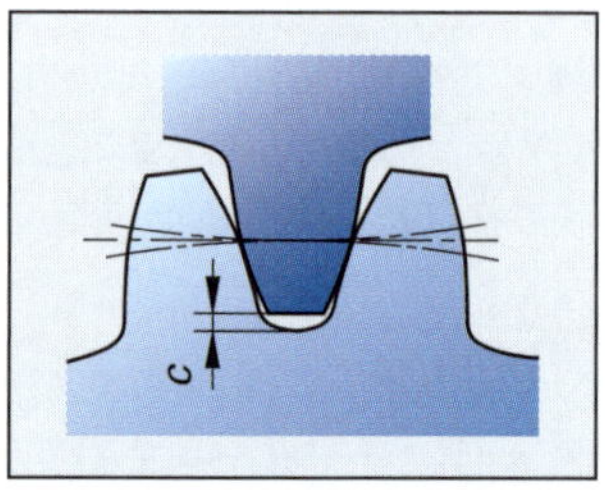

**6**

**Welches Verbindungselement ist im Bild gezeigt?**

a) Scheibenfeder
b) Zapfenfeder
c) Gleitfeder
d) Passfeder
e) Einlegekeil

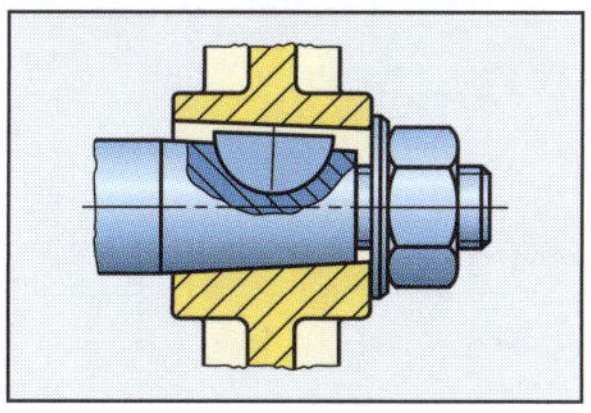

**7**

**Welche Kupplung zeigt das Bild?**

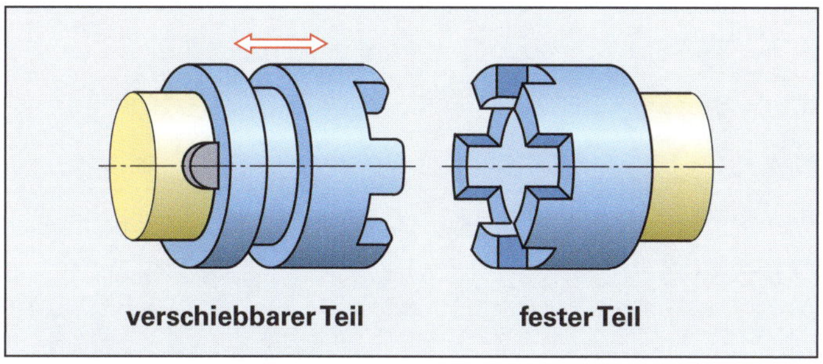


a) Schalenkupplung
b) Scheibenkupplung
c) Kreuzgelenkkupplung
d) Klauenkupplung
e) Kegelkupplung

**8**

**Welcher Zahnrädertrieb ist im Bild dargestellt?**

a) Stirnrädertrieb mit Außenverzahnung
b) Schraubenrädertrieb
c) Schneckentrieb
d) Kegelrädertrieb
e) Stirnrädertrieb mit Innenverzahnung

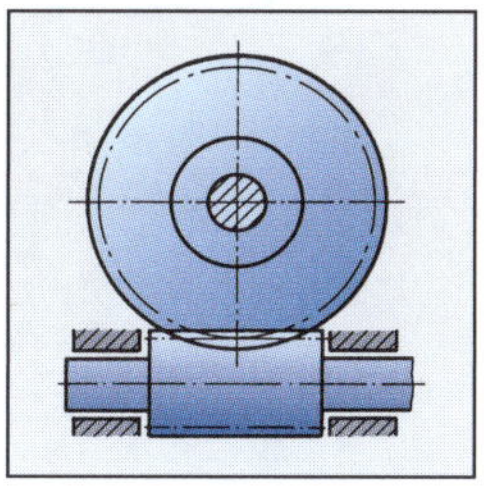

**10**

**Welches Maschinenelement ist im Bild dargestellt?**

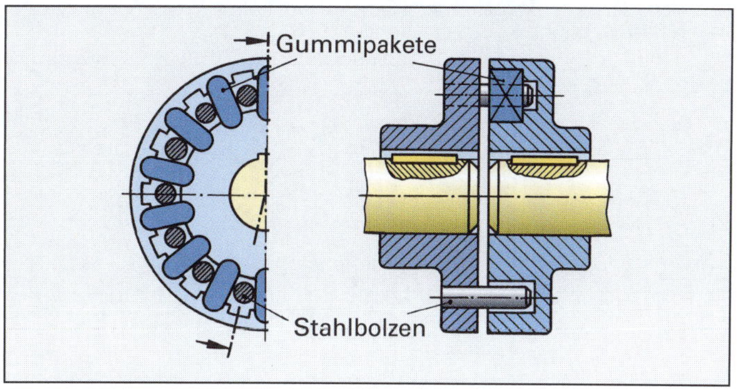


a) Kreuzgelenk
b) Elektromagnetkupplung
c) Nadelgelenk
d) Elastische Kupplung
e) Ausrückbare Kupplung

**11**

**Wozu sind die dargestellten Arbeitsmaschinen *nicht* geeignet?**

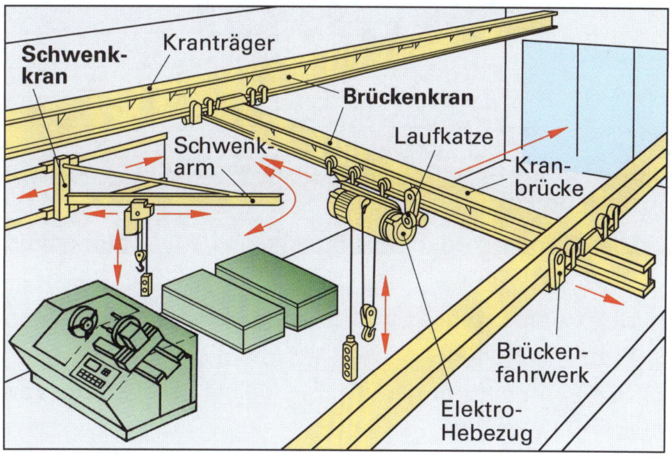


a) zum Hochheben schwerer Lasten
b) zur Umwandlung von Energie
c) zum Be- und Entladen
d) zum Zuführen schwerer Werkstücke
e) zur Montage von Maschinen

**9**

**In welchem Bild ist eine Stirnräderpaarung normgerecht dargestellt?**

a) Bild 1
b) Bild 2
c) Bild 3
d) Bild 4
e) Bild 5

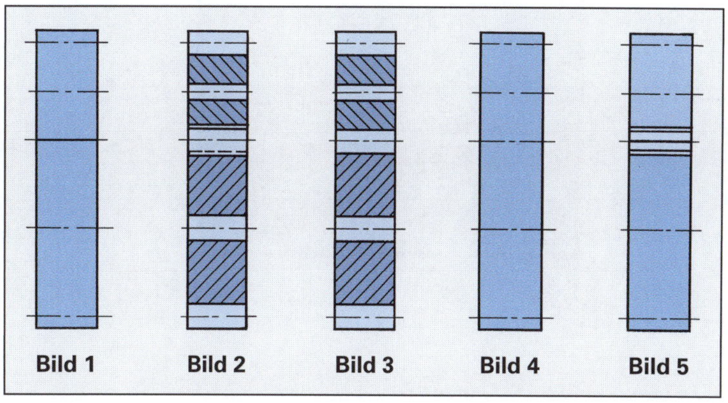

**12**

**Welches der Sinnbilder stellt eine Hydropumpe mit konstantem Verdrängungsvolumen und einer Drehrichtung dar?**

a)

b)

c)

d)

e)

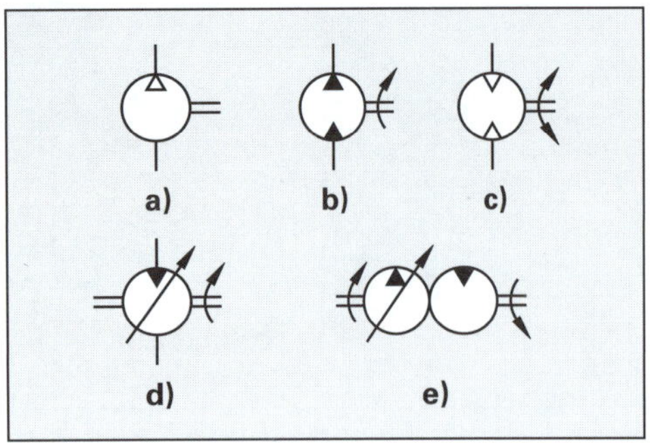


**13**

**Welche Aussage zu der dargestellten Hydraulikpumpe ist richtig?**

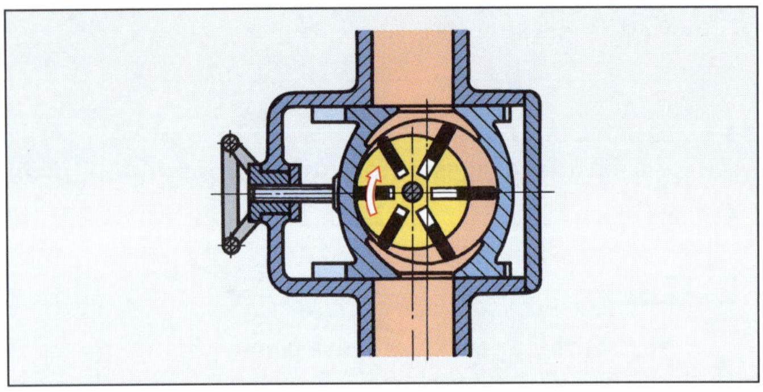

a) Die Pumpe fördert mit ihrer größten Leistung von oben nach unten.

b) Die Pumpe fördert mit ihrer kleinsten Leistung von oben nach unten.

c) Die Pumpe fördert mit ihrer größten Leistung von unten nach oben.

d) Die Pumpe fördert mit ihrer kleinsten Leistung von unten nach oben.

e) Die Pumpe ist eine Konstantpumpe.

**14**

**Auf dem Leistungsschild des Hauptantriebsmotors einer Werkzeugmaschine sind seine Kenndaten angegeben.**

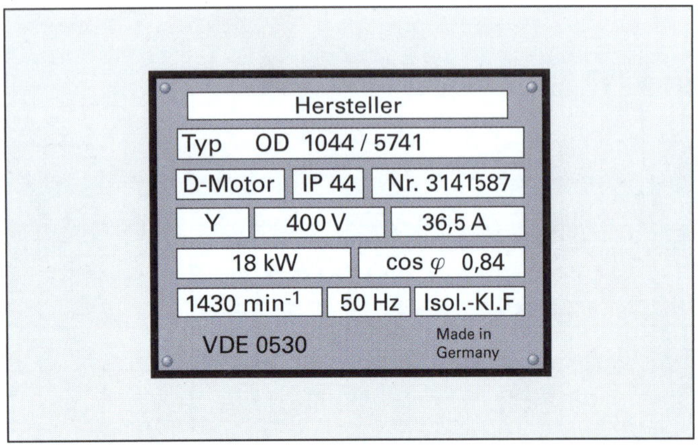


**14.1**

**Wie groß ist die bei Nennbetrieb aus dem Leitungsnetz entnommene elektrische Leistung?**

a) Pe = 14,76 kW

b) Pe = 18 kW

c) Pe = 18,84 kW

d) Pe = 19,24 kW

e) Pe = 21,24kW

**14.2**

**Welchen Wirkungsgrad $\eta$ hat dieser Elektromotor?**

a) $\eta$ = 55 %

b) $\eta$ = 65 %

c) $\eta$ = 75 %

d) $\eta$ = 85 %

e) $\eta$ = 95 %

**15**

**Für welchen der genannten Antriebe gibt das nachfolgende Diagramm das Betriebsverhalten richtig wieder?**

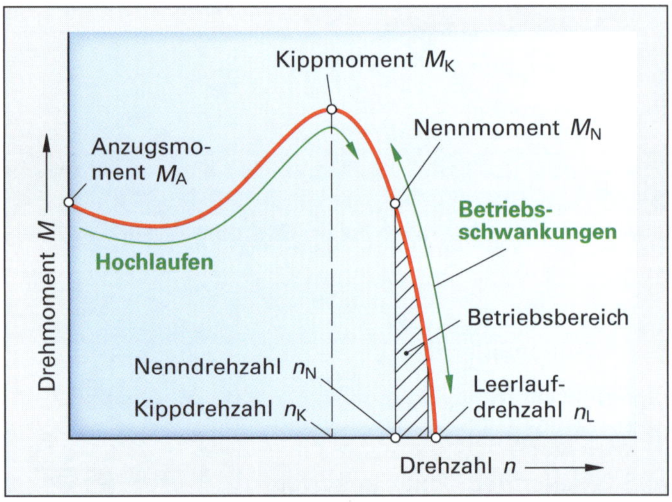


a) Drehstrom-Synchronmotor

b) Linearmotor

c) Schrittmotor

d) Drehstrom-Asynchronmotor

e) Gleichstrommotor

**16**

**Welches der genannten Elemente ist *keine* Sicherheitseinrichtung?**

a) Kabinenschiebetür einer Werkzeugmaschine

b) Schutzgitter an einer Presse

c) Not-Aus-Schalter

d) Rutschkupplung an einer Werkzeugmaschine

e) Passfederverbindung an einer Getriebewelle

## Leistungsüberprüfung zu Lernfeld 11: Überwachen der Produkt- und Prozessqualität

Bearbeitungszeit : ______________________ Bearbeiter : ______________________

Hilfsmittel : ______________________ Datum : ______________________

### Leitprojekt: Drehteil für Winkelgetriebe

Das Drehteil wird in einer größeren Stückzahl auf einer CNC-Maschine gefertigt. Damit eine Aussage über die Qualität der Fertigung gemacht werden kann, wird als Qualitätsmerkmal der Durchmesser 19-0,1 gewählt. Es wird eine Stichprobe von 40 Teilen vermessen und die Ergebnisse in einer Urliste dokumentiert.

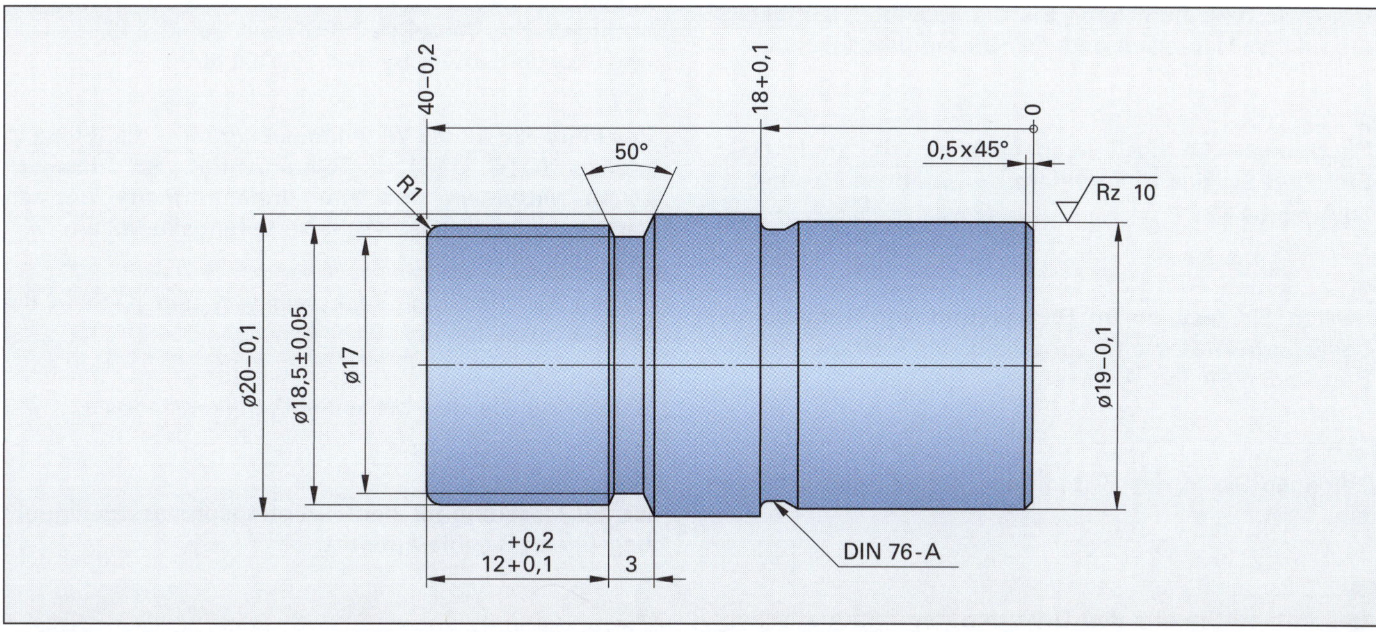


**Urliste:**

| Fehler Nr. | x1 | x2 | x3 | x4 | x5 | x6 | x7 | x8 | x9 | x10 |
|---|---|---|---|---|---|---|---|---|---|---|
| 1-10 | 18,959 | 18,967 | 18,939 | 18,975 | 18,958 | 18,946 | 18,963 | 18,966 | 18,971 | 18,984 |
| 11-20 | 18,955 | 18,959 | 18,974 | 18,972 | 18,969 | 18,971 | 18,972 | 18,952 | 18,985 | 18,959 |
| 21-30 | 18,935 | 18,935 | 18,978 | 18,922 | 18,962 | 18,981 | 18,999 | 18,992 | 18,971 | 18,942 |
| 31-40 | 18,982 | 18,980 | 18,959 | 18,961 | 18,949 | 18,951 | 18,965 | 18,968 | 18,959 | 18,946 |

### Ungebundene Aufgaben

**1**

**Erläutern Sie den Begriff „Qualität".**

**2**

**Worin unterscheiden sich „quantitative" und „qualitative" Qualitätsmerkmale und welche Art der Qualitätsmerkmale hat das Drehteil?**

**3**

**In der Qualitätstechnik lassen sich Fehler nach ihren Folgen in drei Klassen einteilen. Nennen und erläutern Sie diese Fehlerklassen am Beispiel des Drehteils.**

**4**

**Auf den Fertigungsprozess für das Drehteil wirken eine Vielzahl von Faktoren und beeinflussen das Ergebnis. Diese werden als „7M-Faktoren" bezeichnet. Tragen Sie diese Faktore für das Drehteil in ein Ishikawa-Diagramm ein.**

**5**

**Erklären Sie den Begriff „Produktaudit" am Beispiel des Drehteils.**

**6**

**Was versteht man unter einem „Qualitätszirkel"? Wie könnte er für die Fertigung des Drehteils aussehen?**

**7**

**Die Grafik zeigt die so genannte „Zehnerregel".**

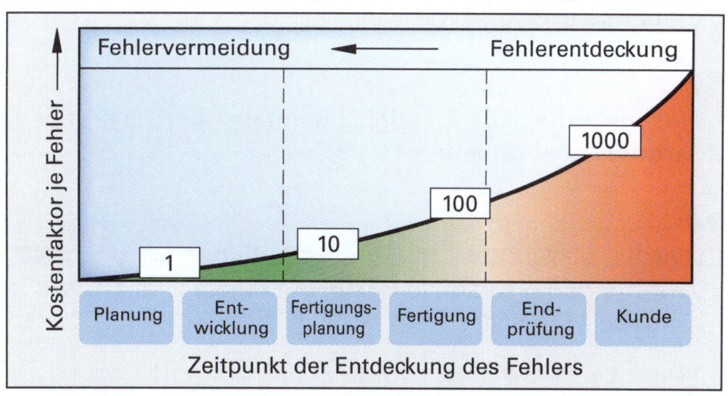


a) Welcher Zusammenhang soll damit verdeutlicht werden?

b) Zeigen Sie dies am Drehteil.

**8**

**Was versteht man unter den im Qualitätsmanagement verwendeten Sprachbegriff der Qualitätswerkzeuge (englisch tools). Nennen Sie einige Beispiele.**

**9**

**Welche Ziele werden mit einer sogenannten FMEA (Fehler-Möglichkeits- und Einfluss-Analyse) angestrebt?**

**10**

Bevor Messwerte festgestellt werden, wird ein Prüfplan erstellt. Erstellen Sie einen Prüfplan mit den erforderlichen Einträgen für das Drehteil.

**11 a)**

Erstellen Sie für das Prüfmerkmal 19-0,1 des Drehteils aus der Urliste eine Strichliste. Bestimmen Sie die dazu erforderlichen Größen.

**11 b)**

Ermitteln bzw. berechnen Sie die absolute Häufigkeit, die relative Häufigkeit und die Summenhäufigkeit.

**12**

Bestimmen Sie die Toleranzgrenzen OTG und UTG. Erstellen Sie das Histogramm der relativen Häufigkeit zu Aufgabe 11.

**13**

Stellen Sie fest, ob im Histogramm von Aufgabe 12 bestimmte Messwerte außerhalb der Toleranz liegen. Begründen Sie ihre Antwort.

**14**

Zeichnen Sie in das Histogramm die Verteilungskurve ein.

**15**

Bestimmen Sie aus den Urwerten den arithmetischen Mittelwert, die Spannweite und die Standardabweichung.

**16**

Die Stichprobe ist in Aufgabe 14 als Normalverteilung dargestellt.
Tragen Sie dort folgende Werte ein:
- den arithmetischen Mittelwert.
- die Standardabweichungen für ±1s und ±4s jeweils mit den Prozentzahlen der Häufigkeit
- die Toleranzmitte.

**17**

Was bedeutet die Häufigkeitsangabe bei einer Standardabweichung von ± 4s: 99,994% ?

**18**

Welche Maßnahme muss der Bediener an der CNC-Drehmaschine treffen in Bezug auf die Lage der Kurve in Aufgabe 16?

**19**

Prüfen Sie, ob bei der Streuung der Normalverteilung in Aufgabe 16 eine Serienfertigung des Drehteils möglich wäre und begründen Sie Ihre Antwort.

**20**

Welche Fertigungseinflüsse haben einen systematischen und welche einen zufälligen Einfluss?

**21**

Wie beeinflussen systematische und zufällige Einflüsse die Normalverteilung?

**22**

Mit der Maschinenfähigkeitsuntersuchung (MFU), wird geprüft, mit welcher Genauigkeit eine Maschine ein bestimmtes Teil in der Serie herstellen kann. Welche Prozesseinflüsse müssen während einer MFU eingehalten werden?

**23**

Für den Außendurchmesser 20 – 0,1 am Drehteil soll eine MFU durchgeführt werden. Bei der Entnahme einer Losgröße von 50 Teilen wurden folgende Werte ermittelt: arithmetischer Mittelwert (Prozesslage) $\overline{x}$ = 19,954 mm und Standardabweichung $s$ = 0,0108 mm.

**23.1**

Zeichnen Sie in das Verteilungsdiagramm die Toleranzgrenzen (OTG; UTG), die Toleranzmitte, den arithmetischen Mittelwert und eine angenommene Normalverteilungskurve (Gauß'sche Verteilungskurve) ein.

**23.2**

Tragen Sie die Standardabweichung und Δkrit in die Normalverteilung ein.

**23.3**

Berechnen Sie den Maschinenfähigkeitsindex $C_m$ und $C_{mk}$.

**23.4**

Ist die Maschine für den Fertigungsprozess geeignet? Begründen Sie Ihre Antwort.

**24**

Die Auswertung des Maßes 40 – 0,2 am Drehteil aus drei Stichproben zu je 10 Teilen ergab folgenden Eintrag im Wahrscheinlichkeitsnetz.

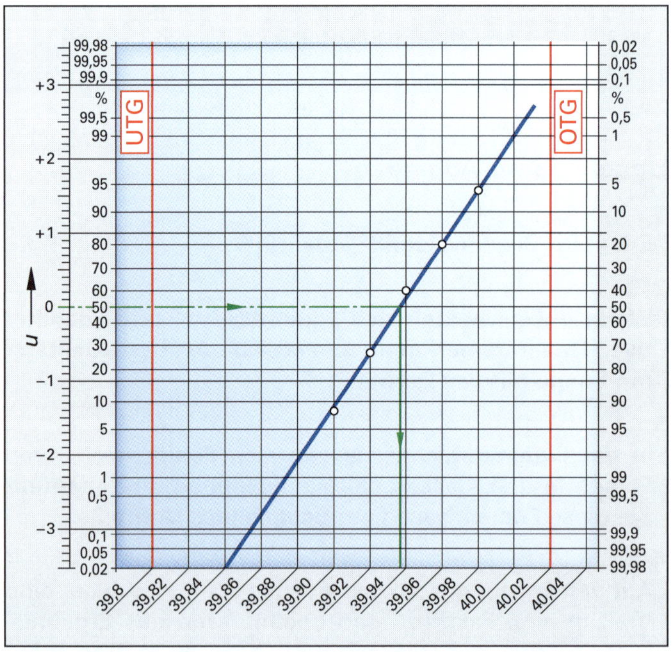


**24.1**

Liegt bei der Stichprobe eine Normalverteilung vor? Begründen Sie ihre Antwort.

**24.2**

Bestimmen Sie den arithmetischen Mittelwert.

**24.3**

Ist mit fehlerhaften Teilen zu rechnen? Falls dies zutrifft: Mit wie viel fehlerhaften Teilen muss gerechnet werden?

## Aufgaben mit Auswahlantworten

**1**

**Wozu dient eine Qualitätsregelkarte?**

a) Zur Ermittlung des Mittelwertes der gefertigten Werkstücke.

b) Zur Steigerung der Produktivität eines Fertigungsprozesses.

c) Zum Auffinden von Störursachen bei einem Fertigungsprozess.

d) Zum Dokumentieren der Stückzahlen während einer Schicht.

e) Zur fortlaufenden Überwachung eines Fertigungsprozesses.

**2**

**Welche Diagrammart zeigt das nachfolgende Bild?**

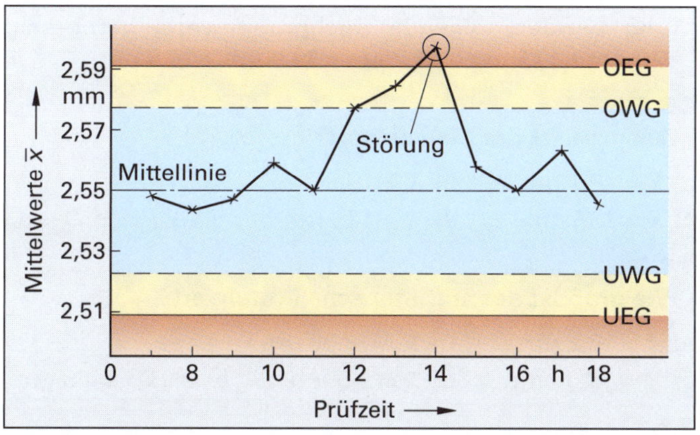


a) Toleranzfelder

b) Fehlersammelkarte

c) Schmiedebereiche

d) Spannungs-Diagramm

e) Qualitätsregelkarte

**3**

**Der Fertigungsprozess für das Drehteil zeigt in der Qualitätsregelkarte für den arithmetischen Mittelwert den folgenden Prozessverlauf. Wie bezeichnet man solch einen Prozessverlauf?**

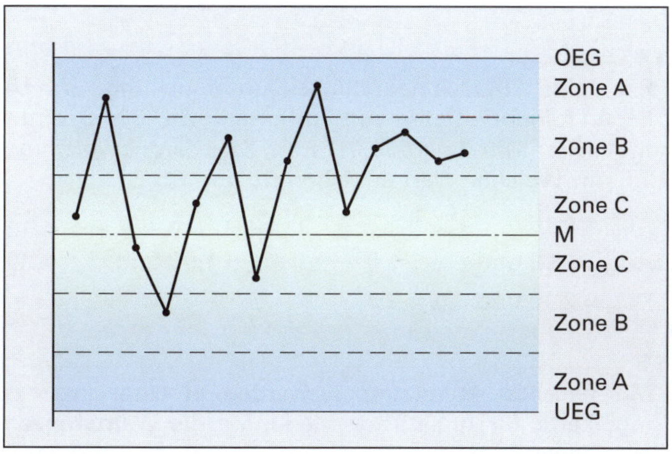


a) Natürlicher Verlauf b) RUN

c) Trend d) Middle Thrid

e) Perioden

**4**

**Später stellt sich im Fertigungsprozess für das Drehteil in der Qualitätsregelkarte für den arithmetischen Mittelwert der folgende Prozessverlauf ein. Welcher typische Prozessverlauf liegt vor?**

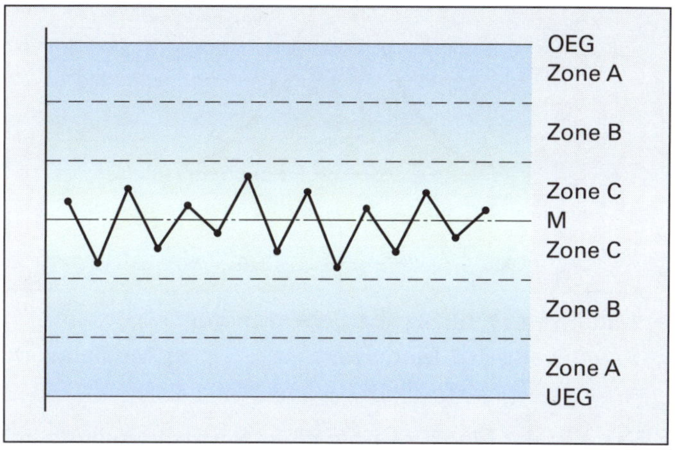


a) Natürlicher Verlauf b) RUN

c) Trend d) Middle Thrid

e) Perioden

**5**

**Welche Diagrammform zeigt folgendes Bild?**

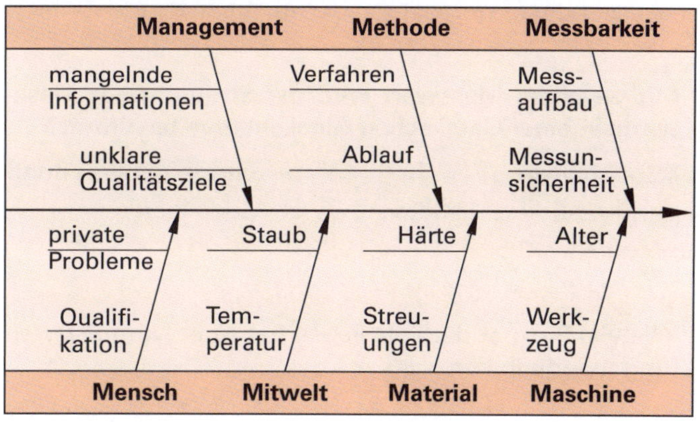


a) Flussdiagramm b) Verlaufsdiagramm

c) Ishikawa-Diagramm d) Baumdiagramm

e) Matrixdiagramm

**6**

**Wie wird die Diagrammform im Bild bezeichnet?**

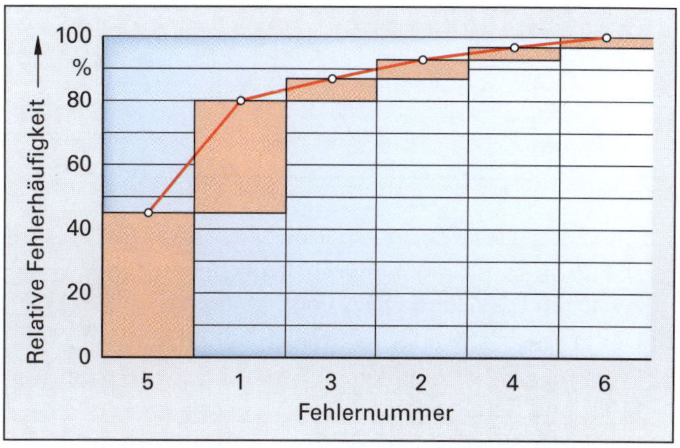


a) Flussdiagramm b) Verlaufsdiagramm

c) Ishikawa-Diagramm d) Baumdiagramm

e) Pareto-Diagramm

**7**

**Welcher Wert einer Normalverteilung wird mit dem als „1" bezeichneten Bereich dargestellt?**

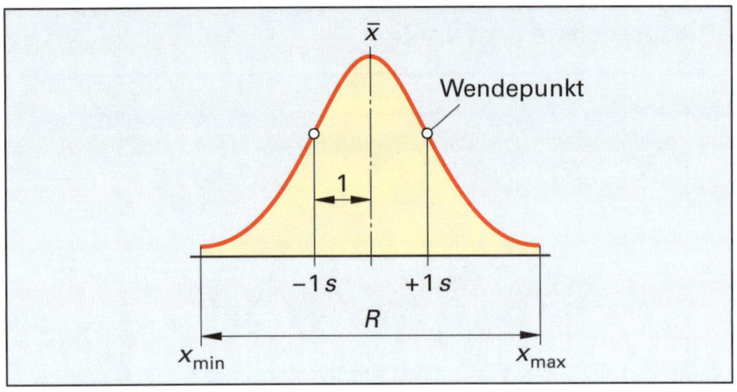


a) Mittelwert b) Standardabweichung
c) Spannweite d) Modalwert e) Medianwert

**8**

**Was gibt der Medianwert in einer Normalverteilung bei Stichproben an?**

a) Den mittleren Wert, der nach Größen geordneten Messwerte.

b) Am häufigsten auftretender Messwert einer Messreihe

c) Mittelwert aller Messwerte

d) Anzahl der Einzelwerte e) Kleinster Messwert

**9**

**Mit welchem Messwert wird die Streuung der Messwerte in einer Gauß'schen Glockenkurve bestimmt?**

a) Spannweite b) Standardabweichung
c) arithmetischer Mittelwert d) Modalwert
e) Medianwert

**10**

**Wie viel Prozent der Teile liegen bei einer Normalverteilung innerhalb von x ± 3 s?**

a) 95,44 % b) 68,26 %
c) 100% d) 99,73 % e) 99,994 %

**11**

**Welche Aussage zur Prozessfähigkeit in folgendem Verteilungsschaubild ist richtig?**

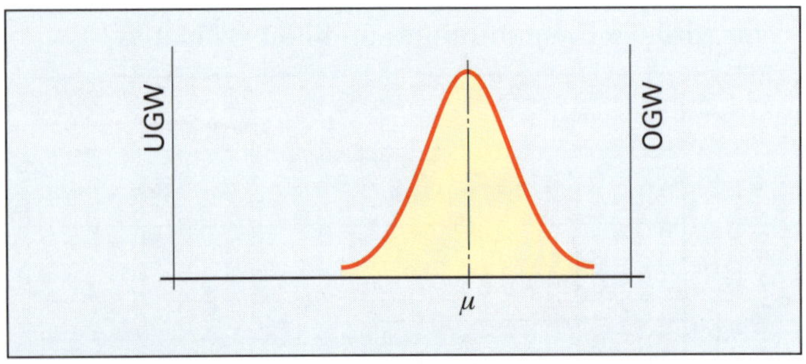


a) Der Prozess ist nur beherrscht und nicht fähig, da er zwischen UGW und OGW liegt.

b) Der Prozess ist weder fähig noch beherrscht.

c) Der Prozess hat eine kleine Streuung. Der Prozess ist fähig und beherrscht.

d) Der Prozess ist zwar fähig, da die Streuung gering ist, aber der Mittelwert ist in Richtung OWG verschoben und damit nicht beherrscht.

e) Der Prozess ist beherrscht, da er sehr gut zentriert ist.

**12**

**Welcher $C_{pk}$-Wert ergibt sich bei folgender Verteilung bei einer Prozessfähigkeitsuntersuchung.**

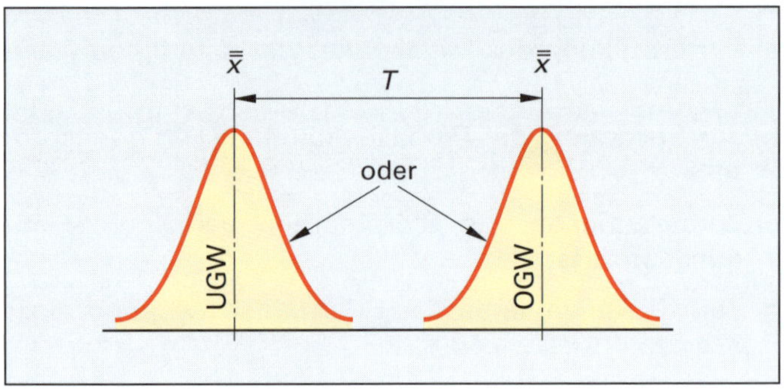


a) $C_{pk} = 0$ b) $C_{pk} = 1$
c) $C_{pk} = 1{,}33$ d) $C_{pk} = 1{,}66$ e) $C_{pk} = 0{,}5$

**13**

**Bei einer Dickenmessung einer Oberflächenbeschichtung wurden folgende Stichprobenwerte gemessen: 17,9 µm / 17,5 µm / 18,7 µm / 19,0 µm / 18,8 µm.**

**13.1**

**Wie groß ist der Medianwert?**

a) $\tilde{x} = 18{,}7$ µm b) $\tilde{x} = 18{,}8$ µm
c) $\tilde{x} = 17{,}5$ µm d) $\tilde{x} = 17{,}9$ µm e) $\tilde{x} = 19{,}0$ µm

**13.2**

**Wie groß ist der arithmetische Mittelwert?**

a) $\bar{x} = 18{,}2$ µm b) $\bar{x} = 18{,}38$ µm
c) $\bar{x} = 18{,}00$ µm d) $\bar{x} = 1{,}5$ µm e) $\bar{x} = 0{,}65$ µm

**13.3**

**Welche Spannweite wird erreicht?**

a) $R = 0{,}8$ µm b) $R = 1$ µm
c) $R = 1{,}5$ µm d) $R = 18{,}3$ µm e) $R = 0{,}64$ µm

**13.4**

**Welche Standardabweichung ergibt sich?**

a) $s = 18{,}38$ µm b) $s = 1{,}5$ µm
c) $s = 0{,}55$ µm d) $s = 0{,}65$ µm e) $s = 0{,}646$ µm

**13.5**

**Wie groß ist der Stichprobenumfang?**

a) n = 1 b) n = 5
c) n = 10 d) n = 20 e) n = 0

**14**

**Für eine Maschinenfähigkeitsuntersuchung (MFU) liegen folgende Daten vor: Prüfkriterium ∅ 30m6, arithmetischer Mittelwert 30,011 mm, Standardabweichung 1,0 µm. Welchen Wert erreichen $C_m$ und $C_{mk}$?**

a) $C_m = 2{,}16$ und $C_{mk} = 1{,}3$ b) $C_m = 1{,}16$ und $C_{mk} = 1{,}3$
c) $C_m = 2{,}16$ und $C_{mk} = 1{,}0$ d) $C_m = 1{,}00$ und $C_{mk} = 1{,}0$
e) $C_m = 2{,}16$ und $C_{mk} = 2{,}3$

**15**

**Mit welchen Ankürzungen werden in einer Prozess regelkarte für qualitative Merkmale die Warngrenzen gekennzeichnet?**

a) OGW und UGW b) OEG und UEG
c) GWO und GWU d) WGO und WGU
e) OWG und UWG

## Leistungsüberprüfung zu LERNFELD 12: Instandhalten von technischen Systemen

Bearbeitungszeit : ______________ Bearbeiter : ______________

Hilfsmittel : ______________ Datum : ______________

### LEITPROJEKT: Klappbohrvorrichtung zum Bohren von Werkstücken

Bei den mit der Klappbohrvorrichtung gefertigten Bauteilen sind Maßabweichungen aufgetreten.
Sie haben von Ihrem Meister den Auftrag bekommen eine Instandsetzung der Klappbohrvorrichtung vorzunehmen, damit die gefertigten Teile den Qualitätsanforderungen genügen.

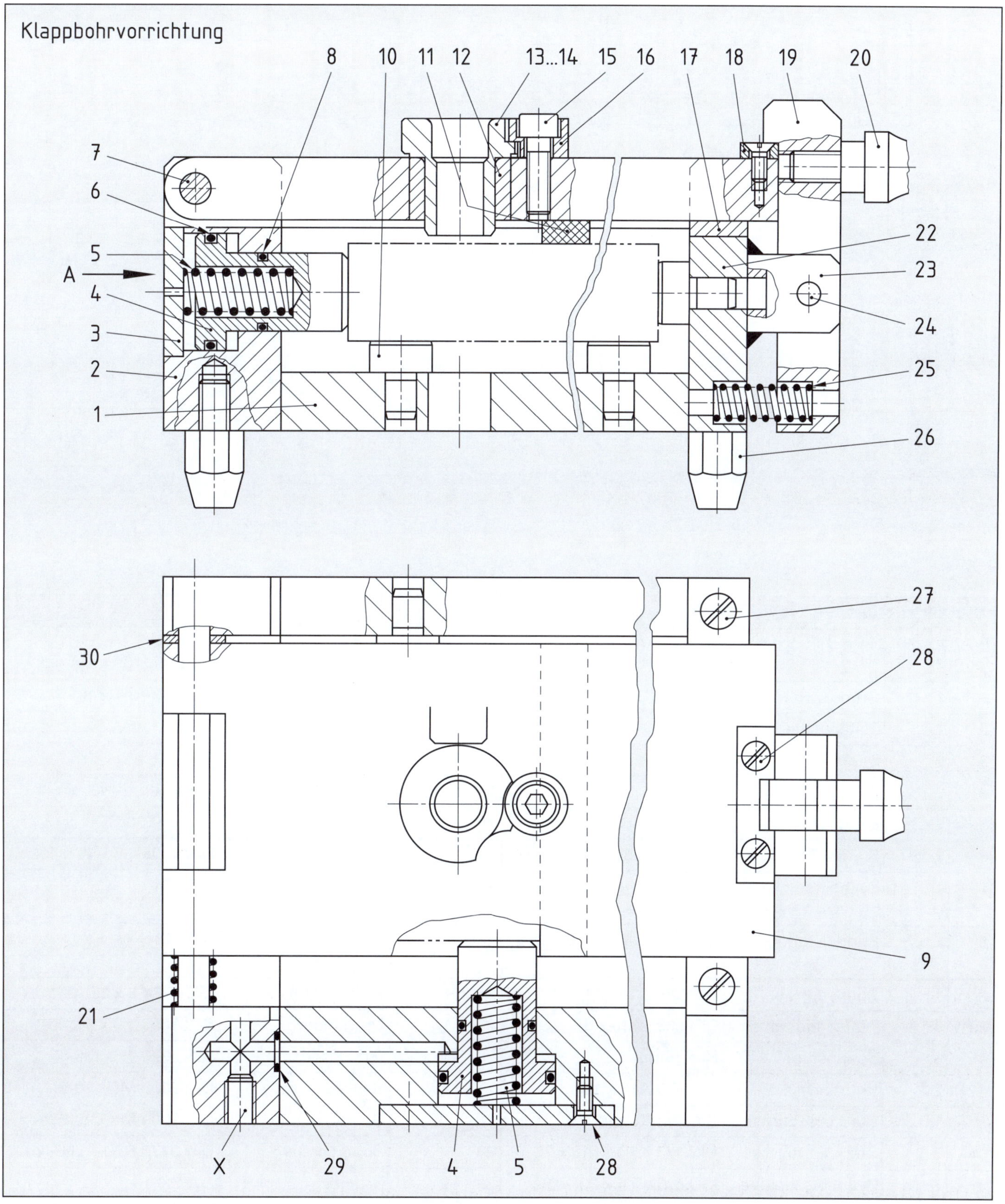

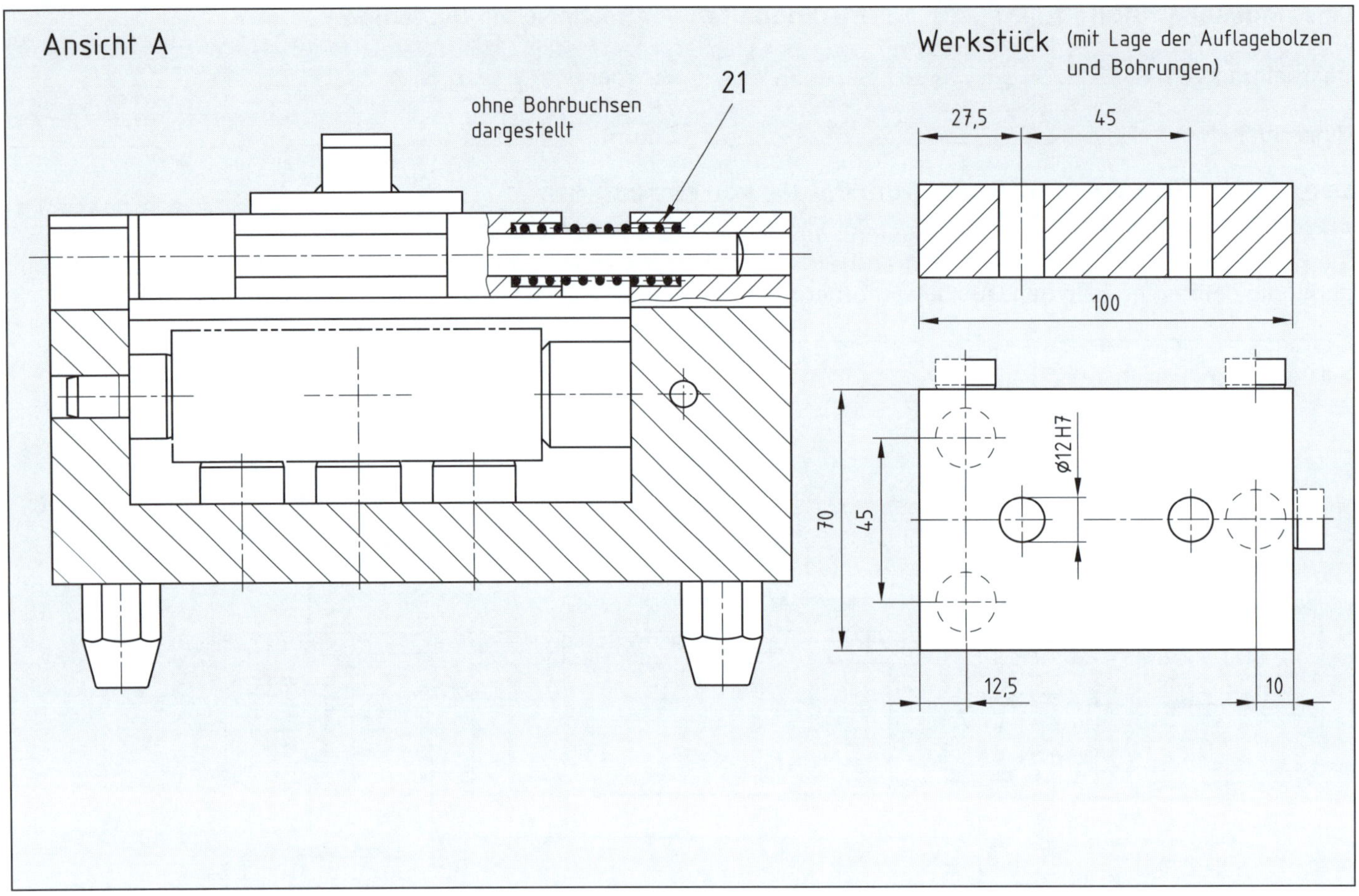


| Stückliste: Klappbohrvorrichtung | | | | | | | |
|---|---|---|---|---|---|---|---|
| Pos. | Anzahl | Bezeichnung | Werkstoff/ Normen | Pos. | Anzahl | Bezeichnung | Werkstoff/ Normen |
| 1 | 1 | Grundkörper | S235JR | 16 | 2 | Spannbuchse | DIN 173-10,1 x 16 |
| 2 | 1 | Seitenplatte | S235JR | 17 | 1 | Auflage | C70U |
| 3 | 2 | Deckel | S235JR | 18 | 1 | Auflage | C70U |
| 4 | 2 | Kolben | 20MnCr5 | 19 | 1 | Schnapper | S355JR |
| 5 | 2 | Druckfeder | DIN 2098-2 x 10 x 55 | 20 | 1 | Ballengriff | DIN 98-E20-FS |
| 6 | 2 | Runddichtring | DIN 3770-25 x 3,15 B-NB70 | 21 | 1 | Druckfeder | DIN 2098-1,6 x 10 x 40,5 |
| 7 | 1 | Zylinderstift | ISO 8734-8 x 130-A-St | 22 | 1 | Seitenplatte mit Pos. 23 verschweißt | S235JR |
| 8 | 2 | Runddichtring | DIN 3770-16 x 2,5 B-NB70 | 23 | 1 | Lager, mit Pos. 22 verschweißt | S235JR |
| 9 | 1 | Bohrklappe | S235JR | 24 | 1 | Zylinderstift | ISO 8734-6 x 35-A-St |
| 10 | 6 | Auflagebolzen | DIN 6321-A16 x 8 | 25 | 1 | Druckfeder | DIN 2098-1,6 x 8 x 45 |
| 11 | 1 | Spannstück | Hartgummi | 26 | 4 | Fuß | DIN 6320-15 x M8 |
| 12 | 2 | Bohrbuchse | DIN 179-A18 x 16 | 27 | 2 | Senkschraube | ISO 2009-M5 x 10-St |
| 13 | 1 | Steckbohrbuchse | DIN 173-K6 x 18 x 20 | 28 | 10 | Senkschraube | ISO 2009-M4 x 10-St |
| 14 | 1 | Steckbohrbuchse | DIN 173-K11,8 x 18 x 20 | 29 | 1 | Runddichtung | DIN 3770-5,6 x 1,6 B-NB70 |
| 15 | 2 | Zylinderschraube | ISO 4762-M6 x 20-10.9 | 30 | 1 | Scheibe | C70U |

## Ungebundene Aufgaben

**1**

**Erklären Sie die Aufgabe und Funktionsweise der Klappbohrvorrichtung.**

**2**

**Die Lage der Werkstückbohrungen wird durch die Lage der Bohrklappe (Pos. 9) in der Vorrichtung beeinflusst.**

a) Welches Bauteil führt die Bohrklappe?

b) Welche Aufgabe hat die Druckfeder (Pos. 21)?

**3**

**In der Klappbohrvorrichtung werden die Werkstücke sowohl in der Höhe als auch seitlich automatisch positioniert.**

a) Wie viele Auflagebolzen (Pos. 10) besitzt die Vorrichtung zur Positionierung des Werkstückes in der Höhe?

b) Warum werden die Auflagebolzen in großem Abstand voneinander angeordnet?

c) Welche Lagebestimmung (in der Höhe und seitlich) liegt vor?

**4**

**Welche Funktion hat die in der Draufsicht mit X gekennzeichnete Bohrung im Grundkörper?**

**5**

**Beschreiben Sie die Wirkung der Druckluft und der Druckfeder (Pos. 5) beim Fixieren und Lösen des Werkstücks.**

**6**

**In den Kolben (Pos. 4) befinden sich Druckfedern (Pos. 5).**

a) Welche Aufgaben haben diese Druckfedern?

b) Warum darf beim Positionieren kein Druckluft-Druck auf die Kolben wirken?

c) Erklären Sie die Bezeichnung der Druckfedern (Pos. 5) DIN 2098 – 2 x 3,15 mit Hilfe eines Tabellenbuches.

**7**

**Zur Instandhaltung der Klappbohrvorrichtung muss diese komplett zerlegt und gereinigt werden.**
**Erstellen Sie einen Demontageplan, in dem auch die benötigten Werkzeuge und Hilfsmittel aufgeführt sind.**

**8**

**Welche Teile sind Verschleißteile, die eventuell vor dem erneuten Zusammenbau durch neue Bauteile zu ersetzen sind?**

**9**

**Womit beginnt die Instandsetzung der Klappbohrvorrichtung?**

**10**

**Warum handelt es sich hierbei um eine störungsbedingte Instandsetzung und welche Vorteile bzw. Nachteile hat diese Art der Instandsetzung?**

**11**

**Sie stellen fest, dass eine Druckfeder (Pos. 5) gebrochen ist (Bild)**

a) Um welche Bruchart handelt es sich bei dem Federbruch?

b) Nennen Sie mögliche Ursachen für den Bruch.

c) Schlagen Sie Verbesserungsmaßnahmen vor, um den Bruch der Druckfeder in Zukunft zu vermeiden.

**12**

**Kann die gebrochene Feder (Pos. 5) die Ursache der fehlerhaften Fertigung der Bohrteile sein? Begründen Sie Ihre Einschätzung.**

**13**

**Nennen Sie drei Gründe, warum eine Schadensanalyse durchgeführt werden sollte.**

**14**

**Erklären Sie den Ablauf zur Durchführung einer Schadensanalyse.**

**15**

**In die Bohrklappe (Pos. 9) sind Bohrbuchsen eingebaut (Pos. 12 bis 14).**

a) Welche Aufgaben haben Bohrbuchsen?

b) Zu welcher Gruppe von Bohrbuchsen zählt die Bohrbuchse (Pos. 12)?

c) Erklären Sie die Bezeichnung Steckbohrbuchse (Pos. 14) für dieses Bauteil.

d) Welche Angaben können aus der Normbezeichnung der Steckbohrbuchse (Pos. 14) abgelesen werden?

e) Aus welchem Grund besitzen die Bohrbuchsen Einlaufradien?

f) Warum hat die Steckbohrbuchse (Pos. 14) einen Durchmesser $d_1$ = 11,8 mm?

**16**

**Die Steckbohrbuchsen (Pos. 13 und 14) werden aus Einsatzstahl hergestellt und anschließend auf 780 ±40 HV 10 gehärtet.**

a) Was versteht man unter einem Einsatzstahl?

b) Beschreiben Sie die Vorgehensweise beim Härten der Steckbohrbuchsen (Pos. 13 und 14).

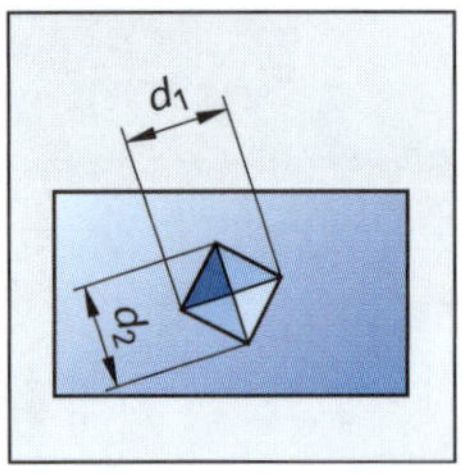


c) Zur Messung der Härte wird das Härteprüfverfahren nach Vickers angewendet.
Gemessen werden die Eindruckdiagonalen $d_1$ = 0,15 mm und $d_2$ = 0,16 mm. Wie groß ist die Vickershärte?

d) Liegt der gemessene Wert im Toleranzbereich?

**17**

**Bei der Inspektion wird festgestellt, dass die Bohrbuchse (Pos. 12) einseitige Abnutzungsspuren aufweist.**

a) Kann die einseitige Abnutzung die Ursache der fehlerhaften Fertigung der Bohrteile sein? Begründen Sie Ihre Einschätzung.

b) Welche Verbesserung bezüglich des Werkstoffes der Bohrbuchse ist möglich?

**18**

**Die Auflagen (Pos. 17 und 18) sind aus C70U hergestellt.**

a) Welche Informationen können aus der Werkstoffbezeichnung abgelesen werden?

b) Begründen Sie die Werkstoffauswahl.

c) Erläutern Sie die Wärmebehandlung dieses Werkstoffes, wenn er eine Oberflächenhärte HRC 58 aufweisen soll.
*Hinweis:*
Verwenden Sie hierzu Wärmebehandlungstabellen eines Tabellenbuchs.

**19**

**Das Härteprüfverfahren ergibt einen Härtewert HRC 58.**

a) Benennen Sie das Härteprüfverfahren und beschreiben Sie den Ablauf der Härteprüfung.

b) Wie lassen sich eventuell beim Härten entstandene Risse ermitteln?

**20**

**In der Klappbohrvorrichtung sind verschiedene Dichtringe eingebaut.**

a) Wodurch unterscheidet sich die Runddichtung (Pos. 6) vom Runddichtring (Pos. 29) bezüglich der Dichtungsart?

b) Stellen Sie mit Hilfe eines Tabellenbuches fest, aus welchem Kunststoff die verwendeten Runddichtringe sind.

c) Woran kann es liegen, dass die Dichtungen (Pos. 6 und Pos. 8) verschleißen?

d) Können verschlissene Dichtungen die Ursache der fehlerhaften Fertigung der Bohrteile sein? Begründen Sie Ihre Einschätzung.

**21**

**Die Ursachen für fehlerhafte Bohrungen sollen in einem Pareto-Diagramm festgehalten werden.**

a) Was versteht man unter einem Pareto-Diagramm?

b) Welchen Vorteil bietet das Pareto-Diagramm gegenüber anderen Darstellungsformen?

c) Wie gehen Sie bei der Erstellung eines Pareto-Diagrammes zur Ermittlung der Ursachen für fehlerhafte Bohrungen vor?

**22**

**Es gibt verschiedene Instandhaltungskonzepte.**

a) Schlagen Sie für die zukünftige Instandhaltung der Klappbohrvorrichtung in Ihrem Betrieb ein Instandhaltungskonzept vor.

b) Begründen Sie die Auswahl des von Ihnen bevorzugten Instandhaltungskonzeptes.

**23**

**Nach erfolgter Instandsetzung der Klappbohrvorrichtung wurde ein Test auf Maßhaltigkeit von Bohrungen (Bild) durchgeführt.**

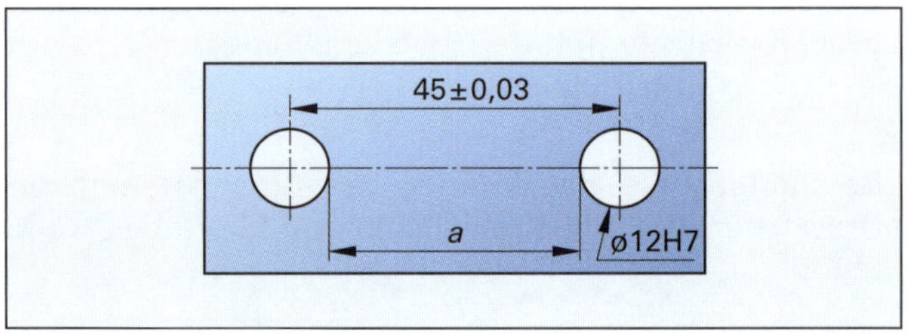


Berechnen Sie das Höchstmaß $a_H$ und das Mindestmaß $a_M$. Beachten Sie dabei auch das Höchstmaß und Mindestmaß der Bohrungen.

**24**

**Die Abweichungen des Abstands *a* der Werkstückbohrungen (Bild Aufgabe 23) soll statistisch ausgewertet werden.**

Für die statistische Auswertung wurden 10 Stichproben entnommen. Jede Stichprobe bestand aus 5 Werkstücken (Tabelle).

| Prüfzeit | Messwerte | | | | |
|---|---|---|---|---|---|
| | $x_1$ | $x_2$ | $x_3$ | $x_4$ | $x_5$ |
| 1 min | 32,98 | 33,00 | 32,99 | 32,97 | 33,00 |
| 2 min | 33,00 | 32,96 | 32,98 | 32,99 | 33,01 |
| 3 min | 32,99 | 32,98 | 32,99 | 33,00 | 32,97 |
| 4 min | 32,98 | 32,97 | 33,00 | 32,98 | 32,99 |
| 5 min | 32,99 | 32,99 | 32,96 | 33,01 | 33,02 |
| 6 min | 33,00 | 32,98 | 33,01 | 32,99 | 33,02 |
| 7 min | 32,99 | 33,00 | 33,02 | 32,99 | 32,99 |
| 8 min | 32,99 | 32,99 | 32,98 | 33,01 | 32,97 |
| 9 min | 32,97 | 32,99 | 33,00 | 32,98 | 32,99 |
| 10 min | 32,99 | 32,95 | 32,96 | 32,97 | 32,98 |

a) Erstellen Sie eine Strichliste der Häufigkeit der Messwerte.

b) Erstellen Sie ein Histogramm der Bohrungsabständen im Werkstück.

c) Erstellen Sie mit den Daten der Tabelle eine $\overline{x}$-Qualitätsregelkarte.

**25**

**Nach erfolgter Instandstandsetzung soll die Klappbohrvorrichtung an die Fertigungsabteilung übergeben werden.**

a) Erstellen Sie ein Übergabeprotokoll für die Klappbohrvorrichtung.

b) Worauf ist bei der Übergabe besonders zu achten?

**26**

**Durch die Instandsetzung der Klappbohrvorrichtung konnten während der Ausfallzeit zu produzierende Werkstücke in Ihrer Firma nicht hergestellt werden. Es gab einen Produktionsausfall.**

a) Welche Kostenarten entstehen in Ihrer Firma in Folge des Produktionsausfalles?

b) Welche Maßnahme schlagen Sie vor, um einen Produktionsausfall durch eine defekte Klappbohrvorrichtung zu vermeiden?

**27**

**Ihre Firma möchte die Klappbohrvorrichtung in Serie produzieren und vermarkten. Bevor die Klappbohrvorrichtung verkauft werden kann, muss der rechtliche Rahmen für die Produktion und den Verkauf geklärt werden.**

a) Das Produkthaftungsgesetz muss beachtet werden. Was regelt dieses Gesetz?

b) Wie ist der Begriff „Produkt" definiert.

c) Wann muss der Hersteller eines Produktes nicht für das Produkt haften?

d) Im Zusammenhang mit der Produkthaftung ist das Inverkehrbringen ausschlaggebend. Wann gilt ein Produkt als „in Verkehr gebracht"?

e) Sie sollen einen Kostenvoranschlag für die Herstellung des Produktes machen. Welche Informationen müssen Sie für die Erstellung des Kostenvoranschlages einholen?

**28**

**Bei der Instandhaltung können direkte und indirekte Instandhaltungskosten entstehen.**

a) Grenzen Sie direkte und indirekte Instandhaltungskosten voneinander ab.

b) Geben Sie Beispiele für direkte und indirekte Instandhaltungskosten an.

**29**

**Bei Kundenaufträgen unterscheidet man zwischen internen und externen Aufträgen.**

a) Erklären Sie, was man unter einem internen Kundenauftrag versteht.

b) Erklären Sie, was man unter einem externen Kundenauftrag versteht.

c) Welche Art von Kundenauftrag führen Sie bei der Instandsetzung der Klappbohrvorrichtung aus (extern oder intern)?

**30**

**Wie unterscheiden sich häufig die Instandhaltungsstrategien in Großbetrieben, mittelständigen Betrieben und Kleinbetrieben?**

## Aufgaben mit Auswahlantworten

**1**

**Sie sollen einen Kostenvoranschlag für die Instandsetzung der Bohrvorrichtung (Seite 423) erstellen. Welche Informationen müssen Sie nicht im Kostenvoranschlag angeben?**

a) Schätzung der Materialkosten

b) Schätzung des Zeitaufwandes

c) Durchführungszeitraum

d) Voraussichtliche Maschinenausfallkosten

e) Beschreibung der durchzuführenden Arbeiten

**2**

**Bei welchem Härteprüfverfahren wird die bleibende Eindringtiefe einer Stahlkugel gemessen?**

a) Brinellprüfung HBW

b) Prüfung nach Rockwell HRB

c) Prüfung nach Rockwell HRC

d) Brinellprüfung HBS

e) Vickersprobe HV

**3**

**Welches der genannten Verfahren zur Werkstoffprüfung wirkt zerstörungsfrei?**

a) Härteprüfung nach Brinell

b) Tiefungsversuch

c) Spektralanalyse

d) Zugversuch

e) Magnetpulverprüfung

**4**

**Welcher Prüfwert für die Bohrbuchse der Klappbohrvorrichtung (Pos. 12) wird durch das dargestellte Prüfverfahren auf dem Teststreifen aufgezeichnet?**

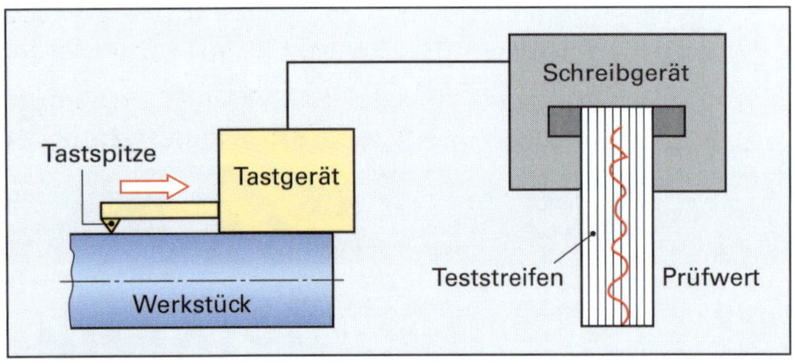


a) Rauheit

b) Brinellhärte

c) Rockwellhärte

d) Einhärtungstiefe

e) Gefügeart

**5**

**Die Dauerfestigkeit der Feder (Pos. 25) soll mit einem Versuch untersucht werden. Welcher Wert wird bei der Durchführung des Dauerschwingversuches ermittelt?**

a) Die Wechselbelastung

b) Die Zugschwellbelastung

c) Die Bruchschwingzahl N

d) Der Spannungsausschlag

e) Die Druckschwellbelastung

**6**

**Einige Werkstoffkennwerte des Kolbenwerkstoffes (Pos. 4) sollen mit Hilfe des Zugversuches ermittelt werden.**

**6.1**

**Welche Werte werden mit dem Zugversuch direkt gemessen?**

a) Spannung $\sigma$ und Dehnung $\varepsilon$

b) Streckgrenze $R_e$

c) Kraft $F$ und Verlängerung $\Delta l$

d) Scherfestigkeit $\tau_{aB}$

e) Kraft $F$ pro Fläche $A$

**6.2**

**Welche Kennwerte können aus dem beim Zugversuch erhaltenen Diagramm ermittelt werden?**

a) Tiefziehfähigkeit und Zähigkeit

b) Streckgrenze und Zugfestigkeit

c) Schmiedbarkeit

d) Scherfestigkeit und Druckfestigkeit

e) Verbrauchte Schlagarbeit

**7**

**Was sagt das Paretoprinzip zur Fehlerhäufigkeit aus?**

a) 70/30-Regel

b) Vertrauen ist gut, Kontrolle ist besser.

c) Ein Bauteil soll so genau wie nötig hergestellt werden.

d) 80% der Fehler werden durch 20% der Fehlerursachen erzeugt.

e) Die statistische Normalverteilung wird auch „Paretoprinzip" genannt.

**8**

**Welche der unten aufgeführten Maßnahmen gehört nicht zur Instandhaltung der Klappbohrvorrichtung?**

a) Austausch verschlissener Bauteile

b) Verbesserung der Bedienbarkeit der Klappbohrvorrichtung

c) Säuberung der Klappbohrvorrichtung

d) Schmierung der Bauteile, die sich bewegen

e) Prüfung der Härte der neuen Bohrbuchsen (Pos. 12 bis 14) nach dem Austausch.

**9**

**Welche der unten aufgeführten Kosten zählen zu den indirekten Instandhaltungskosten?**

a) Inspektionskosten

b) Abschreibungskosten

c) Anschaffungskosten

d) Schadensfolgekosten

e) Wartungskosten

**10**

**Aus welchen Kosten setzen sich die Instandhaltungskosten der Klappbohrvorrichtung zusammen?**

a) Anschaffungskosten und Abschreibungskosten der Klappbohrvorrichtung.

b) Kosten für Wartung, Inspektion und Instandsetzung

c) Stundenlöhne alle Mitarbeiter des Betriebes während der Instandsetzung.

d) Kosten für die Betriebsstoffe und Allgemeinkosten für die Instandsetzung.

e) Kosten für die Entsorgung der bei der Instandhaltung erforderliche Schmierstoffe.

**11**

**Die Klappbohrvorrichtung soll nach der Instandhaltung wieder einwandfrei funktionieren und „Qualität erzeugen".**
**Was versteht man unter dem Begriff „Qualität" in diesem Zusammenhang?**

a) „Qualität" ist ein schönes und teures Produkt.

b) „Qualität" ist die Erfüllung von Kundenwünschen bei der Wahl des Fertigungsverfahrens.

c) „Qualität" ist die Vorgabe des Herstellers eines Produktes an seine Mitarbeiter.

d) „Qualität" ist die Übersetzung von „malus pravus"

e) „Qualität" ist die Summe aller Eigenschaften des Produkts zur Erfüllung der Kundenwünsche.

**12**

**Beim Prüfen des gefertigten Werkstückes nach der Instandhaltung der Klappbohrvorrichtung wird festgestellt, dass die Lage der Werkstückbohrungen nicht stimmt. Welche Ursache wäre denkbar, wenn die Bohrungen wie im Bild (übertrieben dargestellt) vorliegen?**

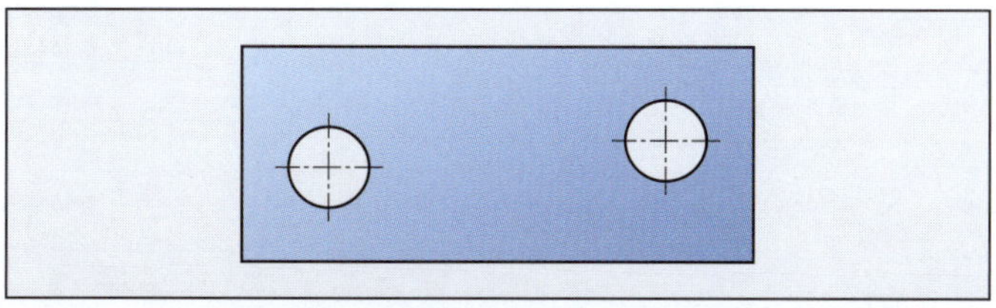

a) Ein zu hoch eingestellter Druck am Spannzylinder.

b) Ein Bruch der Feder Pos. 25.

c) Pos. 20 wurde nicht richtig festgeschraubt.

d) Die Grundplatte (Pos. 1) ist zu dünn.

e) Eine unterschiedliche Höhe der seitlichen Auflagebolzen, z.B. durch einen Bohrspan.

**13**

**Was würden Sie an der Klappbohrvorrichtung ändern, wenn die Werkstückbohrungen wie in der folgenden Skizze vorliegen?**

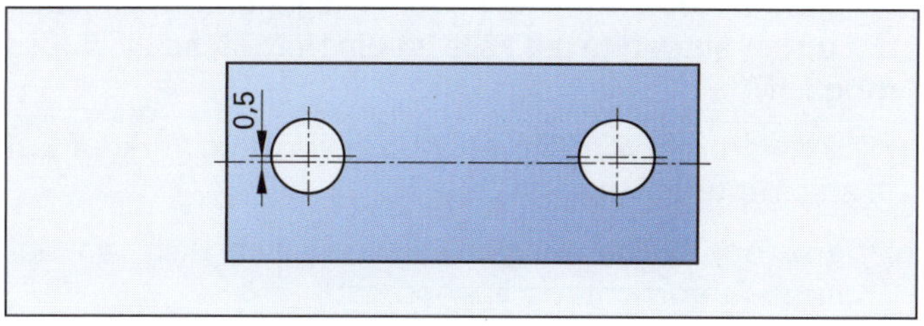


In diesem Fall müsste ...

a) der Druck des Spannzylinders um 0,5 bar reduziert werden.

b) die Scheibe (Pos. 30) ausgetauscht und durch eine um 0,5 mm dickere ersetzt werden.

c) die Steckbohrbuchse (Pos. 13) um 30° gedreht werden.

d) das Spannstück (Pos. 11) ausgetauscht und durch ein um 0,5 mm dickeres ersetzt werden.

e) die Feder im Spannzylinder durch eine Feder mit niedrigerer Federrate ausgetauscht werden.

**14**

**Wenn die Klappbohrvorrichtung von Ihrem Betrieb zum Verkauf angeboten wird, unterliegt sie der „Produkthaftung" durch den Betrieb. Was versteht man unter „Produkthaftung"?**

a) Man versteht unter Produkthaftung die Haftung des Benutzers für Personen- und Sachschäden, die aus der fehlerhaften Benutzung eines Produkts resultieren.

b) Der Hersteller ist verpflichtet, dem Erwerber/Benutzer eine mangelfreie Sache zur Verfügung zu stellen.

c) Man versteht unter Produkthaftung die Haftung des Herstellers für Personen- und Sachschäden, die aus der Benutzung eines fehlerhaften Produkts resultieren.

d) Man versteht unter Produkthaftung die Haftung des Herstellers für Personen- und Sachschäden, die aus der fehlerhaften Benutzung eines Produkts resultieren.

e) Der Hersteller ist verpflichtet das Produkt ordnungsgemäß mit Haftetiketten zu kennzeichnen bzw. zu deklarieren.

**15**

**Die Klappbohrvorrichtung wurde von Ihrem Betrieb für den Verkauf hergestellt. Nach Produkthaftungsgesetz kann Ihre Firma haftbar gemacht werden, wenn von der Klappbohrvorrichtung Schäden ausgehen. In welchen der unten aufgeführten Fälle ist ein Haftungsausschluss möglich?**

a) Die Klappbohrvorrichtung wurde vor dem Verkauf auf Fehler untersucht.

b) Warn- und Sicherheitshinweise wurden nicht an der Klappbohrvorrichtung angebracht.

c) Die Klappbohrvorrichtung wurde bei einem Einbruch in den Betrieb entwendet

d) Ihre Firma hat die Herstellerpflichten erfüllt.

e) Die Zulieferteile wurden in der Wareneingangskontrolle überprüft und es wurden Fehler festgestellt. Die Teile wurden eingebaut, dem Lieferanten wurde mitgeteilt, dass seine Teile fehlerhaft waren.

**16**

**Welche der unten aufgeführten Pflichten gehören nicht zu den Herstellerpflichten beim Produkt „Klappbohrvorrichtung"?**

a) Pflicht zur Überwachung der ordnungsgemäßen Verwendung des Produktes.

b) Konstruktionspflichten: Vermeidung von Schadensursachen in der Planung.

c) Fertigungspflichten: Überprüfung der Klappbohrvorrichtung auf fehlerfreie Fertigung und Beschaffenheit.

d) Instruktionspflichten: Anbringung von Sicherheits- und Warnhinweise in geeigneter Weise am Produkt (in der Bedienungsanleitung) durch den Hersteller.

e) Produktbeobachtungspflichten: Beobachtung der Klappbohrvorrichtung nach dem in Verkehr bringen durch den Hersteller und Einschreiten, wenn eine Gefahr von ihr ausgehen könnte.

**17**

**Warum sind Produkthaftung und Qualitätsmanagement eng miteinander verbunden?**

a) Die Produkthaftung ist Teil des Qualitätsmanagements.

b) Im Qualitätsmanagement wird festgelegt wie
- Änderungen
- Protokolle über Qualitätsprüfungen
- Protokolle über Eignungs- und Belastungstests

vorgenommen und dokumentiert werden.

c) In DIN EN ISO 9000 wird das Produkthaftungsgesetz (ProdHaftG) näher erläutert.

d) Qualitätsmanagement ist Produkthaftung.

e) Die Einführung des Qualitätsmanagements wird im Produkthaftungsgesetz (ProdHaftG) gefordert.

## Leistungsüberprüfung zu LERNFELD 13: Sicherstellen der Betriebsfähigkeit automatischer Systeme

Bearbeitungszeit : ______________ Bearbeiter : ______________

Hilfsmittel : ______________ Datum : ______________

### LEITPROJEKT: Elektropneumatisch gesteuerte Anlage zum Bohren von Scheiben-Rohlingen

Beschreibung des Leitprojektes:
In einer elektropneumatisch gesteuerten Bohranlage werden Löcher in scheibenförmige Werkstücke gebohrt. Die Anlage besteht aus einem in Takten arbeitenden Rundtisch, einer vertikal verfahrbaren Bohreinheit, einer Spannvorrichtung und einem Fallmagazin zur Beladung mit Rohlingen. Die Scheibenrohlinge sollen nach Betätigung des Tasters S1 mit Hilfe eines einfach wirkenden Zylinders gespannt werden. Die Ausfahrgeschwindigkeit des Kolbens ist einstellbar. Nach dem Spannen wird der Bohrvorgang automatisch ausgelöst. Die Ausfahrgeschwindigkeit des zweifach wirkenden Bohrzylinders muss einstellbar sein. Aus Sicherheitsgründen muss sich der Bohrzylinder beim Spannen in der hinteren Endlage befinden.

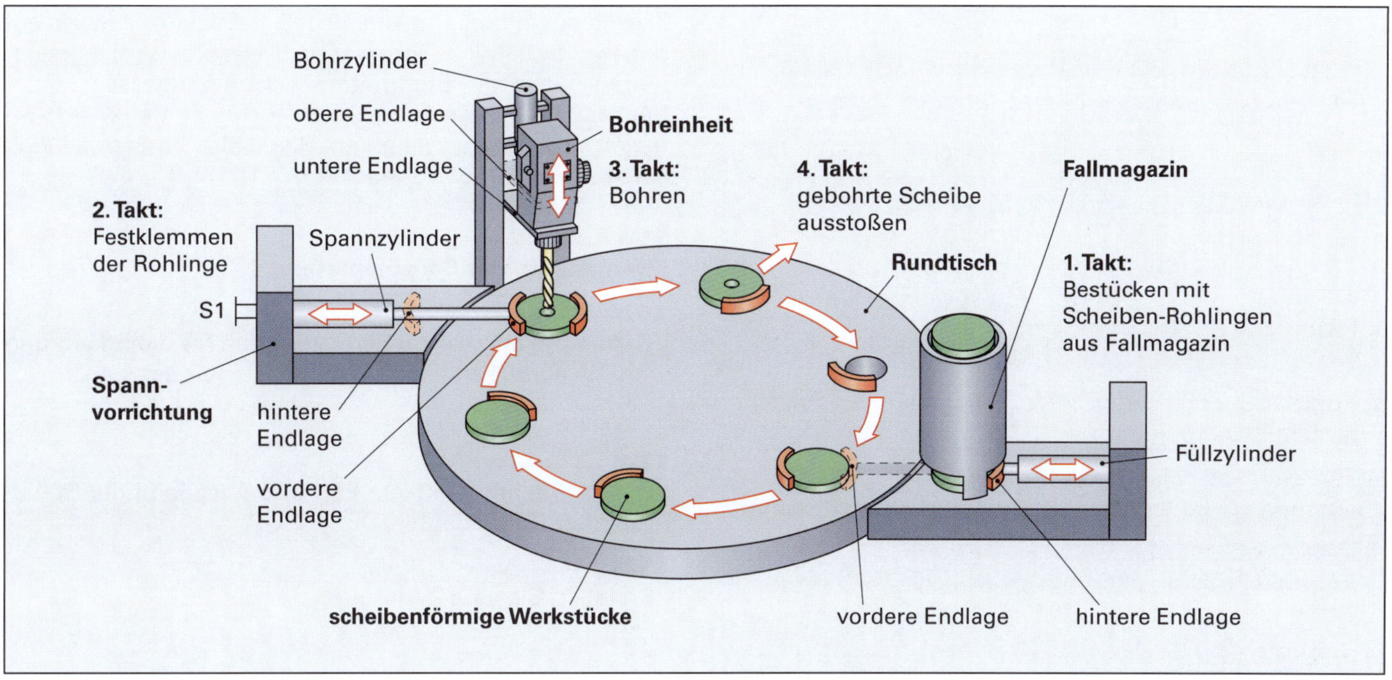


## Ungebundene Aufgaben

**1**

**Nennen Sie drei Vorteile von elektropneumatischen Schaltungen gegenüber pneumatischen Schaltungen.**

**2**

**Der einfach wirkende Zylinder in der Spannvorrichtung (Bild oben) wird elektropneumatisch betätigt, wobei das Signalglied unmittelbar vor dem Stellglied angeordnet ist. Beim Loslassen des Starttasters soll der Kolben einfahren.**

a) Ergänzen Sie die Schaltpläne

b) Welchen Nachteil hat diese Tasterbelegung?

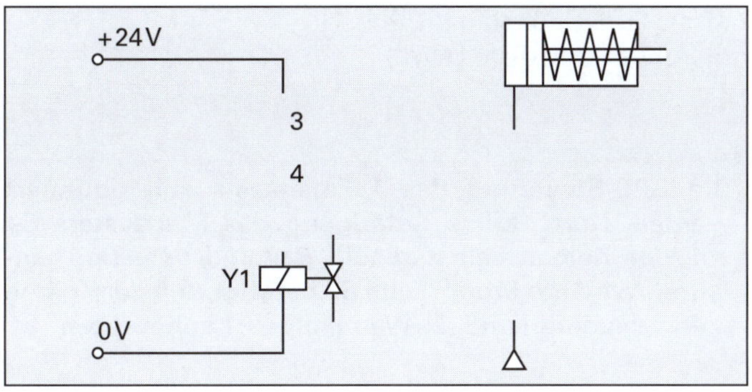


**3**

**Ändern Sie die indirekte Schaltung in Aufgabe 2, indem Sie ein federrückstellbares Stellglied einsetzen.**

**4**

**In indirekten Schaltungen wird das Eingangssignal häufig über das Schütz bzw. Relais weitergeleitet. Beschreiben Sie die Funktionsweise eines Schützes.**

**5**

**Nach Erreichen der vorderen Endlage des Spannzylinders soll automatisch die Bohreinheit ausfahren (Bild oben). Wenn der Bohrzylinder seine vordere Endlage erreicht hat (der Boden des Bohrlochs ist erreicht), soll der Bohrzylinder und der Spannzylinder wieder einfahren.**

a) Welche Betätigungsart ist für das Signalglied des Bohrzylinders erforderlich?

b) Ergänzen Sie den Schaltplan aus Aufgabe 3 mit diesen Vorgaben.

**6**

**Man unterscheidet Steuerungen in willensabhängigen, wegabhängigen, zeitabhängigen oder Weg-/Zeitabhängigen Steuerungen. Welche Art der Steuerung liegt bei Aufgabe 5 vor? Begründen Sie Ihre Antwort.**

**7**

**Zusätzlich zur Funktion nach der Projektbeschreibung (Seite 431) soll die Bohrstation von einer zweiten Stelle aus gestartet werden können.**

a) Welche Verknüpfungsart leistet diese wahlweise Schaltung von zwei Stellen?

b) Ergänzen Sie den Schaltplan aus Aufgabe 5 um diese Schaltung.

**8**

**Manche Steuerungsanlagen dürfen erst zeitverzögert starten. Beschreiben Sie den Ablauf der Funktion dieser Schaltung.**

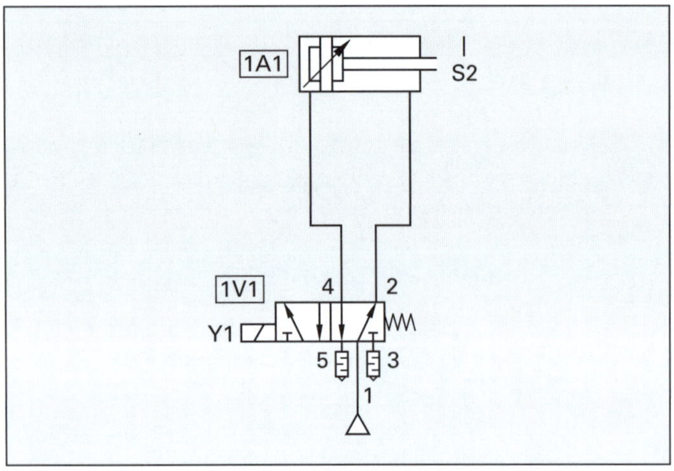


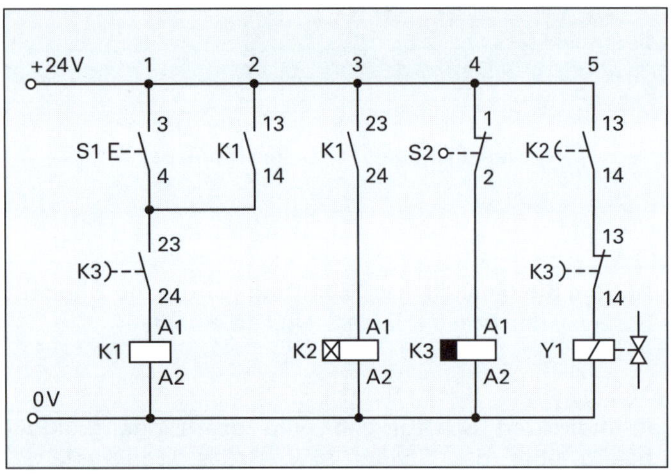


**9**

**Die Bearbeitungsstation (Bild Seite 431) soll in ihrem Ablauf folgende Bedingungen erfüllen:**

| | |
|---|---|
| **Verweilzeit Bohreinheit in der vorderen Endlage** | **2 Sekunden** |
| **Vorhub einfachwirkender 1A1 Zylinder** | **3 Sekunden** |
| **Vorhub zweifachwirkender 2A1 Zylinder** | **5 Sekunden** |
| **Rückhub einfachwirkender 1A1 Zylinder** | **1 Sekunde** |
| **Rückhub zweifachwirkender 2A1 Zylinder** | **2 Sekunden** |

**Für die Dokumentation und die Wartung der Anlage ist dieser Ablauf in einem Weg-Zeit-Diagramm grafisch darzustellen.**

Ergänzung der Projektbeschreibung:
Die Anlage zum Bohren von scheibenförmigen Werkstücken (Seite 431) soll um ein Fallmagazin zu Bestückung erweitert werden.

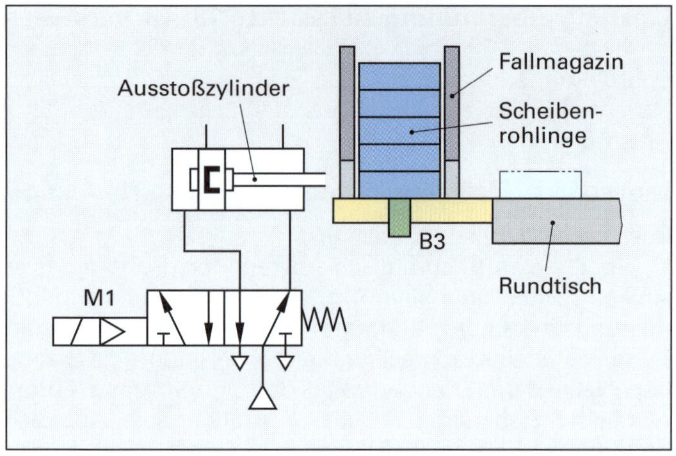


Wenn und solange der Taster S1 betätigt wird, soll der Kolben ausfahren, um eine Scheibe aus dem Magazin auf den Rundschalttisch zu schieben. Der Kolben soll nur ausfahren, wenn ein Stopptaster nicht betätigt ist und der Sensor B3 meldet, dass sich noch ein Werkstück im Magazin befindet. Wenn kein Werkstück im Magazin ist, soll die Warnlampe P1 leuchten.

**10a)**

**Nennen Sie vier Sensorenarten.**

**10b)**

**Geben Sie an, welche Sensorenarten für die Erkennung von Werkstücken aus Kunststoffen geeignet sind.**

**11 a)**

**Geben Sie an, wie viele Ein- und Ausgänge die Steuerung hat (Bild oben)**

**11 b)**

**Erstellen Sie eine Zuordnungsliste.**

**12**

**Die Steuerung des Fallmagazins (Bild oben) soll als SPS-Steuerung ausgeführt werden. Erstellen Sie einen Anschlussplan (Stromlaufplan) für diese Aufgabe.**

**13**

**Welche Aufgabe hat eine Zuordnungsliste?**

**14**

**Welche Aufgabe haben „Merker" in der SPS?**

**15**

**Erstellen Sie das SPS-Programm der Steuerung des Fallmagazins.**

**a) als Funktionsplan (FUP)**

**b) Anweisungsliste (AWL).**

**16**

**Die SPS-Steuerung des Fallmagazins soll optimiert werden. Durch kurze Betätigung des Starttasters S1 soll der Kolben selbstständig dauernd aus- und einfahren. Wird die Stopp-Taste S2 betätigt, soll der Kolben sofort einfahren und die Warnlampe P1 aufleuchten.**

| Zuordnungsliste/Symboltabelle | | |
|---|---|---|
| Symbol | Adresse | Kommentar/Funktion |
| B3 | E124.0 | Sensor, Schließer, Werkstücke im Magazin |
| S1 | E124.1 | Start-Taster, Schließer |
| S2 | E124.2 | Stopp-Taster, Schließer |
| 1B1 | E124.3 | Reed-Sensor, Schließer, Kolben ist eingefahren |
| 1B2 | E124.4 | Reed-Sensor, Schließer, Kolben ist ausgefahren |
| DB | M100.0 | Merker für Dauerbetrieb |
| M1 | A124.0 | 5/2 Wegeventil, monostabil, Kolben fährt aus |
| P1 | A124.1 | Warnlampe |

Erstellen Sie das SPS Programm
a) in der Funktionsbausteinsprache
b) als Funktionsplan.

**Alternative zum Bestücken der Bohranlage**

**17**

**Zum Einlegen der Teile in die Bohrvorrichtung (Bild Seite 431) könnte auch folgender Roboter verwendet werden.**

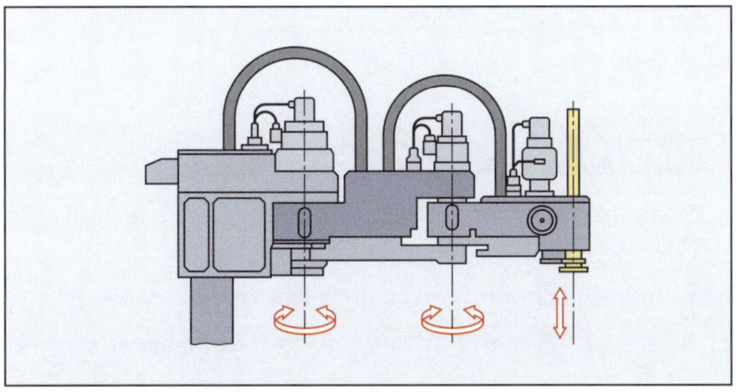

a) Wie wird diese Roboterbauart bezeichnet?

b) Welche Kinematik weist dieser Roboter auf?

c) Erklären Sie warum sich dieser Robotertyp für das Einlegen der Bohrteile eignet.

d) Skizzieren Sie den Arbeitsraum dieses Roboters.

**18**

**Nennen Sie Kenngrößen bzw. Leistungsmerkmale, die die Auswahl für die Handhabungsaufgabe eines Industrieroboters bestimmen.**

**19**

**Industrieroboter sind mit Greifern ausgestattet. Welche Greiferart kommt zum Einlegen der zylindrischen Werkstücke (Bild Seite 431) zum Einsatz?**

**20**

**Der Roboter (Bild links) wird über Schnittstellen mit der Bohrvorrichtung verbunden. Welche 3 Standardschnittstellen unterscheidet man?**

**21**

**In der technischen Dokumentation wird die Bohranlage (Bild Seite 431) beschrieben.**

a) Welchen Zweck hat die technische Dokumentation?

b) Welche Informationen enthält die technische Dokumentation?

c) Welche Unterlagen enthält die technische Dokumentation?

d) Technische Dokumentationen werden häufig in die englische Sprache übersetzt. Übersetzen Sie folgende englische Begriffe: drill, bolt, control engineering, handling equipment, clamping fixtures.

**22**

**Zeichnen Sie den Wirkungsplan einer Regelung und einer Steuerung und erläutern Sie, worin sich der Wirkungsablauf unterscheidet.**

**23**

**Erklären Sie den im GRAFCET gekennzeichneten Bereich (Bild unten).**

**24**

**Welche Aufgabe haben die Bauteile –1B1 und –1B2 (Bild unten)?**

**25**

**Nach welchen Wirkprinzip arbeiten die Bauteile –1B1 und –1B2 (Bild unten)?**

**26**

**Welche Bedeutung hat der Pfeil am Schaltzeichen –1B1 (Bild unten)?**

**27**

**Im GRAFCET soll der Schritt 4 ausgelöst werden. Welche Transition ist dafür verantwortlich (Bild oben)?**

Schaltungen für die Aufgaben **23** bis **27**:

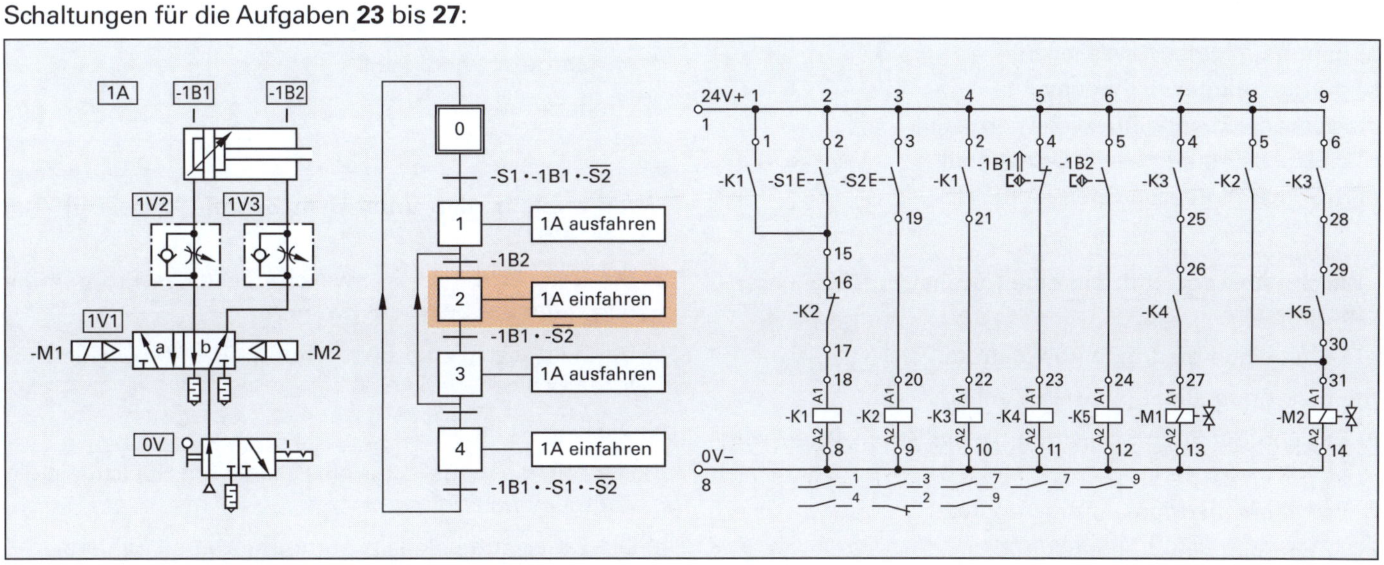

## Aufgaben mit Auswahlantworten

**1**

**Welche Aussage zu einer speicherprogrammierten Steuerung ist richtig?**

Bei einer SPS ...

a) werden die Eingänge abgefragt und die Ausgänge nach Programm geschaltet.

b) werden die Ausgänge nach Programm abgefragt.

c) werden die Eingänge nach Programm angesteuert.

d) ist bei Programmänderungen eine Änderung der Verdrahtung nötig.

e) sind maximal 8 Ein- und Ausgänge möglich.

**2**

**Welche schaltalgebraische Gleichung passt zu dem abgebildeten Funktionsplan?**

a) $E1 \vee E2 = A1$

b) $E1 \wedge E2 = A1$

c) $E1 \wedge \overline{E2} = A1$

d) $E1 \vee \overline{E2} = A1$

e) $\overline{E1} \vee \overline{E2} = A1$

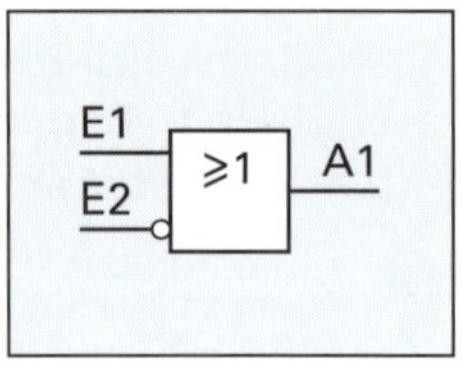


**3**

**Welches der Sinnbilder stellt eine Hydropumpe mit konstantem Verdrängungsvolumen und einer Drehrichtung dar?**

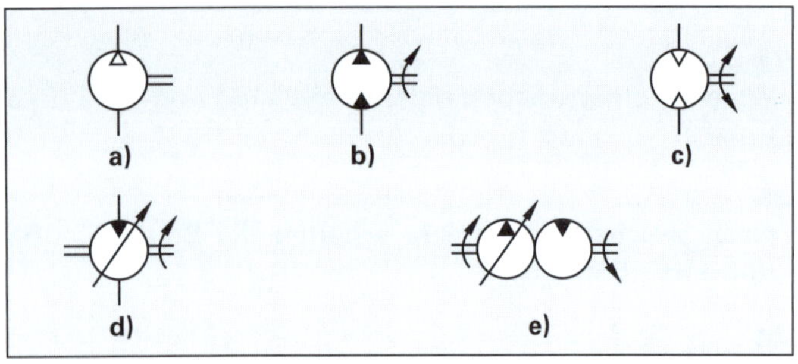


**4**

**Das dargestellte Ventil ist ein ...**

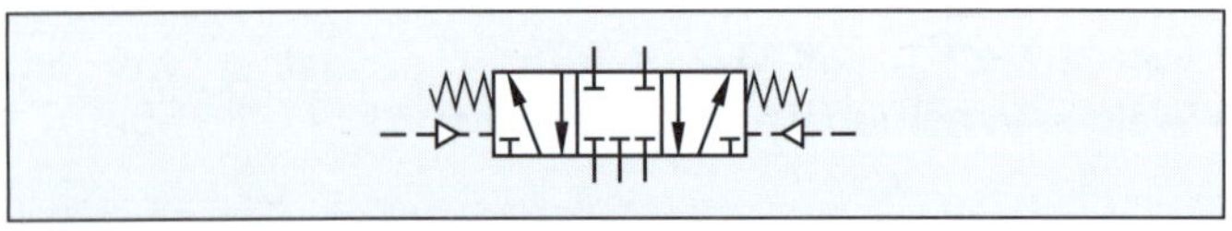

a) handbetätigtes 5/3-Wegeventil

b) druckbetätigtes 5/3-Wegeventil

c) mechanisch betätigtes 5/3-Sperrventil

d) elektrisch betätigtes 5/3-Druckventil

e) druckbetätigtes 5/3-Sperrventil

**5**

**Welche Aussage trifft auf einen Drehstrom-Asynchronmotor zu?**

a) Er hat einen niedrigen Anlaufstrom.

b) Er ist robust und einfach im Aufbau.

c) Er benötigt einen Schleifring für die Stromzufuhr zum Läufer.

d) Er hat ein niedriges Anzugsmoment.

e) Er benötigt eine Anlaufhilfe.

**6**

**Ein doppeltwirkender Zylinder hat einen Betriebsdruck von 4 bar und einen Kolbendurchmesser von 25 mm. Ermitteln Sie die Kolbenkraft aus dem Diagramm.**

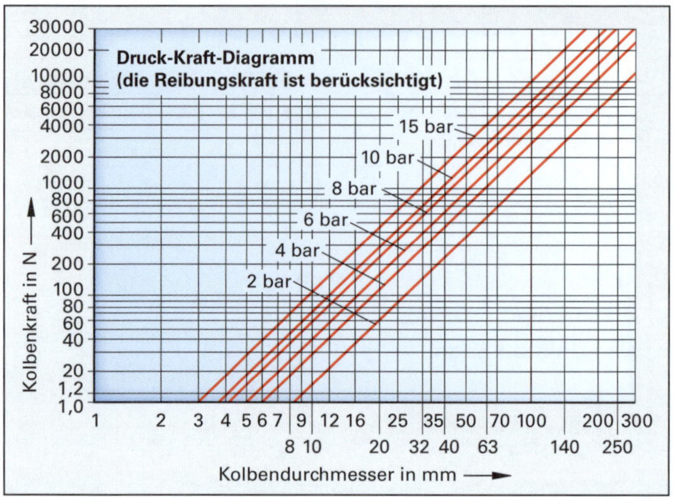


a) 100N

b) 200 N

c) 300 N

d) 360 N

e) 500 N

**7**

**Welche Aussage über Sensoren ist richtig?**

a) Sensoren werden nur zur Überwachung technischer Prozesse eingesetzt.

b) Sensoren arbeiten ausschließlich mit Laserstrahl.

c) Sensoren können nur Bewegungen erfassen.

d) Alle menschlichen Sinneswahrnehmungen können unmittelbar durch Sensoren erfasst werden.

e) Sensoren wandeln physikalische Größen in elektrische Signale um.

**8**

**Wovon hängt die Form des Arbeitsraums eines Roboters ab?**

Von der ...

a) Betriebsart

b) Steuerungsart

c) Anzahl der T- und R-Hauptachsen

d) Verfahrgeschwindigkeit

e) Greiferart

**9**

**Was versteht man unter dem Begriff „Zykluszeit" bei einer SPS?**

a) Die Zeit, in der alle Anweisungen eines Programms nacheinander bearbeitet werden.

b) Die Zeit, die für die Bearbeitung einer Anweisung erforderlich ist.

c) Die Taktzeit der SPS

d) Die Zeit, die vergeht, bis ein Befehl vom Speicher in die Zentraleinheit gelangt.

e) Die Zählschritte eines programmierbaren Zählers

**10**

**Das Ventil 1V in der nebenstehend gezeichneten Schaltung soll wegen hoher Verlustleistung in der Nullstellung ersetzt werden. Welches der Ventile wählen Sie aus?**

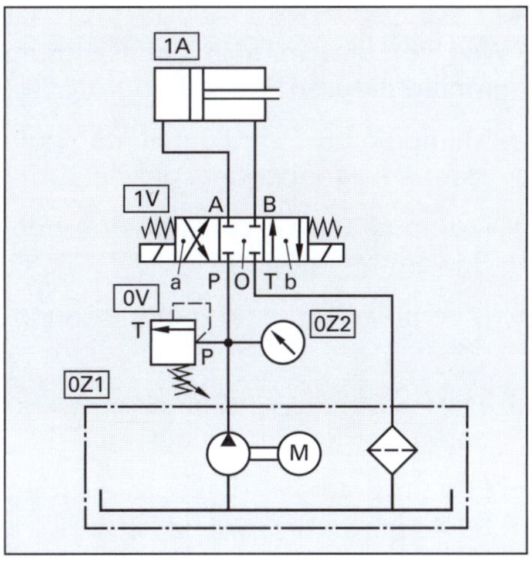


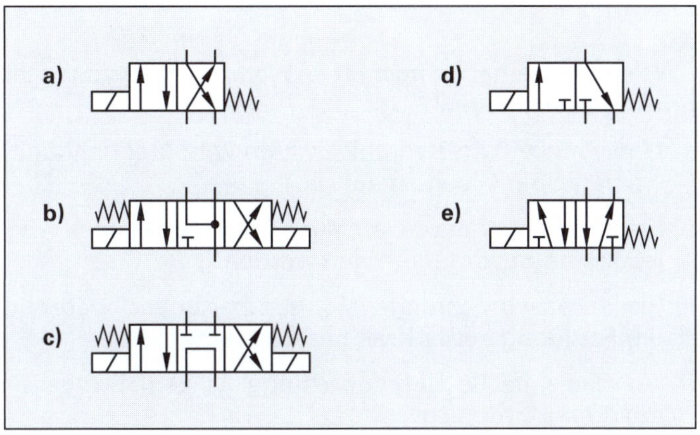


**11**

**In der nebenstehenden Schaltung soll nach kurzer Betätigung des Tasters –S2 K1 und K2 erregt bleiben. Welche Änderung der Schaltung ist notwendig?**

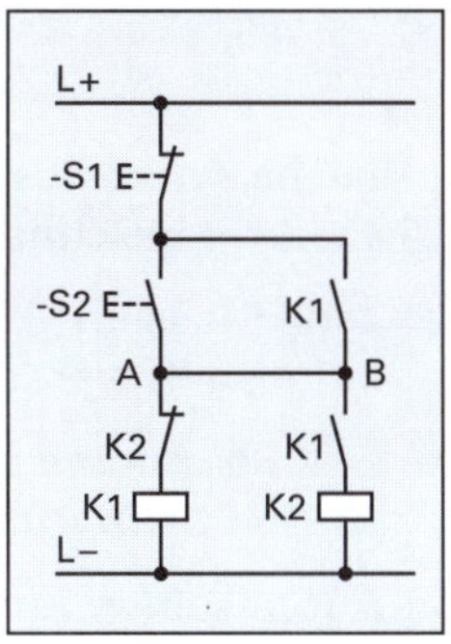


a) Die Verbindung zwischen A und B muss entfallen.

b) Relais K1 muss anzugsverzögert sein.

c) Relais K2 muss anzugsverzögert sein.

d) Parallel zu –S1 muss ein Schließer von K1 geschaltet werden.

e) Öffner K2 über der Relaisspule K1 muss entfernt werden.

**12**

**Ein hydraulischer Antrieb läuft ruckweise. Wie kann die Ursache beseitigt werden?**

a) Erhöhung der Vorschubgeschwindigkeit

b) Erhöhung des Betriebsdruckes

c) Kühlung der Anlage

d) Entlüftung der Anlage

e) Veränderung des Volumenstroms

**13**

**Welcher Stromlaufplan gehört zu der Wahrheitstabelle?**

| -S1 | -S2 | -S3 | -K1 |
|---|---|---|---|
| 0 | 0 | 0 | 0 |
| 0 | 0 | 1 | 1 |
| 0 | 1 | 0 | 1 |
| 0 | 1 | 1 | 1 |
| 1 | 0 | 0 | 1 |
| 1 | 0 | 1 | 1 |
| 1 | 1 | 0 | 1 |
| 1 | 1 | 1 | 1 |

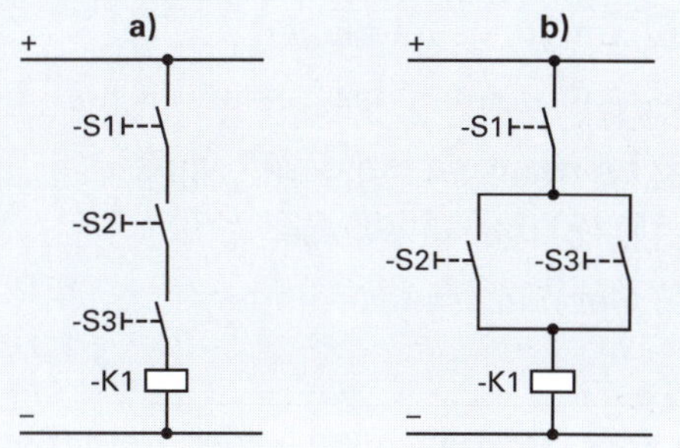


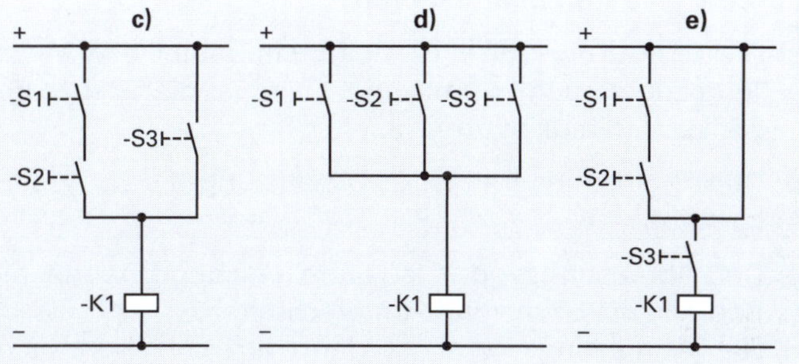


**14**

**Es ist der nachfolgende Schaltplan gegeben.**
**Die Kolbenstange des Zylinders 2A soll erst dann ausfahren, nachdem die Kolbenstange des Zylinders 1A die vordere Endlage erreicht hat. Beide Kolbenstangen sollen dann gemeinsam wieder einfahren. Warum kann die im Schaltplan dargestellte Steuerung dies nicht erfüllen?**

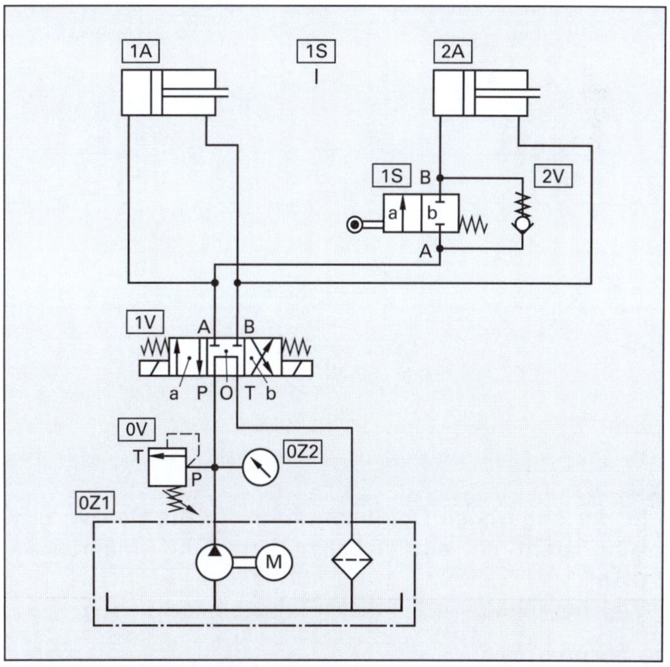


a) Weil zur Steuerung von 1A und 2A ein vorgesteuertes 4/3-Wegeventil erforderlich ist.

b) Weil die Anschlüsse des Ventils 2V vertauscht sind.

c) Weil die Ventile 1S und 2V vertauscht sind.

d) Weil das Ventil 1S in der Ausgangslage nicht betätigt ist.

e) Weil beim Ventil 1V die Ableitungen an A und B vertauscht sind.

**15**

**Welche Unterlagen sind in einer Technischen Dokumentation *nicht* vorhanden?**

a) Fertigungsunterlagen

b) Maßnahmen der Qualitätssicherung

c) Preiskalkulation des Produkts

d) Sicherheitshinweise

e) Gebrauchsanweisungen

**16**

**Was versteht man unter dem Begriff „Abnutzungsvorrat" in der Instandhaltung?**

a) Der Abnutzungsvorrat ist die für ein Bauteil bzw. Werkzeug zugelassene Abnutzung. Dann ist die Grenze der Funktionsfähigkeit erreicht.

b) Der Abnutzungsgrad ist die Abnutzung bis zur Erstinspektion.

c) Der Abnutzungsvorrat ist dann erschöpft, wenn die Bauteile die Grenzmaße unterschreiten.

d) Der Abnutzungsvorrat ist dann erreicht, wenn störungsbedingt Bauteile getauscht werden.

e) Der Abnutzungsvorrat ist dann erreicht, wenn das Schmiermittel im Vorratsbehälter verbraucht ist.

**17**

**In einem Schmierplan nach DIN 8659 stehen unterschiedliche Symbole. Bei welchem Symbol muss der Füllstand kontrolliert und bei Bedarf nachfüllt werden?**

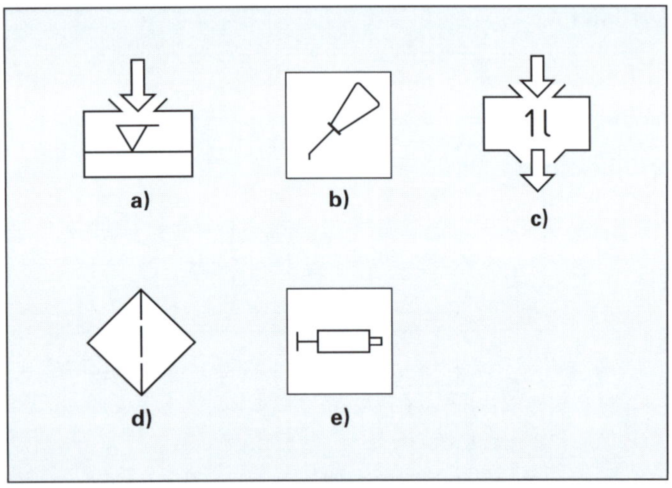


**18**

**In der englischen Dokumentation für die Bohrvorrichtung steht als eine Tabellenüberschrift „Maintenace plan".**
**Welcher Inhalt wird in dieser Tabelle beschrieben?**

a) Schmierplan

b) Wartungsplan

c) Inspektionsplan

d) Instandhaltungsplan

e) Verbesserungsplan

**19**

**Was versteht man in der Handhabungstechnik unter „Manipulatoren"?**

a) Manipulatoren sind durch Manipulationssteuerung gesteuerte Handhabungsgeräte.

b) Manipulatoren sind Industrieroboter mit begrenzter Bewegungsmöglichkeit.

c) Manipulatoren sind handgesteuerte Handhabungsgeräte.

d) Manipulatoren sind Einlegegeräte die mit manipulierbaren Greifern ausgelegt sind.

e) Portalroboter werden auch als Manipulatoren gekennzeichnet, wenn sie einen eingeschränkten Arbeitsraum haben.

**20**

**Welche Sicherheitsvorschrift an Werkzeugmaschinen ist richtig beschrieben?**

a) Undichtigkeit am Hydrauliksystem wird erst behoben, wenn großer Ölverlust auftritt.

b) Kleinere Reparaturen an der Elektronik können von jeder Person vorgenommen werden.

c) Sicherheitsvorrichtungen können bei Bedarf während der Fertigung außer Kraft gesetzt werden.

d) Für die einfache Bohrvorrichtung ist kein Schlüsselschalter erforderlich.

e) Bei Wartungs- und Reparaturarbeiten ist die Maschine durch den Schlüsselschalter und durch den Hauptschalter außer Betrieb zu setzen.

**21**

**Welche Aufstellbedingung für Maschinen und Anlagen ist richtig beschrieben?**

a) Jede Maschine kann auf jedem beliebigen Untergrund aufgestellt werden.

b) Die Raumtemperatur und Temperaturschwankungen spielen beim Aufstellen der Anlage keine Rolle.

c) Auf allseitige Zugänglichkeit der Maschine für die Bedienung, Wartung und Reparatur ist zu achten.

d) Der Abstand zwischen Wand und ausgefahrenen Maschinen sollte 100 mm nicht unterschreiten.

e) Die Aufstellvorschriften des Herstellers müssen nicht unbedingt beachtet werden.

**22**

**In welcher Antwort sind die möglichen Bewegungsarten von Industrierobotern richtig angegeben?**

a) PTP, LIN, CIRC

b) TPP, LIN, KREC

c) CNC, CAD, DNC

d) TCP, CONT, LIN

e) OUT, WAIT FOR, NOT

# Teil VII Übungs-Abschlussprüfungen

## Übungs-Abschlussprüfung Teil 1

### Industriemechanikerin/Industriemechaniker

**Schriftliche Aufgabenstellung Teil A** (Gebundene Fragen, auch Fragen mit Auswahlantworten genannt)

**Vor- und Nachname des zu Prüfenden:** ........................................................ **Datum:** ..........................

**Ausbildungsbetrieb:** ..............................................................................................

**Ausbildungsberuf:** ..............................................................................................

**Bearbeitungszeit: Zusammen 120 Minuten für Teil A und Teil B**

**Hilfsmittel: Tabellenbuch, Formelsammlung, Taschenrechner, Zeichenwerkzeuge**

**Verwendetes Tabellenbuch:** ..............................................................................................

**Hinweise für die Bearbeitung der Prüfungsaufgaben:**

**1.** Der Aufgabensatz für die schriftlichen Aufgaben besteht aus:
- Zeichnungen mit Stückliste, Pläne, Diagramme (Seite 438 bis 442)
- Teil A mit 40 gebundenen Aufgaben (mit vorgegeben Auswahlantworten), Seite 443 bis 448
- Teil B mit 10 ungebundenen Aufgaben (mit eigenen Worten zu beantworten), Seite 452 bis 455
- einem Markierungsbogen (Seite 449)

Sie können die Aufgaben der beiden Teile A und B in beliebiger Reihenfolge bearbeiten.

**2.** – Von den 40 Aufgaben von Teil A (gebundene Aufgaben) müssen Sie nur 35 bearbeiten. Sie entscheiden, welche 5 Aufgaben Sie nicht lösen wollen.
- Die von Ihnen abgewählten Aufgaben müssen Sie im Markierungsbogen mit einem senkrechten Strich durchstreichen. Siehe dazu das Beispiel auf Seite 449. Wenn Sie keine Aufgaben durchstreichen, werden die letzten 5 abwählbaren Aufgaben nicht gewertet.
- 6 der 40 Aufgaben dürfen nicht abgewählt werden. Diese Aufgaben sind mit dem Hinweis „nicht abwählbar" kenntlich gemacht und schwarz hinterlegt. Werden diese Aufgaben nicht bearbeitet, so gelten diese als nicht gelöst.

**3.** – Bei den gebundenen Aufgaben von Teil A ist jeweils nur eine der 5 Auswahlantworten richtig. Sie dürfen nur eine der Antworten ankreuzen.
Kreuzen Sie mehr als eine Antwort an, so gilt die Aufgabe als nicht gelöst.
- Lesen Sie die Aufgabenstellung und die Auswahlantworten sorgfältig durch. Kreuzen Sie erst dann bei den Aufgaben die richtige Auswahlantwort an.

**4.** – Nachdem Sie alle Aufgaben mit Auswahlantworten bearbeitet und dort angekreuzt haben, übertragen Sie alle Ankreuzungen in den Markierungsbogen (Seite 449).
- Zum Ankreuzen im Markierungsbogen müssen Sie einen Kugelschreiber verwenden, damit Ihr Kreuz eindeutig erkennbar ist.
- Sollten Sie versehentlich ein falsches Feld angekreuzt haben, so machen Sie dieses Kreuz in der nebenstehend gezeigten Weise unkenntlich und setzen Sie ein neues Kreuz an die richtige Stelle.

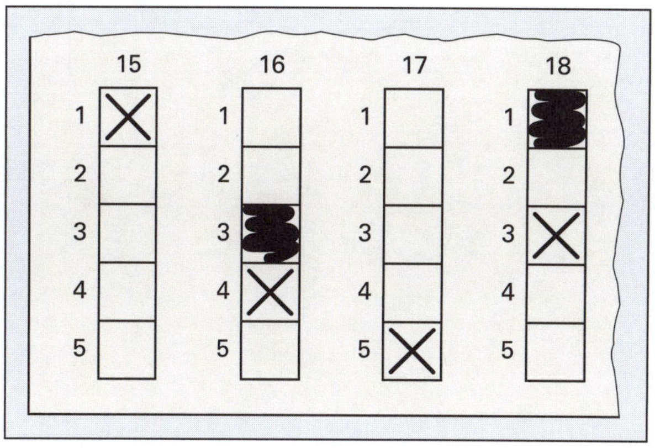

## Prüfungsaufgabe

Sie haben den Auftrag bekommen, den in den folgenden Zeichnungen beschriebenen Greifarm eines Roboters herzustellen.

Beantworten Sie die Fragen der Prüfungsteile A und B zur Planung der Herstellung des Greifarms.

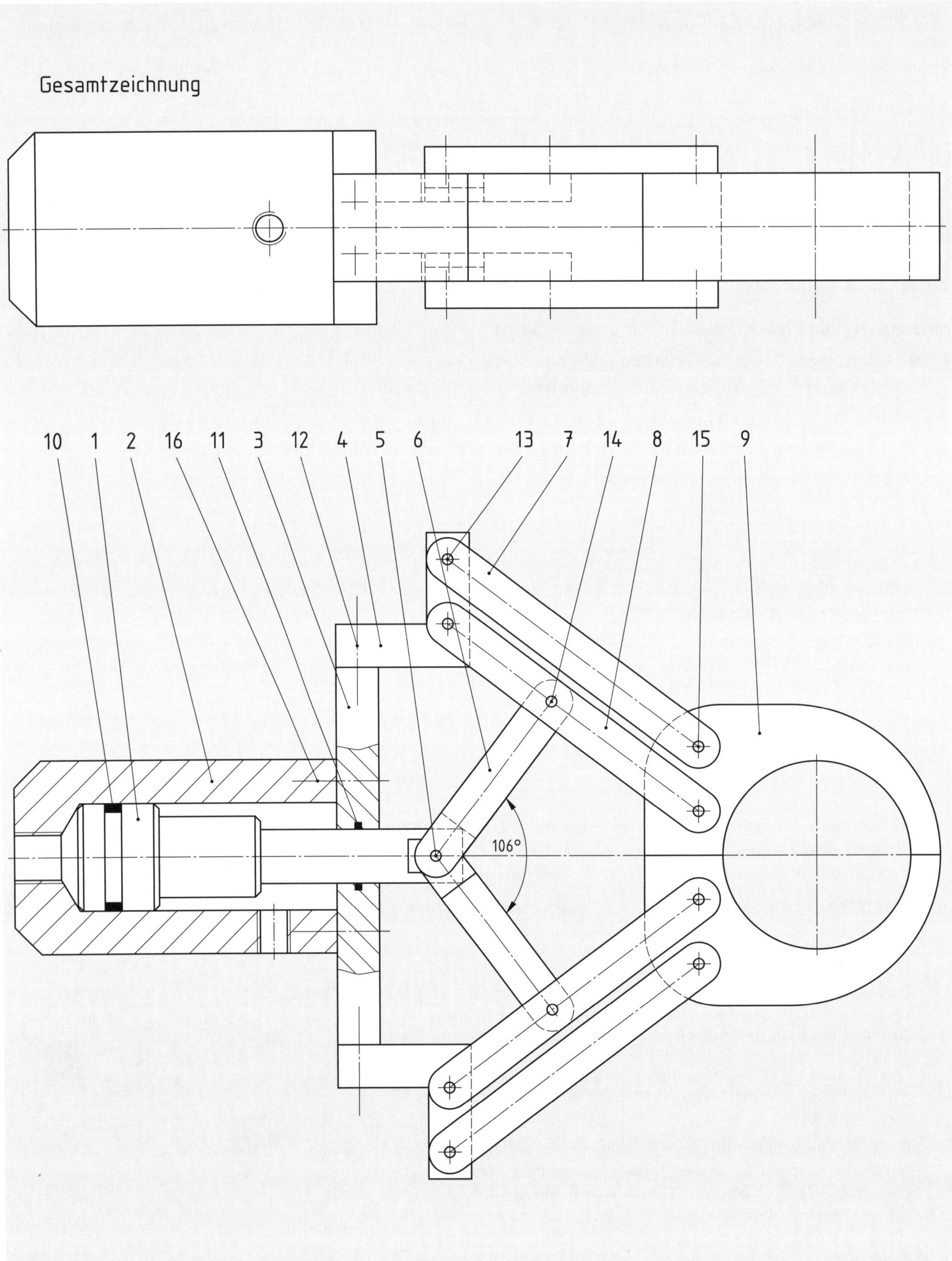

## Einzelteilzeichnungen

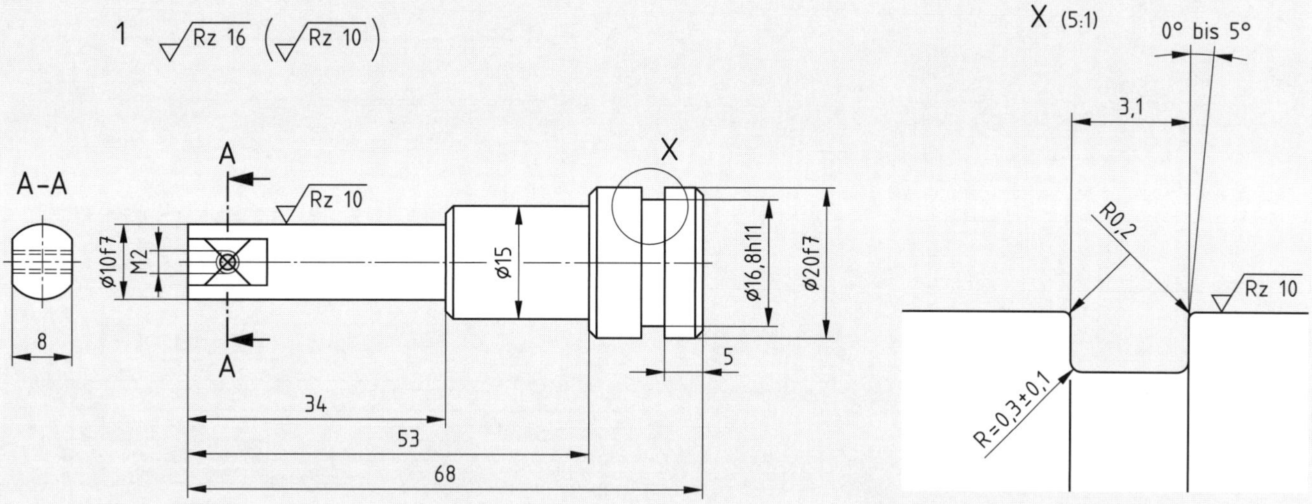


alle unbemaßten Fasen: 1×45°

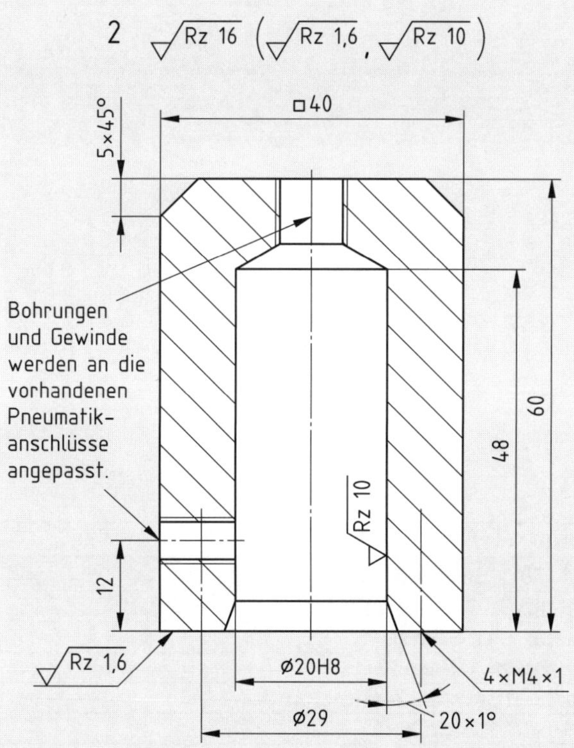


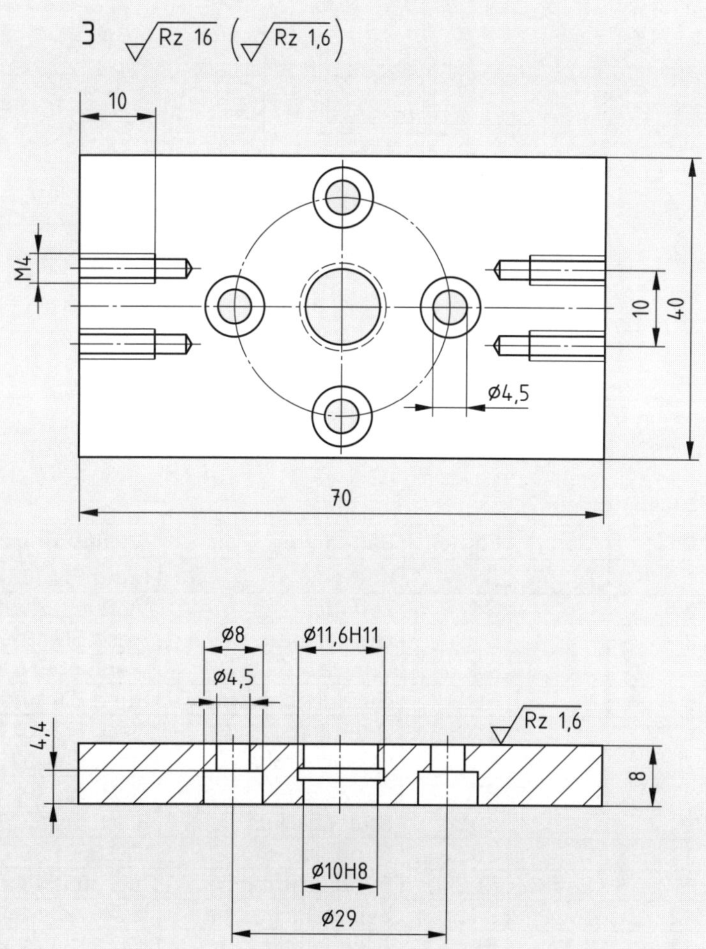

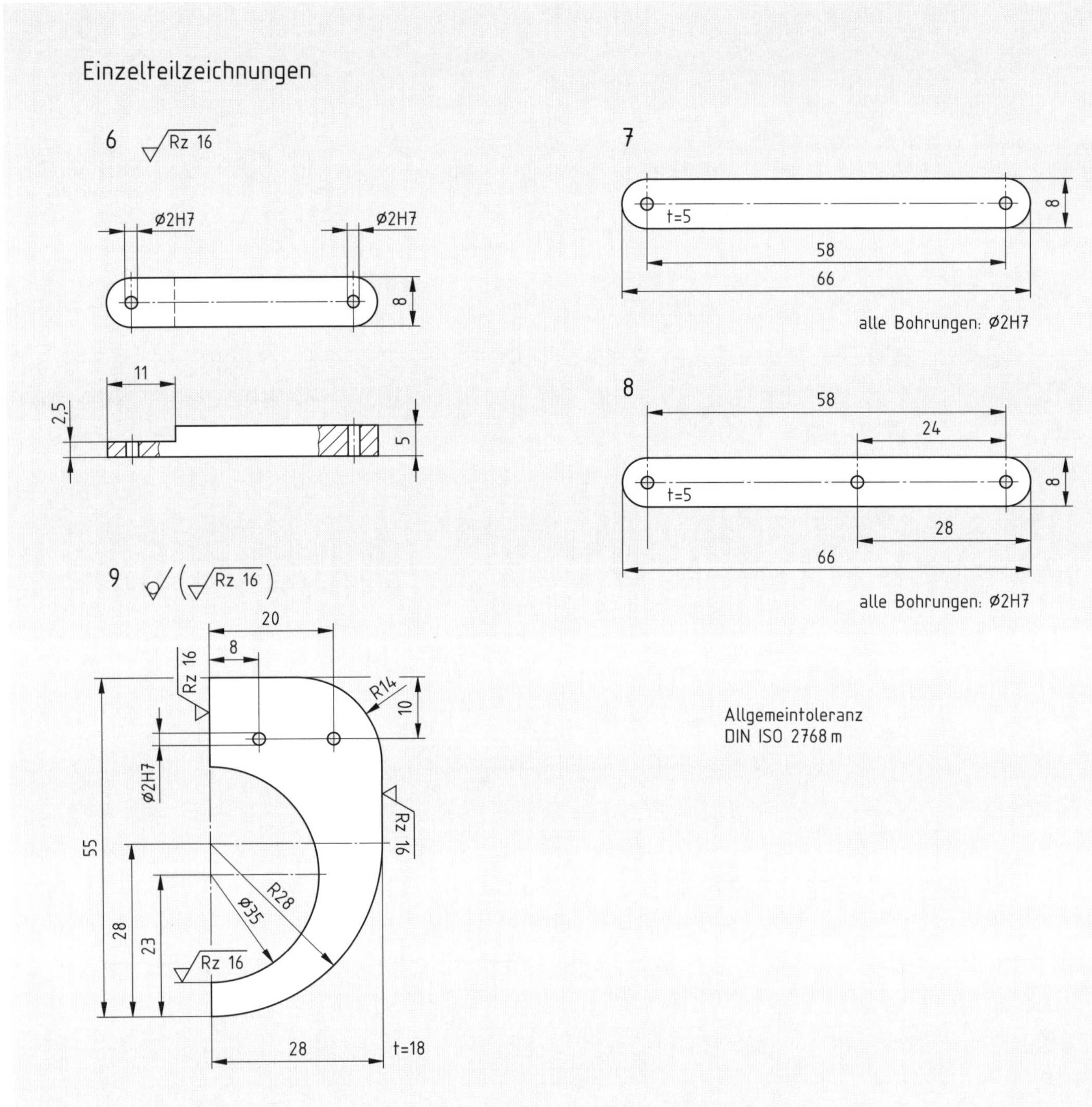


**Stückliste:**

| Pos. | Menge | Einheit | Benennung | Sachnummer/Norm-Kurzbezeichnung |
|---|---|---|---|---|
| 1 | 1 | Stk. | Kolben | Rund EN 10278-21x70-11SMnPb37+C |
| 2 | 1 | Stk. | Zylinder | Vierkant EN 10278-40x62-11SMnPb37+C |
| 3 | 1 | Stk. | Grundplatte | Flach EN 10278-36x8x72-11SMn30+C |
| 4 | 2 | Stk. | Winkel | Vierkant EN 10278-28x28-11SMn30+C |
| 5 | 2 | Stk. | Gewindebolzen | Rund EN 10278-8x20-11SMnPb37+C |
| 6 | 4 | Stk. | Querstrebe | Flach EN 10278-8x5x46-11SMn30+C |
| 7 | 4 | Stk. | Parallelstrebe I | Flach EN 10278-8x5x70-11SMn30+C |
| 8 | 4 | Stk. | Parallelstrebe II | Flach EN 10278-8x5x70-11SMn30+C |
| 9 | 2 | Stk. | Spannbacken | Flach EN 10278-25x20x57-31CrMo12+C |
| 10 | 1 | Stk. | Runddichtring | ISO 3601 16 x 2 |
| 11 | 1 | Stk. | Runddichtring | ISO 3601 10 x 1 |
| 12 | 4 | Stk. | Zylinderschraube | ISO 4762-M 4 x 20 |
| 13 | 8 | Stk. | Zylinderstift | ISO 8734 - 2 x 18 - C1 |
| 14 | 4 | Stk. | Zylinderstift | ISO 8734 - 2 x 10 - C1 |
| 15 | 8 | Stk. | Zylinderstift | ISO 8734 - 2 x 20 - C1 |
| 16 | 4 | Stk. | Zylinderschraube | ISO 4762-M4x15 |

**Version 1 (nur pneumatische Ansteuerung): Pneumatik-Schaltplan des Greifarms**

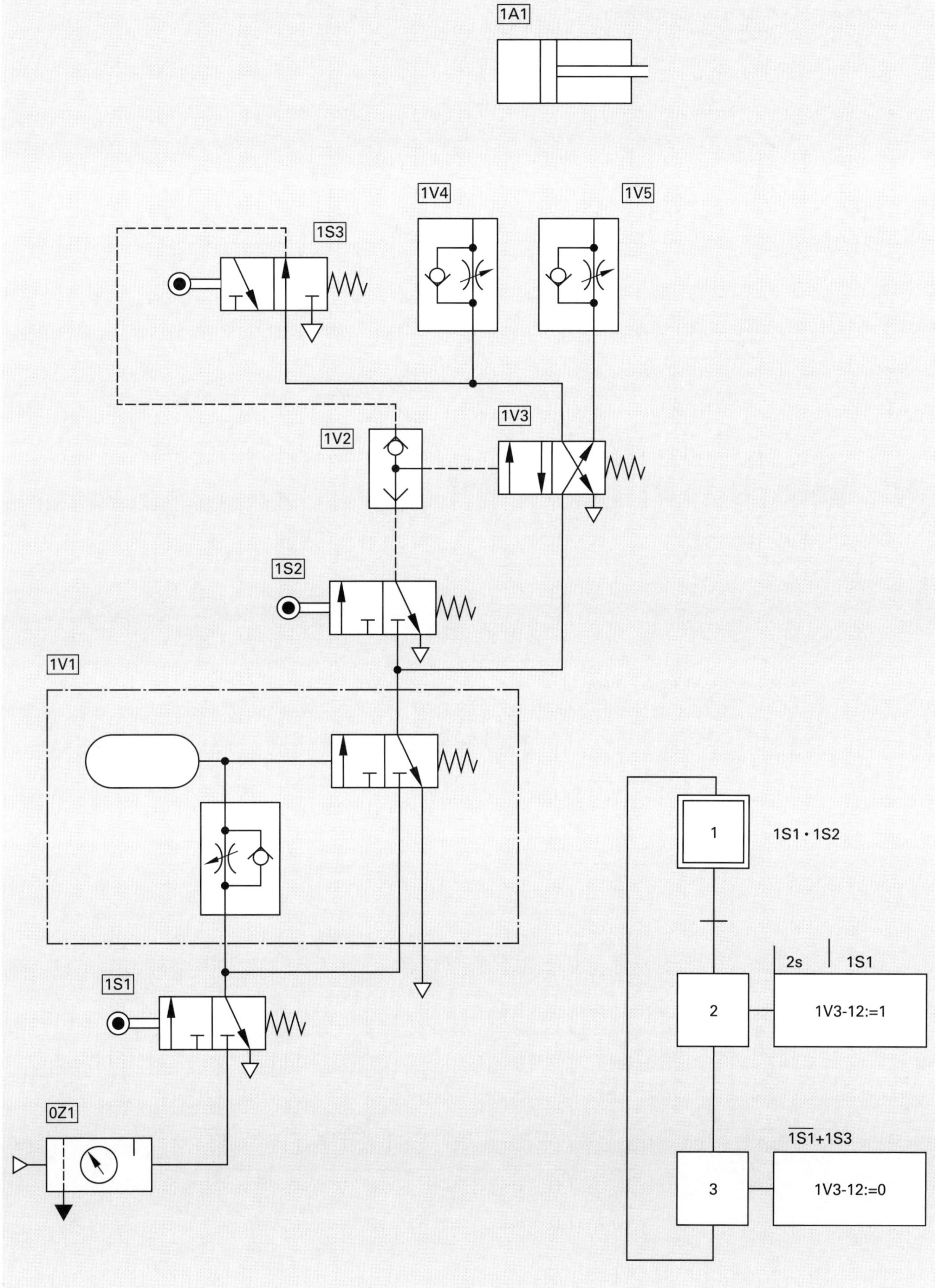

**Version 2 (elektropneumatische Ansteuerung):**

**Pneumatik-Schaltplan des Greifarms**

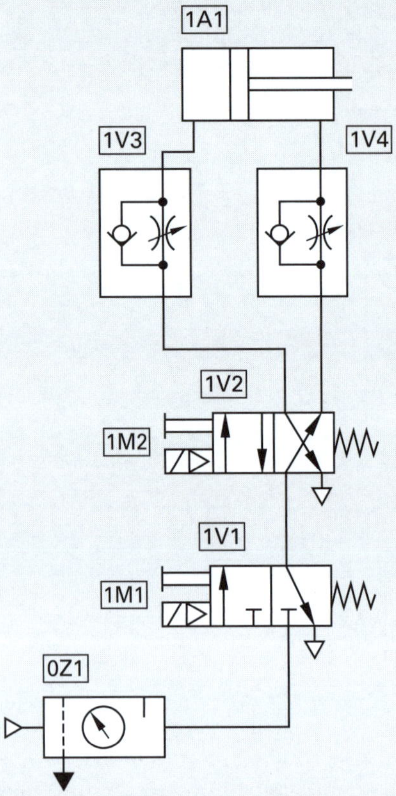


**GRAFCET-Schaubild der Greifarm-Steuerung**

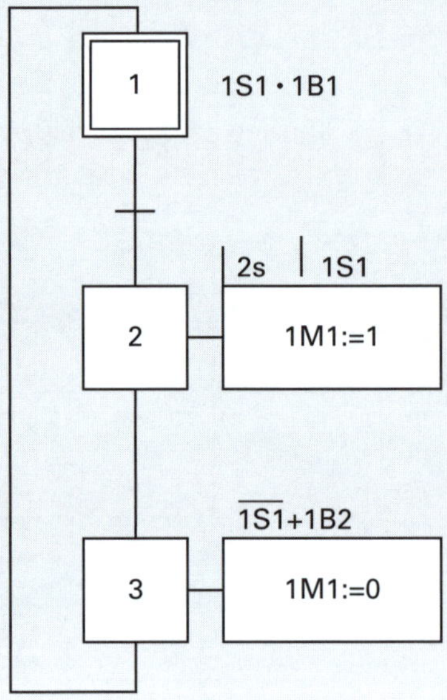


**Stromlaufplan der Greifarm-Steuerung**

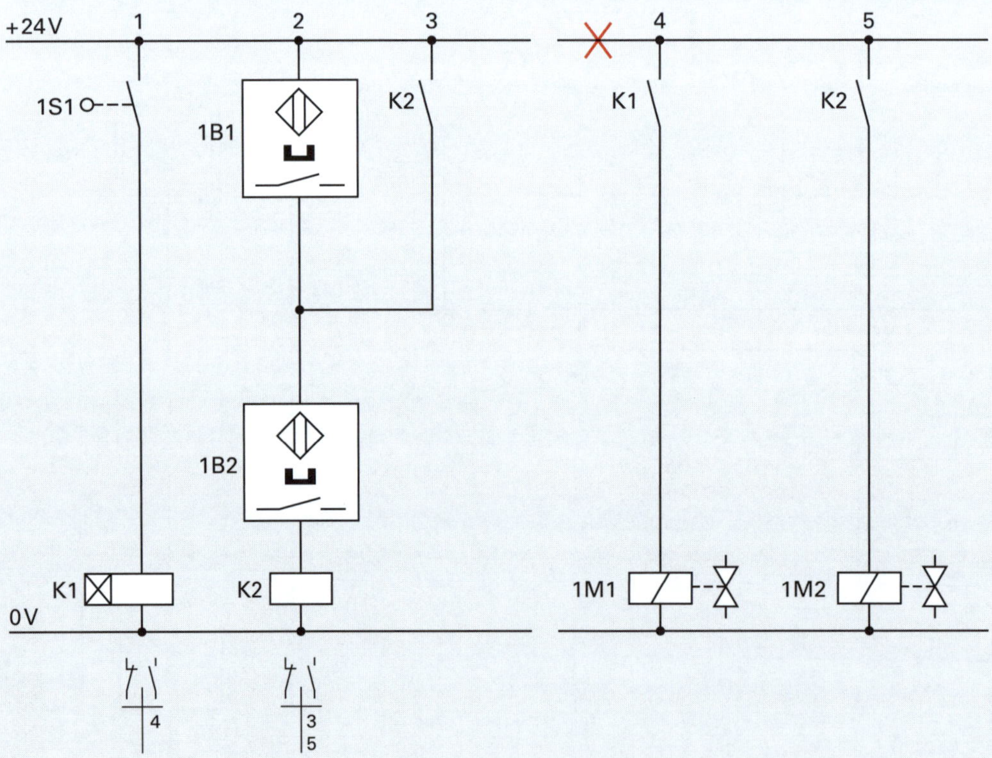

## Teil A: Aufgaben mit Auswahlantworten (Gebundene Aufgaben)

### 1

**Die Grundplatte des Greifarms (Pos. 3) soll durch Fräsen von 10 mm auf 8 mm Dicke reduziert werden. Wie nennt man das abgebildete Fräsverfahren?**

① Gleichlauffräsen
② Umlauffräsen
③ Hinterlauffräsen
④ Gegenlauffräsen
⑤ Stirnplanfräsen

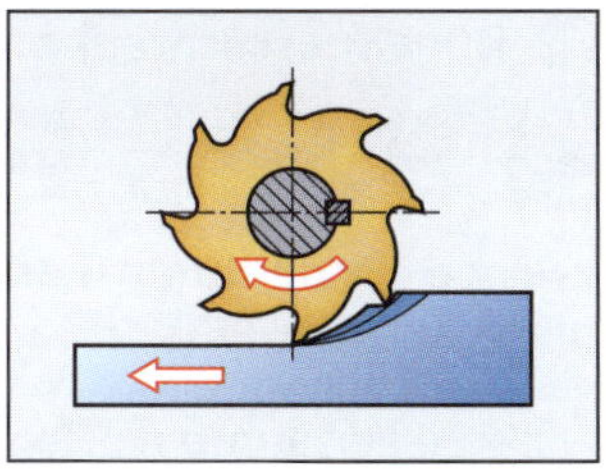

### 2 (Nicht abwählbar!)

**Das Ausgangs-Halbzeug für den Zylinder des Greifarms (Pos. 2) muss von 40 mm auf das Maß 36 mm durch Fräsen hergestellt werden.**
**Bestimmen Sie mit einem Tabellenbuch die Drehzahl der Fräsmaschinenspindel, wenn Ihnen ein hartmetallbestückter Fräser mit $D = 50$ mm zur Verfügung steht.**

① 105 $min^{-1}$
② 1750 $min^{-1}$
③ 205 $min^{-1}$
④ 864 $min^{-1}$
⑤ 287 $min^{-1}$

### 3

**In welcher Auswahlantwort ist die Reihenfolge der Bearbeitungsschritte für die Bohrung ∅10H7 in der Grundplatte (Pos. 3) richtig angegeben?**

① Körnen – Anreißen – Vorbohren ∅9,7 – Reiben ∅10H7
② Körnen – Anreißen – Reiben ∅10H7 – Vorbohren ∅9,7
③ Körnen – Vorbohren ∅9,7 – Reiben ∅10H7 – Anreißen
④ Anreißen – Vorbohren ∅9,7 – Reiben ∅10H7 – Körnen
⑤ Anreißen – Körnen – Vorbohren ∅9,7 – Reiben ∅10H7

### 4

**In die Grundplatte (Pos. 3) müssen Löcher mit dem Durchmesser $d$ = 4,5 mm gebohrt werden. Ihnen stehen in Ihrer Firma HSS-Spiralbohrer zur Verfügung. Bestimmen Sie die passende Schnittgeschwindigkeit.**

① $v_c$ = 10 – 20 m/min
② $v_c$ = 15 – 25 mm/min
③ $v_c$ = 20 – 30 m/min
④ $v_c$ = 60 – 80 m/min
⑤ $v_c$ = 60 – 100 m/min

### 5 (Nicht abwählbar!)

**In die Grundplatte (Pos. 3) müssen Löcher mit dem Durchmesser d = 4,5 mm gebohrt werden. Ihnen stehen in Ihrer Firma HSS-Spiralbohrer zur Verfügung. Bestimmen Sie die an der Bohrmaschine einzustellende Drehzahl.**

① $n = 55\ min^{-1}$
② $n = 60\ min^{-1}$
③ $n = 177\ min^{-1}$
④ $n = 300\ min^{-1}$
⑤ $n = 1800\ min^{-1}$

### 6

**Wie groß ist die Masse der Grundplatte (Pos. 3) ohne Bohrungen aus legiertem Stahl?**

① 110 g
② 127 g
③ 159 g
④ 151 g
⑤ 154 g

### 7

**In den Kolben (Pos. 1) muss ein M2-Gewinde geschnitten werden. Was müssen Sie beim Gewindeschneiden von Hand beachten?**

① Wenn ein Maschinengewindebohrer verwendet wird, muss nichts beachten werden.
② Da ein Grundloch herzustellen ist, verwendet man einen Gewindebohrer mit Rechtsdrall.
③ Öl darf nicht verwendet werden, da dann die Schraube bei der Montage mit dem falschen Drehmoment angezogen wird.
④ Durch kurzes Zurückdrehen des Gewindebohrers sollte man die Späne brechen.
⑤ Das Kernloch kann man nach folgender Formel berechnen: $d_k = d + P$

### 8

**Zur Herstellung der Nut 3,1 mm im Kolben (Pos. 1) verwenden Sie einen Drehmeißel. Wählen Sie den geeigneten aus den abgebildeten Drehmeißeln aus.**

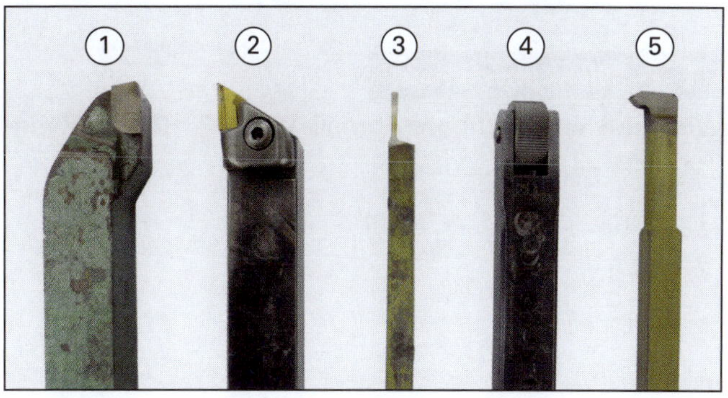

## 9

**Wie nennt man die mit a bezeichnete Fläche am Drehmeißel?**

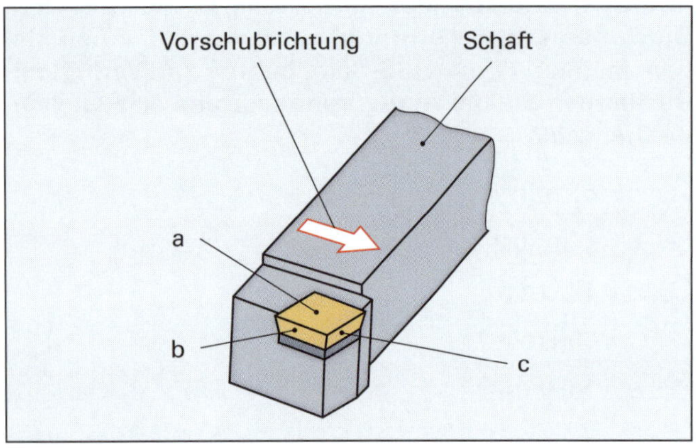


① Freifläche
② Nebenfreifläche
③ Spanfläche
④ Spannfläche
⑤ Schneidfläche

## 10

**Beim Abstechen des Kolbens (Pos. 1) haben Sie den Drehmeißel versehentlich über der Mitte eingestellt. Welche Auswirkung hat diese fehlerhafte Einstellung?**

① Der Fehler ist beim Drehen nicht zu bemerken.
② Der Freiwinkel $\alpha$ wird verkleinert.
③ Der Freiwinkel $\alpha$ wird größer.
④ Der Spanwinkel $\gamma$ wird kleiner.
⑤ Der Eckenradius ändert sich.

## 11

**Zu welcher Stahlgruppe gehört der Werkstoff der Querstreben (Pos. 6)?**

① unlegierte Baustähle
② Vergütungsstähle
③ Nitrierstähle
④ Automatenstähle
⑤ Nichtrostende Stähle

## 12 (Nicht abwählbar!)

**Wie groß ist das obere Abmaß von ∅20H8 des Zylinders (Pos. 2)?**

① 0 µm
② + 8 µm
③ – 20 µm
④ + 27 µm
⑤ + 33 µm

## 13

**Welches Prüfmittel wählen Sie aus, um das Maß ∅20f7 des Kolbens (Pos. 1) zu prüfen?**

① Grenzlehrdorn
② Messschieber
③ Bügelmessschraube
④ Parallelendmaße
⑤ Messuhr

## 14

**Welche Bedeutung haben die Oberflächenangaben beim Zylinder (Pos. 2)?**

① Alle Fertigungsverfahren sind erlaubt.
② Materialabtrag ist unzulässig.
③ Alle Flächen rund um die Kontur müssen die gleiche Oberflächenbeschaffenheit aufweisen.
④ Materialabtrag ist vorgeschrieben.
⑤ Die Oberfläche verbleibt im Anlieferungszustand.

## 15

**Bei der Endkontrolle des Kolbens (Pos. 1) zeigt die Bügelmessschraube den abgebildeten Wert an. Wie groß ist der Messwert?**

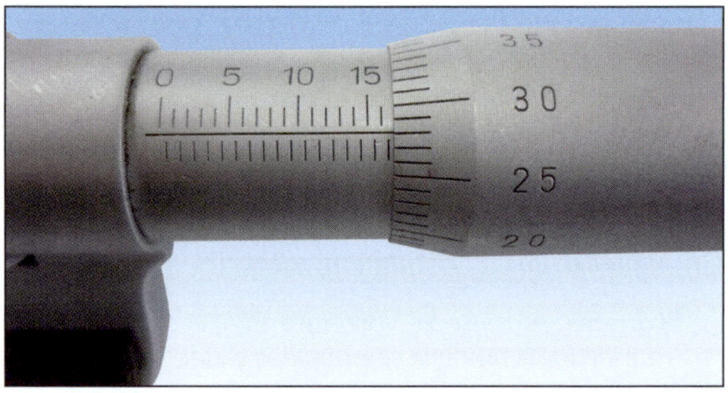


① 17,28 mm
② 16,78 mm
③ 15,32 mm
④ 17,32 mm
⑤ 16,28 mm

## 16

**Bei der Endkontrolle des Zylinders (Pos. 2) zeigt die Messchieber den abgebildeten Wert an. Wie groß ist der Messwert?**

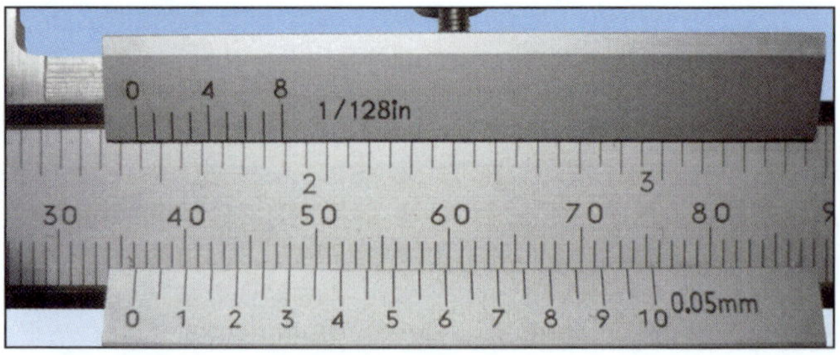


① 36,2 mm
② 36 mm
③ 30,6 mm
④ 40,1 mm
⑤ 306 mm

## 17

**Der Kolben (Pos. 1) und der Zylinder (Pos. 2) sollen pneumatisch vermessen werden. Welche Vorteile bietet die pneumatische Längenmessung?**

① Für die verschiedenen zu messenden Konturen müssen jeweils spezielle Messwertaufnehmer benutzt werden.

② Die Rautiefe an der Messstelle beeinflusst nicht den Messwert.

③ Pneumatische Messgeräte werden wirtschaftlich hauptsächlich bei Einzelteilfertigungen angewendet.

④ Die pneumatischen Messtaster berühren die Messstelle mechanisch, die Messsignale werden aber ohne mechanische Übersetzung pneumatisch weitergeleitet.

⑤ Die Druckluft reinigt die Messstellen von Kühlschmierstoffen, Öl oder Läpp-Paste. Das Werkstück kann daher bei laufender Maschine gemessen werden.

## 18

**Der Kolben (Pos. 1) und der Zylinder (Pos. 2) werden mit einer Lagetoleranz versehen. Welches der angegebenen Toleranzzeichen muss in das freie Kästchen eingetragen werden?**

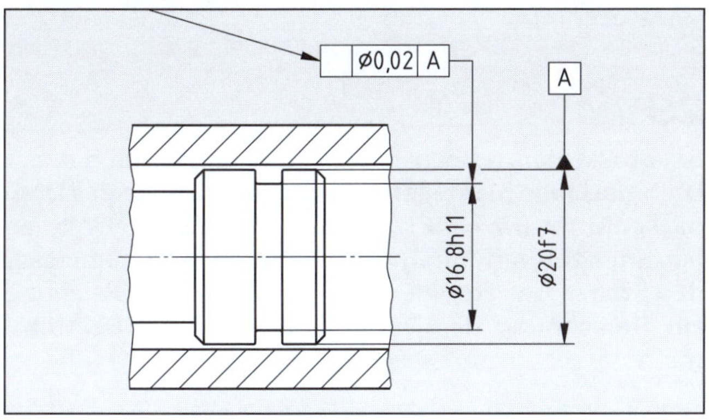


① ▱  ② ○  ③ ⊥

④ ⌭  ⑤ ◎

## 19

**In der Zeichnung der Spannbacke (Pos. 9) ist eine Maßangabe nicht normgerecht eingetragen. Welche Angabe ist dies?**

① Statt R28 muss ∅ 56 angegeben werden.

② *t* = 18 darf nicht ohne Hinweislinie außerhalb des Werkstückes eingetragen werden.

③ Rz16 darf nur ein mal eingetragen werden.

④ Die Bemaßung in der Zeichnung muss funktionsbezogen sein.

⑤ Die Spannbacke muss in drei Ansichten gezeichnet werden.

## 20

**Die Zeichnung der Grundplatte (Pos. 3) soll ergänzt werden und mit einem Schnittverlauf (siehe rote Linie) versehen werden. Welche Linienart muss statt der roten Linie verwendet werden?**

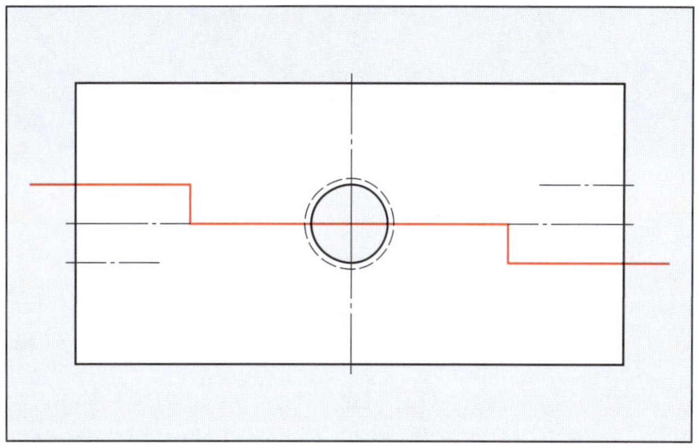

① Liniennr. 01.2 Volllinie breit

② Liniennr. 02.1 Strichlinie schmal

③ Liniennr. 04.1 Strich-Punktlinie schmal

④ Liniennr. 04.2 Strich-Punktlinie breit

⑤ Liniennr. 05.1 Strich-Zweipunktlinie schmal

## 21 (Nicht abwählbar!)

**Welcher Ablauf wird mit dem gezeigten GRAFCET-Ausschnitt dargestellt?**

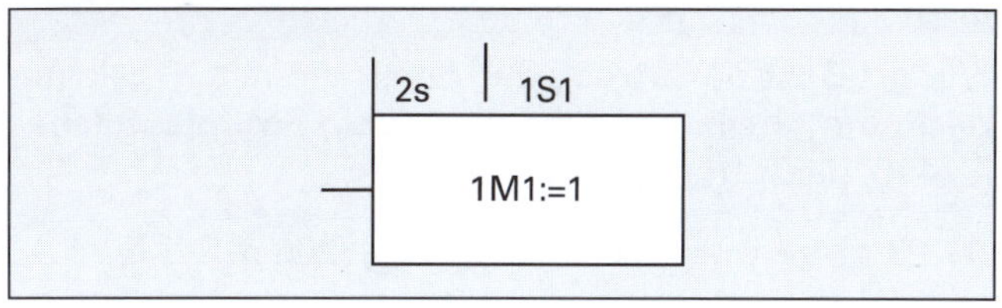


① Bei Betätigung des Tasters 1S1 wird die Magnetspule für 2 s betätigt.

② 2 s nach Betätigung von Taster 1S1 wird die Magnetspule 1M1 aktiviert.

③ Bei Betätigung des Tasters 2S wird die Magnetspule 1M1 betätigt.

④ Bei Betätigung des Tasters 1S1 oder 2S wird die Magnetspule nach 2 s aktiviert.

⑤ Bei Betätigung des Tasters 1S1 oder 1S2 wird die Magnetspule 2 s lang aktiviert.

## 22

**Wie wird das Ventil 1V1 im Schaltplan der Pneumatiksteuerung (Seite 441) genannt?**

① 3/2-Wegeventil direkt über Vorsteuerventil betätigt

② Proportional-Druckbegrenzungsventil

③ Zeitverzögerungsventil

④ Stromventil

⑤ 2-Wege-Druckreduzierventil

## 23

**Wie groß ist die Schließkraft $F_{SK}$ der Roboter-Greifarme?**

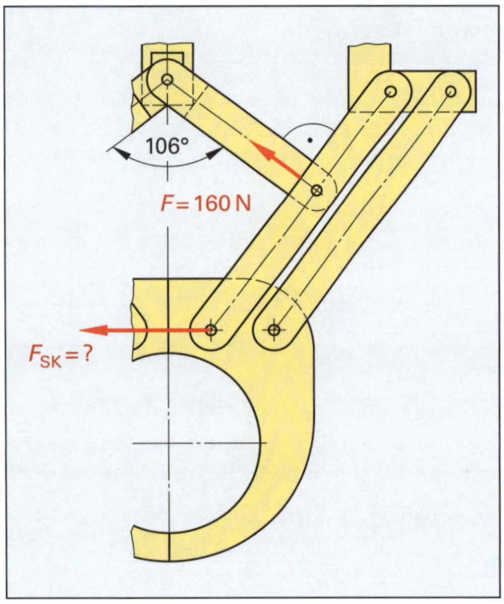


① 160,0 N
② 137,1 N
③ 135,7 N
④ 52,9 N
⑤ 39,8 N

## 24

**Welche Spannung liegt am Schütz K1 an, wenn das Schütz einen Widerstand von $R_{Schütz}$ = 144 Ω hat?**

① 6 V ② 12 V ③ 24 V ④ 68 V ⑤ 144 V

## 25

**Wie groß ist der Strom, der durch die mit X gekennzeichnete Stelle im Steuerteil des Stromlaufplanes (S. 440) fließt ($R_{Magnetspule}$ = 240 Ω)?**

① 83 mA ② 100 mA ③ 200 mA
④ 3 A ⑤ 12 A

## 26 (Nicht abwählbar!)

**Die Zylinderschrauben (Pos. 12) dürfen mit einem maximalen Drehmoment $M_S$ = 9 Nm angezogen werden. Der Abstand vom Drehpunkt der Schraube bis zum Kraftangriffspunkt beträgt 70 mm. Mit welcher maximalen Kraft $F_S$ darf der Innensechskantschlüssel gezogen werden?**

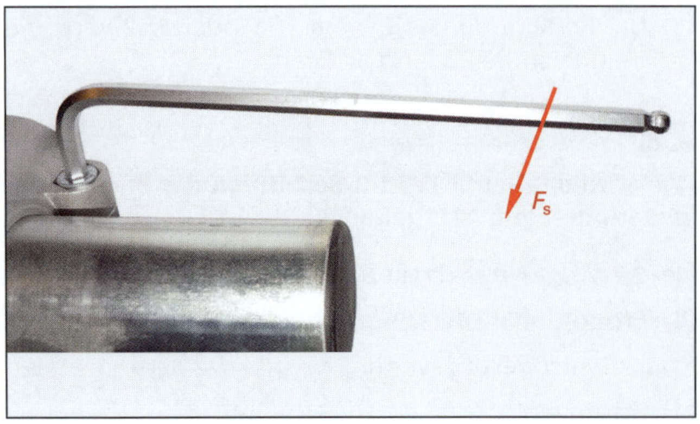


① 1,28 N ② 7,78 N ③ 63 N ④ 78 N ⑤ 129 N

## 27

**Bei der Montage des Greifarms waren die Bauteile auf Ihrer Werkbank der Sonne ausgesetzt und haben sich dabei auf 35 °C erwärmt. Mit welcher Formel wird die thermische Längenänderung der Parallelstrebe (Pos. 7) berechnet?**

① $\Delta l = \frac{\alpha_1 \cdot l_1}{\Delta t}$

② $\Delta l = \alpha_1 \cdot l_1 \cdot (t + 273)$

③ $\Delta l = \frac{1 \cdot 100\%}{100\% - S}$

④ $\Delta t = \alpha_1 \cdot l_1 \cdot \Delta l$

⑤ $\Delta l = \alpha_1 \cdot l_1 \cdot \Delta t$

## 28

**Wie groß ist das Maß Ø 20f7 des Kolbens (Pos. 1) bei 35 °C, wenn das Maß bei 20 °C mit $d$ = 19,971 mm gemessen wurde. Der Kolben besteht aus legiertem Stahl.**

① 19,975 mm
② 19,976 mm
③ 19,977 mm
④ 19,983 mm
⑤ 20,019 mm

## 29

**Bevor Sie den Kolben (Pos. 1) des Greifarms auf der Drehmaschine herstellen können, müssen Sie das Dreibackenfutter ($m$ = 45 kg) einbauen. Dazu steht Ihnen ein Kran zur Verfügung. Der Seiltrommeldurchmesser des Kranes beträgt 400 mm. Wie lautet die Gleichung zur Berechnung des Drehmoments an der Seiltrommel?**

① $M = F \cdot s$

② $M = \frac{2 \cdot F_u}{d_1}$

③ $M = F \cdot \frac{d}{2}$

④ $M = 2 \cdot \pi \cdot \frac{d}{2}$

⑤ $M = i \cdot \frac{d}{2} \cdot F$

## 30

**Welches Drehmoment muss der Elektromotor des Krans aufbringen, um das Dreibackenfutter zu heben? (Technische Daten: siehe Aufgabe 29)**

① 9 Nm
② 18 Nm
③ 88 Nm
④ 176 Nm
⑤ 9000 Nm

## 31

**Mit welcher Formel berechnet man den Wirkungsgrad eines Elektromotors?**

① $\eta = \frac{P_{zu}}{P_{ab}}$

② $\eta = P_{zu} \cdot P_{ab}$

③ $\eta = P_{zu} + P_{ab}$

④ $\eta = \frac{P_{ab}}{P_{zu}}$

⑤ $\eta = P_{zu} - P_{ab}$

## 32

**Der Roboter-Greifarm soll gegen Korrosion geschützt werden. Welche Behauptung zum Korrosionsschutz ist richtig?**

① Beim Phosphatieren wird ein metallischer Überzug erzeugt.

② Eloxieren (Anodisieren) lassen sich nur Aluminium und seine Legierungen.

③ Kunststoffüberzüge sind besonders widerstandsfähig gegen mechanische Beschädigungen.

④ Bei einer Beschädigung der Chromschicht auf Stahl wird das Überzugsmetall Chrom elektrochemisch zerstört.

⑤ Nickelschichten werden vorzugsweise im Schmelztauchverfahren aufgetragen.

## 33

**Der Roboter-Greifarm muss während des Betriebs regelmäßig gewartet werden. In welcher Auswahlantwort sind nur Wartungsarbeiten aufgeführt?**

① Nachstellen, Reinigen, Schmieren, Nachfüllen

② Planen, Messen, Reinigen, Schmieren

③ Ausbessern, Reparieren, Prüfen, Nachfüllen

④ Diagnostizieren, Auswerten, Entscheiden, Prüfen

⑤ Schmieren, Prüfen, Ausbessern, Auswerten

## 34

**Der Roboter-Greifarm soll während des Betriebs einer intervallabhängigen Instandhaltung unterzogen werden. Welchen Vorteil bietet dieses Instandhaltungskonzept?**

① Hoher Ersatzteilbedarf.

② Ausfallverhalten des Roboter-Greifarms kann nicht ermittelt werden.

③ Hohe Intandhaltungskosten.

④ Die Lebensdauer der Bauteile wird nicht voll ausgenutzt.

⑤ Hohe Zuverlässigkeit des Roboter-Greifarms.

## 35

**Die vier Zylinderschrauben (Pos. 12) sollen gegen Losdrehen gesichert werden. In welcher Abbildung ist eine Losdrehsicherung dargestellt?**

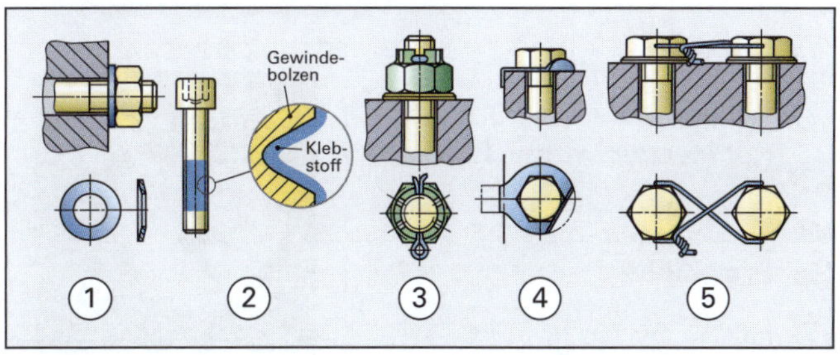


## 36

**Die vier Zylinderschrauben (Pos. 12) müssen mit der richtigen Vorspannkraft angezogen werden. Wie lautet die Formel zur Berechnung der Vorspannkraft (unter Berücksichtigung des Wirkungsgrads)?**

① $F_V = \frac{M_A \cdot 2}{P} \cdot \pi$

② $F_V = \frac{\eta \cdot 2 \cdot \pi}{P \cdot M_A}$

③ $F_V = M_A \cdot 2 \cdot \pi \cdot P \cdot \eta$

④ $F_V = \frac{M_A \cdot 2 \cdot \pi}{P} \cdot \eta$

⑤ $F_V = \frac{M_A \cdot 2 \cdot \pi}{\eta} \cdot P$

## 37 (Nicht abwählbar!)

**Wie groß muss das Anziehdrehmoment $M_A$ gewählt werden, wenn in den Zylinderschrauben (Pos. 12) eine Vorspannkraft $F_V$ = 3000 N herrschen soll und der Wirkungsgrad $\eta$ = 15% beträgt?**

① $M_A$ = 0,05 Nm

② $M_A$ = 0,45 Nm

③ $M_A$ = 2,23 Nm

④ $M_A$ = 4,46 Nm

⑤ $M_A$ = 7,03 Nm

## 38

**Im Maschinenbau werden auch Nietverbindungen verwendet. Welchen Vorteil haben Nietverbindungen gegenüber Schweißverbindungen?**

① Keine Gefügeänderung und damit keine Festigkeitsminderung und Versprödung in den zu verbindenden Blechen.

② Zusätzliche Verbindungselemente entfallen.

③ Mit Nieten lassen sich dichte und unlösbare Verbindungen herstellen.

④ Unterschiedliche Werkstoffe können nicht verbunden werden.

⑤ Bei Verwendung verschiedener Materialien kann es zu elektrochemischer Korrosion kommen.

## 39

**Was wird durch das Symbol gekennzeichnet?**

① Erholungsraum

② Arbeitsplatz für Personen mit Herzschrittmacher

③ Defibrillator

④ Erste Hilfe

⑤ Arzt

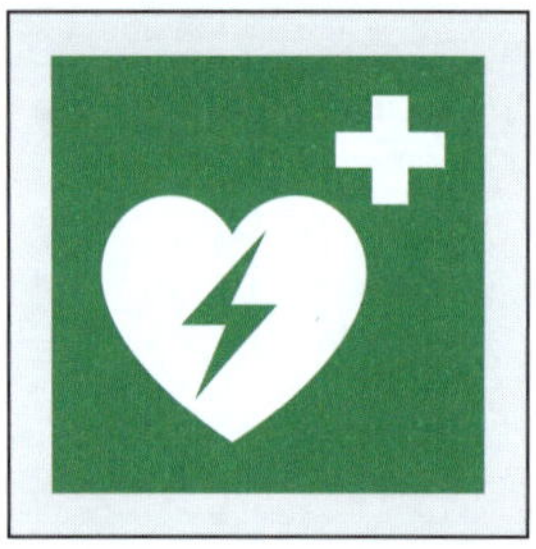

## 40

**Ab welchem Schalldruckpegel müssen Sie Gehörschutz tragen?**

① 70 dB (A)

② 75 dB (A)

③ 80 dB (A)

④ 85 dB (A)

⑤ 110 dB (A)

**Muster eines bearbeiteten Markierungsbogens**

## Markierungsbogen

**Schriftliche Abschlussprüfung Teil 1** **Teil A (Aufgaben mit Auswahlantworten)**

**Vor- und Zuname des zu Prüfenden:** ............................................................ **Datum:** ..........................

**Ausbildungsbetrieb:** ..........................................................................................................................

**Ausbildungsberuf:** ..........................................................................................................................

**Bitte die Bearbeitungshinweise auf Seite 437 beachten!**

| | 1 | **2** | 3 | 4 | **5** | 6 | 7 | 8 | 9 | 10 |
|---|---|---|---|---|---|---|---|---|---|---|
| 1 | | | | | | | | | | |
| 2 | | | | | | | | | | |
| 3 | | | | | | | | | | |
| 4 | | | | | | | | | | |
| 5 | | | | | | | | | | |

| | 11 | **12** | 13 | 14 | 15 | 16 | 17 | 18 | 19 | 20 |
|---|---|---|---|---|---|---|---|---|---|---|
| 1 | | | | | | | | | | |
| 2 | | | | | | | | | | |
| 3 | | | | | | | | | | |
| 4 | | | | | | | | | | |
| 5 | | | | | | | | | | |

| | **21** | 22 | 23 | 24 | 25 | **26** | 27 | 28 | 29 | 30 |
|---|---|---|---|---|---|---|---|---|---|---|
| 1 | | | | | | | | | | |
| 2 | | | | | | | | | | |
| 3 | | | | | | | | | | |
| 4 | | | | | | | | | | |
| 5 | | | | | | | | | | |

| | 31 | 32 | 33 | 34 | 35 | 36 | **37** | 38 | 39 | 40 |
|---|---|---|---|---|---|---|---|---|---|---|
| 1 | | | | | | | | | | |
| 2 | | | | | | | | | | |
| 3 | | | | | | | | | | |
| 4 | | | | | | | | | | |
| 5 | | | | | | | | | | |

# Übungs-Abschlussprüfung Teil 1

## Industriemechanikerin/Industriemechaniker

**Schriftliche Aufgabenstellungen Teil B** (Ungebundene Fragen)

**Vor- und Zuname des zu Prüfenden:** .................................................. **Datum:** ........................

**Ausbildungsbetrieb:** ..................................................

**Ausbildungsberuf:** ..................................................

**Bearbeitungszeit: Zusammen 120 Minuten für Teil A und Teil B**

**Hilfsmittel: Tabellenbuch, Formelsammlung, Taschenrechner, Zeichenwerkzeuge**

**Verwendetes Tabellenbuch:** ..................................................

**Hinweise für die Bearbeitung der Prüfungsaufgaben Teil B:**

1. Zum Teil B der Abschlussprüfung Teil 1 gehören 10 ungebundene Aufgaben
2. Ein Teil der Aufgaben bezieht sich auf die Zeichnungen der Prüfung (Seite 438 bis 442).
3. Sie müssen sämtliche Aufgaben bearbeiten.
4. Beantworten Sie die Aufgaben möglichst mit kurzen Sätzen.
5. Bei den mathematischen Aufgaben ist der vollständige Rechengang in dem dafür vorgesehenen Feld auszuführen.
6. Halten Sie die Reihenfolge ein: Ausgangsformel, umgestellte Formel, in die umgestellte Formel eingesetzte Zahlenwerte mit Einheiten, berechnetes Ergebnis mit Einheit.

**Prüfungsaufgabe:**

**Sie haben den Auftrag bekommen, den in der Zeichnung dargestellten Greifarm (Seite 438 bis 440) herzustellen. Bearbeiten Sie die Aufgaben zur Planung der Herstellung des Greifarms.**

## Teil B: Ungebundene Aufgaben:

Bewertung 0 bis 10 Punkte

**U1** **Erstellen Sie eine Skizze für den Winkel (Pos. 4) des Roboter Greifarms ohne Bemaßung.**

Bewertung U 1

**U2** **Bestimmen Sie das Höchst- und das Mindestmaß sowie die Toleranz des Durchmessers ∅20f7 des Kolbens (Pos. 1).**

Bewertung U 2

**U3** **Wie spannen Sie die Grundplatte (Pos. 3) auf der Drehmaschine, um die Nut für den Runddichtring (Pos. 11) herzustellen?**

Bewertung U 3

**U4** **Der Kolben (Pos. 1) wird auf einer Drehmaschine hergestellt. Dabei verwenden Sie Kühlschmierstoff. Geben Sie drei Aufgaben von Kühlschmierstoffen an.**

1 ___

2 ___

3 ___

Bewertung U 4

**U5** **Die Kolbenstange des Greifarm-Zylinders (Pos. 1) soll in der Grundstellung ausgefahren sein. Vervollständigen Sie den Pneumatikschaltplan auf der Seite 441 für die Positionierung.**

Bewertung U 5

**U6** **Mit welcher Kraft fährt der Kolben (Pos. 1) des Greifarm-Zylinders (Pos. 2) bei einem Systemdruck von $p_e$ = 7 bar aus?**

Bewertung U 6

**U7** **a) Welche Zugkraft wirkt auf die Querstrebe (Pos. 6), wenn der Kolben des Zylinders mit $p_e$ = 7 bar einfährt? (Geschlossener Greifarm)**

**b) Welche Zugspannung tritt im kleinsten Querschnitt der Querstrebe (Pos. 6) auf, wenn die Querstrebe mit der Zugkraft $F_Z$ = 180 N belastet wird?**

Bewertung U 3

**U8** **In Ihrem Betrieb sind die unten gezeigten Symbole angebracht.**

**a) Worauf weisen die Symbole hin?**

**b) Zu welcher Gruppe von Zeichen gehören sie?**

**Tragen Sie Ihre Antworten zu Frage a) mit einer Kurzantwort und zu Frage b) mit einem Kreuz x in die Tabelle ein.**

| Symbol | Die Symbole weisen auf folgendes hin: | Verbotszeichen | Warnzeichen | Gebotszeichen | Rettungszeichen | Brandschutzzeichen | Gefahrensymbol |
|---|---|---|---|---|---|---|---|
|  | | | | | | | |
|  | | | | | | | |
|  | | | | | | | |

Bewertung U 8

**U9** **Die Oberflächenrauheit der Bohrung Ø20H8 des Zylinders (Pos. 2) soll geprüft werden.**

**a) Mit welchem Messverfahren kann man die Oberflächenrauheit prüfen?**

**b) Bei der Prüfung der Oberflächenrauheit wurde das folgende Messprotokoll erstellt. Werten Sie das Messprotokoll aus. Wie groß ist $R_z$?**

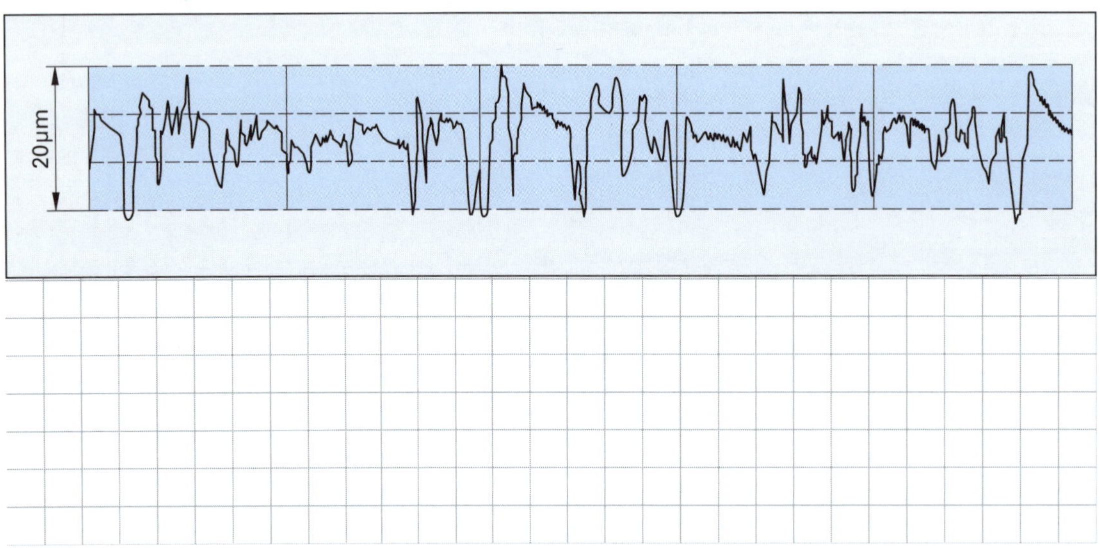


Bewertung U 9

**U10** **Erstellen Sie einen Arbeitsplan für die Herstellung des Zylinders (Pos. 2).**

| Arb.-Gang | Arbeitsvorgänge/ Arbeitsschritte | Maschinen/ Geräte | Werkzeuge | Einstelldaten | | | Arbeits-sicherheit | Prüfgeräte |
|---|---|---|---|---|---|---|---|---|
| | | | | $v_c$ | $f$ | $n$ | | |
| | | | | | | | | |
| | | | | | | | | |
| | | | | | | | | |
| | | | | | | | | |
| | | | | | | | | |
| | | | | | | | | |
| | | | | | | | | |
| | | | | | | | | |
| | | | | | | | | |
| | | | | | | | | |
| | | | | | | | | |
| | | | | | | | | |
| | | | | | | | | |
| | | | | | | | | |
| | | | | | | | | |
| | | | | | | | | |
| | | | | | | | | |
| | | | | | | | | |
| | | | | | | | | |
| | | | | | | | | |
| | | | | | | | | |
| | | | | | | | | |
| | | | | | | | | |
| | | | | | | | | |
| | | | | | | | | |
| | | | | | | | | |
| | | | | | | | | |
| | | | | | | | | |
| | | | | | | | | |
| | | | | | | | | |

Bewertung
U 10

# Übungs-Abschlussprüfung Teil 2

## Industriemechanikerin/Industriemechaniker

**Auftrags- und Funktionsanalyse Teil A** (Gebundene Fragen, auch Fragen mit Auswahlantworten genannt)

**Vor- und Zuname des zu Prüfenden:** ............................................................ **Datum:** ........................

**Ausbildungsbetrieb:** ........................................................................................................................

**Ausbildungsberuf:** ...........................................................................................................................

**Bearbeitungszeit: Zusammen 105 Minuten für Teil A und Teil B**

**Hilfsmittel: Tabellenbuch, Formelsammlung, Taschenrechner, Zeichenwerkzeuge**

**Verwendetes Tabellenbuch:** ..............................................................................................................

**Hinweise für die Bearbeitung der Prüfungsaufgaben Teil A:**

**1.** Der Aufgabensatz für die schriftlichen Aufgaben besteht aus:

- Zeichnungen mit Stückliste, Pläne, Diagramme (Seite 458 bis 460)
- Teil A mit 28 gebundenen Aufgaben (mit vorgegebenen Auswahlantworten), Seite 461 bis 464
- Teil B mit 8 ungebundenen Aufgaben (mit eigenen Worten zu beantworten), Seite 468 bis 470
- einem Markierungsbogen, Seite 465

Sie können die Aufgaben der beiden Teile A und B in beliebiger Reihenfolge bearbeiten.

**2.**
- Von den 28 Aufgaben von Teil A (gebundene Aufgaben) müssen Sie nur 25 bearbeiten. Sie entscheiden, welche 3 Aufgaben Sie nicht lösen wollen.
- Die von Ihnen abgewählten Aufgaben müssen Sie im Markierungsbogen mit einem senkrechten Strich durchstreichen. Siehe dazu das Beispiel auf Seite 465. Wenn Sie keine Aufgaben durchstreichen, werden die letzten 3 abwählbaren Aufgaben nicht gewertet.
- 8 der 28 Aufgaben dürfen nicht abgewählt werden. Diese Aufgaben sind mit dem Hinweis „nicht abwählbar“ kenntlich gemacht und schwarz hinterlegt. Werden diese Aufgaben nicht bearbeitet, so gelten diese als nicht gelöst.

**3.**
- Bei den gebundenen Aufgaben von Teil A ist jeweils nur eine der 5 Auswahlantworten richtig. Sie dürfen nur eine der Antworten ankreuzen.

  Kreuzen Sie mehr als eine Antwort an, so gilt die Aufgabe als nicht gelöst.
- Lesen Sie die Aufgabenstellung und die Auswahlantworten sorgfältig durch. Kreuzen Sie erst dann bei den Aufgaben und am Ende der Fragen im Markierungsbogen die richtige Auswahlantwort an.

**4.**
- Zum Ankreuzen im Markierungsbogen müssen Sie einen Kugelschreiber verwenden, damit Ihr Kreuz eindeutig erkennbar ist.
- Sollten Sie versehentlich ein falsches Feld angekreuzt haben, so machen Sie dieses Kreuz in der nebenstehend gezeigten Weise unkenntlich und setzen Sie ein neues Kreuz an die richtige Stelle.

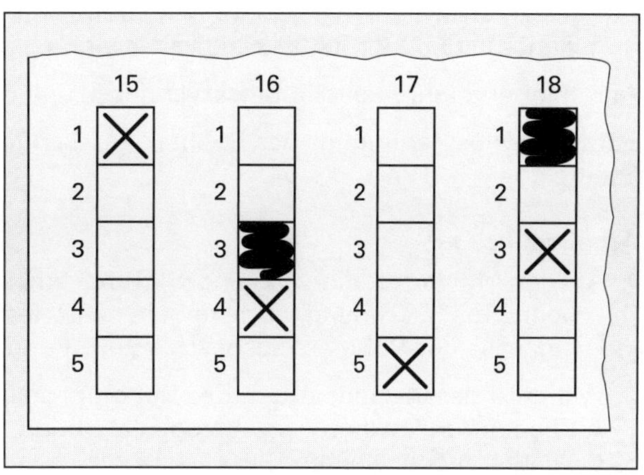

## Prüfungsaufgabe: Montagestation

**Beschreibung der Montagestation**

Auf einer Montagestation werden Kugellager in Laufräder aus Kunststoff gepresst (Bild). Die Montagestation besteht aus einer hydraulisch betriebenen Einpress-Vorrichtung, einem Fallmagazin mit Laufrädern, einem Verschiebezylinder und einem Industrieroboter.

**Montagestation** (Schematisch)

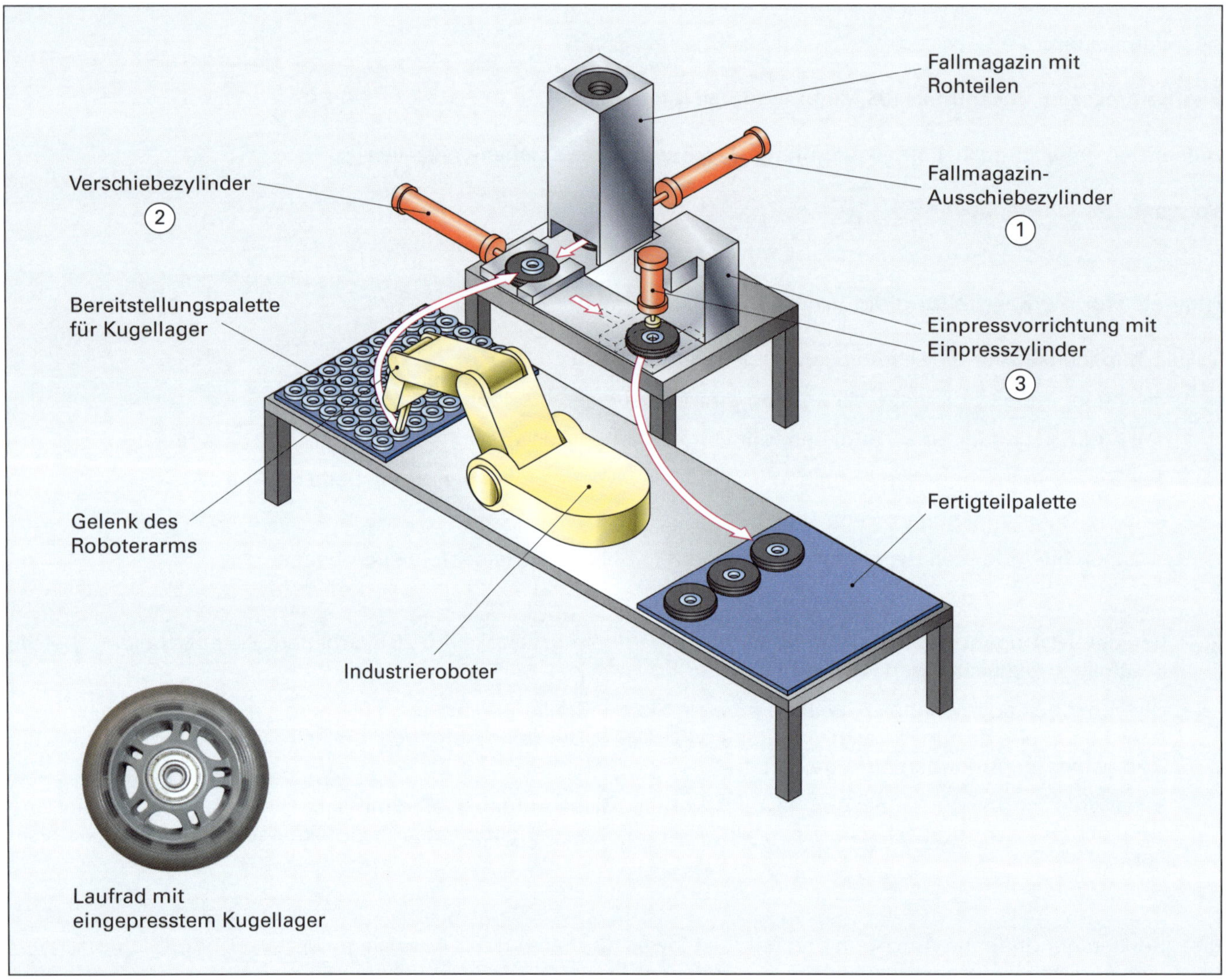


**Montageablauf**

Zur Montage wird ein Laufrad aus dem Fallmagazin mit Ausschiebezylinder ① herausgeschoben.

Der Roboter entnimmt aus der Bereitstellungspalette für die Kugellager ein Kugellager und positioniert es in die Einpressposition auf dem Laufrad.

Der Verschiebezylinder ② schiebt das Laufrad mit dem Kugellager unter den Einpresszylinder ③. Dort wird das Kugellager in die Bohrung des Laufrades eingepresst.

Anschließend fahren der Einpresszylinder ③ und der Verschiebezylinder ② wieder in ihre Ausgangspositionen.

Zum Abschluss entnimmt der Roboter das Laufrad mit eingepresstem Kugellager und legt es auf die Fertigteil-Palette ab.

**Arbeitsaufträge:**

1. An der Montagestation ist eine Störung am Industrieroboter aufgetreten. Bei einer Inspektion des Roboter-Gelenkarms (Zeichnung, nächste Seite) wird festgestellt, dass die Passfedernut der Antriebswelle 2 (Pos. 15) der Handachse des Roboters ausgeschlagen ist und durch eine neue Antriebswelle ersetzt werden muss.
2. Während der Instandsetzung des Roboters soll die gesamte Montagestation gewartet werden. Die Fragen und Aufgaben zur Funktion der Montagestation, zur Fertigung der Handachse des Roboters sowie zur Instandhaltung sollen bearbeitet werden.

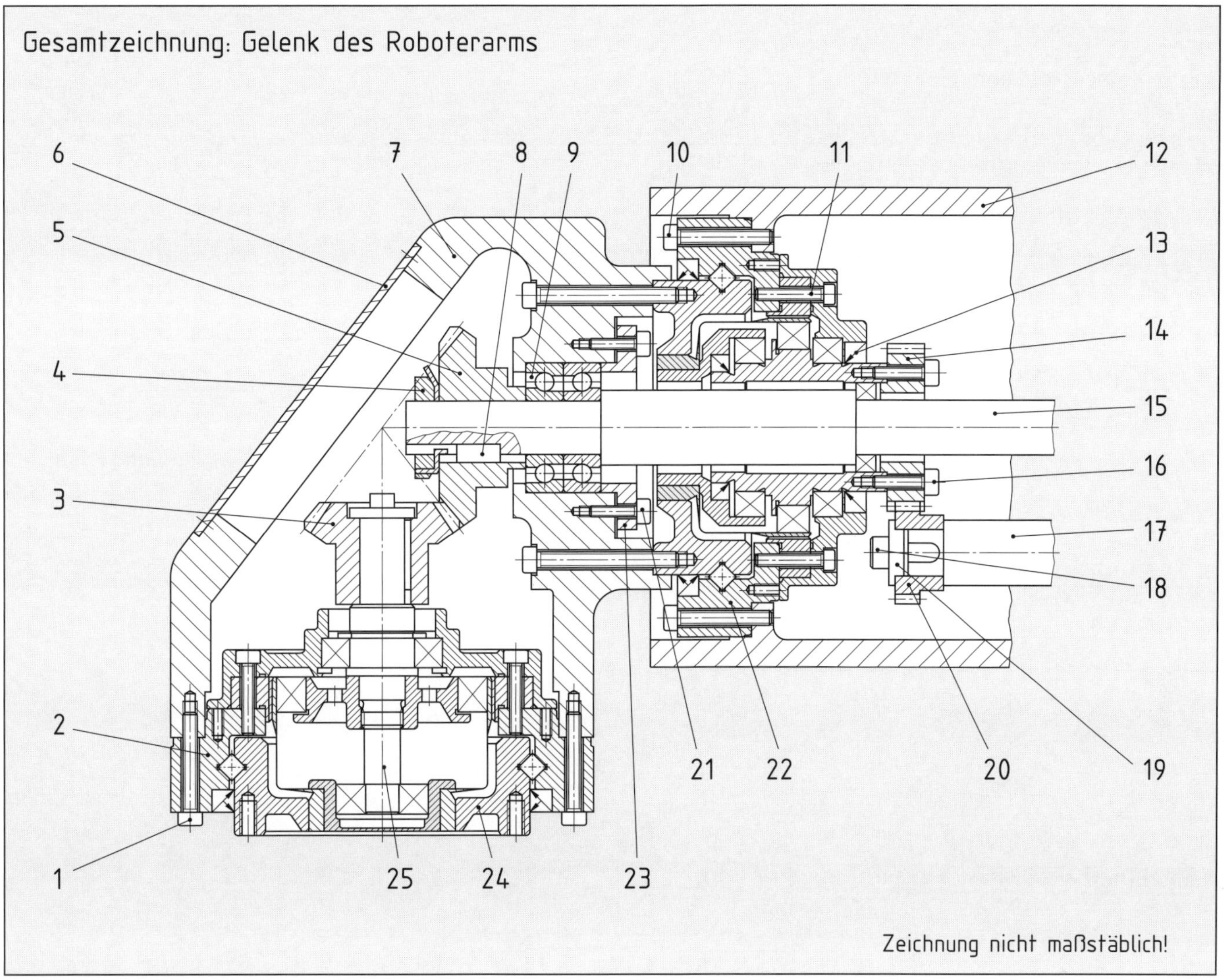


**Auszug aus der Stückliste:**

| Pos. | Menge | Einheit | Benennung | Sachnummer/Norm-Kurzbezeichnung |
|---|---|---|---|---|
| 1 | 8 | Stk. | Zylinderschraube | DIN 7984 – M4 x 20 |
| 2 | 1 | Stk. | Harmonic-Drive®-Getriebe | HFUS-14-2UH |
| 3 | 1 | Stk. | Kegelrad | d = 30, z = 30, m = 1 - 42CrMo4 |
| 4 | 1 | Stk. | Mutter | |
| 5 | 1 | Stk. | Kegelrad | d = 35, z = 35, m = 1 - 42CrMo4 |
| 6 | 1 | Stk. | Wartungsdeckel | |
| 7 | 1 | Stk. | Untergehäuse Handachse | EN-GLJ-150 |
| 8 | 1 | Stk. | Passfeder | DIN 6885 – B – 4 x 4 x 16 |
| 9 | 2 | Stk. | Schrägkugellager | DIN 628 - 7202B |
| 10 | 8 | Stk. | Zylinderschraube | DIN 7984 – M4 x 30 |
| 11 | 5 | Stk. | Zylinderschraube | DIN 7984 – M4 x 25 |
| 12 | 1 | Stk. | Obergehäuse Handachse | EN-GLJ-150 |
| 13 | 1 | Stk. | Wellendichtring | |
| 14 | 1 | Stk. | Stirnrad | d = 33, z = 47, m = 0,7 - 42CrMo4 |
| 15 | 1 | Stk. | Antriebswelle 2 | ∅ 25 x 230 - 42CrMo4 |
| 16 | 6 | Stk. | Zylinderschraube | DIN EN ISO 47623 – M4 x 12 |
| 17 | 1 | Stk. | Antriebswelle 1 | 42CrMo4 |
| 18 | 2 | Stk. | Zylinderschraube | DIN 7984 – M4 x 8 |
| 19 | 1 | Stk. | Distanzscheibe | |
| 20 | 1 | Stk. | Stirnrad | d = 20, z = 29, m = 0,7 - 42CrMo4 |
| 21 | 6 | Stk. | Zylinderschraube | DIN 7984 – M4 x 10 |
| 22 | 1 | Stk. | Harmonic-Drive®-Getriebe | HFUS-20-2UH i=120 |
| 23 | 1 | Stk. | Lagerdeckel | |
| 24 | 1 | Stk. | ISO-Flansch | |
| 25 | 1 | Stk. | Handachsen-Welle | |

Einzelheit: Position 15

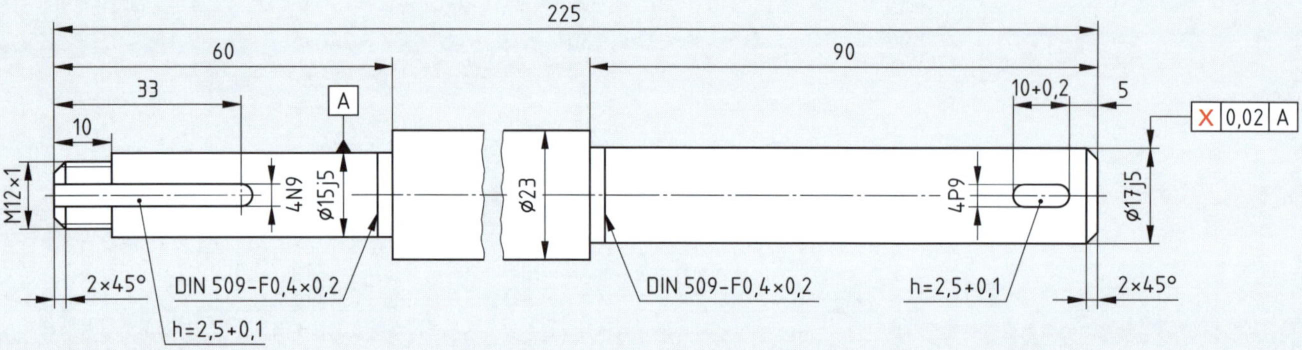


Alle unbemaßten Kanten: R = 1,5

Zeichnung nicht maßstäblich!

Einzelheit: Position 2

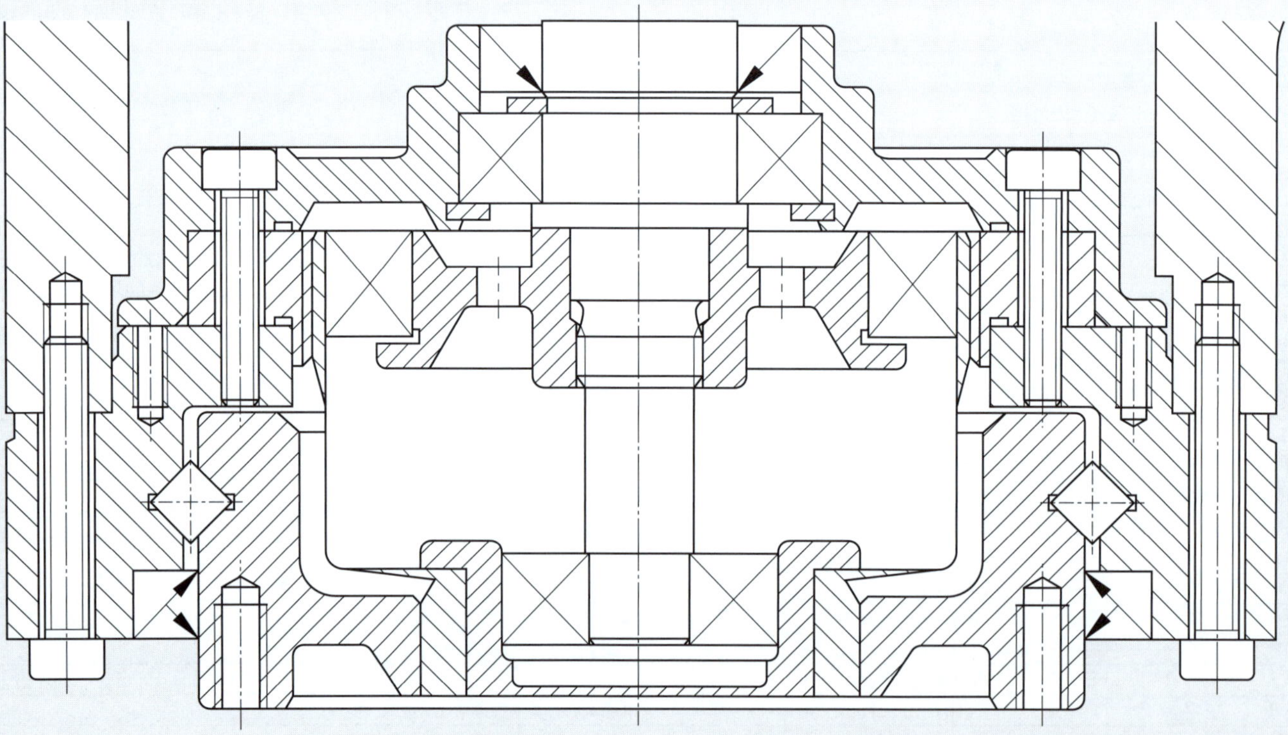

## Auftrags- und Funktionsanalyse

**Prüfungsaufgabe:**

Die Fragen und Aufgaben zur Funktion der Montagestation (Seite 458), zu Bauteilen sowie zur Steuerung der Montagestation sollen bearbeitet werden.

## Teil A: Aufgaben mit Auswahlantworten (Gebundene Aufgaben)

### 1

**Wie nennt man das Instandhaltungskonzept, das bei der Montagestation angewendet wird?**

① Intervallabhängige Instandhaltung
② Zustandsabhängige Instandhaltung
③ Störungsbedingte Instandhaltung
④ Abnutzungsvorrats-Instandhaltung
⑤ Humanitäre Instandhaltung

### 2

**Warum wird für den Antrieb der einzelnen Achsen im Industrieroboter ein Harmonic-Drive®-Getriebe verwendet?**

① Spielfreier Antrieb
② Große Übersetzungen ins Schnelle
③ Großes Einbauvolumen
④ Schaltbares Getriebe
⑤ Getriebe mit stufenloser Übersetzung.

### 3

**Zwischen der elliptischen Stahlscheibe (Wave-Generator) und dem Ring mit Innenverzahnung (Circular-Spline) des Harmonic- Drive®-Getriebes ist eine Dichtung eingebaut. Wie nennt man diese Dichtung?**

① O-Ring
② Diachmanschette
③ Abstreifer
④ Nutring
⑤ Radial-Wellendichtring

### 4

**Die Anzahl der Zähne des Rings mit Innenverzahnung (Circular Spline) des Harmonic-Drive®-Getriebes (Pos. 2) beträgt 200. Wie groß ist das Übersetzungsverhältnis *i*?**

① $i = 200 : 1 = 200$
② $i = 200 : 2 = 100$
③ $i = 1 : 200 = 0{,}005$
④ $i = 2 : 200 = 0{,}001$
⑤ $i = 200 : 200 = 1$

### 5 (Nicht abwählbar)

**Die Zylinderschraube (Pos. 16) zur Befestigung des Stirnrades an der elliptische Scheibe (Wave-Generator) muss mit einem Drehmoment von $M = 6$ Nm angezogen werden. Welche Spannkraft erzeugt eine der 6 Schrauben? (Die Reibung bleibt unberücksichtigt)**

① 17142 N ③ 26928 N ⑤ 54 N
② 53856 N ④ 37700 N

### 6 (Nicht abwählbar)

**Die Antriebswelle 1 (Pos. 17) des Roboterarms dreht sich mit einer Drehzahl von $n = 2000\ \text{min}^{-1}$. Mit welcher Drehzahl dreht sich das Untergehäuse (Pos. 7) der Handachse des Roboters?**

① $3240\ \text{min}^{-1}$ ④ $10{,}3\ \text{min}^{-1}$
② $1234\ \text{min}^{-1}$ ⑤ $6{,}5\ \text{min}^{-1}$
③ $12{,}5\ \text{min}^{-1}$

### 7

**Welche geometrische Kurve haben die Zahnflanken des Stirnrades (Pos. 14)?**

① Parabel ④ Hyperbel
② Ellipse ⑤ Evolvente
③ Periode

### 8

**Welche Kräfte kann das Schrägkugellager (Pos. 9) aufnehmen?**

① Nur axiale Kräfte in beiden Richtungen
② Nur radiale Kräfte
③ Nur axiale Kräfte in einer Richtung und radiale Kräfte.
④ Nur axiale Kräfte
⑤ Nur axiale Kräfte in beiden Richtungen und radiale Kräfte.

### 9

**Wie nennt man die Welle-Nabe-Verbindung zwischen Antriebswelle 2 (Pos. 15) und dem Kegelrad (Pos. 5)**

① Keilwellenverbindung
② Zahnwelle-Verbindung
③ Passfederverbindung
④ Polygonwellen-Verbindung
⑤ Keilverbindung

## 10

**Wie bezeichnet man die Bauart des Roboters der Montagestation?**

① Portalroboter

② Knickarm-Roboter

③ Horizontal-Schwenkarm-Roboter

④ Portal-Knickarm-Roboter

⑤ Manipulator

## 11

**Welche Art Bewegungen kann der Roboter der Montagestation durchführen?**

① Nur translatorische Bewegungen

② Translatorische und rotatorische Bewegungen

③ Nur rotatorische Bewegungen

④ Nur transaktorische Bewegungen

⑤ Nur rolatorische Bewegungen

## 12

**Was versteht man bei einem Roboter unter TCP (Tool Center Point)?**

① Werkzeugbezugspunkt

② Roboterhauptachsenpunkt

③ Basiskoordinatensystem

④ Kartesischer Koordinatenpunkt

⑤ Rotatorischer Koordinatenpunkt

## 13

**Welche der genannten Einrichtungen ist keine Schutzeinrichtung für Handhabungssysteme?**

① Umzäunung

② Sicherheitslaserscanner

③ optoelektonsiche Lichtvorhänge

④ Sicherheitsrefraktometer

⑤ Sicherheitsschaltmatten

## 14 (Nicht abwählbar)

**Das Gehäuse des Roboterarmgelenks ist aus EN-GJL-150 hergestellt. Welche Aussage über diesen Werkstoff ist richtig?**

① Der Werkstoff hat eine Zugfestigkeit 300 N/mm$^2$

② Es handelt sich um Gusseisen mit Kugelgrafit

③ Es handelt sich um Temperguss

④ Es handelt sich um Gusseisen mit Lamellengraphit.

⑤ Er wird für verschleißbeanspruchte Teile verwendet.

## 15

**Die Antriebswelle 2 (Pos. 15) des Roboterarmgelenks ist aus 42CrMo4 gefertigt. Welche Aussage zu diesem Werkstoff ist richtig?**

① Der mittlere Kohlenstoffgehalt beträgt rund 4,2%

② Der Legierungsanteil Chrom beträgt rund 42%

③ Der Legierungsanteil Molybdän beträgt rund 4%

④ Der Legierungsanteil Chrom beträgt rund 4%

⑤ Der Legierungsanteil Chrom beträgt rund 1%

## 16 (Nicht abwählbar)

**Auf dem Schraubenkopf (Pos. 1) steht eingeprägt 8.8. Was bedeutet diese Bezeichnung?**

① Die Streckgrenze beträgt Re = 720 N/mm$^2$.

② Die Zugfestigkeit beträgt Rm = 800 N/mm$^2$.

③ Die Schraube wurde aus legiertem Einsatzstahl hergestellt.

④ Die Bruchdehnung der Schraube beträgt 8,8%.

⑤ Die Schraube besitzt einen Kerndurchmesser $d_3$ = 8,8 mm

## 17

**Die Zylinderschraube (Pos. 18) soll mit einer Losdrehsicherung gesichert werden. Bei welcher Antwort handelt es sich um eine Losdrehsicherung?**

① Spannscheibe

② Tellerfeder

③ Klebstoff

④ Federring

⑤ Zahnscheibe

## 18

**Das Untergehäuse (Pos. 7) des Roboter-Gelenkarms ist aus EN-GJL-150 hergestellt. Mit welchem Härteprüfverfahren wird die Härte dieses Werkstoffs geprüft?**

① Brinell-Härteprüfverfahren

② Vickers-Härteprüfverfahren

③ Rockwell-Härteprüfung (HRC)

④ Martenshärte-Prüfverfahren

⑤ Mohs-Härteprüfverfahren

## 19 (Nicht abwählbar)

**Nach der Montage des Laufrads soll durch einen Sensor überprüft werden, ob ein Kugellager in das Laufrad eingepresst wurde. Welcher Sensor ist für diese Aufgabe geeignet?**

① Druckmessdose
② Dehnungsmessstreifen
③ Kapazitiver Sensor
④ Infrarotsensor
⑤ Induktiver Sensor

## 20

**An der Montagestation sind mehrere Schilder angebracht. Bei welchem Schild handelt es sich um ein Verbotszeichen?**

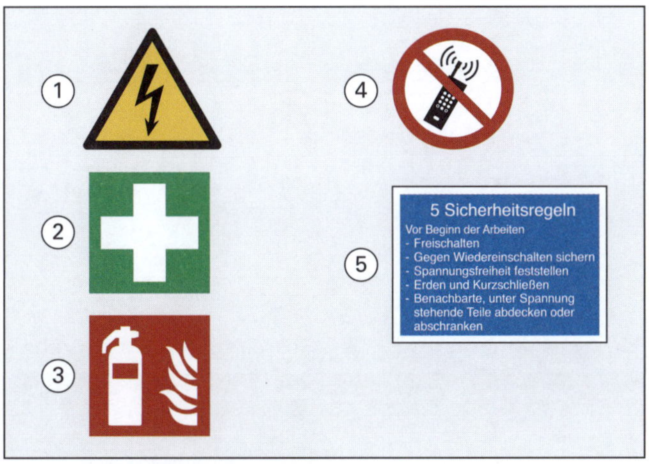


## 21 (Nicht abwählbar)

**Die Montagestation wird mit einer SPS gesteuert. Welche Aussage über Merker in einer SPS-Steuerung ist richtig?**

① Merker kontrollieren die Ausgänge der CPU.
② Merker sind Speicherplätze für Zwischenergebnisse.
③ Merker sind Speicherbereiche, in denen die CPU Zahlenwerte für Zeitfunktionen ablegt.
④ Merker sind Speicherbereiche, in denen die CPU Zahlenwerte für Zählfunktionen ablegt.
⑤ Merker ist ein Spezialbegriff, der nur in der S7-Programmierung benutzt wird.

## 22

**Die Norm DIN EN 61131-3 nennt fünf Programmiersprachen. Sie sind in Textsprachen und grafische Sprachen unterteilt. Welche der genannten Programmiersprachen enthält ausschließlich Textsprache?**

① Anweisungsliste (AWL)
② Ablaufsprache (AS)
③ Funktionsbausteinsprache (FBS)
④ Kontaktplan (KOP)
⑤ Elektroschaltplan (ESP)

## 23

**Die abgebildete Funktion in Funktionsbausteinsprache (FBS) der Steuerung der Montagestation soll in AWL (Anweisungsliste) übersetzt werden. In welcher der Auswahlantworten ist die Lösung richtig angegeben?**

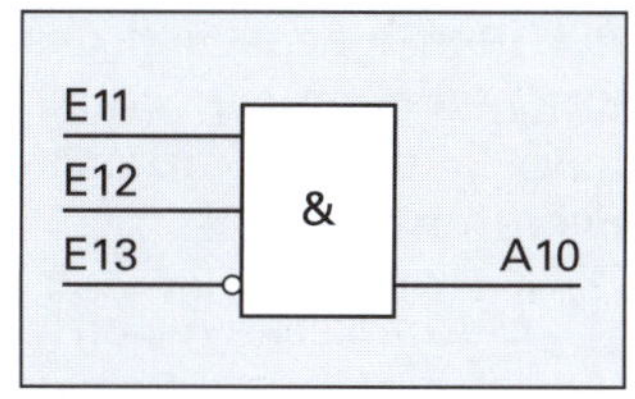


① U E11
U E12
U E13
= A10

② U E11
O E12
O E13
= A10

③ U E11
O E12
UN E13
= A10

④ UN E11
UN E12
U E13
= A10

⑤ U E11
U E12
UN E13
= A10

## 24 (Nicht abwählbar)

**Zum Einpressen des Kugellagers in das Laufrad wird ein genormter einfachwirkender Pneumatikzylinder mit einem Kolbendurchmesser von $D = 50$ mm verwendet. Wie groß ist die maximale Federkraft der Rückstellfeder?**

① $F_R = 72$ N
② $F_R = 50$ N
③ $F_R = 98$ N
④ $F_R = 870$ N
⑤ $F_R = 968$ N

## 25

**Was versteht man unter einer Federkennlinie?**

① Verhältnis der Federkraft $F$ zur Federlänge $l$.
② Die Federkennlinie wird auch Federrate genannt.
③ Die Federkennlinie gibt die Federkraft $F$ in Abhängigkeit des Federweges $s$ an.
④ Die Federkennlinie gibt die Federbreite $\Delta b$ in Abhängigkeit der Federkraft $F$ an.
⑤ Aus der Federkennlinie kann man die Beanspruchungsart der Feder entnehmen.

## 26 (Nicht abwählbar)

**Auf dem Typenschild des Robotermotors ist die Leistungsaufnahme *P* = 256 W angegeben. Was versteht man in der Elektrotechnik unter der Leistung eines Elektromotors?**

① Mechanische Arbeit pro Zeiteinheit

② Die Anzahl der Elektronen, die durch einen Leiter fließen.

③ Die dem elektrischen Netz pro Zeiteinheit entnommene Energie.

④ Der spezifische Leiterwiderstand eines Werkstoffes

⑤ Die durch die Trennung elektrischer Ladungen entstehende Spannung.

## 27

**Welche Aussage über den im Roboter eingebauten Schrittmotor ist richtig?**

① Schrittmotoren können ohne Sensoren die exakte Position rückmelden.

② Der Rotor wird durch ein gesteuertes schrittweise rotierendes elektromagnetisches Feld der Statorspulen um einen minimalen Winkel oder ein Vielfaches davon gedreht.

③ Die Phasenabfolge von Schrittmotoren wird mit mechanischen Schaltern geschaltet.

④ Durch höhere Spannung hat der Schrittmotor ein kleineres Drehmoment.

⑤ Bei einem Schrittmotor besteht der Rotor immer aus einem Dauermagneten.

## 28

**Mit welcher der angegebenen Formeln kann die Stromstärke des Stromes, die dem Gleichstrommotor aus dem Netz zufließt, berechnet werden?**

① $I = \frac{P}{U}$

② $I = \frac{P}{\sqrt{3} \cdot U}$

③ $I = \frac{P}{U \cdot \cos(\varphi)}$

④ $I = \frac{P}{\sqrt{3} \cdot U \cdot \cos(\varphi)}$

⑤ $I = \frac{U}{P}$

**Muster eines bearbeiteten Markierungsbogens**

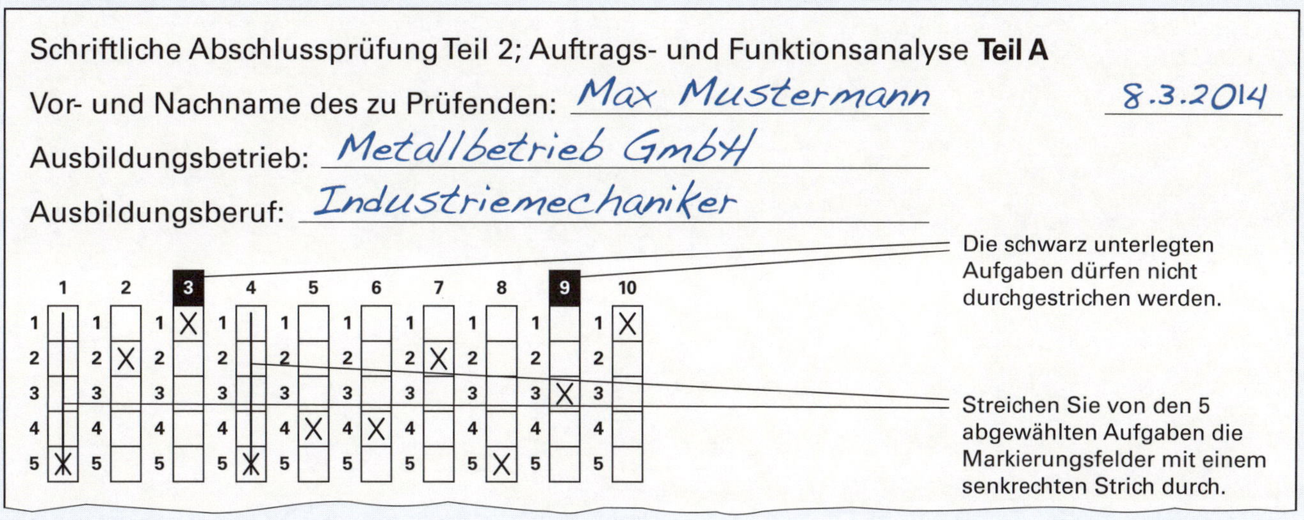


## Markierungsbogen

**Schriftliche Abschlussprüfung Teil 2; Auftrags- und Funktionsanalyse Teil A**

**Vor- und Nachname des zu Prüfenden:** ........................................ **Datum:** ....................

**Ausbildungsbetrieb:** ..................................................................

**Ausbildungsberuf:** ..................................................................

**Bitte die Bearbeitungshinweise auf Seite 457 beachten!**

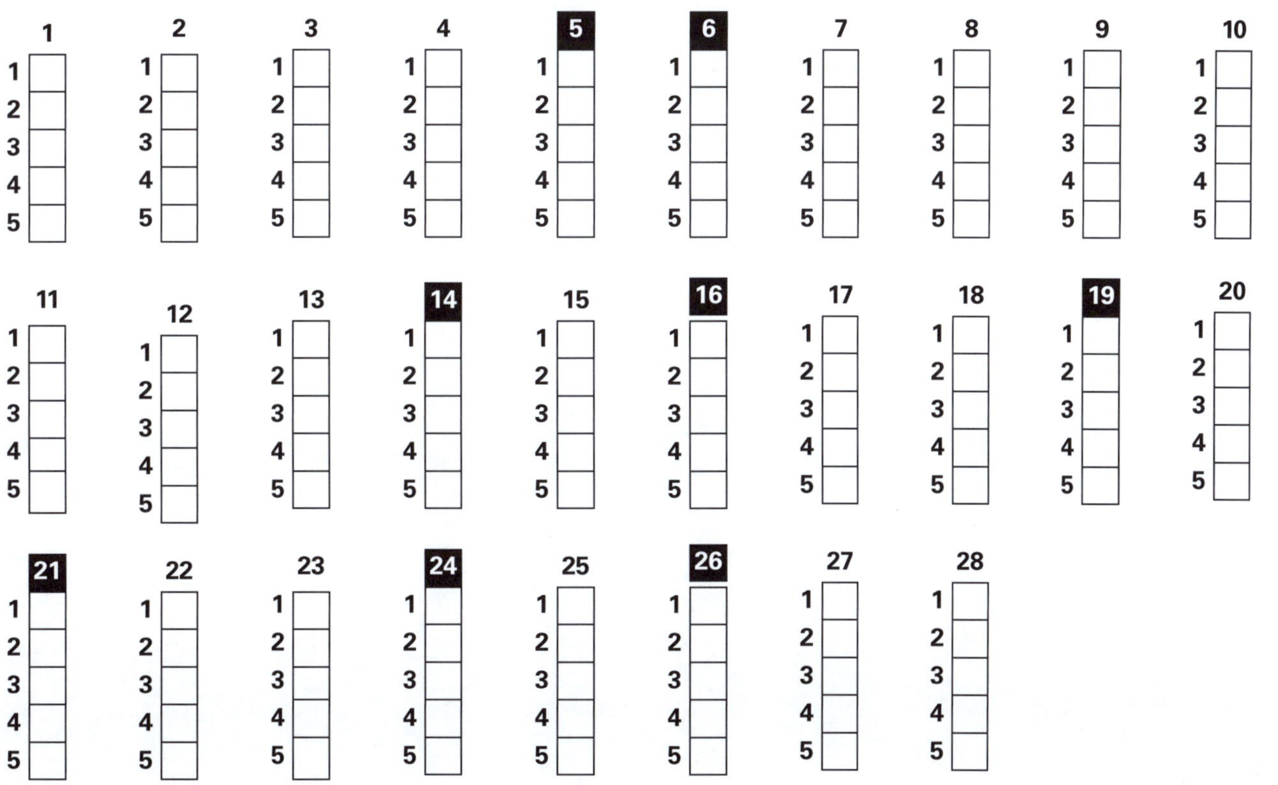

# Übungs-Abschlussprüfung Teil 2

## Industriemechanikerin/Industriemechaniker

**Auftrags- und Funktionsanalyse Teil B** (Ungebundene Aufgaben)

**Vor- und Zuname des zu Prüfenden:** ........................................................ **Datum:** ........................

**Ausbildungsbetrieb:** ..........................................................................................................

**Ausbildungsberuf:** ..........................................................................................................

**Bearbeitungszeit: Zusammen 105 Minuten für Teil A und Teil B**

**Hilfsmittel: Tabellenbuch, Formelsammlung, Taschenrechner, Zeichenwerkzeuge**

**Verwendetes Tabellenbuch:** ..........................................................................................................

**Hinweise für die Bearbeitung der Prüfungsaufgaben Teil B:**

1. Zum Teil B der Abschlussprüfung Teil 2 gehören 8 ungebundene Aufgaben (Seite 466 bis 468)
2. Ein Teil der Aufgaben bezieht sich auf die Zeichnungen der Prüfung, Seite 456 bis 458.
3. Sie müssen sämtliche Aufgaben bearbeiten.

   Beantworten Sie die Aufgaben möglichst mit kurzen Sätzen.
4. Bei den mathematischen Aufgaben ist der vollständige Rechengang in dem dafür vorgesehenen Feld auszuführen.

   Halten Sie die Reihenfolge ein: Ausgangsformel, umgestellte Formel, in die umgestellte Formel eingesetzte Zahlenwerte mit Einheiten, berechnetes Ergebnis mit Einheit.

## Prüfungsaufgabe:

**Die Fragen und Aufgaben zur Funktion der Montagestation (Seite 458) und zur Instandhaltung sollen bearbeitet werden.**

### Teil B: Ungebundene Aufgaben:

Bewertung 0 bis 10 Punkte

**U1** **Im Roboterarm sind zwei Harmonic-Drive®-Getriebe (Pos. 2 und Pos. 22) eingebaut. Aus welchen drei Baugruppen sind die Getriebe jeweils aufgebaut?**

1 ______________________________

______________________________

2 ______________________________

______________________________

3 ______________________________

______________________________

Bewertung U 1

**U2** **Erklären Sie, wie das Lagerspiel der beiden Schrägkugellager (Pos. 9) zur Lagerung der Antriebswelle 2 (Pos. 15) eingestellt werden kann.**

______________________________

______________________________

______________________________

______________________________

______________________________

______________________________

______________________________

______________________________

______________________________

Bewertung U 2

**U3** **Die Antriebswelle 2 (Pos. 15) wird durch zwei Schrägkugellager (Pos. 9) gelagert.**

**a) Wie nennt man die Lageranordung?**

______________________________

**b) Begründen Sie die Auswahl der Lageranordnung.**

______________________________

______________________________

______________________________

______________________________

______________________________

______________________________

______________________________

______________________________

______________________________

______________________________

______________________________

______________________________

______________________________

______________________________

______________________________

Bewertung U 3

**U4** **Die Positionierung der Roboterarme erfolgt durch ein absolutes Wegmesssystem. Erklären Sie den Unterschied zwischen einem absoluten und einem inkrementalen Wegmesssystem.**

Bewertung U 4

**U5** **Was versteht man unter einer Punktsteuerung und was unter einer Bahnsteuerung bei der Programmierung des Roboters.**

Bewertung U 5

**U6** **Die Antreibswelle 2 (Pos. 15) wurde durch einen Dauerbruch beschädigt.**

**a) Wann tritt ein Dauerbruch auf?**

**b) Wodurch unterscheidet sich ein Dauerbruch von einem Gewaltbruch im Aussehen?**

Bewertung U 6

**U7** **Nennen Sie drei Arbeiten, die bei der Wartung der Montagestation durchzuführen sind.**

1 ______

2 ______

3 ______

Bewertung U 7

**U8** **Zum sicheren Spannen des Laufrades beim Einpressvorgang wird eine Spannkraft von $F_{sp}$ = 500 N benötigt. Berechnen Sie den erforderlichen Kolbendurchmesser eines doppeltwirkenden Zylinders, wenn der Betriebsdruck $p_e$ = 5 bar beträgt und der Wirkungsgrad $\eta$ = 0,88 ist.**

Bewertung U 8

**Summe:**

# Übungs-Abschlussprüfung Teil 2

## Industriemechanikerin/Industriemechaniker

**Fertigungstechnik Teil A** (Gebundene Fragen, auch Fragen mit Auswahlantworten genannt)

**Vor- und Zuname des zu Prüfenden:** ............................................................ **Datum:** ..........................

**Ausbildungsbetrieb:** ..........................................................................................................

**Ausbildungsberuf:** ..........................................................................................................

**Bearbeitungszeit: Zusammen 105 Minuten für Teil A und Teil B**

**Hilfsmittel: Tabellenbuch, Formelsammlung, Taschenrechner, Zeichenwerkzeuge**

**Verwendetes Tabellenbuch:** ..........................................................................................................

**Hinweise für die Bearbeitung der Prüfungsaufgaben Teil A:**

**1.** Der Aufgabensatz für die schriftlichen Aufgaben besteht aus:

- Zeichnungen mit Stückliste (Seite 459), Pläne, Diagramme
- Teil A mit 28 gebundenen Aufgaben (mit vorgegebenen Auswahlantworten), Seite 472 bis 476
- Teil B mit 8 ungebundenen Aufgaben (mit eigenen Worten zu beantworten), Seite 480 bis 482
- einem Markierungsbogen, Seite 477

Sie können die Aufgaben der beiden Teile A und B in beliebiger Reihenfolge bearbeiten.

**2.**
- Von den 28 Aufgaben von Teil A (gebundene Aufgaben) müssen Sie nur 25 bearbeiten. Sie entscheiden, welche 3 Aufgaben Sie nicht lösen wollen.
- Die von Ihnen abgewählten Aufgaben müssen Sie im Markierungsbogen mit einem senkrechten Strich durchstreichen. Siehe dazu das Beispiel auf Seite 477. Wenn Sie keine Aufgaben durchstreichen, werden die letzten 3 abwählbaren Aufgaben nicht gewertet.
- 8 der 28 Aufgaben dürfen nicht abgewählt werden. Diese Aufgaben sind mit dem Hinweis „nicht abwählbar" kenntlich gemacht und schwarz hinterlegt. Werden diese Aufgaben nicht bearbeitet, so gelten diese als nicht gelöst.

**3.**
- Bei den gebundenen Aufgaben von Teil A ist jeweils nur eine der 5 Auswahlantworten richtig. Sie dürfen nur eine der Antworten ankreuzen.
  Kreuzen Sie mehr als eine Antwort an, so gilt die Aufgabe als nicht gelöst.
- Lesen Sie die Aufgabenstellung und die Auswahlantworten sorgfältig durch. Kreuzen Sie erst dann bei den Aufgaben und am Ende der Fragen im Markierungsbogen die richtige Auswahlantwort an.

4.
- Zum Ankreuzen im Markierungsbogen müssen Sie einen Kugelschreiber verwenden, damit Ihr Kreuz eindeutig erkennbar ist.
- Sollten Sie versehentlich ein falsches Feld angekreuzt haben, so machen Sie dieses Kreuz in der nebenstehend gezeigten Weise unkenntlich und setzen Sie ein neues Kreuz an die richtige Stelle.

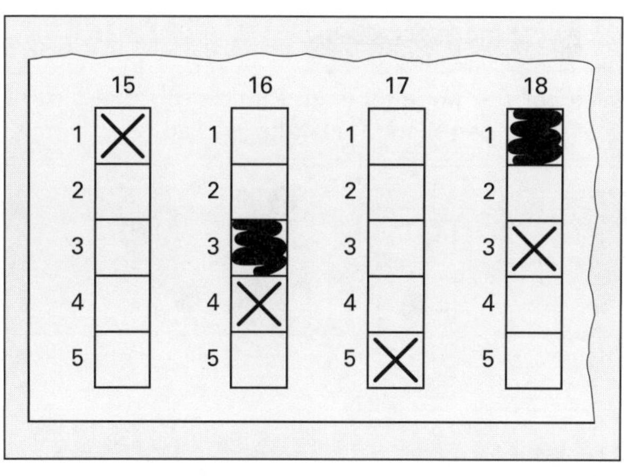

## Fertigungstechnik

**Teil A: Aufgaben mit Auswahlantworten (Gebundene Aufgaben)**

### 1

**Die Antriebswelle 2 (Pos. 15) des Roboterarms soll auf einer CNC-Maschine gefertigt werden.**
**Welche Aussage zu den Vorteilen der CNC-Fertigung ist falsch?**

① Die Optimierung des Zerspanprozesses ist nicht möglich.

② Die CNC-Fertigung hat eine gleich bleibende, hohe Fertigungsgenauigkeit.

③ Die CNC-Fertigung hat eine kurze Fertigungszeit.

④ Die Herstellung komplizierter Werkstücke ist möglich.

⑤ Die CNC-Fertigung hat eine gute Automatisierungsmöglichkeit.

### 2

**CNC-Drehmaschinen besitzen das nachstehend gezeigte Wegmesssystem.**
**Welches Wegmesssystem ist abgebildet?**

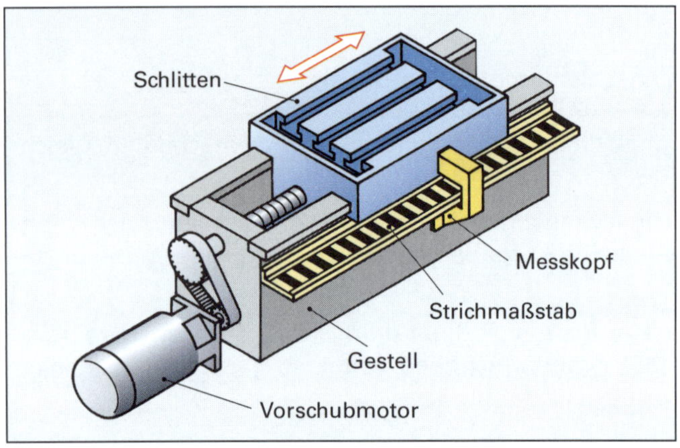


① Absolute direkte Wegmessung

② Absolute indirekte Wegmessung

③ Inkrementale direkte Wegmessung

④ Inkrementale indirekte Wegmessung

⑤ Absolute Wegmessung

### 3 (Nicht abwählbar)

**Welcher der angegebenen Punkte gibt bei einer CNC-Maschine den Werkstücknullpunkt an?**

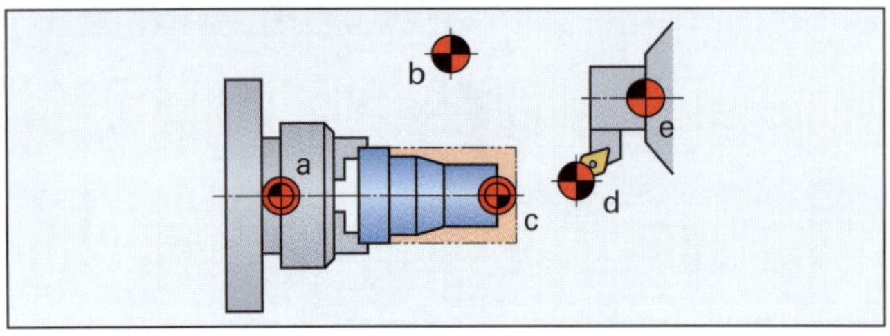


① a ② b ③ c ④ d ⑤ e

### 4

**Der Freistich der Antriebswelle 2 (Pos. 15) soll für eine CNC-Maschine programmiert werden. Welche PAL-Funktion wird hierfür ausgewählt?**

① G0 ③ G23 ⑤ G98

② G31 ④ G85

### 5

In welcher Richtung befindet sich bei einer CNC-Maschine die positive x-Achse, wenn das Werkzeug hinter der Drehmitte sitzt?

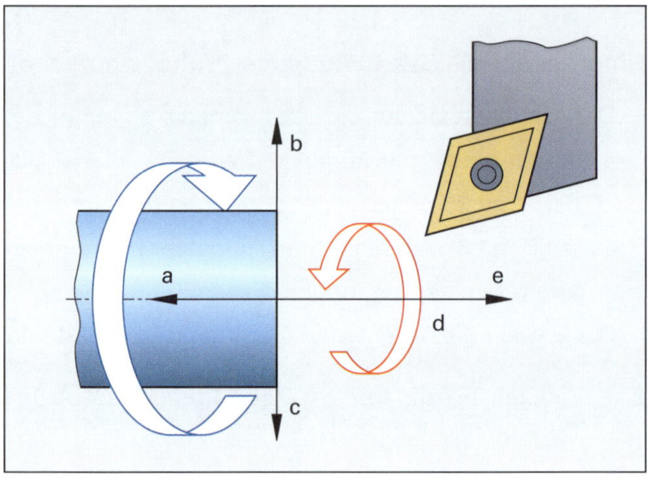


① a ② b ③ c ④ d ⑤ e

### 6

**Wie groß ist der Innendurchmesser *d* des Schrägkugellagers (Pos. 9)?**

① $d = 72$ mm ② $d = 35$ mm

③ $d = 20$ mm ④ $d = 15$ mm

⑤ $d = 11$ mm

### 7 (Nicht abwählbar)

**Wie groß sind Mindest- und Höchstspiel zwischen Welle (Pos. 15) und Schrägkugellager (Pos. 9), wenn die Bohrung des Schrägkugellagers nach Toleranzklasse P6 gefertigt wurde?**

| | Höchstübermaß | Mindestübermaß |
|---|---|---|
| ① | −0,031 mm | −0,012 mm |
| ② | −0,006 mm | −0,003 mm |
| ③ | −0,018 mm | −0,008 mm |
| ④ | −0,008 mm | −0,002 mm |
| ⑤ | −0,026 mm | −0,024 mm |

## 8 (Nicht abwählbar)

**Die Stirnräder (Pos. 14 und Pos. 20) sollen Oberflächengehärtet werden. Welches Härteverfahren kann hierzu eingesetzt werden?**

① Aufkohlen

② Nitrierhärten

③ Induktionshärten

④ Einsatzhärten

⑤ Direkthärten

## 9

**Welche Aussage zu dem dargestellten Schneidkeil beim Drehen der Antriebswelle (Pos. 15) ist richtig?**

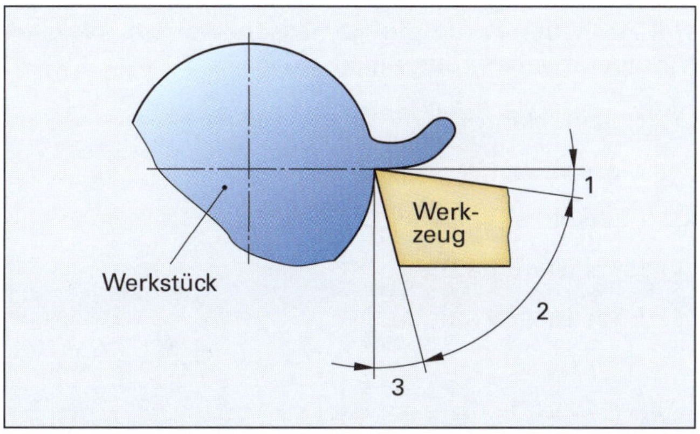


① Zur Bearbeitung harter Werkstoffe muss der Winkel 1 vergrößert werden.

② Je härter der zu bearbeitende Werkstoff, desto größer muss der Winkel 3 sein.

③ Je weicher der zu bearbeitende Werkstoff, desto kleiner müssen die Winkel 1 und 3 sein.

④ Die Größe der Winkel hängt nicht vom Werkstück, sondern nur vom Schneidstoff ab.

⑤ Je härter der zu bearbeitende Werkstoff, desto größer muss der Winkel 2 sein.

## 10

**Beim Drehen der Antriebswelle (Pos. 15) auf einer konventionellen Drehmaschine haben Sie versehentlich den Drehmeißel über der Mitte eingestellt. Welche Aussage hierzu ist richtig?**

① Die Wärmeentwicklung wird erhöht.

② Der Spanwinkel des Drehmeißels wird kleiner.

③ Die Einstellung hat keine Auswirkung auf die Zerspanung.

④ Der Freiwinkel des Drehmeißels wird verkleinert.

⑤ Der Freiwinkel des Drehmeißels wird vergrößert.

## 11

**Was versteht man beim Drehen unter Standzeit?**

① Die Zeit, die die Maschine steht, bis ein neues Werkzeug eingespannt wird.

② Die Zeit, die die Maschine bis zur fertigen Abschreibung in der Werkstatt steht.

③ Als Standzeit bezeichnet man die Zeit des Werkzeugeingriffes bis zum Erreichen des zulässigen Verschleißes.

④ Die Zeit, die die Maschine zum Verfahren des Werkzeuges von der Werkzeuggrundposition bis zum Maschinennullpunkt benötigt.

⑤ Als Standzeit wird die Zeit bezeichnet, die zum zurücklegen des Anlaufweges benötigt wird.

## 12

**Im Bild ist eine Wendeschneidplatte mit Verschleißspuren dargestellt.**
**Welcher Zahl ist die richtige Bezeichnung zugeordnet?**

① Kolkverschleiß

② Verschleißmarkenbreite

③ Freifläche

④ Freiflächenverschleiß

⑤ Kantenverschleiß

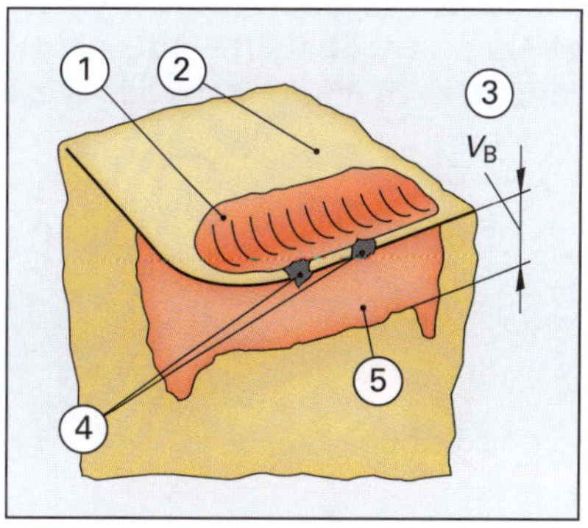


## 13

**In die Antriebswelle 2 (Pos. 15) müssen Passfedernuten gefräst werden. Welchen Fräser verwenden Sie für die Herstellung der Nuten?**

① Bohrnutenfräser

② Kugelschaftfräser

③ Gesenkfräser

④ Scheibenfräser

⑤ Walzenstirnfräser

## 14

**Welche Formel ergibt sich, wenn in die Formel**

$f_z = \frac{v_f}{z \cdot n}$,

**die zum Berechnen des Vorschubes je Fräserzahn dient, die Formel für die Drehzahl *n* eingesetzt wird?**

① $f_z = \frac{v_f \cdot d \cdot z}{\pi \cdot v_c}$

② $f_z = \frac{v_f \cdot \pi \cdot v_c}{d \cdot z}$

③ $f_z = \frac{v_f \cdot \pi}{d \cdot z \cdot v_c}$

④ $f_z = \frac{v_f}{z \cdot d \cdot v_c \cdot \pi}$

⑤ $f_z = \frac{v_f \cdot \pi \cdot d}{z \cdot v_c}$

## 15 (Nicht abwählbar)

**An einer CNC-Maschine ist das abgebildete Gebotszeichen angebracht. Ab welchem Schalldruckpegel muss Gehörschutz getragen werden?**

① 80 db(A)

② 85 db(A)

③ 95 db(A)

④ 100 db(A)

⑤ 120 db(A)

## 16

**Bei der Herstellung der Antriebswelle 2 (Pos. 15) auf einer konventionellen Drehmaschine kann die Haut an den Händen und Unterarmen mit Kühlschmierstoff (KSS) in Berührung kommen. Welche Maßnahme ergreifen Sie, um sich vor möglichen Hautschäden zu schützen?**

① Die Konzentration des KSS regelmäßig kontrollieren.

② Die Hände und Unterarme mit Hautschutzcreme eincremen.

③ Handschuhe bei laufender Maschine tragen.

④ Hände vor Beginn der Arbeit mit verdünntem KSS einreiben.

⑤ Hände vor Beginn der Arbeit gründlich desinfizieren.

## 17

**Welche gesundheitlichen Spätfolgen kann der Hautkontakt an den Händen mit fettlösenden Reinigungsmitteln hervorrufen?**

① Sie machen unschöne Haut.

② Sie führen zu schwerwiegenden Gesundheitsschäden, wie Krebserkrankungen.

③ Sie führen zu Hörschäden.

④ Sie führen zu Rauschzuständen.

⑤ Sie sind sehr teuer.

## 18

**Der Durchmesser *d* = 15j5 der Antriebswelle 2 (Pos. 15) soll nach der Fertigung gemessen werden. Welches Messgerät verwenden Sie hierfür?**

① Gewindelehrring

② Messchieber

③ Radienlehre

④ Parallelendmaß

⑤ Bügelmessschraube

## 19

**Die Breite *b* = 4P9 der Passfedernut der Antriebswelle 2 (Pos. 15) soll nach der Fertigung geprüft werden. Mit welchem Prüfmittel prüfen Sie das Maß?**

① Bügelmessschraube

② Fühlerlehre

③ Grenzrachenlehre

④ Parallelendmaße

⑤ Radienlehre

## 20 (Nicht abwählbar)

**Die Antriebswelle 2 (Pos. 15) hat kurz nach der Bearbeitung eine Temperatur von 45 °C. Wie groß ist der Messfehler, wenn der Durchmesser *d* = 23 mm mit einer Bügelmessschraube gemessen wird, die eine Temperatur von 20 °C hat?**

① 0,00926 mm

② 0,00684 mm

③ 0,00250 mm

④ 0,00161 mm

⑤ 0,00158 mm

## 21

**Welche Lauftoleranz muss in die Zeichnung der Antriebswelle 2 (Pos. 15) bei X eingetragen werden?**

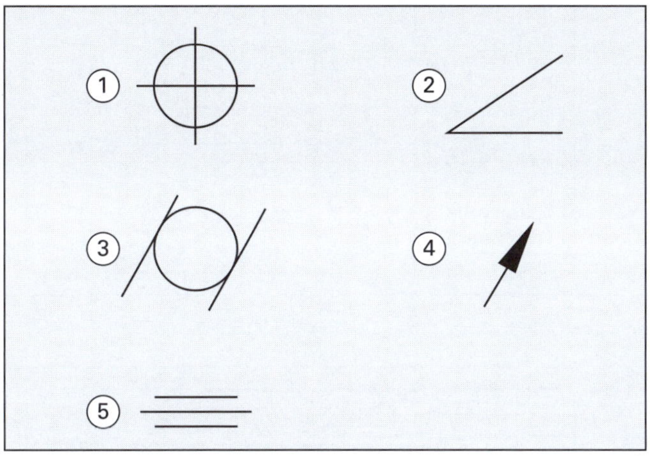


## 22 (Nicht abwählbar)

**Das Spannen des Werkstückes in der CNC-Maschine erfolgt hydraulisch. Welcher Verdichter eignet sich zur Erzeugung des Hydraulikdruckes in der CNC-Maschine?**

① Schraubenverdichter

② Roots-Verdichter

③ Membranverdichter

④ Turboverdichter

⑤ Axialkolben-Verdichter

## 23

**Mit welchem Verdichter kann die Fördermenge des Hydrauliköles in der Hydraulik der CNC-Maschine geregelt werden, wenn die Drehzahl des Verdichters konstant bleibt?**

① Flügelzellenpumpe

② Außenzahnradpumpe

③ Innenzahnradpumpe

④ Kolbenpumpe

⑤ Schraubenpumpe

## 24

**In der Hydrauliksteuerung der CNC-Maschine werden Proportionalventile verwendet. Welches Schaltbild zeigt ein hydraulisches Proportionalventil?**

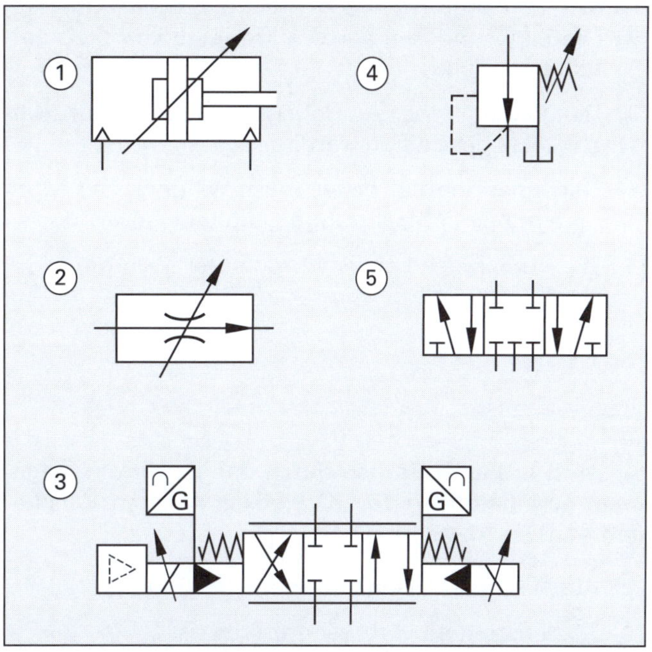


## 25 (Nicht abwählbar)

**In welcher Darstellung ist die Montage der Schrägkugellager (Pos. 9) in das Untergehäuse der Handachse (Pos. 7) richtig dargestellt?**

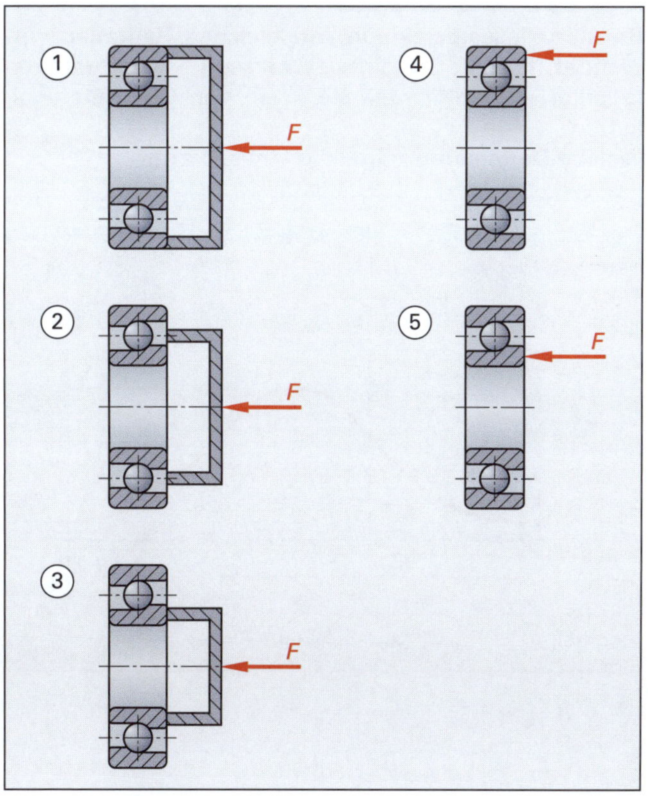

## 26

**Was ist bei der Montage der Schrägkugellager (Pos. 9) zu beachten?**

① Die Lagerluft muss berücksichtigt werden.

② Die Lager müssen vor der Montage komplett entfettet werden.

③ Der Lagersitz der Antriebswelle 2 muss auf Maß $d$ = 15H7 geschliffen werden.

④ Der Innenring der Lager muss während der Montage mit einer Spreizzange gedehnt werden.

⑤ Die Kugeln des Lagers werden erst nach der Montage eingesetzt.

## 27

**Sie sind in Ihrem Betrieb durch das Qualitätmanagement angehalten an der „KVP" teilzunehmen. Was bedeutet diese Abkürzung?**

① Konstant verbesserte Programmierung.

② Kostensparend verbesserter Prozess.

③ Klare vorgegebene Programmierung.

④ Kontrolle von Prozessen.

⑤ Kontinuierlicher Verbesserungsprozess.

## 28 (Nicht abwählbar)

**Bei der Massenfertigung von gleichen Bauteilen verwendet man als „Qualitäts-Werkzeug" eine Qualitätsregelkarte. Es gibt mehrere Arten von Qualitätsregelkarten.**
**Welche Darstellung zeigt eine Urwertkarte?**

①

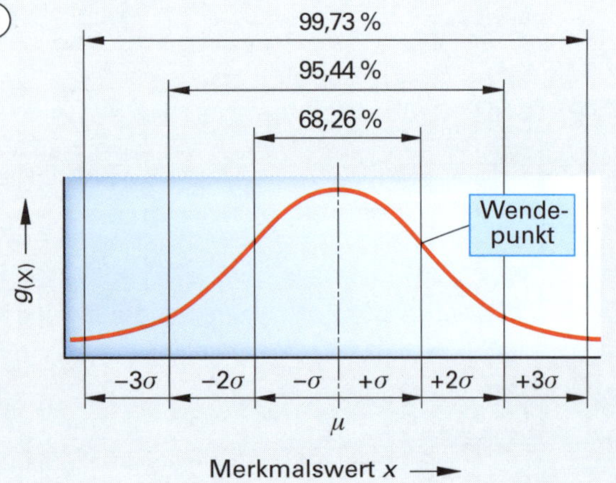


②

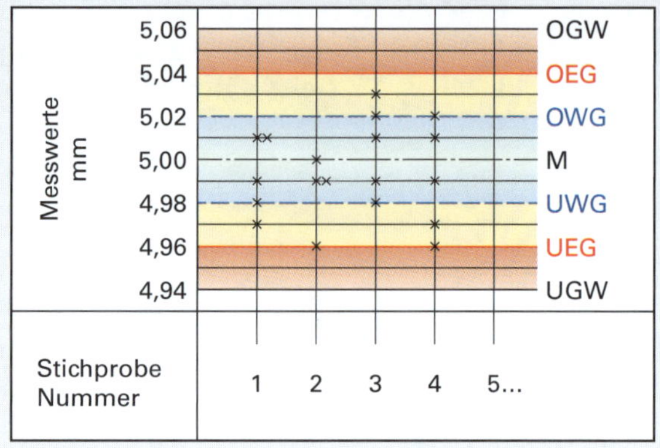


③

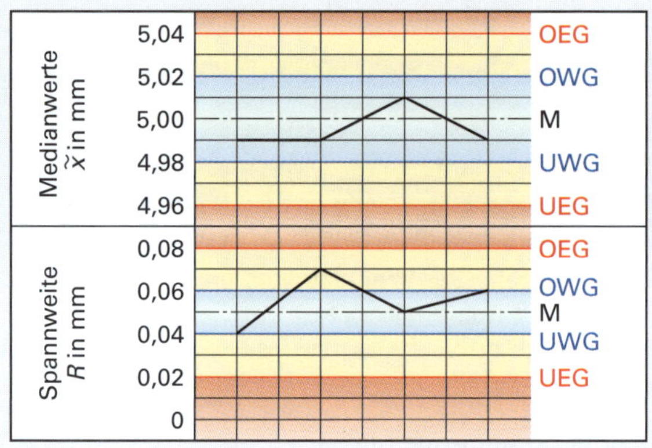


④

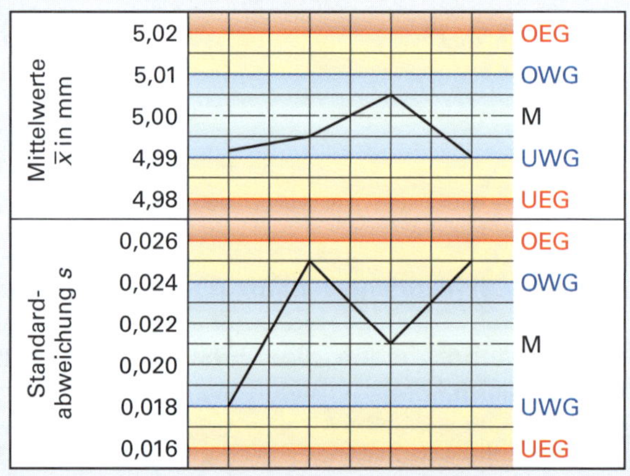


⑤

| Teil: **Deckel** | | Stichprobenumfang $n$ = 50 | | | | | | | | | Prüfintervall: 60 min | | |
|---|---|---|---|---|---|---|---|---|---|---|---|---|---|
| Fehlerart | | Fehlerhäufigkeit $i_j$ | | | | | | | | | $\Sigma i_j$ | % | Fehleranteil |
| Lackschaden | F1 | | 1 | | | | | 1 | | | 2 | 0,44 | |
| Druckstellen | F2 | 1 | 2 | | 2 | 1 | 2 | 2 | 2 | 2 | 14 | 3,11 | |
| Korrosion | F3 | | 1 | | | 1 | | | 1 | | 3 | 0,66 | |
| Grat | F4 | 1 | | | | | | | | | 1 | 0,22 | |
| Rissbildungen | F5 | | 1 | | | | | | | | 1 | 0,22 | |
| Winkelfehler | F6 | 2 | | 3 | 1 | | 3 | 1 | | 2 | 12 | 2,66 | |
| Verbogen | F7 | | | | | 1 | | | | | 1 | 0,22 | |
| Gewinde fehlt | F8 | | 1 | | | | | | | | 1 | 0,22 | |
| fehlerhafte Teile | | 4 | 6 | 3 | 3 | 3 | 5 | 4 | 3 | 4 | 35 | 7,78 | |
| Stichproben-Nr. | | 1 | 2 | 3 | 4 | 5 | 6 | 7 | 8 | 9 | | | |

**Muster eines bearbeiteten Markierungsbogens**

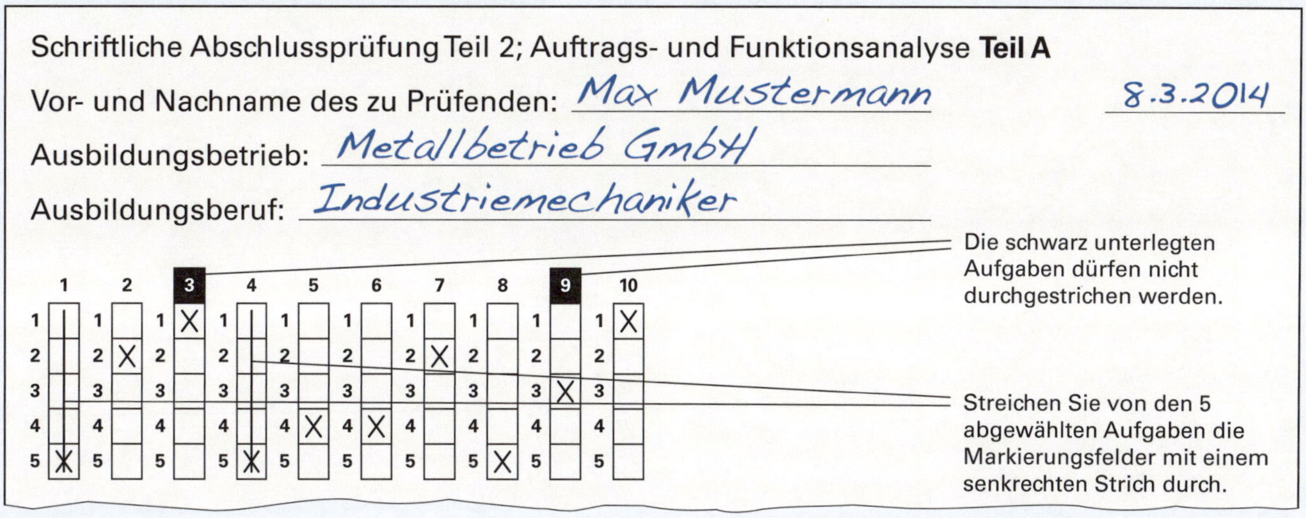
Schriftliche Abschlussprüfung Teil 2; Auftrags- und Funktionsanalyse **Teil A**
Vor- und Nachname des zu Prüfenden: Max Mustermann 8.3.2014
Ausbildungsbetrieb: Metallbetrieb GmbH
Ausbildungsberuf: Industriemechaniker

| | 1 | 2 | **3** | 4 | 5 | 6 | 7 | 8 | **9** | 10 |
|---|---|---|---|---|---|---|---|---|---|---|
| 1 | \| | | X | \| | | | | | | X |
| 2 | \| | X | | \| | | | X | | | |
| 3 | \| | | | \| | | | | | X | |
| 4 | \| | | | \| | X | X | | | | |
| 5 | X | | | X | | | | X | | |

Die schwarz unterlegten Aufgaben dürfen nicht durchgestrichen werden.

Streichen Sie von den 5 abgewählten Aufgaben die Markierungsfelder mit einem senkrechten Strich durch.

## Markierungsbogen

**Schriftliche Abschlussprüfung Teil 2; Fertigungstechnik Teil A: Aufgaben mit Auswahlantworten**

**Vor- und Zuname des zu Prüfenden:** ............................................ **Datum:** ....................

**Ausbildungsbetrieb:** ............................................................................

**Ausbildungsberuf:** ............................................................................

**Bitte die Bearbeitungshinweise auf Seite 471 beachten!**

| | 1 | 2 | **3** | 4 | 5 | 6 | **7** | **8** | 9 | 10 |
|---|---|---|---|---|---|---|---|---|---|---|
| 1 | | | | | | | | | | |
| 2 | | | | | | | | | | |
| 3 | | | | | | | | | | |
| 4 | | | | | | | | | | |
| 5 | | | | | | | | | | |

| | 11 | 12 | 13 | 14 | **15** | 16 | 17 | 18 | 19 | **20** |
|---|---|---|---|---|---|---|---|---|---|---|
| 1 | | | | | | | | | | |
| 2 | | | | | | | | | | |
| 3 | | | | | | | | | | |
| 4 | | | | | | | | | | |
| 5 | | | | | | | | | | |

| | 21 | **22** | 23 | 24 | **25** | 26 | 27 | **28** |
|---|---|---|---|---|---|---|---|---|
| 1 | | | | | | | | |
| 2 | | | | | | | | |
| 3 | | | | | | | | |
| 4 | | | | | | | | |
| 5 | | | | | | | | |

# Übungs-Abschlussprüfung Teil 2

## Industriemechanikerin/Industriemechaniker

**Fertigungstechnik Teil B** (Ungebundene Fragen)

**Vor- und Zuname des zu Prüfenden:** ............................................................ **Datum:** ........................

**Ausbildungsbetrieb:** ........................................................................................................................

**Ausbildungsberuf:** ...........................................................................................................................

**Bearbeitungszeit: Zusammen 105 Minuten für Teil A und Teil B**

**Hilfsmittel: Tabellenbuch, Formelsammlung, Taschenrechner, Zeichenwerkzeuge**

**Verwendetes Tabellenbuch:** ................................................................................................................

**Hinweise für die Bearbeitung der Prüfungsaufgaben Teil B:**

1. Zum Teil B der Abschlussprüfung Teil 2 gehören 8 ungebundene Aufgaben, Seite 480 bis 482
2. Ein Teil der Aufgaben bezieht sich auf die Zeichnungen der Prüfung, Seite 458, 459
3. Sie müssen sämtliche Aufgaben bearbeiten.
4. Beantworten Sie die Aufgaben möglichst mit kurzen Sätzen.
5. Bei den mathematischen Aufgaben ist der vollständige Rechengang in dem dafür vorgesehenen Feld auszuführen.
6. Halten Sie die Reihenfolge ein: Ausgangsformel, umgestellte Formel, in die umgestellte Formel eingesetzte Zahlenwerte mit Einheiten, berechnetes Ergebnis mit Einheit.

## Prüfungsaufgabe:

1. An der Montagestation (Seite 458) ist eine Störung aufgetreten. Bei einer Inspektion des Roboter-Gelenkarms (Seite 459) wird festgestellt, dass die Antriebswelle 2 (Pos. 15) des Robotergetriebes defekt ist und durch eine neue Antriebswelle ersetzt werden muss.
2. Während der Instandsetzung des Roboters soll die gesamte Montagestation gewartet werden. Zur Vorbereitung der Fertigung der Antriebswelle 2 (Pos. 15) sowie zur Instandhaltung der Montagestation sollen folgende Fragen und Aufgaben bearbeitet werden.

## Teil B: Ungebundene Aufgaben

**Hinweis: Verwenden Sie zur Lösung, falls erforderlich, ein Tabellenbuch.**

Bewertung 0 bis 10 Punkte

**U1** **Skizzieren Sie den Freistich der Antriebswelle 2 (Pos. 15) und bemaßen Sie ihn vollständig.**

Bewertung U 1

**U2** **Berechnen Sie das Mindest- und Höchstmaß der Passfedernutbreite 4P9.**

Bewertung U 2

**U3** **Beschreiben Sie den Härtevorgang eines Werkzeugstahles.**

Bewertung U 3

**U4** **Berechnen Sie die Hauptnutzungszeit beim Abstechen des Rohmaterials für die Antriebswelle 2 (Pos. 15) mit einem HSS-Drehmeißel bei einem Anlauf $l_a$ = 3 mm.**

Bewertung U 4

**U5** **Der Wellenabsatz ∅ 17j5 der Antriebswelle 2 (Pos. 15) wird mit einer Bügelmessschraube gemessen. Erklären Sie das Funktionsprinzip einer Bügelmessschraube.**

Bewertung U 5

**U6** **Welche Vorteile hat ein Fräser aus Hartmetall gegenüber einem Fräser aus HSS zur Herstellung der Passfedernut in der Antriebswelle 2 (Pos. 15)?**

Bewertung U 6

**U7** **Warum führt man Maschinenfähigkeitsuntersuchungen durch?**

Bewertung U 7

**U8** **Die Einpresstiefe der Kugellager in die Laufräder wird bei jedem Laufrad vermessen. Die Messwerte werden statistisch ausgewertet.**
**Zeichnen Sie ein qualitatives Diagramm, in dem die Häufigkeiten der Einpresstiefe in einer Normalverteilung dargestellt wird. Kennzeichnen Sie im Diagramm den Mittelwert, die Standardabweichung und den Wendepunkt der Normalverteilungskurve.**

Bewertung U 8

**Summe:**

# Übungs-Abschlussprüfung Teil 2

## Industriemechanikerin/Industriemechaniker

**Wirtschafts- und Sozialkunde Teil A** (Gebundene Fragen, auch Fragen mit Auswahlantworten genannt)

**Wirtschafts- und Sozialkunde Teil B** (Ungebundene Fragen)

**Vor- und Nachname des zu Prüfenden:** ........................................................ **Datum:** .........................

**Ausbildungsbetrieb:** ......................................................................................................

**Ausbildungsberuf:** ......................................................................................................

**Bearbeitungszeit: Zusammen 60 Minuten für Teil A und Teil B**

### Hinweise für die Bearbeitung der Prüfungsaufgaben Teil A und Teil B

**1.** Der Aufgabensatz für die schriftlichen Aufgaben besteht aus:
- Teil A mit 31 gebundenen Aufgaben (mit vorgegeben Auswahlantworten), Seite 484 bis 487
- Teil B mit 6 ungebundenen Aufgaben (mit eigenen Worten zu beantworten), Seite 489, 490
- einem Markierungsbogen (Seite 488)

**2.** – Die ungebundenen Aufgaben sind mit U 1 bis U 6 bezeichnet.
- Beantworten Sie die ungebundenen Aufgaben möglichst mit kurzen Sätzen.
- Sie müssen bei den gebundenen Aufgaben (mit vorgegebenen Auswahlantworten) und bei den gebundenen Aufgaben sämtliche Aufgaben beantworten.

**3.** – Bei den gebundenen Aufgaben von Teil A ist jeweils nur eine der 5 Auswahlantworten richtig. Sie dürfen nur eine der Antworten ankreuzen.
Kreuzen Sie mehr als eine Antwort an, so gilt die Aufgabe als nicht gelöst.
- Lesen Sie die Aufgabenstellung und die Auswahlantworten sorgfältig durch. Kreuzen Sie erst dann bei den Aufgaben und am Ende der Fragen im Markierungsbogen (Seite 488) die richtige Auswahlantwort an.

**4.** – Zum Ankreuzen im Markierungsbogen (Seite 488) müssen Sie einen Kugelschreiber verwenden, damit Ihr Kreuz eindeutig erkennbar ist, auch auf dem Durchschlag.
- Sollten Sie versehentlich ein falsches Feld angekreuzt haben, so machen Sie dieses Kreuz in der nebenstehend gezeigten Weise unkenntlich und setzen Sie ein neues Kreuz an die richtige Stelle.

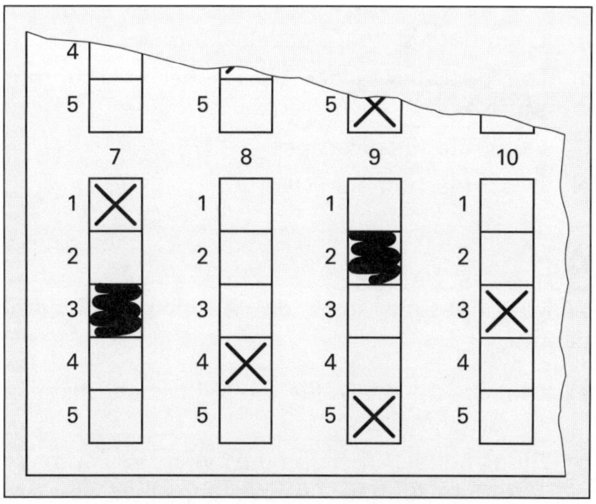

## Wirtschafts- und Sozialkunde

## Teil A: Fragen mit Auswahlantworten (Gebundene Aufgaben)

### 1

**Grundsätzlich besteht in Deutschland das Recht, den Beruf und die Ausbildungsstätte frei zu wählen. Auf welche Rechtsgrundlage gründet sich dieses Recht?**

a) Berufsbildungsgesetz

b) Grundgesetz

c) Jugendarbeitsschutzgesetz

d) Sozialgesetzbuch

e) Beschäftigungsförderungsgesetz

### 2

**Wann endet das Berufsausbildungsverhältnis, wenn der letzte Prüfungsteil der Abschlussprüfung vor Vertragsende abgelegt wird?**

Das Ausbildungsverhältnis endet ...

a) mit dem Bestehen der schriftlichen Prüfung.

b) mit Ablauf des Monats nach dem Bestehen der Abschlussprüfung.

c) mit dem Bestehen der Abschlussprüfung.

d) mit dem Ablauf der Ausbildungszeit.

e) mit Ablauf der Woche nach dem Bestehen der praktischen Prüfung.

### 3

**Wer stellt das Ergebnis der Abschlussprüfung in einem anerkannten Ausbildungsberuf fest?**

a) Der Vertreter der berufsbildenden Schule

b) Die Industrie- und Handelskammer

c) Der Beauftragte der Arbeitgeber im Prüfungsausschuss

d) Der Prüfungsausschuss

e) Das Wirtschaftsministerium

### 4

**Welche Aussage über die Arbeitsproduktivität ist richtig?**

a) Sie ist ein Maß für die Wirtschaftlichkeit eines Unternehmens.

b) Eine hohe Arbeitsproduktivität ist immer eine Voraussetzung für die Erzielung eines Gewinns.

c) Sie ist das Verhältnis von eingesetztem Kapital zur bezahlten Lohnsumme.

d) Liegt die Steigerung der Arbeitsproduktivität deutlich unter der Nachfragesteigerung, ist mit einem Anstieg der Arbeitslosigkeit zu rechnen.

e) Der Geldwert der produzierten Bauteile je Arbeitsstunde ist die Arbeitsproduktivität.

### 5

**Ein Unternehmen weist in seiner Bilanz „rote Zahlen" aus. Was wird damit zum Ausdruck gebracht?**

a) Das Unternehmen ist nicht mehr zahlungsfähig.

b) Das Unternehmen erzielt zu geringe Gewinne.

c) Die Auslastung des Unternehmens ist unbefriedigend.

d) Das Unternehmen arbeitet mit Verlust.

e) Die Umsatzrentabilität ist erfreulich gestiegen.

### 6

**Mit welchem Begriff müsste das mit 1 gekennzeichnete Feld in der folgenden Übersicht der Unternehmungsformen ergänzt werden?**

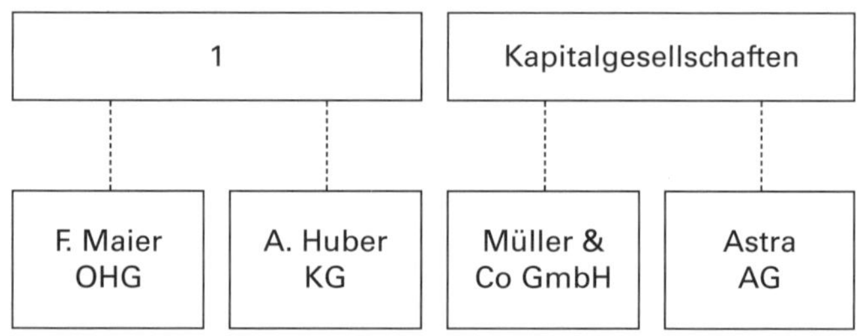


a) Juristische Personen

b) Personengesellschaften

c) Handelsgesellschaften

d) Aktiengesellschaften

e) Genossenschaften

### 7

**Bei welcher Unternehmensform haften alle Gesellschafter mit ihrem Geschäftsvermögen und ihrem Privatvermögen?**

a) AG

b) KG

c) OHG

d) GmbH

e) Genossenschaft

### 8

**Welche der folgenden Arbeitnehmerorganisationen gehört *nicht* dem Deutschen Gewerkschaftsbund an?**

a) IG Metall

b) Gewerkschaft der Polizei

c) Ver.di

d) Christlicher Gewerkschaftsbund

e) Gewerkschaft Erziehung und Wissenschaft

## 9

**Welche Aussage über die Haftung bei einer Aktiengesellschaft ist richtig?**

a) Der Vorstand haftet für die Verbindlichkeiten der AG.

b) Die Aktionäre haften mit ihrem Privatvermögen für die Verbindlichkeiten.

c) Der Aufsichtsrat haftet für die Verbindlichkeiten.

d) Für die Verbindlichkeiten haften Vorstand und Aktionäre auch mit ihrem Privatvermögen.

e) Die Aktionäre haften mit ihrem Kapitaleinsatz.

## 10

**Bei welchem Interessenverband gibt es eine Zwangsmitgliedschaft?**

a) Bundesvereinigung der Deutschen Arbeitgeberverbände

b) Christlicher Gewerkschaftsbund

c) Deutscher Gewerkschaftsbund

d) Industrie- und Handelskammer

e) Bundesverband der Deutschen Industrie

## 11

**In welcher Antwort sind die Tarifvertragsparteien richtig zugeordnet?**

a) Industrie- und Handelskammern – Betriebsräte

b) Arbeitgeberverbände – Betriebsräte

c) Industrie- und Handelskammern – Gewerkschaften

d) Sozialministerien – Gewerkschaften

e) Arbeitgeberverbände – Gewerkschaften

## 12

**Welche Aussage über die Akkordarbeit von Jugendlichen ist richtig?**

a) Jugendliche dürfen mit ihrer Zustimmung mit Akkordarbeiten beschäftigt werden.

b) Jugendliche dürfen Akkordarbeiten verrichten, wenn dadurch ihre Ausbildungsvergütung erhöht wird.

c) Jugendliche dürfen auf keinen Fall Akkordarbeiten verrichten.

d) Die Beschäftigung Jugendlicher in einer Akkordgruppe mit erwachsenen Arbeitnehmern ist zulässig, wenn dies zur Erreichung ihres Ausbildungszieles erforderlich ist.

e) Jugendliche dürfen grundsätzlich Akkordarbeiten verrichten, wenn dies nicht in einer Arbeitsgruppe geschieht.

## 13

**Welche Vereinbarung ist in einem Arbeitsvertrag rechtlich *nicht* zulässig?**

a) Die tägliche Arbeitszeit beträgt 8 Stunden.

b) Dem Arbeitnehmer wird eine Nebenbeschäftigung grundsätzlich nicht erlaubt.

c) Der Urlaubsanspruch beträgt abweichend vom Tarifvertrag 35 Tage im Jahr.

d) Die Vertragsparteien verzichten auf die Vereinbarung eines Probearbeitsverhältnisses.

e) Der Arbeitnehmer ist zur Arbeitsleistung höchstpersönlich verpflichtet und darf deshalb keinen Ersatzmann schicken.

## 14

**Was ist der „Nettolohn"?**

a) Der Lohn nach Abzug der Steuern.

b) Der Verdienst nach Abzug der Steuern und Sozialversicherungsabgaben.

c) Die Summe der Abzüge vom Bruttolohn.

d) Der Verdienst nach Abzug der Steuerfreibeträge.

e) Der Lohn vor Abzug von Steuern und Sozialversicherungsabgaben.

## 15

**Welche Aussage über die Lohnsteuer ist richtig?**

a) Die Lohnsteuer wird vom Arbeitgeber einbehalten und an das Finanzamt abgeführt.

b) Die Lohnsteuer hat unabhängig von der Lohnhöhe den gleichen Steuersatz.

c) Die Lohnsteuer berücksichtigt den Familienstand nicht.

d) Die Lohnsteuer wird je zur Hälfte vom Arbeitgeber und vom Arbeitnehmer entrichtet.

e) Bei der Berechnung der Lohnsteuer wird nur der Tariflohn zugrunde gelegt.

## 16

**Welche der folgenden Aussagen entspricht dem Jugendarbeitsschutzgesetz?**

a) Das Jugendarbeitsschutzgesetz gilt für Personen, die noch nicht 21 Jahre sind.

b) Kind im Sinne des Gesetzes ist, wer noch nicht 13 Jahre alt ist.

c) Jugendlicher ist, wer 15, aber noch nicht 18 Jahre alt ist.

d) Jugendliche dürfen nicht mehr als 40 Stunden wöchentlich beschäftigt werden.

e) Beginnt der Berufsschulunterricht erst um 8.30 Uhr, darf der Arbeitgeber den Jugendlichen vorher beschäftigen.

## 17

**Was versteht man unter Tarifautonomie?**

a) Das Recht der Tarifparteien, ohne Eingriffe des Staates Tarifverträge abzuschließen.
b) Das Recht des Staates, ohne Rücksicht auf Gewerkschaften und Arbeitgeber die Lohn- und Gehaltsbedingungen zu bestimmen.
c) Das Recht der Gewerkschaften, jederzeit für Lohnerhöhungen streiken zu können.
d) Die Unverbindlichkeit der Tarifverträge für alle Arbeitgeber.
e) Das Recht der Arbeitgeber, übertarifliche Löhne zahlen zu können.

## 18

**Was ist in einem Lohntarif geregelt?**

a) Die tägliche Arbeitszeit
b) Die Höhe des Ecklohns
c) Zuschläge für Mehr-, Sonntags-, Feiertags- und Nachtarbeit
d) Lohngruppeneinteilung
e) Lohnabrechnung und -auszahlung

## 19

**Welche Aussage über die Betriebsversammlung widerspricht dem Betriebsverfassungsgesetz?**

a) Die Betriebsversammlung besteht aus den Arbeitnehmern des Betriebs.
b) Der Betriebsrat hat einmal in jedem Kalendervierteljahr eine Betriebsversammlung einzuberufen und ihr einen Tätigkeitsbericht zu erstatten.
c) Die Betriebsversammlungen sind öffentlich.
d) Beauftragte der im Betrieb vertretenen Gewerkschaften haben Anspruch darauf, an allen Betriebsversammlungen beratend teilzunehmen.
e) Der Betriebsratsvorsitzende leitet die Betriebsversammlung.

## 20

**In welcher Antwort ist die Beitragsaufteilung zwischen Arbeitgeber und Arbeitnehmer richtig?**

a) Arbeitslosenversicherung
Arbeitnehmer 0%; Arbeitgeber 100%
b) Rentenversicherung
Arbeitnehmer 100%; Arbeitgeber 0%
c) Krankenversicherung
Arbeitnehmer 70%; Arbeitgeber 30%
d) Unfallversicherung
Arbeitnehmer 50%; Arbeitgeber 50%
e) Krankenversicherung
Arbeitnehmer 50%; Arbeitgeber 50%

## 21

**Welche Voraussetzungen müssen erfüllt sein, damit ein Betriebsrat eingerichtet werden kann?**

a) Es müssen wenigstens 50% der Arbeitnehmer des Betriebs gewerkschaftlich organisiert sein
b) Der Betrieb muss im Besitz der öffentlichen Hand sein.
c) Im Betrieb müssen mindestens 10 Arbeitnehmer mit deutscher Staatsangehörigkeit ständig beschäftigt sein.
d) Der Betrieb muss einem Arbeitgeberverband angeschlossen sein.
e) Der Betrieb muss 5 ständige wahlberechtigte Arbeitnehmer, von denen drei wählbar sind, beschäftigen.

## 22

**Welche Aussage über die Wahl des Betriebsrats stimmt *nicht* mit dem Betriebsverfassungsgesetz überein?**

a) Der Betriebsrat wird in geheimer und unmittelbarer Wahl gewählt.
b) Die regelmäßigen Betriebsratswahlen finden alle 4 Jahre statt.
c) Zur Wahl können nur die im Betrieb vertretenen Gewerkschaften Wahlvorschläge machen.
d) Die Geschlechter sollen im Betriebsrat entsprechend ihrem zahlenmäßigen Verhältnis im Betrieb vertreten sein.
e) In Betrieben, deren Betriebsrat nur aus einer Person besteht, wird dieser mit einfacher Stimmenmehrheit gewählt.

## 23

**Die gesetzliche Unfallversicherung gewährt auch Schutz für so genannte Wegeunfälle.**
**In welchem der genannten Fälle wird dennoch keine Leistung durch die gesetzliche Unfallversicherung gewährt?**

a) Ein Arbeitnehmer verursacht auf dem Weg zur Arbeit durch eine Unachtsamkeit einen Unfall und verletzt sich schwer.
b) Nach einer Betriebsfeier erleidet ein Arbeitnehmer unter starkem Alkoholeinfluss auf dem Heimweg einen Autounfall.
c) Ein Auszubildender verunglückt durch eigenes Verschulden auf dem Weg zur Berufsschule.
d) Ein Angestellter verletzt sich in der Mittagspause auf dem Weg zur Kantine.
e) Ein Arbeiter nimmt regelmäßig einen Arbeitskollegen mit und muss dadurch einen Umweg fahren. Auf diesem Umweg verunglückt er und wird verletzt.

## 24

**Welche Versicherung gehört zur gesetzlichen Sozialversicherung?**

a) Haftpflichtversicherung
b) Hausratversicherung
c) Rechtschutzversicherung
d) Risiko-Lebensversicherung
e) Arbeitslosenversicherung

## 25

**Ein Arbeitnehmer war in der Zeit vom 9. Januar bis zum 20. Januar des folgenden Jahres infolge derselben Krankheit mit Unterbrechungen insgesamt 10 Wochen unverschuldet arbeitsunfähig erkrankt.**
**Für wie viele Krankheitswochen muss der Arbeitgeber Lohnfortzahlung leisten?**

a) 14 Wochen
b) 12 Wochen
c) 10 Wochen
d) 6 Wochen
e) 4 Wochen

## 26

**Welche Vertragsparteien müssen bei Volljährigkeit des Auszubildenden den Ausbildungsvertrag unterschreiben?**

a) Der Ausbildende, der Auszubildende und der Vertreter der Industrie- und Handelskammer oder Handwerkskammer
b) Der Ausbildende, der Auszubildende und dessen gesetzlicher Vertreter
c) Nur der Ausbildende und der Auszubildende
d) Der Ausbildende, der Auszubildende und der Klassenlehrer der Berufsschule
e) Nur der Auszubildende und der gesetzliche Vertreter des Auszubildenden

## 27

**Wer ist für die Überwachung der Berufsausbildung zuständig?**

a) Gewerbeaufsichtsamt
b) Berufsgenossenschaft
c) Agentur für Arbeit
d) Industrie- und Handelskammer oder Handwerkskammer
e) Kultusministerium des Bundeslandes

## 28

**Welche Ausgaben können bei der jährlichen Lohnsteuererklärung *nicht* als steuermindernd geltend gemacht werden?**

a) Die Kosten für die Fahrt zum Arbeitsplatz
b) Der Gewerkschaftsbeitrag
c) Spenden an eine wohltätige Organisation
d) Die Zinsen für einen Konsumentenkredit
e) Der Krankenversicherung

## 29

**Ein Betriebsrat und ein ausländischer Arbeitnehmer unterhalten sich. Welche Aussage ist richtig?**

a) Betriebsrat: Ihr ausländischen Mitbürger könnt an unseren allgemeinen Wahlen zum Bundestag teilnehmen.
b) Arbeitnehmer: Nichts da, nicht einmal den Betriebsrat können wir mitwählen.
c) Betriebsrat: Doch, ihr könnt den Betriebsrat wählen und wir vertreten auch eure Interessen.
d) Arbeitnehmer: Aber keiner von uns kann in den Betriebsrat gewählt werden.
e) Betriebsrat: Der Betriebsrat muss paritätisch aus allen Nationalitäten im Betrieb zusammengesetzt sein.

## 30

**Ein Auszubildender verliert durch die Insolvenz seines Betriebs seinen Ausbildungsplatz.**
**Welche Aussage zur Situation und der Hilfe, die der Auszubildende erhält, ist richtig?**

a) Der Auszubildende hat keine Möglichkeit seine Berufsausbildung weiter zu führen.
b) Der Auszubildende bekommt vom Betrieb eine Entschädigung von 3 Monats-Ausbildungsvergütungen.
c) Dem Auszubildenden wird in einem anderen Betrieb oder in einer Fortbildungseinrichtung die Fortführung seiner Berufsausbildung angeboten.
d) Der Auszubildende erhält kein Angebot zur weiteren Berufsausbildung und keine Entschädigung.
e) Der Auszubildende kann ohne Weiterführung einer betrieblichen Berufsausbildung an der nächsten Abschlussprüfung teilnehmen und seine Berufsausbildung abschließen.

## 31

**Nach wie viel Monaten, nachdem ein Arbeitnehmer arbeitslos wurde, bekommt er Arbeitslosengeld?**

a) Nach einem Monat Arbeitslosigkeit
b) Nach zwei Monaten Arbeitslosigkeit
c) Unmittelbar nach Eintritt der Arbeitslosigkeit
d) Nach drei Monaten Arbeitslosigkeit
e) Nach sechs Monaten Arbeitslosigkeit

**Muster eines bearbeiteten Markierungsbogens**

Schriftliche Abschlussprüfung Teil 2; Wirtschafts- und Sozialkunde **Teil A**

Vor- und Nachname des zu Prüfenden: Max Mustermann 8.3.2014

Ausbildungsbetrieb: Metallbetrieb GmbH

Ausbildungsberuf: Industriemechaniker

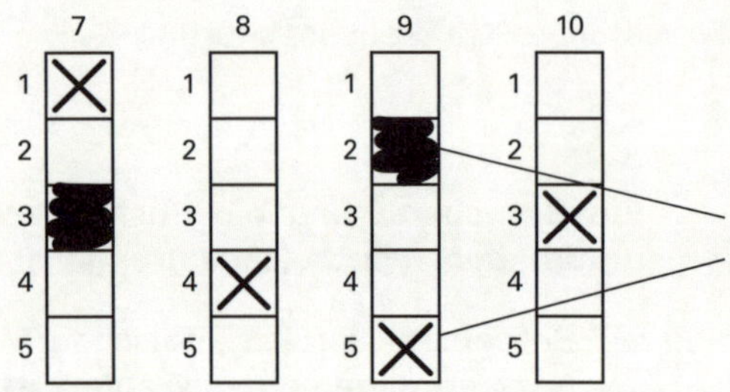


Sollten Sie versehentlich ein falsches Feld angekreuzt haben, so machen Sie dieses Kreuz in der nebenstehend gezeigten Weise unkenntlich und setzen Sie ein neues Kreuz an die richtige Stelle.

**Markierungsbogen**

**Schriftliche Abschlussprüfung Teil 2; Wirtschafts- und Sozialkunde Teil A: Fragen mit Auswahlantworten**

**Vor- und Nachname des zu Prüfenden:** ........................................ **Datum:** ....................

**Ausbildungsbetrieb:** ........................................................................

**Ausbildungsberuf:** ........................................................................

**Bitte die Bearbeitungshinweise 3 und 4 auf Seite 483 beachten!**

| 1 | 2 | 3 | 4 | 5 | 6 | 7 | 8 | 9 | 10 |
|---|---|---|---|---|---|---|---|---|---|
| 1 ☐ | 1 ☐ | 1 ☐ | 1 ☐ | 1 ☐ | 1 ☐ | 1 ☐ | 1 ☐ | 1 ☐ | 1 ☐ |
| 2 ☐ | 2 ☐ | 2 ☐ | 2 ☐ | 2 ☐ | 2 ☐ | 2 ☐ | 2 ☐ | 2 ☐ | 2 ☐ |
| 3 ☐ | 3 ☐ | 3 ☐ | 3 ☐ | 3 ☐ | 3 ☐ | 3 ☐ | 3 ☐ | 3 ☐ | 3 ☐ |
| 4 ☐ | 4 ☐ | 4 ☐ | 4 ☐ | 4 ☐ | 4 ☐ | 4 ☐ | 4 ☐ | 4 ☐ | 4 ☐ |
| 5 ☐ | 5 ☐ | 5 ☐ | 5 ☐ | 5 ☐ | 5 ☐ | 5 ☐ | 5 ☐ | 5 ☐ | 5 ☐ |

| 11 | 12 | 13 | 14 | 15 | 16 | 17 | 18 | 19 | 20 |
|---|---|---|---|---|---|---|---|---|---|
| 1 ☐ | 1 ☐ | 1 ☐ | 1 ☐ | 1 ☐ | 1 ☐ | 1 ☐ | 1 ☐ | 1 ☐ | 1 ☐ |
| 2 ☐ | 2 ☐ | 2 ☐ | 2 ☐ | 2 ☐ | 2 ☐ | 2 ☐ | 2 ☐ | 2 ☐ | 2 ☐ |
| 3 ☐ | 3 ☐ | 3 ☐ | 3 ☐ | 3 ☐ | 3 ☐ | 3 ☐ | 3 ☐ | 3 ☐ | 3 ☐ |
| 4 ☐ | 4 ☐ | 4 ☐ | 4 ☐ | 4 ☐ | 4 ☐ | 4 ☐ | 4 ☐ | 4 ☐ | 4 ☐ |
| 5 ☐ | 5 ☐ | 5 ☐ | 5 ☐ | 5 ☐ | 5 ☐ | 5 ☐ | 5 ☐ | 5 ☐ | 5 ☐ |

| 21 | 22 | 23 | 24 | 25 | 26 | 27 | 28 | 29 | 30 |
|---|---|---|---|---|---|---|---|---|---|
| 1 ☐ | 1 ☐ | 1 ☐ | 1 ☐ | 1 ☐ | 1 ☐ | 1 ☐ | 1 ☐ | 1 ☐ | 1 ☐ |
| 2 ☐ | 2 ☐ | 2 ☐ | 2 ☐ | 2 ☐ | 2 ☐ | 2 ☐ | 2 ☐ | 2 ☐ | 2 ☐ |
| 3 ☐ | 3 ☐ | 3 ☐ | 3 ☐ | 3 ☐ | 3 ☐ | 3 ☐ | 3 ☐ | 3 ☐ | 3 ☐ |
| 4 ☐ | 4 ☐ | 4 ☐ | 4 ☐ | 4 ☐ | 4 ☐ | 4 ☐ | 4 ☐ | 4 ☐ | 4 ☐ |
| 5 ☐ | 5 ☐ | 5 ☐ | 5 ☐ | 5 ☐ | 5 ☐ | 5 ☐ | 5 ☐ | 5 ☐ | 5 ☐ |

| 31 |
|---|
| 1 ☐ |
| 2 ☐ |
| 3 ☐ |
| 4 ☐ |
| 5 ☐ |

## Wirtschafts- und Sozialkunde

## Teil B: Ungebundene Aufgaben

**U1** **Ein Auszubildender hat seine Ausbildung mit der Abschlussprüfung beendet und hat damit einen Anspruch auf ein Zeugnis des Arbeitsgebers.**
**Welche Angaben muss das Zeugnis enthalten und welche Angaben kann das Zeugnis auf Verlangen des Auszubildenden enthalten?**

Bewertung 0 bis 10 Punkte

Bewertung U 1

**U2** **Nennen Sie mindestens drei wichtige Merkmale einer Einzelunternehmung.**

Bewertung U 2

**U3** **Nennen Sie jeweils mindestens zwei Pflichten, die Arbeitgeber und Arbeitnehmer aus dem Arbeitsvertrag übernehmen.**

Bewertung U 3

**U4** **Man unterscheidet zwei verschiedene Kündigungsarten: die ordentliche und die außerordentliche (fristlose) Kündigung. Nennen Sie drei Gründe, die zu einer außerordentlichen Kündigung führen können.**

Bewertung U 4

**U5** **Das Mitbestimmungsgesetz gibt dem Betriebsrat in sozialen Angelegenheiten ein Mitbestimmungsrecht.**
**Führen Sie drei Beispiele an, bei denen der Betriebsrat ein Mitspracherecht hat.**

Bewertung U 5

**U6** **Ein wesentliches Merkmal der gesetzlichen Krankenversicherungen ist das Solidaritätsprinzip.**
**Erläutern Sie dieses Prinzip anhand eines Beispiels.**

Bewertung U 6

Gesamtpunktzahl:

# Teil VIII Lösungen der Leistungsüberprüfungen

## Lösungen der Leistungsüberprüfungen zu Lernfeld 1:
## Fertigen von Bauelementen mit handgeführten Werkzeugen (von Seite 359)

**Leitprojekt: Bohrplatte**

### Lösungen der ungebundenen Aufgaben v. Seite 360 ff

**1 a)**

Vor dem Anreißen werden zwei Außenflächen des Rohteils so bearbeitet, dass zwei zueinander rechtwinklige, ebene Flächen entstehen. Ausgehend von diesen beiden Flächen, die als Maßbezugsebenen dienen, werden alle Maße auf das zukünftige Werkstück übertragen und gegebenenfalls angerissen bzw. gekörnt. Bei symmetrischen Werkstücken werden zum Anreißen häufig die Werkstückmittellinien als Maßbezugslinien herangezogen.

**1 b)**

Werkzeuge bzw. Hilfsmittel, die beim Anreißen eingesetzt werden, sind: Reißnadel, Körner, Anreißplatte und Anschlagwinkel. Mit der Reißnadel werden Risslinien am zukünftigen Werkstück angebracht. Ein Körner dient zur Markierung von Bohrungsmittelpunkten in Form kleiner, kegelförmiger Vertiefungen. Ein Anschlagwinkel dient der (definierten) Lagerung der Werkstücke.

**1 c)**

Für die Serienfertigung werden Hilfsmittel hergestellt, in denen die Abmessungen der technischen Zeichnung enthalten sind, z.B. Bohrvorrichtungen oder auch andere Schablonen.

**2 a)**

In der herkömmlichen Fertigung wird üblicherweise jedes angegebene Maß am Schnittpunkt der Maßbezugsebenen, dem Bezugspunkt, orientiert und von dort aus bemaßt. Dies entspricht der absoluten Bemaßung. Wird von einem Anfangspunkt ausgehend eine Maßreihe gebildet, so spricht man von inkrementaler Bemaßung. Die nachfolgenden Maße ergeben sich aus Zuwächsen (Inkrementen) zum jeweils vorhergehenden Maß.

**2 b)**

**Beispiel für absolute Bemaßung:**

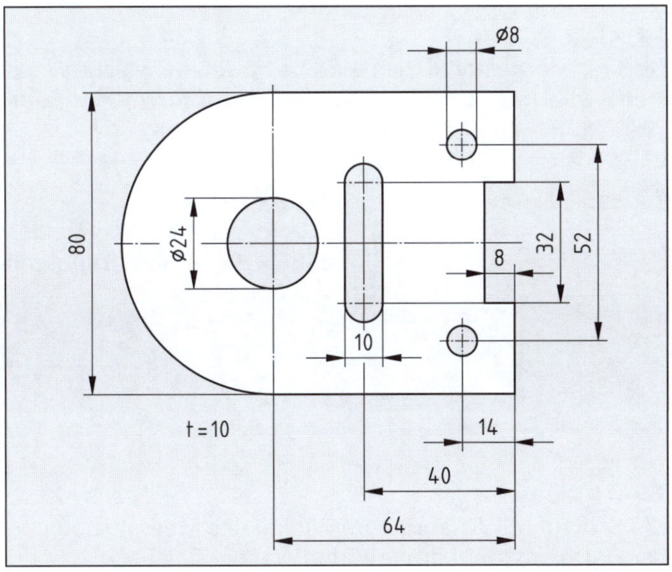


**2 b)**

**Beispiel für inkrementale Bemaßung:**

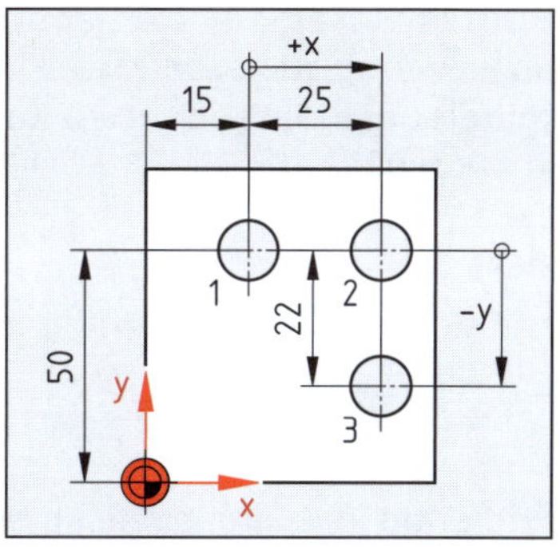


**2 c)**

Das Einsatzgebiet für die absolute Bemaßung ist der große Bereich der herkömmlichen Fertigung wie z.B. die dargestellte Bohrplatte.

Die inkrementale Bemaßung kommt bei einigen Anwendungen in der CNC-Technik zum Einsatz.

**3 a)**

Bei der Bemaßung mittels Polarkoordinaten wird der Bezugspunkt der Bemaßung auf eine „markante" Stelle des Werkstücks gelegt und bildet den Pol (Koordinatenursprung). Die Lage eines Werkstückpunktes wird nun bestimmt durch seinen (Längen-) Abstand vom Pol (Radius $r$) und den Winkel ($\varphi$ = phi), den die Nullachse mit einer gedachten Linie zum Koordinatenursprung einschließt. Bei Bedarf ist eine Umrechnung in rechtwinklige Koordinaten möglich.

**3 b)**

**Bemaßung des Lochkreises mit Polarkoordinaten:**

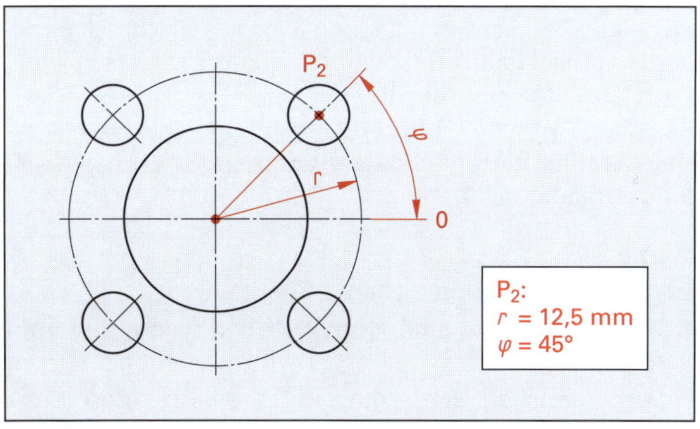


**3 b)**

**Bemaßung des Lochkreises mit rechtwinkligen Koordinaten:**

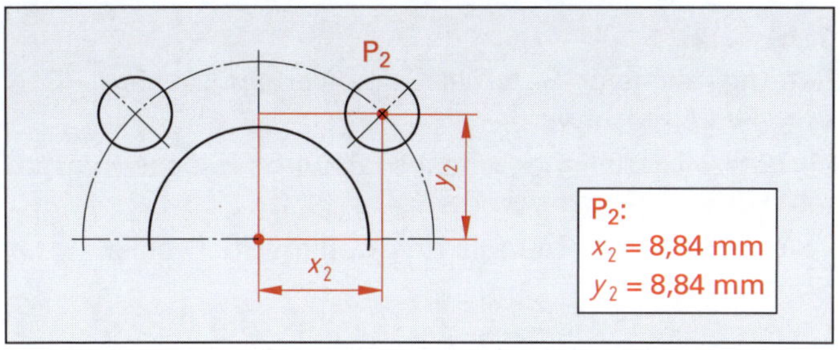

**4 a)**
Das Körnen dient dem Markieren von Risslinien und Bohrungsmittelpunkten durch kleine Vertiefungen mit Hilfe eines Körners.

**4 b)**
Zum Markieren von Risslinien werden Körner mit einem Spitzenwinkel von 40° benutzt, um die Oberfläche möglichst wenig zu beschädigen. Zum Körnen von Bohrungsmittelpunkten nimmt man Körner mit einem Spitzenwinkel von 90°.

**4 c)**
Kontrollkörnungen dienen der Lagekontrolle von Bohrungen.

**5 a)**
Folgende Verhaltensweisen sind zu befolgen, um Unfallgefahren zu verringern bzw. zu verhindern.
- Gebrauch von Schutzausrüstung
- Abschirmen gefährlicher Betriebsbereiche
- Beseitigen von Gefahren an Maschinen und Anlagen durch die jeweils Verantwortlichen

**5 b)**
Lärmschädigung – beim Richten von Blechen
Verletzungsgefahr – durch rotierende Werkzeuge
Quetschgefahr – durch schwebende Lasten
Allergiegefahr – durch Kühlschmiermittel

**5 c)**
Schutzhelm, Haarnetz, Schutzbrille, Ohrstöpsel, Handschuhe, Sicherheitsschuhe, Schutzkleidung, Hörschutz

**6**
Die Gründe für Unfallursachen am Arbeitsplatz sind vielfältig. Leichtsinn, Unaufmerksamkeit und Unkenntnis können schnell einen Unfall herbeiführen.

Beispiel: Eine schwere Ladung wurde zu schnell transportiert (Leichtsinn) und vorher womöglich falsch gesichert (Unaufmerksamkeit).

Beispiel: Trotz des Kontaktes mit gesundheitsschädlichen Stoffen wurde keine entsprechende Schutzausrüstung (Unkenntnis) benutzt.

**7 a)**
Es gibt vier Arten von Sicherheitszeichen:
- Rettungszeichen sind grün/weiß und von quadratischer Form.
- Verbotszeichen sind rot/weiß in einem roten Kreis (rund).
- Warnzeichen sind gelb/schwarz in dreieckiger Form (Spitze nach oben).
- Gebotszeichen sind blau/weiß in runder Form.

**7 b)**
Rettungszeichen: Sammelstelle, Verbandskasten, Rettungsweg (Fluchtweg);

Verbotszeichen: Feuer, offenes Licht und Rauchen verboten, Für Fußgänger verboten;

Warnzeichen: Warnung vor gefährlicher elektrischer Spannung;

Gebotszeichen: Atemschutz tragen;

**8 a)**
Werkstoffe für Anreißnadeln sind Stahl (gehärtet), Hartmetall oder auch Messing (Kupfer- Zink-Legierung (CuZn-Legierung)).

**8 b)**
Für die Bohrplatte aus Stahl mit niedriger Festigkeit werden an das Anreißen keine besonderen Anforderungen gestellt, sodass hier eine Anreißnadel mit gehärteter Spitze zum Einsatz kommen kann.

**9**
Das dargestellte Anreiß- und Messgerät verbindet die Möglichkeiten eines digitalen Höhenmessers mit den Möglichkeiten eines Anreißgerätes. In der dargestellten Version ist das Gerät für den Anreißbetrieb mit einer Anreißnadel ausgestattet. Zum Wechsel in den Messbetrieb wird die Anreißnadel gegen einen Taster ausgetauscht. Mithilfe der digitalen Ziffemanzeige können z.B. Unterschiedsmessungen vorgenommen werden (Nullwertsetzung an jeder beliebigen Stelle) und beim Anreißen direkt umgesetzt werden.

**10 a)**
1 – Schneidkeil 2 – Keilwinkel
3 – Freiwinkel 4 – Spanfläche 5 – Spanwinkel

**10 b)**
Eine Werkzeugschneide muss härter als der zu bearbeitende Werkstoff und möglichst verschleißfest sein.

**11 a)**
Das linke Bild zeigt einen Schneidkeil mit relativ kleinem Keilwinkel. Dadurch sind der Frei- und der Spanwinkel an diesem Schneidkeil vergleichsweise groß.

Das rechte Bild zeigt einen Schneidkeil mit (über-) großem Keilwinkel. In der Folge ist hier der Freiwinkel nur klein ausgeprägt. Der Spanwinkel nimmt sogar einen negativen Wert an.

**11b)**
Der Schneidkeil im linken Bild hat schneidende Wirkung. Der Schneidkeil im rechten Bild erzielt eine schabende Wirkung.

**11 c)**
Die links dargestellte Schneide ist für relativ weiche Werkstoffe, die rechts dargestellte Schneide für relativ harte Werkstoffe geeignet.

**12 a)**

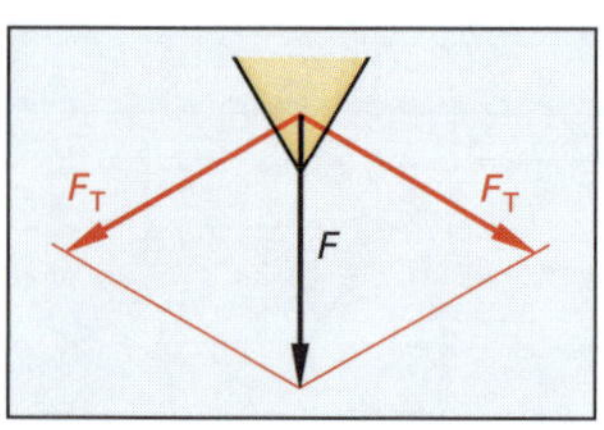


**12 b)**
$F_r$ ermittelt mit 2 cm; dies entspricht einer Trennkraft von 200 N.

**13**
Die Schlagkraft $F$ hängt vom Winkel des Meißels und von der Härte des zu bearbeitenden Werkstoffes ab.

**Lösungen der Aufgaben mit Auswahlantworten** von Seite 362 ff (gebundene Aufgaben)

| 1 | 2 | 3 | 4 | 5 | 6 | 7 | 8 | 9 | 10 |
|---|---|---|---|---|---|---|---|---|---|
| c | b | d | b | b | b | d | d | b | a |

| 11 | 12 | 13 | 14 | 15 | 16 | 17 | 18 | 19 | 20 |
|---|---|---|---|---|---|---|---|---|---|
| e | c | c | d | d | d | c | c | b | a |

| 21 | 22.1 | 22.2 | 22.3 | 23 | 24 | 25 | 26.1 | 26.2 | 27 |
|---|---|---|---|---|---|---|---|---|---|
| a | d | c | b | c | e | d | d | b | d |

# Lösungen der Leistungsüberprüfungen zu Lernfeld 2:
## Fertigen von Bauelementen mit Maschinen (von Seite 365)

**Leitprojekt: Bohrmaschine**

### Lösungen der ungebundenen Aufgaben v. Seite 365 ff

**1**

Die Hauptfunktion einer Werkzeugmaschine ist die Stoffumsetzung (**V**erarbeitung). Aus einem Rohteil (**E**ingabe) wird durch spanabnehmende Bearbeitung ein fertiges Teil (**A**usgabe).

Als Nebenfunktionen erscheinen bei einer Werkzeugmaschine die Umsetzung bzw. Verarbeitung von Energie und Informationen.

**2**

Siehe Tabelle unten.

**3**

Am Energiefluss der Bohrmaschine sind folgende Baugruppen bzw. Bauelemente beteiligt: Hauptantrieb (Elektromotor), Getriebe (Riemengetriebe), Hauptspindel, Spannfutter, Werkzeug (Bohrer).

**4**

Tragende und stützende Bauteile an Werkzeugmaschinen nehmen alle auftretenden Kräfte auf und leiten sie in das Fundament ab.

Zu den auftretenden Kräften gehören die Gewichtskräfte aller Bauteile und der Werkstücke; außerdem die beim Zerspanungsprozess auftretenden Schnittkräfte und die Schwingungen der bewegten Bauteile.

Beispiel: Der Bohrmaschinenkopf hat ein massives Gehäuse aus Sphäroguss und stützt sich auf die Bohrmaschinensäule ab. Er trägt die Gewichtskräfte des Antriebs und des Getriebes und übt die Bohrkraft auf das Werkstück aus.

**5**

Drei Sicherheitseinrichtungen an Werkzeugmaschinen und Anlagen sind beispielsweise:

Not-Aus-Schalter, Verkleidung (Kapselung) des Arbeitsraumes, Zwei-Hand-Betätigung einer Presse.

Der Not-Aus-Schalter dient zum raschen Ausschalten einer Maschine im Gefahrenfall.

Die Verkleidung einer Werkzeugmaschine schützt den Bediener vor umherfliegenden Spänen und reduziert die Lärmbelastung.

Die Zwei-Hand-Betätigung einer Presse verhindert, dass der Arbeiter seine Hände während des Pressvorgangs in den Gefahrenbereich bewegen kann.

**6**

Der Arbeiter hat versäumt, das flache Werkstück gegen Mitdrehen mit dem Bohrer zu sichern. Außerdem sind beim Bohren ab einem Bohrerdurchmesser von $D$ = 8 mm alle zu bearbeitenden Werkstücke festzuspannen (z.B.: mit Spannpratzen oder dem Maschinenschraubstock).

**7**

An der Bohrmaschine können die Drehzahl und der (automatische) Vorschub verändert werden. Außerdem kann mit Hilfe einer ausreichenden Zufuhr des Kühl-Schmiermittels Einfluss auf die Qualität der Bohrarbeiten genommen werden.

**8**

Weitere Möglichkeiten, das Ergebnis (die Qualität) beim Bohren zu beeinflussen, bestehen in der Auswahl eines geeigneten Werkstoffes für das Werkzeug, eines geeigneten Werkstoffes für das Werkstück und im richtigen Spannen des Werkstücks.

**9**

Eine Werkzeugschneide soll über folgende Eigenschaften verfügen:

- Hohe Härte
- Hohe Warmhärte
- Ausreichend hohe Zähigkeit
- Hohe Druckfestigkeit
- Hohe Biegefestigkeit

**10**

$n = \frac{v_c}{\pi \cdot d}$ $\qquad$ $d = \frac{v_c}{\pi \cdot n}$

**11**

Wenn die Schnittgeschwindigkeit beim Zerspanungsprozess zu hoch gewählt wird, verschleißt die Schneide des Werkzeugs sehr rasch (vgl. Bild). Die zu erwartende Standzeit des Werkzeugs wird nicht erreicht. Unter ungünstigen Umständen kann es zur Beschädigung der Werkzeugschneide und der Bearbeitungsfläche kommen.

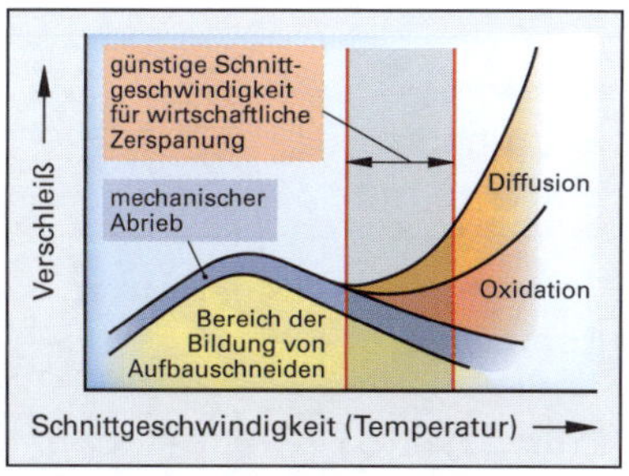


Tabelle zu Aufgabe **2**

| Baugruppen Nr. 1 | Baugruppen Nr. 2 | Baugruppen Nr. 3 | Baugruppen Nr. 4 | Baugruppen Nr. 5 |
|---|---|---|---|---|
| Antriebe | Bewegungsenergie übertragende und wandelnde Bauteile | Tragende und stützende Bauteile | Halte-und Spannvorrichtungen | Informations-umsetzende Bauteile |
| Elektromotor | Riemengetriebe; Spindel | Grundplatte; Maschinentisch; Säule | Spannfutter | Vorschubhebel; Technologierechner |

**12**

**Bohren** ist Zerspanen mit kreisförmiger Schnittbewegung, in der Regel zur Herstellung zylindrischer Löcher. Die Vorschubbewegung erfolgt geradlinig in Richtung der Bohrungsachse. Als Werkzeug kommt häufig ein Spiralbohrer zum Einsatz.

**Senken** entspricht einem Bohrvorgang zur Erzeugung von zylindrischen oder kegelförmigen Flächen in Richtung der Bohrungsachse. Es können auch Planflächen rechtwinklig zur Bohrungsachse hergestellt werden. Werkzeuge zum Senken sind z.B. Plansenker, Flachsenker oder Kegelsenker.

**Reiben** entspricht einem Bohrvorgang mit sehr geringer Spanabnahme zur Erhöhung der Oberflächengüte mit einer Reibahle.

**13 a), b)**

**Arbeitsplan für Bohrungen Pos. 7 (∅ 4H7)**

| Arbeitsschritt | Werkzeuge, Hilfsmittel | Drehzahl |
|---|---|---|
| Prüfen der Rohteilmaße | Messschieber | |
| Anreißen und Körnen der Bohrungen | Anreißplatte, Höhenreißer, Körner | |
| Zentrieren der Bohrungen ∅ 4H7 | Bohrmaschine, Schraubstock, Zentrierbohrer | $n =$ 2000 $min^{-1}$ |
| Vorbohren der Bohrungen ∅ 4H7 | Bohrmaschine, Schraubstock, Spiralbohrer ∅ 3,8 mm ($v_c$ = 30 m/min) | $n =$ 2500 $min^{-1}$ |
| Reiben der Bohrungen ∅ 4H7 | Reibahle ∅ 4H7 ($v_c$ = 10 m/min) | $n =$ 795 $min^{-1}$ |
| Entgraten der Bohrungen | Kegelsenker | |
| Prüfen der Bohrungen | Grenzlehrdom ∅ 4H7 | |

**13 c)**

Die Bohrung mit der Positionsnummer 10 ist in beiden Schenkeln des Klemmstücks ausgeführt. Im linken Teil des Klemmstücks besteht die Bohrung aus einer flachen Senkung (∅ 12 mm) und einer Durchgangsbohrung (∅ 7 mm), sodass eine Schraube (Zylinderschraube mit Innensechskant) hindurch gesteckt werden kann. Im rechten Teil befindet sich ein Gewinde (∅ M6), in das die Schraube eingedreht werden kann. Durch Anziehen der Schraube kann eine Verringerung des Klemmspalts (20 mm) und damit eine Klemmwirkung erzielt werden.

**14**

Ein **Drehzahldiagramm** erlaubt die rasche Ermittlung von Drehzahlen. Es ist insbesondere dann vorteilhaft, wenn es an einer Maschine direkt zur Verfügung steht und die an der Maschine (gestuft) einstellbaren Lastdrehzahlen wiedergibt.

Die **Berechnung von Drehzahlen** mit Hilfe der „Schnittgeschwindigkeitsformel" ist maschinenunabhängig und liefert eine mathematisch exakte Drehzahl. Bei Maschinen mit stufenlosem Antrieb kann diese Drehzahl genau eingestellt werden.

**15**

**Messen** ist das Vergleichen einer Größe mit einer dementsprechenden Einheit mithilfe von geeigneten Messgeräten. Dabei ermittelt man das tatsächlich vorhandene Maß, das Istmaß. Vorteile des Messens sind die in der heutigen Zeit oft digitale Übertragung der Maße und deren Darstellung (Dokumentation).

Beim **Lehren** vergleicht man die Form oder das Maß eines Werkstückes mit einer Lehre. Das Ergebnis des Lehrens zeigt an, ob das Werkstück an dieser Stelle gut ist oder eine unzulässige Abweichung vorliegt. Die Vorteile beim Lehren liegen in der raschen Aussage über ein gutes oder schlechtes Maß und in der relativ sicheren Anwendung von Lehren. Eine Fehlbedienung ist nahezu ausgeschlossen.

**16 a)**

**Systematische Messabweichungen** werden durch konstante, immer wiederkehrende, Abweichungen verursacht, z.B. durch eine zu hohe Temperatur beim Messen. Sie können im Messergebnis korrigiert werden.

**Zufällige Messabweichungen** beruhen auf zufälligen Einflüssen, wie z.B. einer schwankenden Messkraft. Sie können hinsichtlich ihrer Größe und Richtung nicht erfasst und damit auch nicht ausgeglichen werden.

**16 b)**

**Beispiele für systematische Messabweichungen sind:** Temperatur, Messkraft, Skalen- oder Teilungsfehler, abgenutzte Messflächen.

**Beispiele für zufällige Messabweichungen sind:** Bedienungsfehler, schwankende Messkraft, unterschiedliche Temperaturen.

**17**

Um sich in technischen Zeichnungen die Angabe von tolerierten Maßen zu ersparen bzw. nicht mehr tolerierte Maße als nötig eintragen zu müssen, gibt es die Möglichkeit, einen Hinweis auf genormte **Allgemeintoleranzen (DIN ISO 2768-1)** anzugeben.

Diese Allgemeintoleranzen sind für Längen und Winkel in vier Genauigkeitsgrade (fein, mittel, grob und sehr grob) eingeteilt.

Ist eine technische Zeichnung mit einem solchen Hinweis versehen, so beziehen sich alle nicht mit einer Toleranz ausgestatteten Maße der Zeichnung auf diese Allgemeintoleranzen.

Die jeweiligen Maßabweichungen für die angegebene Allgemeintoleranz können aus Tabellen entnommen werden.

**18**

**Prüftabelle für das Klemmstück:**

| Nr. | Benennung des zu prüfenden Maßes | Nennmaß | Abmaße | Mindestmaß | Höchstmaß | Gewählte Prüfmittel | Begündung der Auswahl |
|---|---|---|---|---|---|---|---|
| 1 | (Werkstück-)Höhe | 40 | ± 0,3 | 39,7 | 40,3 | Messschieber | Messung im Bereich 0,1 mm möglich* |
| 2 | Nutbreite | 25 | ± 0,2 | 24,8 | 25,2 | Messschieber | Messung im Bereich 0,1 mm möglich* |
| 3 | (Werkstück-)Breite | 40 | ± 0,3 | 39,7 | 40,3 | Messschieber | Messung im Bereich 0,1 mm möglich* |
| 4 | Abstandsmaß (Backen, innen) | 20 | ± 0,2 | 19,8 | 20,2 | Messschieber | Messung im Bereich 0,1 mm möglich* |
| 5 | Höhenlage der Bohrungsmitten (∅ 4H7) | 20 | ± 0,2 | 19,8 | 20,2 | Mess-Schieber, digital | Messung im Bereich 0,1 mm und Nullsetzen möglich |
| 6 | Mittenabstand (Stichmaß) der Bohrungen (∅ 4H7) | 25 | ± 0,2 | 24,8 | 25,2 | Messschieber, digital | Messung im Bereich 0,1 mm und Nullsetzen möglich |
| 7 | Durchmesser der Bohrungen (∅ 4H7) | 4 | + 0,012<br>– 0,000 | 4,000 | 4,012 | Grenzlehrdorn (∅ 4H7) | Aussage zur Bohrung: gut oder Ausschuss |
| 8 | Stegbreite (Backen, oben) | 5 | ± 0,1 | 4,9 | 5,1 | Messschieber | Messung im Bereich 0,1 mm möglich* |
| 9 | Fasenwinkel (Backen, oben) | 45° | ± 0° 30′ | 44° 30′ | 45° 30′ | Universalwinkelmesser | Messung im Bereich 5′ möglich |
| 10 | Gewinde | M6 | | | | Gewindegrenzlehrdorn | Funktionsprüfung des Gewindes möglich |

* statt des genannten (konventionellen) Messschiebers kann bei den genannten Prüfmaßen auch mit einem digitalen Messschieber gemessen werden. Grundsätzlich würde für die Ermittlung der Maße ein konventioneller Messschieber mit einem Nonius genügen.

**Lösungen der Aufgaben mit Auswahlantworten** von Seite 368 ff (gebundene Aufgaben)

| 1 | 2 | 3 | 4 | 5 | 6 | 7 | 8.1 | 8.2 | 9 |
|---|---|---|---|---|---|---|---|---|---|
| d | b | a | c | c | d | e | d | c | b |

| 10 | 11 | 12 | 13 | 14 | 15 | 16 | 17 | 18 | 19 |
|---|---|---|---|---|---|---|---|---|---|
| d | a | e | c | e | a | c | a | b | b |

| 20 | 21 |
|---|---|
| b | d |

# Lösungen der Leistungsüberprüfungen zu Lernfeld 3:
## Herstellen von einfachen Baugruppen (von Seite 371)

**Leitprojekt: Bohrvorrichtung**

### Lösungen der ungebundenen Aufgaben v. Seite 372 ff

**1**

Die Bohrvorrichtung soll das rasche Einbringen von Bohrungen mit einem Durchmesser von 12 mm in viele gleiche Werkstücke oder auch in Werkstücke eines bestimmten Grundmusters ermöglichen.

Die einzelnen Bauteile übernehmen dabei die in der folgenden Tabelle aufgeführten Funktionen:

| Bauteile/Pos. Nr. | Zweck/Funktionsweise |
|---|---|
| Grundplatte (Pos. 1) | trägt die übrigen Bauteile der Vorrichtung; |
| Anschlagleiste (Pos. 2) | dient als seitlicher Anschlag für die Werkstücke; |
| Klappe (Pos. 3) | ermöglicht durch Zu- bzw. Aufklappen das Einlegen und Herausnehmen der Werkstücke; |
| Zylinderstift (Pos. 4) | verbindet Gabelbrücke (Pos. 6) und Klappe (Pos. 3); ermöglicht das Schwenken der Klappe; |
| Bundbohrbuchse (Pos. 5) | führt den Bohrer und bestimmt die Lage der Bohrung; |
| Gabelbrücke (Pos. 6) | trägt die Klappe (Pos. 3) mit Hilfe des Zylinderstiftes (Pos. 4) und verbindet diese mit der Grundplatte (Pos. 1); |
| Zylinderschrauben (Pos. 7 | zur Befestigung der Gabelbrücke (Pos. 6) und der Anschlagleiste (Pos. 2) auf der Grundplatte; |

**2**

Für die Zeichnung der Gabelbrücke (Pos. 6) werden zwei Ansichten benötigt. Die Maße können aus der Aufgabenstellung (Zeichnung, Stückliste) entnommen werden.

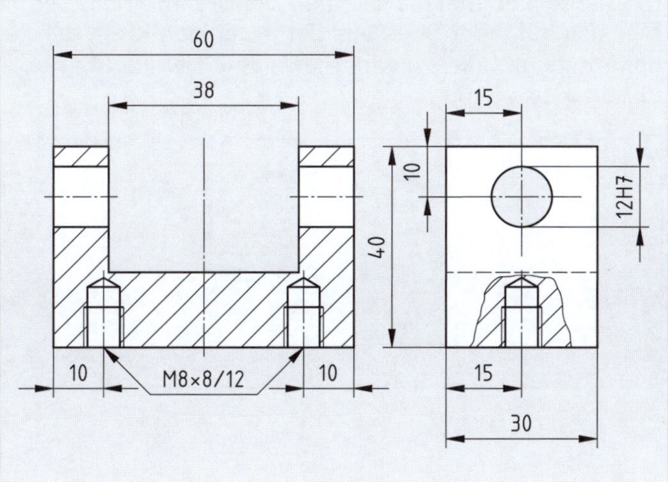


**3 a)**

Die Zylinderschrauben können mit Hilfe entsprechend angebrachter Planeinsenkungen in der Grundplatte „versenkt" werden. Auf diese Weise ragen die Schraubenköpfe nicht über die Werkstückkante hinaus und stören nicht beim Spannen der Vorrichtung.

**3 b)**

Weitere Verbindungsmöglichkeiten der beiden Bauteile sind mit stoffschlüssigen Verbindungen möglich, z.B. durch Kleben, durch Löten oder auch durch Schweißen.

**3 c)**

Die drei genannten stoffschlüssigen Verfahren sind nur wenig sinnvoll, da die Anschlagleiste danach nicht mehr demontiert bzw. ausgetauscht werden kann. Hinzu kommen beim Löten und Schweißen Wärmespannungen, die zum Verzug der Vorrichtung führen können.

Insgesamt erscheint also das Verschrauben in diesem Falle als die sinnvollste Möglichkeit, die Anschlagleiste mit der Grundplatte zu verbinden. Zudem hält sich der Fertigungsaufwand hierbei in überschaubaren Grenzen.

**4**

Die Montage der Klappbohrvorrichtung kann in der folgenden Reihenfolge durchgeführt werden:

| Arbeitsschritte Bauteile | Werkzeuge Verbindungselemente |
|---|---|
| Grundplatte (Pos. 1) mit Anschlagleiste (Pos. 2) verbinden | Innensechskantschlüssel (Inbusschlüssel), Zylinderschrauben |
| Grundplatte (Pos. 1) mit Gabelbrücke (Pos. 6) verbinden | Innensechskantschlüssel, Zylinderschrauben |
| Bundbohrbuchse (Pos. 5) in Klappe (Pos. 3) einbringen | Unterlage, Kunststoffhammer |
| Klappe (Pos. 3) mit Zylinderstift (Pos. 4) an Gabelbrücke (Pos. 6) befestigen | Unterlage, Kunststoffhammer |
| Funktion der Bohrvorrichtung prüfen | Klappenfunktion im festgespannten Zustand überprüfen, Lage der Bohrung im Werkstück überprüfen |

**5**

**Prüftabelle für die Klappe (Pos. 3):**

| Benennung | Maß | Toleranz | Abmaße | Prüfgerät |
|---|---|---|---|---|
| Länge | 100 | Allgemeintoleranz *m* | ± 0,3 | Messschieber |
| Breite | 38 | Allgemeintoleranz *m* | ± 0,3 | Messschieber |
| Höhe | 16 | Allgemeintoleranz *m* | ± 0,2 | Messschieber |
| Durchmesser der Bohrung (∅ 18H7) | 18 | H7 | + 0,018<br>– 0,000 | Grenzlehrdorn (∅ 18H7) |

**6**

Bei den Passungsarten werden Spielpassung, Übergangspassung und Übermaßpassung unterschieden.

Eine Spielpassung kommt beispielsweise bei Distanzbuchsen auf Wellen oder bei Hebellagerungen auf Wellen zum Einsatz. Eine Übergangspassung wird beispielsweise bei Zahnrädern auf Wellen oder bei Bohrbuchsen angewandt. Eine Übermaßpassung ist z.B. bei Gleitlagerbuchsen oder auch bei Schrumpfringen erforderlich (vgl. Tabellenbuch – Passungsauswahl).

**7**

**Abmaßtabelle Gabelbrücke/Klappe:**

| Benennung | Maß | Toleranz | Abmaße (in mm) | Passmaße (in mm) |
|---|---|---|---|---|
| Gabelbrücke | 38 | H7 | + 0,025<br>– 0,000 | $G_{oB}$ = 38,025<br>$G_{uB}$ = 38,000 |
| Klappe | 38 | f7 | – 0,020<br>– 0,041 | $G_{oW}$ = 37,980<br>$G_{uW}$ = 37,959 |
| | | **Höchstspiel** | $P_{SH}$ | 38,025<br>– 37,959<br>= **0,066** |
| | | **Mindestspiel** | $P_{SM}$ | 38,000<br>– 37,980<br>= **0,020** |

**8 a)**

Die vorgesehene Passung zwischen der Klappe (Pos. 3) und der Bundbohrbuchse (Pos. 5) soll die Bohrbuchse im Bearbeitungsprozess sicher halten. Darüber hinaus muss im Verschleiß- oder Schadensfall ein Austausch der Bohrbuchse problemfrei möglich sein.

**8 b)**

Die genannten Anforderungen werden durch eine Übergangspassung an der Grenze zur Übermaßpassung gut erfüllt (vgl. Tabellenbuch – Passungsauswahl), was einer Passungskombination H7/n6 entspricht.

**8 c)**

| Benennung | Maß | Toleranz | Abmaße (in mm) | Passmaße (in mm) |
|---|---|---|---|---|
| Klappe | 18 | H7 | + 0,018<br>– 0,000 | $G_{oB}$ = 18,018<br>$G_{uB}$ = 18,000 |
| Bohrbuchse | 18 | n6 | – 0,023<br>– 0,012 | $G_{oW}$ = 18,023<br>$G_{uW}$ = 18,012 |
| | | **Höchstspiel** | $P_{SH}$ | 18,018<br>– 18,012<br>= **0,006** |
| | | **Mindestspiel** | $P_{SM}$ | 18,000<br>– 18,023<br>= – **0,023** |

**9 a)**

Die Bundbohrbuchse sollte einen möglichst geringen Verschleiß aufweisen. Dies ist mit einem legierten, härtbaren Stahl möglich. Üblicherweise werden die Buchsen auf Härtegrade > 60 HRC gehärtet.

**9 b)**

Durch das Wärmebehandlungsverfahren Härten werden Stähle, wie im Fall der Bundbohrbuchse gefordert, hart und verschleißfest gemacht. Das Härten erfolgt in vier Arbeitsschritten: Erwärmen, Halten auf Härtetemperatur, Abschrecken und Anlassen.

**10 a)**

$M = F \cdot L$

**10 b)**

$M = 150\ \text{N} \cdot 0{,}085\ \text{m} = 12{,}75\ \text{Nm}$

**10 c)**

Zur Berechnung eines einfachen zweiseitigen Hebels geht man davon aus, dass das Drehmoment links des Drehpunktes genauso groß ist wie das Drehmoment rechts des Drehpunktes. (Die Summe der beiden Drehmomente ist dabei gleich Null.) Die Drehmomente ergeben sich auf jeder Seite aus der jeweiligen Kraft, die mit der Länge, auf die sie wirkt (jeweiliger Hebelarm), multipliziert werden muss.

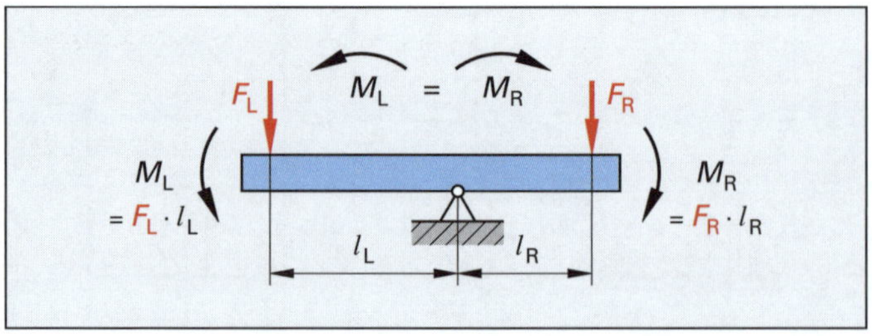

**11 a)**

Mit den drei Bildern aus der Aufgabenstellung werden stoffschlüssige Verbindungen, formschlüssige Verbindungen und kraftschlüssig Verbindungen dargestellt.

Bei **stoffschlüssigen Verbindungen** werden die Werkstoffe der zu verbindenden Teile miteinander vereinigt. Bei **formschlüssigen Verbindungen** werden Formflächen der Bauteile und Formflächen der Verbindungselemente ineinander gepasst. Bei **kraftschlüssigen Verbindungen** geschieht die Kraftübertragung durch starkes Aufeinanderpressen von Oberflächen und die dadurch entstehenden hohen Reibungskräfte.

**11 b)**

Beispiele für das Herstellen stoffschlüssiger Verbindungen sind die Verfahren Löten, Schweißen und Kleben. Formschlüssige Verbindungen können mit Hilfe von (Pass-) Stiften, Nieten und Passfedern realisiert werden. Kraftschlüssige Verbindungen liegen beispielsweise bei Schrauben, Schrumpf- und Pressverbindungen von Bauteilen vor.

**11 c)**

Verbindungen werden üblicherweise in lösbare und nicht lösbare Verbindungen unterteilt. Ein weiteres Kriterium zur Einteilung von Verbindungen ist ein fester oder ein beweglicher Zusammenhalt der Verbindungsteile. Gewindespindeln beispielsweise ermöglichen das gegenseitige Verschieben von Einzelteilen oder ganzen Baugruppen.

**11 d)**

Die Anschlagleiste (Pos. 2) und die Gabelbrücke (Pos. 6) sind über Schrauben fest mit der Grundplatte (Pos. 1) verbunden. Diese beiden Verbindungen erfolgen kraftschlüssig.

Der Zylinderstift (Pos. 4) ist mit der Gabelbrücke (Pos. 6) und der Klappe (Pos. 3) jeweils formschlüssig verbunden. Die Art der jeweiligen (unterschiedlichen) Passung spielt dabei eine untergeordnete Rolle.

Die Verbindung der Bohrbuchse (Pos. 5) mit der Klappe (Pos. 3) erfolgt über eine Übergangspassung an der Grenze zu einer Übermaßpassung („Presspassung"). Die Verbindung erfolgt auch hier kraftschlüssig.

**12 a)**

Drei Steuerungsarten in der Steuerungstechnik sind pneumatische Steuerungen mit dem Energieträger Luft, hydraulische Steuerungen mit dem Energieträger Öl und elektrische Steuerungen mit dem Energieträger Strom. Dazwischen gibt es eine Reihe von „Mischsystemen" wie z.B. elektropneumatische Steuerungen, bei deren Mischbauweise oftmals Luft als Energieträger dient, während die Steuerung der Anlage elektrisch oder elektronisch erfolgt.

**12 b)**

**Vorteile pneumatischer Steuerungen:**

- Kräfte und Geschwindigkeiten der Zylinder sind stufenlos einstellbar.
- Zylinder und Druckluftmotoren erreichen hohe Geschwindigkeiten und Drehzahlen.
- Druckluft ist in Druckbehältem gut speicherbar.
- Druckluftgeräte können ohne Schaden bis zum Stillstand überlastet werden.

**Vorteile hydraulischer Steuerungen:**

- Große Kräfte durch hohe Drücke möglich
- Stufenlos einstellbare Geschwindigkeiten
- Gleichförmige Bewegungen möglich aufgrund der geringen Kompressibilität der Hydraulikflüssigkeit
- Sicherer Überlastungsschutz durch Druckbegrenzungsventile

**Nachteile pneumatischer Steuerungen:**

- Große Kolbenkräfte sind nicht erreichbar
- Gleichförmige Kolbengeschwindigkeiten sind wegen der Kompressibilität der Luft nicht möglich
- Ausströmende Druckluft verursacht Lärm
- Ohne Festanschläge können mit Zylindern keine genauen Stellungen angefahren werden

**Nachteile hydraulischer Steuerungen:**

- Entstehung von Lecköl und damit verbundene Unfallgefahr
- Entwicklung von Wärme und dadurch Änderung der Viskosität der Hydraulikflüssigkeit
- Lärm durch Pumpen und Hydromotoren sowie Schaltgeräusche der Ventile
- Hohe Anforderungen an die Filterung der Hydraulikflüssigkeit

**13 a)**

siehe Lösungen zur Aufgabe **12**

**13 b)**

An der Steuerung des doppeltwirkenden Zylinders sind zwei Drosselrückschlagventile und ein 4/2-Wegeventil beteiligt.

**13 c)**

Über die beiden Drosselrückschlagventile lassen sich unterschiedliche Geschwindigkeiten für das Aus- und Einfahren des Zylinders realisieren. Durch eine Abluftdrosselung fährt der Kolben des Zylinders gleichmäßiger aus.

**13 d)**

Zuluftdrosselung für einen einfach wirkenden Zylinder:

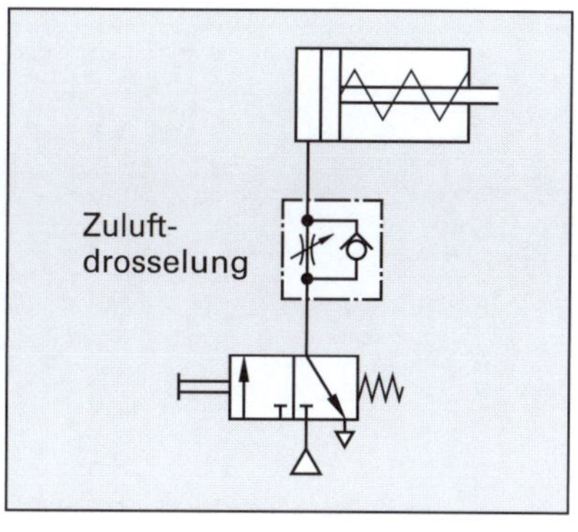

**Lösungen der Aufgaben mit Auswahlantworten** von Seite 374 ff (gebundene Aufgaben)

| 1 | 2 | 3 | 4 | 5 | 6 | 7 | 8 | 9 | 10 |
|---|---|---|---|---|---|---|---|---|---|
| c | c | a | a | d | e | b | d | d | c |
| **11.1** | **11.2** | **12** | **13** | **14** | **15** | **16** | **17** | **18** | **19** |
| a | a | d | c | c | d | b | d | b | e |
| **20** | **21** | **22** | **23** | **24** | **25** | | | | |
| c | d | e | e | d | e | | | | |

# Lösungen der Leistungsüberprüfungen zu Lernfeld 4:

## Warten technischer Systeme (von Seite 377)

**Leitprojekt: Wartungsplan einer Bandsägemaschine**

### Lösungen der ungebundenen Aufgaben v. Seite 378 ff

**1**

| Nr. | Baugruppe | Funktionseinheit |
|---|---|---|
| 1 | Keilriementrieb | Energieübertragungseinheit |
| 2 | Motor | Antriebseinheit |
| 3 | Verstellung Bandführung | Stütz- und Trageinheit |
| 4 | Spannstock | Stütz- und Trageinheit |
| 5 | Spannvorrichtung Sägeblatt | Stütz- und Trageinheit |
| 6 | Sägebandlaufrollen | Stütz- und Trageinheit |
| 7 | Sägeband | Arbeitseinheit |
| 8 | Bandführungen | Stütz- und Trageinheit |
| 9 | Endlagentaster | Steuereinheit |
| 10 | Abdeckung Keilriemtrieb | Einheit zur Arbeitssicherheit |

**2**

Die vier Grundmaßnahmen der Instandhaltung sind:

**Wartung**

Darunter versteht man alle Maßnahmen, die den Verschleiß einer Maschine (eines technischen Systems) verzögern.

**Inspektion**

Bei der Inspektion wird der momentane Zustand (Istzustand) einer Maschine (eines technischen Systems) festgestellt und beurteilt. Die Ursachen des Verschleißes werden bestimmt und Konsequenzen für die weitere Nutzung gezogen.

**Instandsetzung**

Zur Instandsetzung gehören alle Maßnahmen, um eine defekte Maschine (technisches System) wieder in einen funktionsfähigen Zustand zu bringen.

**Verbesserung**

Hierunter versteht man alle Maßnahmen, die zu einer Steigerung und Verbesserung der Funktionssicherheit der Maschine (technisches System) führen.

**3**

Bei der **Inspektion** wird der Istzustand eines technischen Systems festgestellt und beurteilt. Die Ursachen des Verschleißes werden bestimmt und Konsequenzen für die weitere Nutzung gezogen.

Bei der **Wartung** hingegen werden Maßnahmen durchgeführt, die den Verschleiß eines technischen Systems verzögern.

**4**

| Wartung | Inspektion | Instandsetzung |
|---|---|---|
| Schmieren der Bandführungsverstellung | Spannung des Keilriementriebes kontrollieren | Austausch des stumpfen Sägeblattes |
| Schmierung der Lager des Keilriementriebes | Kontrolle der Endlagentaster auf Beschädigungen | Austausch des verschlissenen Keilriemens |

**5 a)**

Beispiele für störungsbedingte Instandhaltungsarbeiten:
- Erneuerung des gerissenen Keilriemens.
- Schweißen/Austausch des gerissenen Sägeblattes.
- Austausch eines defekten Lagers.
- Austausch eines defekten Endlagentasters.

**5 b)**

Beispiele für vorbeugende Instandhaltungsarbeiten:
- Erneuerung der Sägebandlaufrollen mit Lagern nach 100 Betriebsstunden.
- Austausch des Keilriemens nach 500 Betriebsstunden.
- Austausch der Bandlaufrollen nach 500 Betriebsstunden.

**5 c)**

Beispiele für zustandsabhängige Instandhaltungsarbeiten:
- Austausch eines Lagers bei hörbaren Laufgeräuschen.
- Austausch des Keilriemens bei sichtbaren Verschleißspuren.

**6 a)**
- Die Maschine muss vor der Wartung spannungslos geschaltet werden und vor Wiedereinschaltung durch Unbefugte gesichert werden!
- Öl, das auf den Boden getropft ist, sofort wegwischen oder mit Streumittel abstreuen!
- Werkzeuge vor und nach der Wartungsarbeit durchzählen, damit kein Werkzeug z.B. im Antriebskasten der Bandsägemaschine liegengeblieben ist!
- Sichereitshinweise der Hilfs- und Schmierstoffhersteller beachten!

**6 b)**
- Werkzeugsatz Maulschlüssel
- Werkzeugsatz Ringschlüssel
- Werkzeugsatz Schraubendreher
- Werkzeugsatz Innensechskantschlüssel
- Hammer

**6 c)**

Mit einem Tabellenbuch kann ermittelt werden:

CLP 100: Schmieröl auf Mineralölbasis mit Korrosionsschutz und Verschleißschutzzusätzen; ISO-Viskositätsklasse 100

K1K: Schmierfett auf Mineralölbasis für Wälz- und Gleitlager sowie Gleitflächen; Konsistenzzahl 1; Zusatzbuchstabe K: Obere Gebrauchstemperatur +120 °C sowie keine oder geringe Veränderung gegenüber Wasser

K2M: Schmierfett auf Mineralölbasis; Konsistenzzahl 2; Zusatzbuchstabe M: Obere Gebrauchstemperatur +120 °C, mäßige Veränderung gegenüber Wasser

KP2K: Schmierfett auf Mineralölbasis für verminderte Reibung; Konsistenzzahl 2; Zusatzbuchstabe K: Obere Gebrauchstemperatur +120 °C, keine Veränderung gegenüber Wasser

**6 d)**

Die verbrauchten Schmierstoffe und mit Schmierstoffen beschmutzte Lappen nur in die dafür vorgesehenen Behältnisse füllen. Sie werden ordnungsgemäß durch Spezialfirmen entsorgt.

**7**

Mit dem Daumen wird der Keilriemen an der längsten Stelle eingedrückt. Er sollte sich eine Daumenbreite eindrücken lassen.

Der Keilriemen wird an seiner längsten freiliegenden Seite zwischen Daumen und Zeigefinger gefasst und gedreht. Er sollte sich maximal $^1/_4$ drehen lassen.

**8**

Durch den Umbau der manuell betätigten Spannvorrichtung zu einer elektropneumatischen Spannvorrichtung wird der Spannvorgang bezüglich der Spannkraft und Einstellzeit optimiert. Um eine Verletzung des Bedieners auszuschließen, kann eine Zwei-Hand-Sicherheitsschaltung integriert werden.

**9**

Als Industriemechaniker darf man diese Arbeiten nicht durchführen. Ausnahme: Man wurde in die Arbeiten durch eine Elektrofachkraft unterrichtet. In VDE 100 heißt es dazu:

„Für den Betrieb und für Arbeiten in elektischen Anlagen sind Elektrofachkräfte erforderlich. Laien können durch Unterrichtung über ihre Aufgabe in elektrischen Anlagen zu unterwiesenen Personen aufsteigen. Die Unterweisung muss dabei durch eine Elektrofachkraft erfolgen. Elektrotechnisch unterwiesene Personen sind nur für einen Teil der anfallenden Arbeiten in elektrischen Anlagen zugelassen."

**10**

Die Korrosion kann z.B. durch folgende Maßnahmen verhindert werden:

- Einfetten der korrodierten Gehäusestellen.
- Säuberung und anschließende Lackierung der korrodierten Gehäusestellen.
- Sandstrahlen und anschließende Feuerverzinkung des gesamten Gehäuses.

**11**

Durch gleichzeitiges Drücken der Taster S1 und S2 zieht das Schütz K1 an. Die Magnetspulen 1M1 und 2M1 werden unter Spannung gesetzt und betätigen die 5/2 Wegeventile 1V1 und 2V1. Die Zylinder 1A1 und 2A1 fahren aus.

**12**

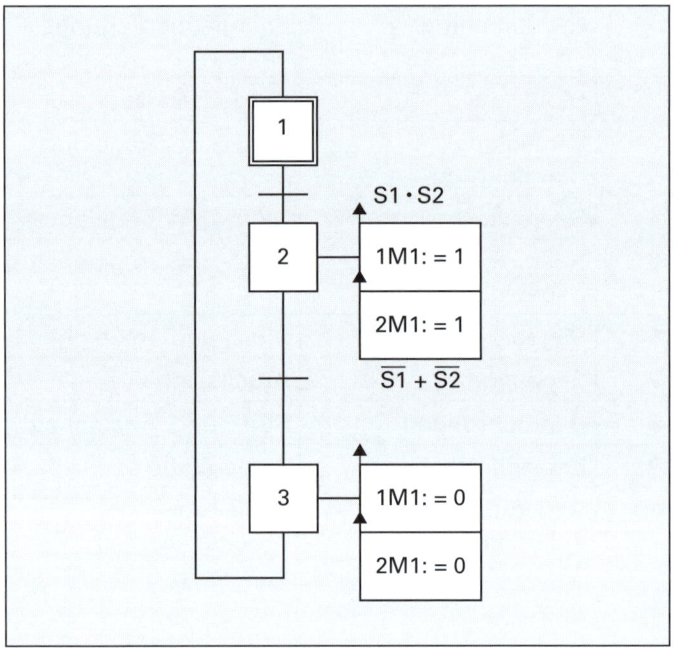


**13**

- Beachtung des Sicherheitsdatenblattes des Kühlschmierstoffherstellers.
- Vermeidung von unnötigem Körperkontakt mit Kühlschmierstoffen. Mit Kühlschmierstoff verunreinigte Kleidung sofort wechseln.
- Kühlschmierstoffe nur in die dafür vorgesehenen Behälter schütten und aufbewahren.
- Auf dem Boden ausgelaufene Kühlschmierstoffe mit geeigneten Bindemitteln abstreuen (Rutschgefahr!).
- Sollte die Haut nach dem Kontakt mit dem Kühlschmierstoff Rötungen oder sonstige Reaktionen zeigen sofort einen Arzt aufsuchen!
- Reine Öle als Kühlschmierstoffe werden meist vom Händler zurückgenommen.
- Wassergemischte Kühlschmierstoffe werden von Spezialunternehmen entsorgt und entsprechend aufbereitet. Das Wasser wird vom Öl getrennt (z.B. durch Fliehkrafttrennung, Membranverfahren, thermische Verfahren (Destilation), Flockung). Dies kann auch schon innerbetrieblich geschehen, wenn es für den Betrieb wirtschaftlich ist (wirtschaftlich interessant wird die innerbetriebliche Trennung ab einem Abfallvolumen von 100m³ pro Jahr).

**14 a)**

Bei gleichen Leistungsdaten ist die für die Lampe vorgesehene Spannung wichtig.

Ist jede Lampe für eine Spannung von 230 V ausgelegt, werden die Lampen parallel geschaltet. Vorteil der Parallelschaltung: Ist eine Lampe defekt, leuchten die anderen Lampen weiter!

Sind die Lampen für 80 V ausgelegt, müssen die Lampen in Reihe geschaltet werden (3 x 80 V = 240 V).

Da jede Lampe über einen eigenen Schalter verfügt, müssen die Lampen für 230 V ausgelegt sein und parallel geschaltet werden. Würde ein Schalter nicht eingeschaltet, würde keine Lampe leuchten.

**14 b)**

**Parallelschaltung**

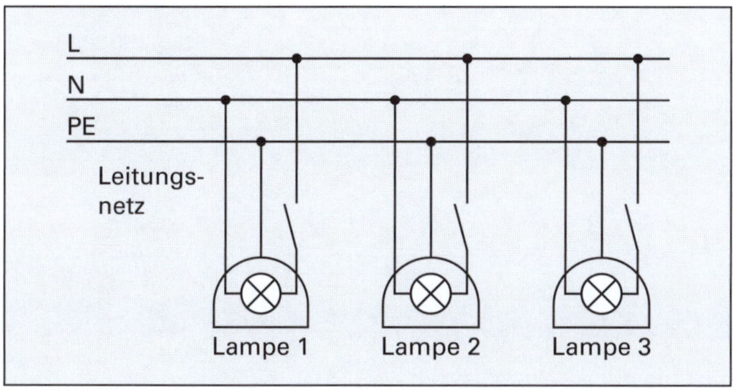


**15**

| | |
|---|---|
| S1 | Stellschalter mit Schließer |
| K1/K10 | Relaisspule |
| H1 | Lampe |
| M1 | Drehstrommotor |

**16 a)**

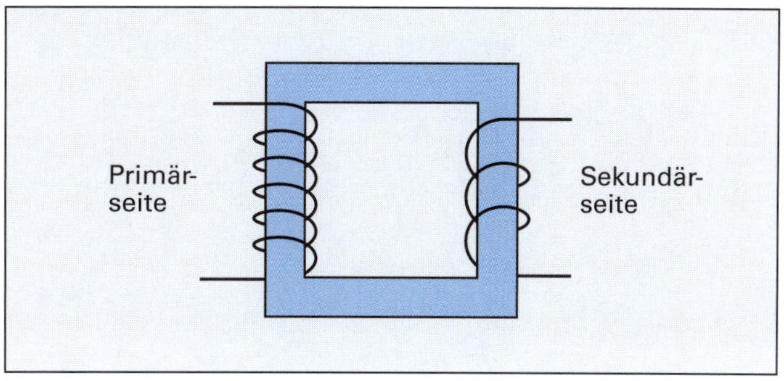


**16 b)**

Ein Transformator besteht aus einem ringförmigen Eisenkern und zwei gegenüberliegenden Spulen. Durch die Spule der Primärseite fließt ein Wechselstrom $I_1$. Dieser induziert ein Wechselmagnetfeld im ringförmigen Eisenkern. Durch das auf- bzw. abbauende Magnetfeld wird ein Strom $I_2$ in der Sekundärspule induziert.

**16 c)**

Der induzierte Strom verhält sich umgekehrt proportional zur Windungszahl, die Spannungen verhalten sich proportional:

$$\frac{N_1}{N_2} = \frac{U_1}{U_2} = \frac{I_2}{I_1}$$

$$\frac{U_1}{U_2} = \frac{N_1}{N_2}$$

$$N_1 = \frac{N_2 \cdot U_1}{U_2} = \frac{60 \cdot 400\,\text{V}}{24\,\text{V}} = 1000$$

**16 d)**

$$\frac{N_1}{N_2} = \frac{1000}{60} = 16{,}7$$

## Lösungen der Aufgaben mit Auswahlantworten von Seite 379 ff (gebundene Aufgaben)

| 1 | 2 | 3 | 4 | 5 | 6 | 7 | 8 | 9 | 10 |
|---|---|---|---|---|---|---|---|---|---|
| b | c | e | d | c | d | d | a | b | c |
| **11** | **12** | **13** | **14** | **15** | **16** | **17** | **18** | **19** | **20** |
| d | b | b | b | a | a | e | a | c | a |
| **21** | **22** | **23** | **24** | **25** | **26** | **27** | **28** | **29** | **30** |
| c | b | e | b | d | d | b | a | c | d |
| **31** | **32** | | | | | | | | |
| c | a | | | | | | | | |

# Lösungen der Leistungesüberprüfungen zu Lernfeld 5:
## Fertigen von Einzelteilen mit Werkzeugmaschinen (von Seite 383)

**Leitprojekt: Laufrollenlagerung**

### Lösungen der ungebundenen Aufgaben v. Seite 384

**1 a)**

Die Laufrollenlagerung ist von ihrem Aufbau her geeignet, die Beförderung von Bauteilen mit geringem Krafteinsatz zuzulassen.

Beispiel: Laufrollen übernehmen diese Aufgabe zusammen mit mehreren gleich aufgebauten Baugruppen in einer Förder- bzw. Transporteinrichtung.

**1 b)**

Die Laufrolle wird mit ihrem Achsbolzen (Pos. 4) in eine nicht näher bezeichnete Aufnahme bzw. Halterung gesteckt. Der Achsbolzen nimmt zwei Rillenkugellager (Pos. 3) auf, deren Abstand über einen Abstandsring (Pos. 2) festgelegt ist. Die beiden Rillenkugellager tragen die Laufrolle (Pos. 1). Eine axiale Verschiebung der Rillenkugellager wird durch den Sicherungsring (Pos. 5) verhindert. Der Deckel (Pos. 6), der mit vier Zylinderschrauben (Pos. 7) mit der Laufrolle verbunden ist, verhindert das Eindringen von Schmutz.

**2 a)**

Die Laufrolle besitzt nach dem Härten der Randzone eine harte und verschleißfeste Randzonenschicht bei gleichzeitig zähem und festem Kern. Mit dieser Wärmebehandlung werden zwei erforderliche Eigenschaften in einem Werkstück ermöglicht.

**2 b)**

Mögliche Verfahren zur Härtung der Randzone sind das Flammhärten, das Einsatzhärten und das Nitrierhärten (Nitrieren).

**2 c)**

Der Verfahrensablauf beim Flammhärten ist wie folgt: Mit Hilfe einer starken Brennerflamme wird eine dünne Randschicht eines Werkstücks aus härtbarem Stahl rasch auf die notwendige Härtetemperatur erwärmt. Sofort danach erfolgt mit einer Wasserbrause die Abschreckung des Werkstücks. Die Tiefe der gehärteten Randschicht kann bei diesem Verfahren in gewissen Grenzen verändert werden.

**2 d)**

Nach dem Abschrecken eines Werkstücks wird es in der Regel angelassen, um Spannungsrisse zu vermeiden. Die geeignete Anlasstemperatur ist vom Werkstoff und der gewünschten Härte und Zähigkeit am Ende der Wärmebehandlung abhängig.

**3 a)**

Die Härteprüfung wurde nach dem Härteprüfverfahren Rockwell C (Kurzzeichen HRC) durchgeführt.

**3 b)**

Die Härteprüfung nach Rockwell besteht aus vier Arbeitsschritten:

- ein Prüfkörper (Diamantkegel 120°) wird mit einer Prüfvorkraft auf das Werkstück aufgesetzt;
- eine definierte Prüfkraft wird aufgegeben und eine Zeit lang gehalten;
- die Prüfkraft wird zurückgenommen (die Prüfvorkraft bleibt erhalten);
- die bleibende Eindringtiefe des Prüfkörpers wird an der Skale des Messgerätes direkt als Härtewert (Härte HRC) abgelesen.

**4**

Die Maße können aus der Zusammenbauzeichnung der Laufrolle (M 1:1) entnommen werden.

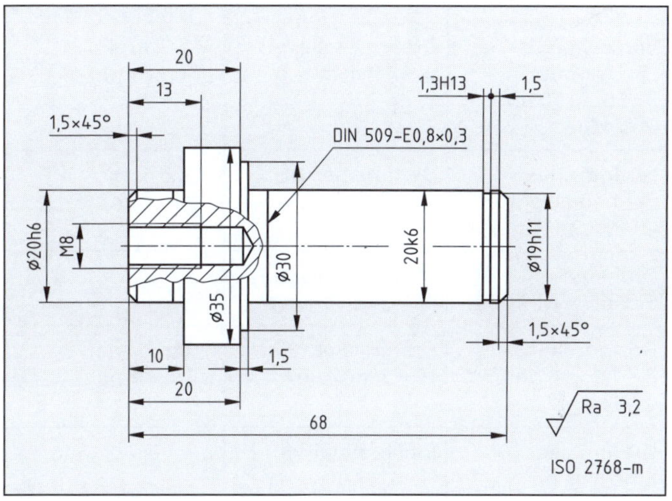


**5 a)**

| Benennung | Maß | Toleranz | Abmaße | Prüfgerät |
|---|---|---|---|---|
| Bohrungs-durchmesser | 20 | H7 | + 21 µm<br>0 | Grenzlehrdorn 20H7 |
| Bolzen durchmesser | 20 | h6 | 0<br>– 13 µm | Grenzrachen-lehre 20h6 |

**5 b)**

Beim Fügen der Bohrung ∅ 20H7 mit der Welle ∅ 20h6 entsteht eine Spielpassung mit sehr geringem Passungsspiel.

**5 c)**

Die Oberflächen des Achsbolzens (Pos. 4) sind größtenteils mit Toleranzangaben für Passmaße ausgestattet, die sich aus bestimmten Funktionen ergeben. Der Achsbolzen muss beispielsweise zwei Kugellager aufnehmen. Die gewünschten Funktionen wären bei der dargestellten Oberflächenangabe von 12,5 µm nicht mehr gewährleistet.

**6**

Die Gutseite eines Grenzlehrdorns verkörpert das Mindestmaß ($G_{uB}$) der Bohrung. Die Ausschussseite des Grenzlehrdoms verkörpert das Höchstmaß ($G_{ob}$) der Bohrung. Dem Taylorschen Grundsatz folgend, ist die Gutseite eines Grenzlehrdorns breiter ausgeführt als die Ausschussseite, um zumindest teilweise Maß und Form des Werkstücks gleichzeitig überprüfen zu können.

**7**

**Arbeitsplan für Achsbolzen Pos. 4**

| Arbeitsschritt | Werkzeuge, Hilfsmittel, ggf. Schnittgeschwindigkeit | Schnittdaten (Drehzahl) |
|---|---|---|
| Prüfen der Rohteilmaße | Messschieber | |
| Spannen des Werkstücks | Dreibackenfutter | |
| Plandrehen der rechten Werkstückseite | Drehmeißel, HSS $v_c$ = 50 m/min | 318,3 1/min (∅ 50 mm) |
| Vordrehen der Längskontur (∅ 35, ∅ 30 und ∅ 20k6) | Drehmeißel, HSS $v_c$ = 50 m/min | 318,3 1/min (∅ 50 mm) |
| Fertigdrehen der Längskontur (∅ 35 und ∅ 30) | Drehmeißel, HSS $v_c$ = 70 m/min | 636,6 1/min (∅ 35 mm) |
| Drehen des Einstichs DIN 509 | Drehmeißel, HSS | |
| Fertigdrehen der Längskontur ∅ 20k6 | Drehmeißel, HSS $v_c$ = 70 m/min | 1114,1 1/min (∅ 20 mm) |
| Drehen des Einstichs für den Sicherungsring | Einstechmeißel, HSS | |
| Umspannen auf ∅ 35 | Dreibackenfutter | |
| Auf Länge und Plandrehen der linken Werkstückseite | Drehmeißel, HSS $v_c$ = 50 m/min | 318,3 1/min (∅ 50 mm) |
| Vordrehen der Längskontur 20h6 | Drehmeißel, HSS $v_c$ = 50 m/min | 454,7 1/min (∅ 35 mm) |
| Drehen des Einstichs DIN 509 | Drehmeißel, HSS | |
| Fertigdrehen der Längskontur 20h6 | Drehmeißel, HSS $v_c$ = 70 m/min | 1114,1 1/min (∅ 20 mm) |
| Zentrieren der Gewindebohrung | Zentrierbohrer | |
| Kernloch für Gewinde M8 bohren und entgraten | Bohrer (∅ 6,7 mm) $v_c$ = 40 m/min | 1900,4 1/min (∅ 6,7 mm) |
| Gewinde M8 schneiden | Gewindebohrer M8, HSS, $v_c$ = 20 m/min | 795,8 1/min (∅ 8 mm) |
| Werkstück ausspannen und Maße überprüfen | Prüfmittel | |

**8 a)**

Die Formel zur Berechnung der Hauptnutzungszeit beim Drehen lautet:

$$t_H = \frac{L \cdot i}{n \cdot f}$$

*L* entspricht der jeweiligen Drehlänge, *i* gibt die Anzahl der benötigten Schnitte an, *n* ist die Drehzahl und *f* der Vorschub.

**8 b)**

Die Hauptnutzungszeit beträgt nach den Angaben 1,52 Minuten für die Schruppbearbeitung (4 Schnitte) und 0,76 Minuten für die Schlichtbearbeitung (1 Schnitt). In der Summe ergibt das 2,28 Minuten.

**8 c)**

Die Formel ist nicht ohne weiteres übertragbar, da im Gegensatz zum Drehen bei den Fertigungsverfahren Bohren und Fräsen Werkzeuge mit zwei bzw. mehreren Schneiden zum Einsatz kommen. Dies muss in der Formel zur Berechnung der Hauptnutzungszeit berücksichtigt werden.

**9 a)**

Die Formel zur Berechnung der theoretischen Rautiefe beim Drehen lautet:

$$Rt_H = \frac{f^2}{8 \cdot r}$$

*f* entspricht dem eingestellten Vorschub, *r* ist der Eckenradius des Werkzeugs.

**9 b)**

Unter der Annahme, dass als Vorschub beim Schlichten der Oberfläche $f$ = 0,1 mm eingestellt wurde, ergibt sich ein Eckenradius *r* von 0,25 mm.

**10 a)**

Als Schleifmittel kann Normal- oder Edelkorund verwendet werden.

**10 b)**

Die Körnung der Schleifscheibe sollte 60 bis 80 betragen.

**10 a)**

Die Umfangsgeschwindigkeit darf maximal 50 m/s betragen.

**11 a)**

Üblicherweise werden kompakte und rollfähige Spanformen (z.B. kurze, zylindrische Wendelspäne, Spiralwendelspäne) angestrebt.

Sie ergeben, im Gegensatz zu langen Spanformen, ein günstiges Spanvolumen.

Sehr kurze Späne können die Filter der Kühlschmieranlage zusetzen.

**11 b)**

Durch die Wahl geeigneter Zerspanungsbedingungen beim Einstellen der Drehzahl, des Vorschubs und der Schnitttiefe können günstige Spanformen erzeugt werden.

Die Spanbrüchigkeit wird durch Verwendung legierter Werkstoffe erhöht; z.B. durch Zugabe geringer Schwefelanteile bei Automatenstählen. Auch die Form der Schneidfläche beeinflusst die Spanbildung. So sollen Spanleitstufen bei Wendeschneidplatten kurze Späne hervorbringen.

**11 c)**

Spanformen sind:

Bandspäne, Wirrspäne, lange Wendelspäne, kurze Wendelspäne, Spiralwendelspäne, Spiralspäne und Bröckelspäne.

**12 a)**

Moderne Schneidstoffe müssen folgenden Anforderungen möglichst gut entsprechen:

- hohe Härte und hohe Warmhärte
- hohe Verschleißfestigkeit
- große Wäemewechselbeständigkeit
- hohe Druckfestigkeit
- hohe Biegefestigkeit
- ausreichend hohe Zähigkeit

**12 b)**

Ziele, die durch die Schneidstoffauswahl erreicht werden sollen sind:

- die wirtschaftliche Fertigung
- (niedrige Werkzeugkosten)
- eine hohe Oberflächengüte
- eine lange Standzeit der Werkzeuge
- ein möglichst breiter Einsatzbereich

**12 c)**

| Schneidstoff | Schnittgeschwindigkeit | Warmhärte |
|---|---|---|
| Schnellarbeitsstahl | $v_c$ = bis ca. 70 m/min | bis ca. 600 °C |
| Hartmetall | $v_c$ = bis ca. 350 m/min | bis ca. 1000 °C |
| Schneidkeramik | $v_c$ = bis ca. 1000 m/min (beim Schlichten) | bis ca. 1500 °C |

**13**

Die Hauptaufgabe der Kühlschmierstoffe ist die Kühlung und Schmierung an der Arbeitsfläche des Werkzeugs und des Werkstücks.

**Lösungen der Aufgaben mit Auswahlantworten** von Seite 386 ff (gebundene Aufgaben)

| | | | | | | | | | |
|---|---|---|---|---|---|---|---|---|---|
| **1** | **2** | **3** | **4** | **5** | **6** | **7.1** | **7.2** | **7.3** | **8.1** |
| b | c | a | e | c | e | a | d | b | a |
| **8.2** | **9.1** | **9.2** | **9.3** | **10** | **11** | **12** | **13** | **14** | **15** |
| b | c | e | b | c | d | b | d | c | e |
| **16** | **17** | | | | | | | | |
| a | d | | | | | | | | |

# Lösungen der Leistungsüberprüfungen zu Lernfeld 6:

## Installieren und Inbetriebnahmen steuerungstechnischer Systeme (von Seite 389)

**Leitprojekt: Steuerung einer Montagestation**

### Lösungen der ungebundenen Aufgaben v. Seite 390

**1**

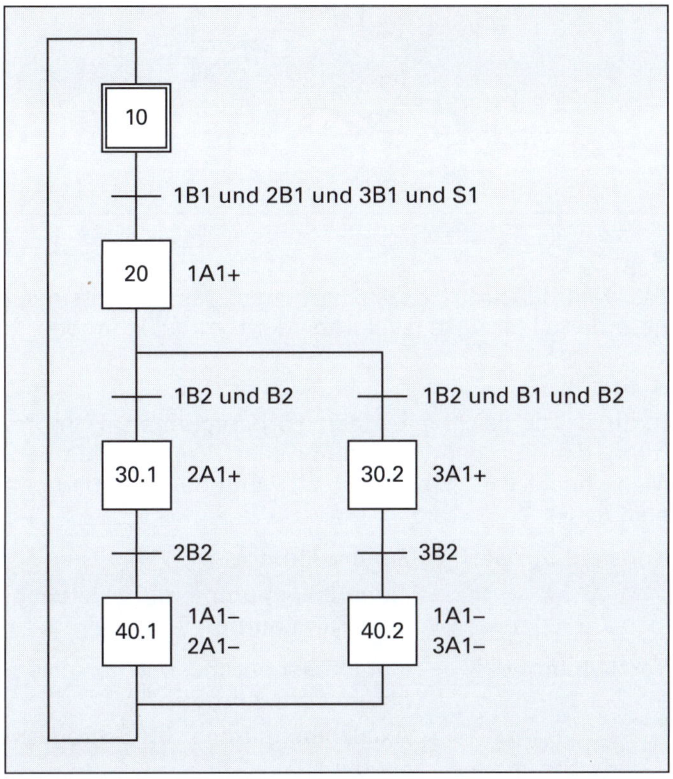


**2 a)**

**Aktive Sensoren** erzeugen durch die Aktivierung einen energetischen Effekt, z.B. eine elektrische Spannung.

Bei **passiven Sensoren** ändern sich hingegen die elektrischen Eigenschaften des Sensors (z.B. Änderung der Induktivität oder Kapazität).

**2 b)**

Zwei passive Sensoren: Ein kapazitiver und ein induktiver Sensor werden gleichzeitig benutzt. Reagiert nur der kapazitive Sensor, handelt es sich um ein Kunststoffteil. Reagieren beide Sensoren gleichzeitig, liegt ein Metallteil vor.

**3 a)**

Die Anlage muss gesichert werden, damit kein Bediener unbeabsichtigt in die Anlage greifen und zwischen die Arbeitsglieder kommen kann (Quetschgefahr!).

**3 b)**

Der Lichtvorhang ist preiswert und ausfallsicher. Er stört nicht im normalen Arbeitsablauf (Befüllung des Fallmagazins) wie eine Sicherheitstüre, die geöffnet und geschlossen werden muss.

**3 c)**

Bei Einweglichtschranken sind Sender und Empfänger gegenüberliegend montiert. Wird der Lichtstrahl zwischen Sender und Empfänger unterbrochen, wird ein Signal ausgelöst.

**3 d)**

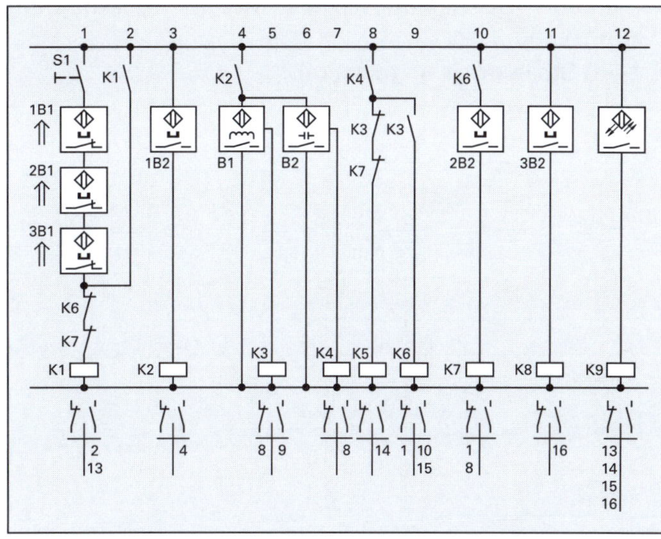


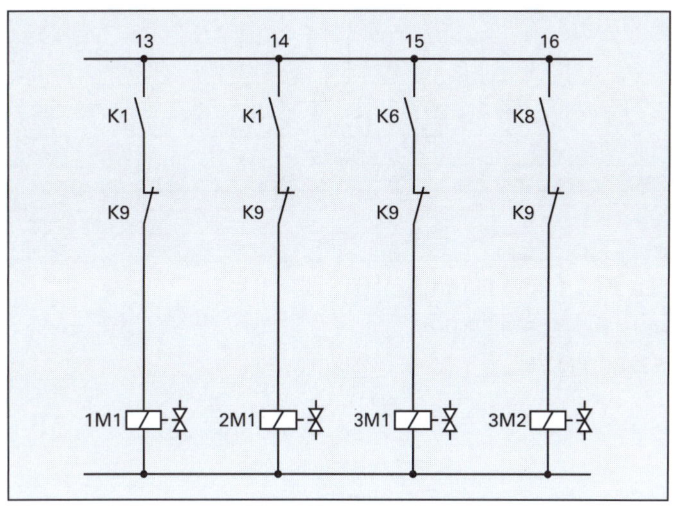


**4 a)**

Zum Beispiel ein Ultraschallsensor

**4 b)**

Ein Ultraschallsensor wird durch eine Steuerelektronik periodisch angesteuert. Im ersten Takt sendet er wie ein Lautsprecher Sinuswellen aus. Im zweiten Takt schaltet die Steuerelektronik auf Empfang um und der Ultraschallsensor funktioniert wie ein Mikrophon. Befindet sich im Arbeitsbereich des Ultraschallsensors ein Gegenstand, so werden die ausgesandten Schallwellen von ihm reflektiert und das Signal des Sensors wird als Echo vom Ultraschallsensor empfangen. Eine Elektronik wertet die Signale aus. Je nach der Entfernung der reflektierenden Fläche ist die Laufzeit des Schallsignals kürzer oder länger.

So kann die richtige Lage des Bauteils gemessen werden.

**5 a)**

- Es können größere Kräfte bei kleineren Zylinderabmessungen übertragen werden.
- Stufenlos einstellbare Geschwindigkeiten sind möglich.
- Gleichförmige Bewegungen wegen der geringen Kompressibilität der Hydraulikflüssigkeit.
- Sicherer Überlastungsschutz durch Druckbegrenzungsventil.
- Gute Steuer- und Regelbarkeit.

**5 b)**

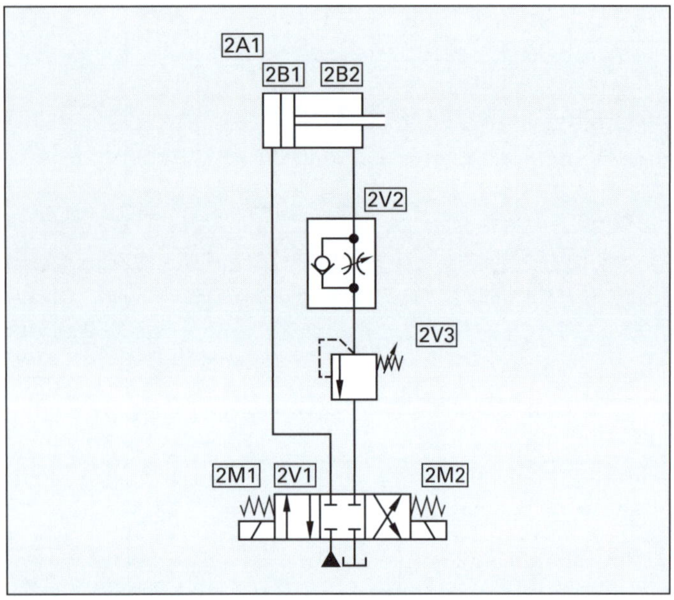


**5 c)**

Mit 1 bar = 0,1 N/mm² folgt:

$p_e = 30\ \text{bar} = 3\ \text{N/mm}^2$

$F = 600\ \text{N}$

$$p = \frac{F}{A} \quad \text{mit} \quad p = \frac{\pi \cdot d^2}{4} \quad \Rightarrow p = \frac{4 \cdot F}{\pi \cdot d^2}$$

$$d = \sqrt{\frac{4\,F}{\pi\,p}} = \sqrt{\frac{4 \cdot 600\ \text{N/mm}^2}{\pi \cdot 3\ \text{N}}} = 15{,}96\ \text{mm}$$

**5 d)**

Das Druckbegrenzungsventil dient als Sicherheitsventil. Hydraulikzylinder erzeugen sehr große Kräfte, die zur Beschädigung bzw. Zerstörung eines Bauteiles führen können. Das Druckbegrenzungsventil begrenzt die Größe der erzeugten Druckkraft und schützt damit das Bauteil vor Überlastung.

**5 e)**

Bei einem Druckbegrenzungsventil wird mit einer einstellbaren Feder ein Sperrelement gegen den Sitz gedrückt. Entsteht im System aufgrund eines höheren Druckes eine größere Kraft als die an der Feder eingestellte, öffnet das Ventil. Die Hydraulikflüssigkeit strömt in den Vorratsbehälter zurück.

**5 f)**

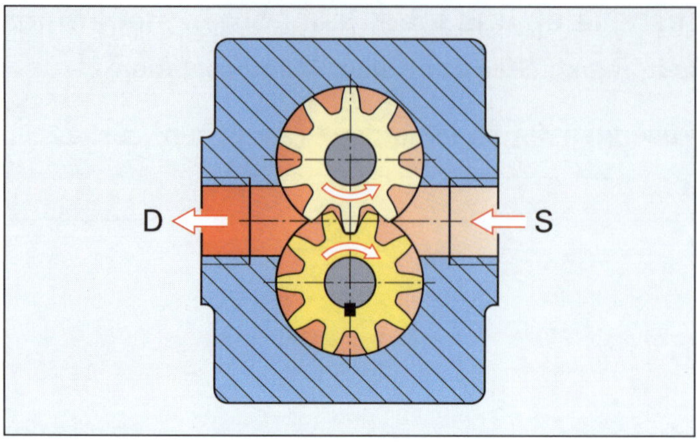


**5 g)**

Als Volumenstrom bezeichnet man das je Zeiteinheit geförderte Flüssigkeitsvolumen der Hydraulikpumpe.

**5 h)**

Pumpen mit gleichbleibendem Fördervolumen je Umdrehung der Pumpenwelle nennt man Konstantpumpen. Man spricht von Verstellpumpe, wenn das Volumen einstellbar ist.

Konstantpumpe:
- Zahnradpumpe
- Flügelzellenpumpe mit feststehendem Pumpenrotor

Verstellpumpe:
- Flügelzellenpumpe mit verschiebbarem Pumpenrotor
- Axialkolbenpumpe in Schrägachsenbauart

**5 i)**

Blasenspeicher, Membranspeicher, Kolbenspeicher

**5 j)**

Hydrauliköle auf Mineralölbasis, schwerentflammbare Flüssigkeiten und biologisch abbaubare Flüssigkeiten.

**5 k)**

Hydrauliköl auf Mineralölbasis. Die Anlage ist keinen hohen Temperaturen ausgesetzt und wird nicht in einem ökologisch sensiblen Gebiet betrieben wird.

**6 a)**

Mit der Einstellschraube wird der für das System benötigte Druck eingestellt.

Ist die Einstellschraube so weit wie möglich herausgedreht, verschließt der Kolben den Durchgang von Druckanschluss (1) zum Arbeitsanschluss (2).

Wird die Einstellschraube hineingedreht, übt die Druckfeder eine Kraft auf die Membrane aus. Über den Stößel und den Kolben wird diese Kraft übertragen und wirkt der Kraft der Schließfeder und der Kraft, die durch den Druck am Druckanschlus erzeugt wird, entgegen. Der Kolben öffnet und verbindet durch einen schmalen Spalt den Druckanschluss mit dem Arbeitsanschluss.

Der hohe Druck am Druckanschluss breitet sich über die Ausgleichsbohrung auch zur Membran aus und übt eine Kraft auf sie aus. Diese Kraft wirkt der Kraft der Druckfeder entgegen. Die Rückstellfeder drückt den Kolben nach oben und der Spalt zwischen Druckanschluss und Kolben wird geschlossen.

Wird am Arbeitsanschluss Druckluft entnommen, sinkt der Druck auf der Arbeitsanschlussseite wieder. Die Kraft aus dem Druck auf die Membran nimmt ab. Die Kraft der Druckfeder reicht wieder aus, um über den Stößel den Kolben gegen die Rückstellfeder nach unten zu drücken. Es entsteht wieder ein kleiner Spalt.

Wird am Arbeitsanschluss ständig Druckluft entnommen, bleibt immer ein kleiner Verbindungsspalt offen, durch den kontinuierlich Druckluft strömen kann.

**6 b)**

Die Kraft, die auf die äußere Fläche der Stahlrohrfeder wirkt, ist größer ist als die Kraft, die auf die innere Fläche wirkt. Dadurch biegt sich die Rohrfeder mit größer werdendem Druck auf (der Durchmesser wird größer).

Über den Hebel und das Zahnradsegment wird das Zahnrad, an dem der Zeiger befestigt ist, gedreht. Der Ausschlag des Zeigers ist proportional zum anliegenden Druck.

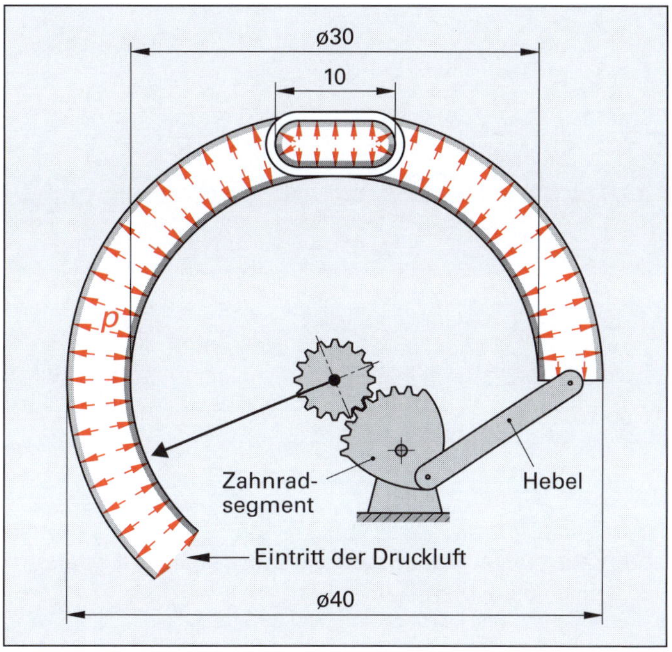


**7 a)**

Durch ein Leitblech in der Luft wird eine Wirbelströmung erzeugt.

Die rotierende Strömung bewirkt eine Zentrifugalkraft auf die Wassertröpfchen ud die Schmutzpartikel in der Luft. Sie werden nach außen geschleudert, prallen an die Wand des Schauglases und rutschen an ihm nach unten.

Die entwässerte Luft kann unter dem Leitkegel durch den Luftfilter strömen und wird dort von weiteren Schmutzpartikeln befreit.

Die Schutzkappe sorgt dafür, dass kein Wasser vom Boden des Schauglases in die wirbelnde Luft und damit durch den Luftfilter gezogen wird.

**7 b)**

Die gereinigte Luft strömt von links nach rechts durch den Öler. In der Druckleitung befindet sich eine Verengung, die Venturidüse. Durch diese Verengung muss die Luft schneller strömen.

Es entstehen an den Außenbereichen der Venturidüse Unterdrücke. Dadurch herrscht im Ölschauglas ein geringerer Druck als im Ölbehälter. Das Öl steigt durch das Ölsteigröhrchen in das Ölschauglas und tropft in den Zerstäuber.

Die strömende Luft reißt das aus dem Zerstäuber kommende Öl mit und verteilt es feinst in der Luft.

**8 a)**

- Der Sensor 2B2 ist defekt.
- Das 5/2 Wegeventil 2V1 ist defekt.
- Das Schütz K5 ist defekt (die Kontakte „kleben" aneinander.

**8 b)**

- Die Kontrolllampen an den Sensoren überprüfen,
- Spannung am Sensor überprüfen,
- K6 spannungslos schalten.

**8 c)**

Ja, als unterwiesene Fachkraft darf die Industriemechanikerin/der Industriemechaniker diese Arbeiten ausführen.

Erläuterung:
Für den Betrieb und für Arbeiten in elektischen Anlagen sind Elektrofachkräfte erforderlich. Nicht-Elektrofachkräfte können durch Unterrichtung über ihre Aufgabe in elektrischen Anlagen zu unterwiesenen Personen aufsteigen. Die Unterweisung muss dabei durch eine Elektrofachkraft erfolgen.

Elektrotechnisch unterwiesene Personen sind nur für einen Teil der anfallenden Arbeiten in elektrischen Anlagen zugelassen.

**Lösungen der Aufgaben mit Auswahlantworten** von Seite 392 ff (gebundene Aufgaben)

| 1 | 2 | 3 | 4 | 5 | 6 | 7 | 8 | 9 | 10 |
|---|---|---|---|---|---|---|---|---|---|
| d | a | c | e | d | b | a | c | b | d |
| **11** | **12** | **13** | **14** | **15** | **16** | **17** | **18** | **19** | **20** |
| a | d | c | c | d | a | b | a | e | d |
| **21** | **22** | | | | | | | | |
| c | a | | | | | | | | |

## Lösungen der Leistungsüberprüfungen zu Lernfeld 7:

## Montieren von technischen Systemen (von Seite 395)

**Leitprojekt: Montieren eines Kegelradgetriebes**

### Lösungen der ungebundenen Aufgaben v. Seite 396

**1 a)**

Pos. 8: Schrägkugellager

Pos. 20: Pendelkugellager

**1 b)**

Das Schrägkugellager nimmt radiale und axiale Kräfte auf.

**1 c)**

Das Pendelkegellager nimmt die Radialkräfte auf. Zudem gleicht es Fluchtungsfehler aus.

**1 d)**

Die Distanz- oder Abstandsringe sichern den Abstand zwischen den beiden Lagerstellen.

**2**

Einsatzstahl mit:
0,16% Kohlenstoff (C),
1,25% Mangan (Mn)
und geringen Anteilen Chrom Cr.

**3**

Pos. 14: Radial-Wellendichtung

Pos. 22: Sicherungsring

**4**

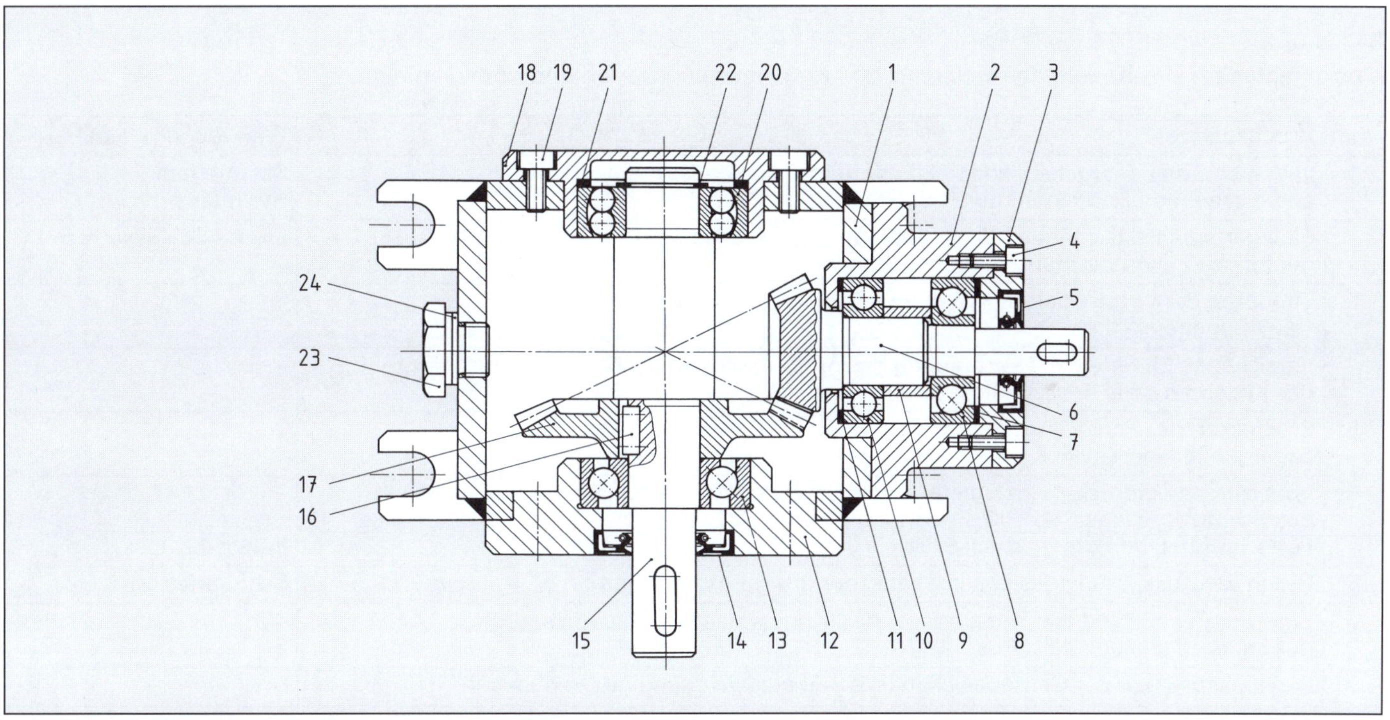


**Montageplan für die Baugruppe: Kleine Kegelradwelle mit Lagerung (Pos. 2 bis Pos. 10)**

| Nr. | Arbeitsgänge | Werkzeuge/Hilfsmittel |
|---|---|---|
| 1 | Einzelteile bereit legen, Werkzeuge und Hilfsmittel bereit stellen | – |
| 2 | Wellenabsätze (Pos. 6) einfetten | Schmierfett |
| 3 | Passscheibe (Pos. 11) in das Gehäuse (Pos. 2) einlegen | – |
| 4 | Rillenkugellager (Pos. 10) in das Gehäuse (Pos. 2) einpressen | Hydraulische Presse, Montagehülse |
| 5 | Kegelradwelle (Pos. 6) in das Gehäuse (Pos. 2) mit Rillenkugellager (Pos. 10) einführen | – |
| 6 | Abstandsring (Pos. 9) aufpressen | Hydraulische Presse Montagehülse |
| 7 | Hohlraum zwischen Abstandsring und Gehäuse mit Schmierfett füllen | Schmierfett |
| 8 | Schrägkugellager (Pos. 8) auf die Kegelradwelle (Pos. 6) pressen | Hydraulische Presse Montagehülse |
| 9 | Passscheibe einlegen | – |
| 10 | Lagerdeckel (Pos. 3) anlegen und mit Zylinderschrauben (Pos. 4) festschrauben | Inbuss-Schlüssel |
| 11 | Hohlraum mit Schmierfett füllen | Schmierfett |
| 12 | Radialwellendichtring (Pos. 5) über die Welle (Pos. 6) in die Deckelaussparung (Pos. 3) drücken | – |

**5**

**Montageplan für die Baugruppe: Große Kegelradwelle (Pos. 15) mit Lager (Pos. 13 bis 22)**

| Nr. | Arbeitsgänge | Werkzeuge/Hilfsmittel |
|---|---|---|
| 1 | Die Wellenzapfen an beiden Enden der Welle einfetten | Schmierfett |
| 2 | Am kurzen Absatz der Welle das zweireihige Pendelkugellager (Pos. 20) aufpressen und mit einem Sicherungsring (Pos. 22) sichern | Hydraulikpresse |
| 3 | Am anderen Wellenende die Passfeder (Pos. 16) in die Nut einlegen, das Kegelrad (Pos. 17) aufpressen | Hydraulikpresse |
| 4 | Die Schrägkugellager (Pos. 13) einpressen | Hydraulikpresse |

**6**

Bei der Montage von Kegelrädern ist das Spiel an den Zahnflanken einzustellen.

**7**

Zwischen dem Lagergehäuse (Pos. 2) und dem Rillenkugellager (Pos. 10) wird eine Passscheibe (Pos. 11) eingelegt. Durch rasches Drehen der Kegelradwelle (Pos. 6) kann das Spiel kontrolliert werden. Durch Variieren der Passscheibendicke kann das geeignete Spiel eingestellt werden.

**8**

**Montageplan für das Kegelradgetriebe aus den Kegelradbaugruppen und dem Gehäuse**

| Nr. | Arbeitsgänge | Werkzeuge/Hilfsmittel |
|---|---|---|
| 1 | In den oberen Lagergehäusedeckel (Pos. 18) die Abstandsscheibe (Pos. 21) einpressen, den Deckelhohlraum mit Schmierfett füllen | Schmierfett<br>Hydraulikpresse |
| 2 | Einlegen und Festschrauben des vorbereiteten oberen Lagergehäusedeckels (Pos. 18) mit Inbuss-Zylinderschrauben (Pos. 19) | Inbuss-Schlüssel |
| 3 | Einführen der vormontierten Kegelradwelle (Pos. 15) von unten in das Getriebegehäuse (Pos. 1) | – |
| 4 | Vorsichtiges Einfädeln der Verzahnung des großen Kegelrades (Pos. 17) und des Kegelradritzels der 2. Welle (Pos. 6) | – |
| 5 | Eindrücken des Pendelkugellagers (Pos. 20) in die Aussparung des oberen Lagergehäusedeckel (Pos. 18) | – |
| 6 | Vorsichtiges Eindrücken des unteren Lagergehäusedeckels (Pos. 12) über das Schrägkugellager (Pos. 13)<br>Festschrauben des Lagergehäusedeckels (Pos. 12) | –<br>Inbuss-Schlüssel |
| 7 | Füllen der Aussparung des Lagergehäusedeckels mit Schmierfett | Schmierfett |
| 8 | Eindrücken per Hand des Radial-Wellendichtrings (Pos. 14) in die Aussparung des Lagergehäusedeckels (Pos. 12) | – |
| 9 | Funktionsprüfung der Getriebewellen (Pos. 15) auf leichtgängige Drehbarkeit | – |

**9**

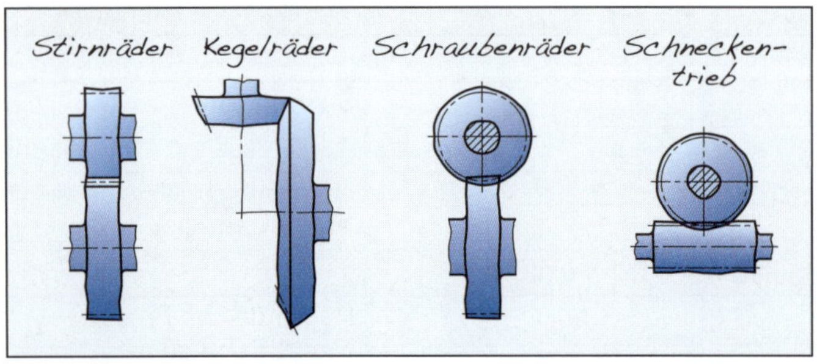


**10**

Vor dem Zusammenbau der Pos. 1 mit Pos. 2 muss auf der Anlagefläche Dichtungspaste (flüssige Dichtung) aufgetragen werden.

**11**

Zum Abdichten verwendet man flüssige Dichtung, die vor der Montage auf die Dichtfläche aufgetragen wird.

**12**

Die Dichtung darf beim Einbau nicht verkanten. Die Dichtlippe darf nicht beschädigt werden.

**13**

Wegen der hohen Flächenpressung an den Flanken mussein Schmierstoff mit erhöhter Druckfestigkeit verwendet werden. Dies gilt insbesondere bei hypoidverzahnten Kegelrädern.

**14 a)**

Die Linien stellen sinnbildlich Freistiche nach DIN 509 dar.

**14 b)**

Die Freistiche sind zur Erleichterung beim Rundschleifen der Welle und zur Verminderung der Kerbwirkung am Wellenansatz erforderlich.

**15**

Die Schrauben entsprechen ISO 4762.

Sie haben ein metrisches Gewinde M8. Die Schrauben-Schaftlänge ist 20 mm.

Die Schrauben haben die Festigkeitsklasse 8.8, d.h. die Mindest-Zugfestigkeit beträgt $100 \cdot 8 = 800$ N/mm², die Mindest-Streckgrenze ist $10 \cdot 8 \cdot 8 = 640$ N/mm².

**16**

Bei der Montage müssen die Lager und die Welle frei von Schmutz und Feuchtigkeit sein. Das Lager muss mit einem Korrosionsschutz-Schmierfett gefüllt sein.

**17**

Als Schraubensicherung könnte ein mikro-verkapselter Klebstoff eingesetzt werden.

**18**

Durch Drehen der Welle (Pos. 6) per Hand wird auf Leichtgängigkeit des Getriebes geprüft.

Nach dem Herausdrehen der Ölverschlussschraube wird am Peilstab der Ölstand abgelesen.

Anschließend wird an der Antriebswelle (Pos. 6) über eine Kupplung ein Elektromotor angeschlossen und an der Antriebswelle (Pos. 15) eine Lastbremse angeflanscht. Dann wird das Kegelradgetriebe bei Nenn-Drehzahl (Nenn-Drehfrequenz) und Nenn-Lastmoment 3 Stunden lang betrieben. Im Abstand von 15 Minuten wird die Temperatur am Gehäuse gemessen.

| **Prüfprotokoll des Kegelradgetriebes** | | |
|---|---|---|
| Leichtgängigkeit des Getriebes | | ✓ |
| Höhe des Ölstands | | 18 cm |
| Probelauf | | ✓ |
| Nenndrehzahl in $min^{-1}$ | | 182 |
| Lastmoment in N · m | | 354 |
| Temperatur in °C am Gehäuse nach: | | |
| | Beginn | 8 |
| | 15 min | 36 |
| | 30 min | 42 |
| | 45 min | 43 |
| | ⋮ | |
| | 165 min | 42 |
| | 180 min | 43 |
| Tragbild der Zahnflanken kontrolliert | | ✓ |
| Ölwechsel vorgenommen | | ✓v |

**19**

Das Kegelradgetriebe soll möglichst leicht laufen und braucht keine sehr großen Lagerkräfte tragen. Für dieses Anforderungsprofil sind Wälzlager besser als Gleitlager geeignet.

**20**

In Wälzlagern tritt Wälzreibung auf. Hierbei handelt es sich um eine Kombination aus Rollreibung und Gleitreibung.

**21**

Flächenpressung tritt auf, wo zwei Flächen mit einer Kraft aufliegen, z.B. an den Flächen der ineinander greifenden Zahnräder oder an den Auflageflächen der Wälzlagerkugeln auf dem Wälzlagerrimg.

**22 a)**

Bei zu großer Rauheit werden die Werkstoffspitzen beim Fügen eingeebnet. Die gewünschte Lagerpassung wird nicht erreicht.

**22 a)**

Die Rauheit kann durch Innen-Rundschleifen eingehalten werden.

**23**

Gegeben: $V_{Öl} = 3{,}6$ l, $\Delta t = 26$ °C

$\varrho_{Öl} = 0{,}91$ kg/dm³, $c_{Öl} = 2{,}09$ kJ/kg · K

**23 a)**

Lösung:

$Q = c \cdot m \cdot \Delta t$

$m_{Öl} = \varrho_{Öl} \cdot V_{Öl} = 0{,}91 \text{ kg/dm}^3 \cdot 3{,}6 \text{ dm}^3 = 3{,}276 \text{ kg}$

$$\mathbf{Q} = 2{,}09 \frac{\text{kJ}}{\text{kg} \cdot \text{K}} \; 3{,}276 \text{ kg} = 26 \text{ K} \approx 178 \text{ kJ}$$

**23 b)**

Gegeben: $l_1 = 468$ mm,

$\alpha_{stahl} = 0{,}000012$ 1/°C

$\Delta l = \alpha \cdot l_1 \cdot \Delta t$

$= 0{,}000012 \text{ 1/°C} \cdot 468 \text{ mm} \cdot 26 \text{ °C} \approx \mathbf{0{,}146 \text{ mm}}$

**24**

Gegeben:

Lagerinnenring ∅ 20P6; $ES = 0$ µm; $EI = -10$ µm

Wellenzapfen ∅ 20k6; $es = +15$ µm; $ei = +2$ µm

**24 a)**

Lösung:

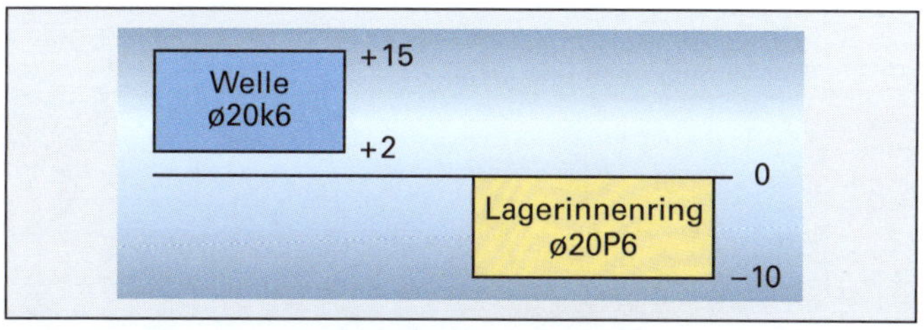


$\mathbf{P_{ÜM}} = ES - ei = 0 \text{ µm} - 2 \text{ µm} = \mathbf{-2 \text{ µm}}$

$\mathbf{P_{ÜH}} = EI - es = -10 \text{ µm} - 15 \text{ µm} = \mathbf{-25 \text{ µm}}$

**24 b)**

Damit die Montage mindestens mit einem Spiel von 10 µm (= 0,010 mm) erfolgen kann, muss der innere Durchmesser des Lagerinnenrings sich um $\Delta l = 25 \text{ µm} + 10 \text{ µm} = 35 \text{ µm}$ dehnen.

$\alpha_{Stahl} = 0{,}000012$ 1/°C

$$\Delta l = \alpha \cdot l_1 \cdot \Delta t \;\Rightarrow\; \Delta t = \frac{\Delta l}{\alpha \cdot l_1}$$

$$\mathbf{\Delta t} = \frac{0{,}035 \text{ mm}}{0{,}0000012 \text{ 1/°C} \cdot 20 \text{ mm}} \approx \mathbf{146 \text{ °C}}$$

$\mathbf{t} = 20 \text{ °C} + 146 \text{ °C} = \mathbf{166 \text{ °C}}$

**25 a)**

Die Passfeder überträgt das Drehmoment vom Kegelrad (Pos. 17) auf die Welle (Pos. 15).

**25 b)**

Für stoßartige und hohe Belastung sind geeignet: Keilwellen-Verbindungen, Zahnwellen-Verbindungen, Polygon-Verbindungen.

**26**

Das Schrägkugellager (Pos. 13) ist das Festlager, das Pendelkugellager (Pos. 20) wirkt als Loslager.

**27**

Gleitlager werden bevorzugt eingesetzt:

- entweder als wartungsfreie Lager mit Schmierstoffvorrat für kleine Lagerstellen
- oder als Mehrschicht-Gleitlager mit Ölschmierung für hoch belastete Lagerstellen.

Wälzlager werden bevorzugt eingesetzt

- wenn leichtgängige, austauschbare und preiswerte Lager gefordert sind.

## **Lösungen der Aufgaben mit Auswahlantworten** von Seite 398 (gebundene Aufgaben)

| 1 | 2 | 3 | 4 | 5 | 6 | 7 | 8 | 9 | 10 |
|---|---|---|---|---|---|---|---|---|---|
| e | c | b | b | b | d | d | c | c | c |
| **11** | **12** | **13** | **14** | **15** | **16.1** | **16.2** | **17** | **18** | **19** |
| e | b | c | c | d | d | b | c | c | d |
| **20** | **21** | **22** | **23** | **24** | **25.1** | **25.2** | | | |
| e | b | a | c | d | b | d | | | |

# Lösungen der Leistungsüberprüfungen zu Lernfeld 8:

## Fertigen auf numerisch gesteuerten Werkzeugmaschinen (von Seite 401)

**Leitprojekt: Lagerung einer Kegelradwelle**

### Lösungen der ungebundenen Aufgaben v. Seite 402

**1 a)**

Radial-Wellendichtung, RWDR

**1 b)**

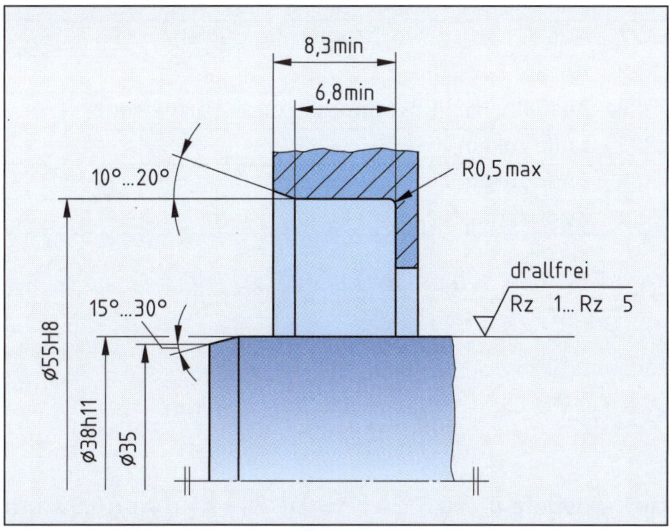


**1 c)**

Elastomerteil aus Nitrit-Butadien-Kautschuk (NB)

**2 a)**

Nutmutter für Wälzlager, Nutmutter DIN 981

**2 b)**

Metrisches Feingewinde: M25 x 1,5

**2 c)**

Außendurchmesser $d_2$ = 38 mm
Breite h = 7 mm

**3**

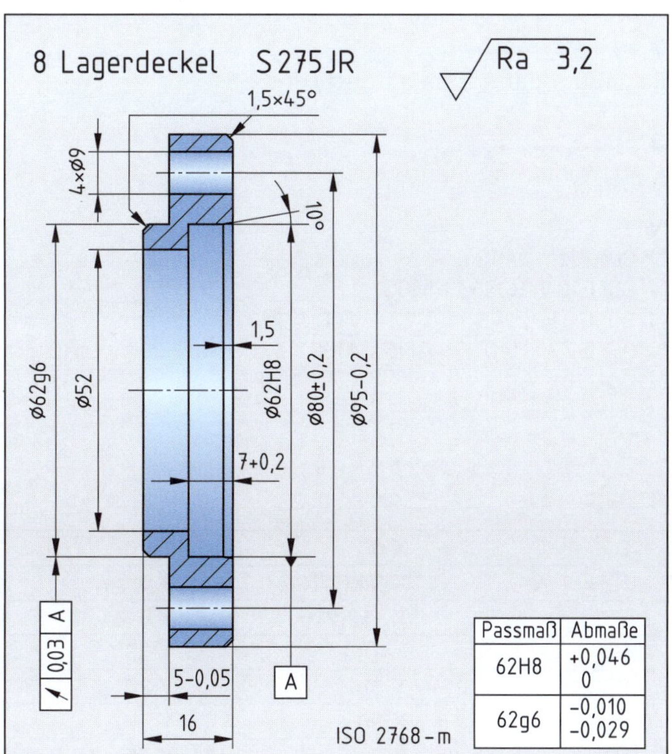


**4 a)**

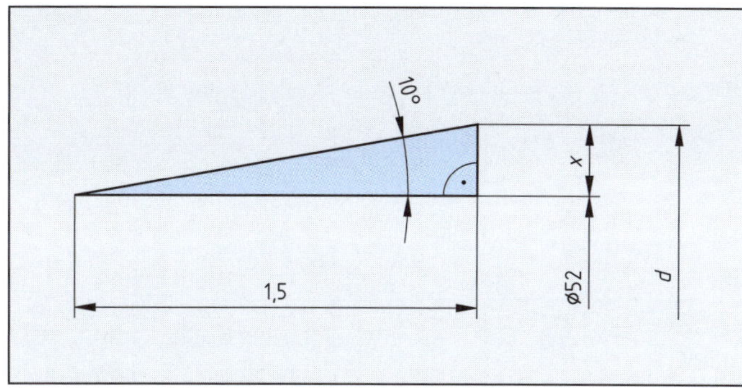


$x$ = 1,5 mm · tan 10°
$x$ = 1,5 mm · 0,176
$x$ = 0,264 mm
$d$ = 62 mm + 2 · 0,264 mm
$d$ = 62,528 mm

**4 b)**

```
%9
N10   T06   M06
N20   G96   F0,1 S745 M04
N30   G00   X62,528 Z2
N40   G01   Z0
N50   G01   X62.023 Z-1,5
N60   G01   Z-7
N70   G01   X52
N80   G01   Z-17
N90   G00   X50
N100  G00   Z2
N110  G00   X100 Z100 M30
```

**5 a)**

Stufenlos regelbare Gleichstrommotore oder frequenzgesteuerte Drehstrommotors hoher Leistung

**5 b)**

Es werden spielfreie, leichtgängige Kugelumlaufspindeln verwendet.

**5 c)**

Das Maschinenbett ist besonders starr und schwingungsarm gebaut.

**5 d)**

Es ist mindestens eine 2D-Bahnsteuerung erforderlich.

**5 e)**

Die positive Z-Achse entspricht der Achse Arbeitsspindel-Reitstock. Die positive X-Achse ist rechtwinklig von der Z-Achse (Drehmitte) zum Drehwerkzeug gerichtet.

**5 f)**

An der Drehmaschine können Teilungen ähnlich wie an einem Teilapparat vorgenommen werden. Außerdem ist das Unrunddrehen möglich.

**6 a)**

Das Maß D entspricht dem Durchmesser d1 der Position 9 (Stückliste Seite LÜ 8/1) = 38 mm.

**6 b)**

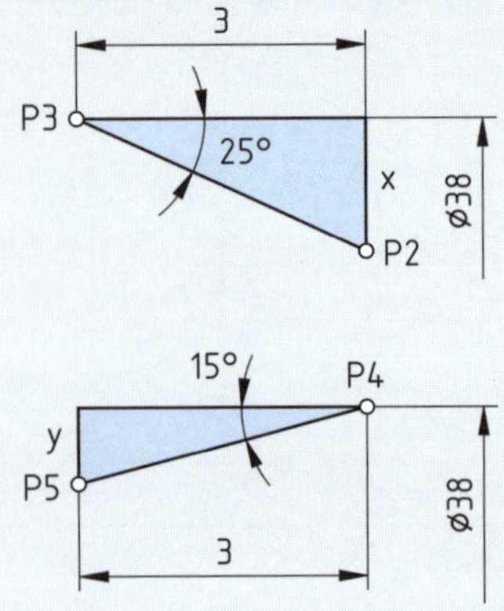


x = 3 mm × tan 25°
x = 1,399 mm
P2 = ø38 mm − 2 × 1,399 mm
P2 = 35,202 mm (ø-bezogen)

y = 3 mm × tan 15°
y = 0,804 mm
P5 = ø38 mm − 2 × 0,804 mm
P5 = 36,392 mm (ø-bezogen)

| | $\frac{x}{mm}$ | $\frac{z}{mm}$ |
|---|---|---|
| P1 | 26,000 | 0,000 |
| P2 | 35,202 | 0,000 |
| P3 | 38,000 | -3,000 |
| P4 | 38,000 | -12,000 |
| P5 | 36,392 | -15,000 |

**6 c)**

```
N10 G01     X25    Z0
N20 X35.202
N30 X38Z-3
N40 Z-12
N50 X36.392  Z-15
```

**7 a)**

| Parameter für den Abspanzyklus | |
|---|---|
| R20 | Unterprogrammnummer der Fertigkontur |
| R21 | Startpunkt X der Fertigkontur (P0) |
| R22 | Startpunkt 2 der Fertigkontur (P0) |
| R24 | Schlichtaufmaft X |
| R25 | Schlichtaufmaß 2 |
| R26 | Schnitttiefe |
| R27 | Wegbedingung für SRK |
| R23 | Abspanart (31 Schruppen, 21 Schlichten) |
| L95 | Zyklusaufruf |

```
:
N  45 G0 X32 Z4
N  50 G96 S200 F0.4
N  55 R2010 R2130 R222
N  60 R240-5 R250-1
N  65 R264 R2742 R2931
N  70 L95
:
N  90 G0 X32 Z4
N  95 G96 S250 F0.1
N 100 R2010 R2130 R222
N 105 R240 R250 R2742
N 110 R2921
N 115 L95
```

```
Unterprogramm:
L10
N  5 G01 X22 Z-1,5
N 10 Z-30
N 15 X23,1
N 20 X25 Z-31
N 25 Z-49,8
N 30 X22,7 Z-51,8
N 35 Z-55
N 40 X26
N 45 Z-75
N 50 X27
N 55 X30 Z76,5
N 60 M17
```

**7 b)**

| Parameter für den Gewindedrehzyklus | |
|---|---|
| RO | Gewindesteigung |
| R21 | Startpunkt X (absolut) |
| R22 | Startpunkt Z (absolut) |
| R23 | Anzahl der Leerschnitte |
| R24 | Gewindetiefe (inkremental, mit Vorzeichen) |
| R25 | Schlichtspantiefe (inkremental, ohne Vorzeichen) |
| R26 | Einlaufweg $Z_E$ (inkremenial. ohne Vorzeichen) |
| R27 | Auslaufweg (0: von Steuerung gewählt) |
| R28 | Anzahl der Schruppschnitte |
| R29 | Zustellwinkel (inkremental, ohne Vorzeichen) |
| R31 | Endpunkt in X |
| R32 | Endpunkt in Z |
| L97 | Zyklusaufruf |

$$n = \frac{v_c}{\pi \cdot d} = \frac{120\ \text{m} \cdot \text{min}^{-1}}{\pi \cdot 0{,}025\ \text{m}} = 1530\ \text{min}^{-1}$$

$$Z_E = \frac{P \cdot n}{K} = \frac{1{,}5\ \text{mm} \cdot 1530\ \text{min}^{-1}}{600\ \text{min}^{-1}} = 3{,}8\ \text{mm}$$

Gewindetiefe $h_3 = 0{,}6134 \cdot P = 0{,}6134 \cdot 1{,}5\ \text{mm} = 0{,}92\ \text{mm}$

Parameter für Gewindezyklus:

```
R201.5   R2125   R22-30   R232    R24-0.92
R250.05  R263.8  R270     R286    R2929     R3125
R32-52
```

**7 c)**

N 16 AI 95 AI 80 X21.35 Z-30 B0.6 B0.6

**8 a)**

G81 (Bohrzyklus), G82 (Tiefbohrzyklus mit Spanbruch), G83 (Tiefbohrzyklus mit Spanbruch und Entspänen)

**8 b)**

Es genügt der normale Bohrzyklus G81.

**8 c)**

```
:
N  75 G40
N  80 T11   M06
N  85 F100  S955   M03
N  90 G81   ZA-15  V1    W1    M07
N  95 G77   R40    AN0   AI90  O4   IA0    JA0
N100 G0     ...
:
```

**9**

| | | |
|---|---|---|
| P1 | X 0 | Y 20 |
| P2 | X 34,641 | Y 0 |
| P3 | X 113,218 | Y 0 |
| P4 | X 130 | Y 20 |
| P5 | X 114 | Y 20 |
| P6 | X 90 | Y 110 |
| P7 | X 30 | Y 75 |

**zu P2:**

$$\tan \alpha = \frac{20\text{ mm}}{X2}$$

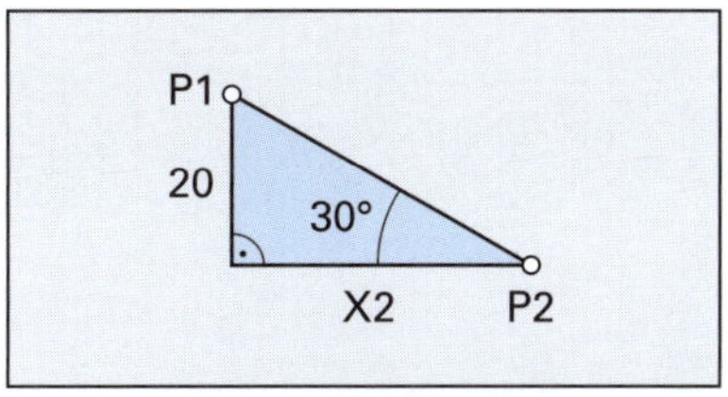


$$X2 = \frac{20\text{ mm}}{\tan 30°}$$

$$= 34{,}641\text{ mm}$$

**zu P3:**

$$X3 = 130 - X3'$$

$$\tan 40° = \frac{X3'}{20\text{ mm}}$$

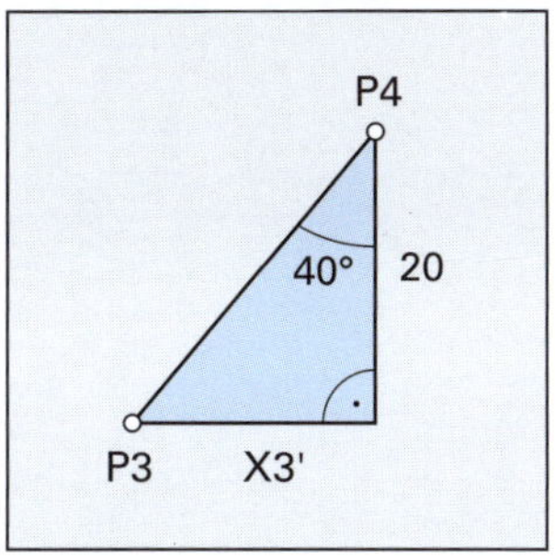


$$X3' = 20\text{ mm} \cdot \tan 40°$$
$$= 16{,}782\text{ mm}$$

$$X3 = 130\text{ mm} - 16{,}782\text{ mm}$$
$$= 113{,}218\text{ mm}$$

**zu P5:** X5 = 130 mm – 16 mm = 114 mm

**zu P6:** Y6 = 125 mm - 15 mm = 110 mm

**10**

| | | | | | |
|---|---|---|---|---|---|
| N1 | G00 | F550 | S3350 | T01 | M3 |
| N2 | G00 | X0 | V0 | Z-8 | |
| N3 | G42 | | | | |
| N4 | G01 | X10 | Y10 | | |
| N5 | G01 | X22 | | | |
| N6 | G03 | X34,5 | Y22,5 | I0 | J12.5 |
| N7 | G01 | Y34,5 | | | |
| N8 | G01 | X24,474 | Y40 | | |
| N9 | G01 | X10 | | | |
| N10 | G01 | Y36.246 | | | |
| N11 | G02 | X10 | Y19.754 | 1-6,5 | J-8,246 |
| N12 | G01 | Y8 | | | |
| N13 | G40 | | | | |
| N14 | G00 | X0 | Y0 | Z100 | M30 |

## Lösungen der Aufgaben mit Auswahlantworten von Seite 403 ff (gebundene Aufgaben)

| 1 | 2 | 3 | 4 | 5 | 6 | 7 | 8 | 9.1 | 9.2 |
|---|---|---|---|---|---|---|---|---|---|
| d | c | b | c | c | e | b | d | b | d |

| 10 | 11 | 12.1 | 12.2 | 13 | 14 | 15 | 16 | 17 | 18 |
|---|---|---|---|---|---|---|---|---|---|
| c | d | b | e | d | e | c | c | b | b |

| 19 | 20 | 21 | 22 | 23 | 24 | 25 | 26 |
|---|---|---|---|---|---|---|---|
| d | a | d | b | b | c | c | e |

# Lösungen der Leistungsüberprüfungen zu Lernfeld 9: Instandsetzen von technischen Systemen (von Seite 407)

**Leitprojekt: Drehmaschine mit defekter Zentrierspitze**

## Lösungen der ungebundenen Aufgaben v. Seite 408

**1**

**Inspektion:**

Bei der Inspektion wird der momentane Zustand (Istzustand) der Maschine festgestellt und beurteilt Soll-Istvergleich). Die Ursachen des Verschleißes werden bestimmt und Konsequenzen für die weitere Nutzung gezogen.

**Instandsetzung:**

Zur Instandsetzung gehören alle Maßnahmen, um eine defekte Maschine wieder in einen funktionsfähigen Zustand zu bringen.

**2 a)**

Es gibt das störungsbedingte, das zustandsabhängige und das vorbeugende Instandhaltungskonzept.

Bei der **störungsbedingten Instandhaltung** wird eine Maschine erst dann instandgesetzt, wenn ein Bauteil defekt ist oder die Maschine durch eine Störung ausfällt. Dieses Konzept der Instandhaltung wird in den Fällen angewendet, in denen die Maschinen wenig genutzt werden. Ihr vorübergehender Ausfall hat für die Produktion keine größeren Auswirkungen.

Die Lebensdauer der Maschinenbauteile wird bei diesem Konzept vollständig genutzt. Es entstehen nur Kosten, wenn defekte Bauteile ausgetauscht werden müssen.

Nachteil dieses Konzeptes sind eventuell der hohe Zeitdruck während der Instandsetzungsarbeiten und die Lagerkosten für die Ersatzteile.

Die **vorbeugende Instandhaltung** wird durchgeführt, um eine Maschine vor einem plötzlichen Ausfall zu bewahren. Bauteile, die einer starken Beanspruchung/Verschleiß unterliegen, werden ausgetauscht, bevor sie einen Ausfall der Maschine verursachen.

Um eine vorbeugende Instandhaltung durchführen zu können, müssen verschiedene Einflussfaktoren, wie Laufzeiten, Temperaturen und Belastungsarten, ermittelt und ausgewertet werden. Die erforderlichen Instandhaltungsmaßnahmen werden anschließend auf der Basis dieser Daten festgelegt. Die Maschinenhersteller geben häufig die Wartungsintervalle für die vorbeugende Instandhaltung in ihren Wartungsunterlagen an.

Die **zustandsabhängige Instandhaltung** ist eine besondere Art der vorbeugenden Instandhaltung. Sie wird angewendet, wenn die Abnutzung der Maschine messbar ist.

In der Automobilindustrie ist dies mittlerweile zum Standard geworden. Moderne Kraftfahrzeuge haben einen Bordcomputer, der mit Hilfe von Sensoren die verschiedenen Abnutzungszustände und Laufzeiten erfasst und aus diesen Daten den nächsten Inspektionstermin ermittelt.

**2 b)**

Die Instandsetzung der defekten Zentrierspitze gehört zur störungsbedingten Instandhaltung. Ein Schaden (ratterndes Geräusch und Erwärmung) ist eingetreten. Dieser Schaden muss behoben werden, da die Zentrierspitze nicht ordnungsgemäß funktioniert.

**2 c)**

Störungsbedingte Instandhaltung

**Vorteile**

- Lebensdauer der Maschinenbauteile wird vollständig ausgenutzt.
- Es entstehen nur Kosten, wenn Bauteile ausgetauscht werden müssen.

**Nachteile**

- hoher Zeitdruck während der Reparatur
- Hohe Lagerkosten für die Ersatzteile
- Produktionsausfall

**3**

Allgemeine Sicherheitsmaßnahmen:

- Drehmaschine spannungslos schalten und vor Wiedereinschaltung durch Unbefugte sichern
- Evtl. vorhandene Späne entfernen.
- Schmiermittel, die auf den Boden getropft sind, müssen sofort aufgewischt werden (Rutschgefahr).

**4**

| | Baugruppen | Instandhaltungsarbeiten |
|---|---|---|
| III | Spindelstock mit Hauptspindel | Ölstand prüfen |
| IV | Planschlitten | Spiel der Führungen kontrollieren, Schmieren |
| V | Werkzeugschlitten | Spiel der Führungen kontrollieren, Schmieren |
| VII | Oberschlitten | Spiel der Führungen kontrollieren, Schmieren |

**5**

| Pos | Benennung |
|---|---|
| 4 | Gewindestift |
| 5 | Kegelrollenlager |
| 6 | Sicherungsring |
| 7 | Nadellagere |
| 8 | Sprengring |
| 10 | Sicherungsring |

**6**

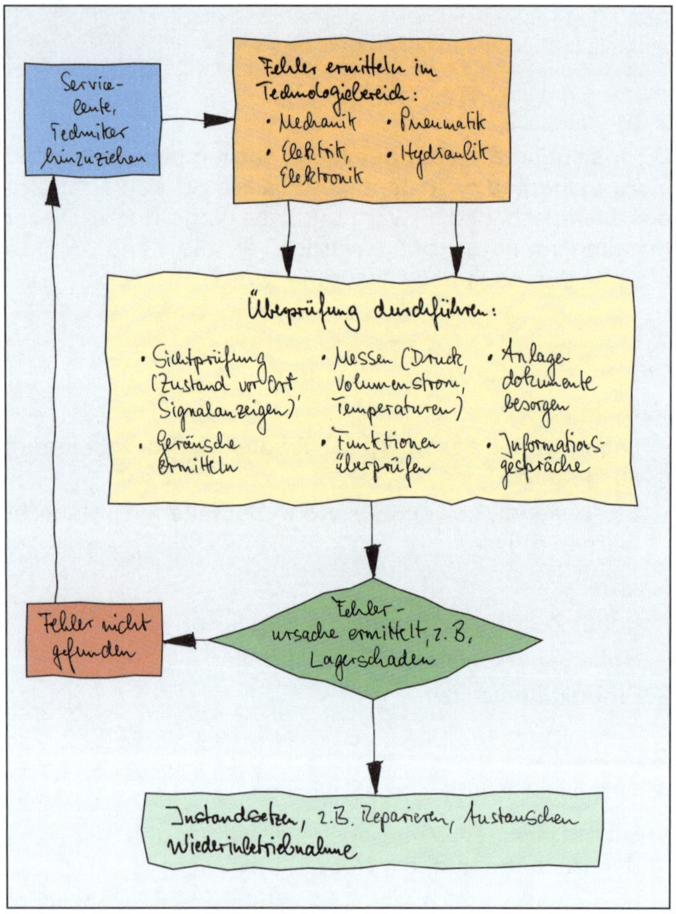


**7**

| | **Aktivitäten bzw. Arbeiten zur Instandsetzung der Zentrierspitze** |
|---|---|
| 1 | Zeichnung der Zentrierspitze besorgen. |
| 2 | Mögliche Ursachen für die Entstehung der Laufgeräusche und der Wärmeentwicklung herausfinden. |
| 3 | Demontage der Zentrierspitze. |
| 4 | Schadhafte Bauteile auf Schadensursache untersuchen. |
| 5 | Defekte Teile austauschen. |
| 6 | Zusammenbau der Zentrierspitze. |
| 7 | Schadensbericht verfassen. |
| 8 | Evtl. einen Verbesserungsvorschlag zur Vermeidung des Schadens in der Zukunft einreichen. |

**8 a)**

Kegelrollenlager nehmen große radiale Kräfte sowie axiale Kräfte in einer Richtung auf.

Sie sind nachstellbar.

Paarweise angeordnete Kegelrollenlager können axiale Kräfte in zwei Richtungen aufnehmen.

**8 b)**

Bei Nadellagern ist der Platzbedarf wegen der kleinen Durchmesser der Nadeln sehr gering.

**8 c)**

Das rechte Kegelrollenlager

**8 d)**

Die Zentrierspitze (Pos. 2) wäre axial nicht gesichert.

**9**

Der Gewindestift (Pos. 4) sichert die Zweilochschraube (Pos. 3) gegen Verdrehen und Lösen.

**10**

| Nr. | Arbeitsschritte zur Demontage der Zentrierspitze |
|---|---|
| 1 | Gewindestift (Pos. 4) losschrauben |
| 2 | Zweilochschraube (Pos. 3) entfernen |
| 3 | Zentrierspitze (Pos. 2) mit Kegelrollenlager (Pos. 5), Sicherungsring (Pos. 6), innerem Wälzkörper des Nadellagers (Pos. 7) und Sprengring (Pos. 8) herausziehen. |
| 4 | Sprengring (Pos. 8) entfernen |
| 5 | Inneren Laufring des Nadellagers (Pos. 7) abziehen |
| 6 | Sicherungsring (Pos. 6) entfernen |
| 7 | Kegelrollenlager (Pos. 5) abziehen |
| 8 | Sicherungsring (Pos. 10) entfernen |
| 9 | Abstandstück (Pos. 9) entnehmen |
| 10 | Nadellager (Pos. 7) ausbauen |

**11**

Die Instandhaltungskosten setzen sich aus folgenden Kosten zusammen:

Wartungs-, Inspektions- und Instandsetzungskosten, die sich ihrerseits aus Personal-, Material- und Ersatzteilkosten, Hilfs- und Betriebsstoffkosten, Energie- und Betriebsmittelkosten zusammensetzen.

Hinzu kommen evtl. die Anlagenausfallkosten.

**12**

- Die Kurve der Gesamtkosten erhält man durch Addieren der schwarzen und der blauen Kurvenwerte bei der jeweiligen Anzahl der Inspektionsintervalle.
- Am niedrigsten Punkt der Kurve der Gesamtkosten liest man die günstigste Anzahl der Inspektionsintervalle pro Jahr ab: 2.

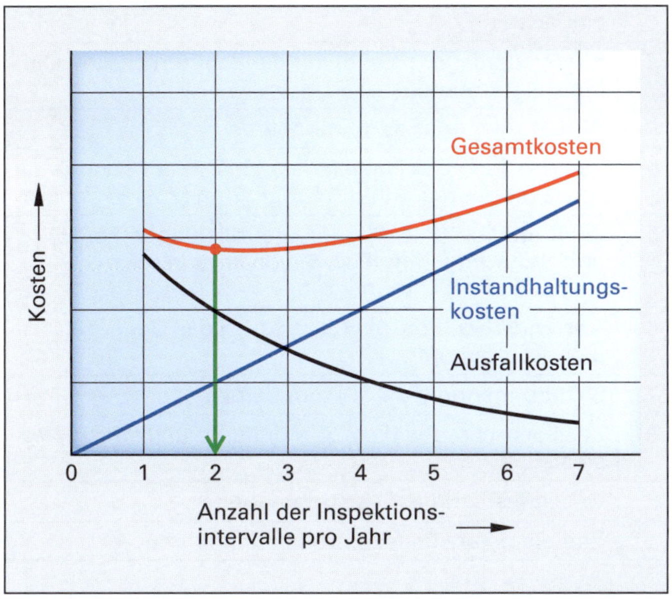


**13 a)**

**1. Adhäsion**

Sie tritt auf, wenn sich die Oberflächen zweier Körper an einigen Stellen ohne Schmierstoff berühren und die ganze Kraft auf sie wirkt. Die Berührungsstellen der Gleitflächen verschweißen.

Durch die Bewegung der beiden Körper gegeneinander werden diese punktartigen Verschweißungen wieder aufgerissen. Es entstehen lose Verschleißpartikel, die zu weiteren Verschleißschäden führen.

**2. Abrasion**

Die Rauheitsspitzen eines Körpers dringen in die Oberfläche des zweiten Körpers ein.

Durch die Bewegung der beiden Körper gegeneinander wird das Material zerspant, wodurch Material abgetragen wird. Es entstehen Riefen und Furchen (Beispiel: Scheibenbremsen). Außerdem führen harte Fremdstoffpartikel (z.B. Oxide und Staub), die nicht im Lagerwerkstoff eingebettet werden, zu abrasivem Verschleiß.

**3. Tribooxidation**

Durch die Werkstoffauflockerung an den Druckstellen zwischen den Körpern kommt es mit dem Sauerstoff des Umgebungsmedium zu chemischen Reaktionen, meist Oxidationen. Sie lösen die Oberflächenschicht auf und beschleunigen den Verschleiß. (Beispiel: Passungsrost durch Reiboxidation)

**4. Oberflächenermüdung**

Werden Bauteile dynamisch belastet, entstehen unter der Oberfläche Mikrorisse. Sie wachsen zur Oberfläche, wenn das Bauteil weiter dynamisch belastet wird. Material löst sich ab und es entstehen lose Verschleißpartikel.

Beispiel: Bei der Belastung eines Laufrings durch die Kugeln eines Kugellagers drücken die Kugeln mit einem hohen Druck auf die Lauffläche und verursachen elastische Verformungen und in der Folge Mikrorisse unter der Oberfläche, die nach oben wachsen. Die sich lösenden Partikel verursachen wiederum zusätzlichen Verschleiß im Wälzlager durch Abrasion.

**13 b)**

Oberflächenermüdung

Die Oberfläche des Lagerrings wird durch die Kegelrollen punktuell wechselnd belastet. Auf Grund dieser Belastung verformt sich die Oberfläche elastische. In der Folge entstehen Mikrorisse unter der Oberfläche, die nach oben wachsen und einzelne Partikel aus der Oberfläche lösen.

**13 c)**

- Schlagartige Belastung der Lager (z.B. beim Einbau der Lager oder während des Betriebes)
- Materialfehler

**13 d)**

Es ist wichtig die Ursache für den Verschleiß der Laufflächen festzustellen, damit in Zukunft der Verschleiß vermieden/verringert werden kann und die mitlaufende Zentrierspitze nicht während des Betriebes ausfällt. Die Produktionskosten werden damit verringert.

**14**

Unter dem Abnutzungsvorrat des Kegelrollenlagers versteht man den maximalen maßlichen Bereich, bis zu dem das Kegelrollenlager abgenutzt werden darf, ohne dass ein Austausch stattfinden muss.

**15 a)**

Lagerart, DIN – Nummer mit Angabe der Lagerreihe, Breiten- und Durchmesserreihe und Bohrungskennzahl

**15 b)**

Es müssen alle Abmessungen angegeben werden, die ein Kegelrollenlager eindeutig beschreiben:

$d$ = 30 mm,
$D$ = 62 mm,
$B$ = 16 mm,
$C$ = 14 mm,
$T$ = 17,25 mm,
$d_1$ = 44,6 mm

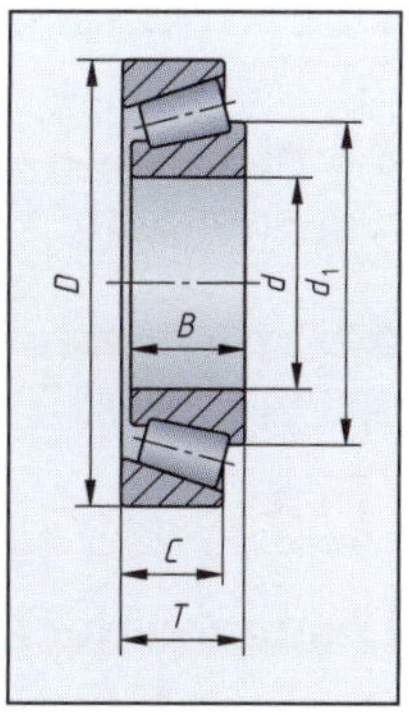


**16**

- Verminderung der Reibung
- Dämpfung von Stößen
- Korrosionsschutz
- Wärmeabfuhr
- Aufnahme und Abfuhr von Verschleißteilchen

**17**

Bei der **Festkörperreibung** berühren sich die aufeinander gleitenden Flächen und ebnen die Oberflächenerhöhungen ein. Bei ungünstiger Werkstoffpaarung und großer Flächenpressung verschweißen die Oberflächen.

**Mischreibung** liegt vor bei Beginn der Bewegung oder bei unzureichender Schmierung. Die Gleitflächen berühren sich dabei noch an einzelnen Stellen. Die auftretende Reibungskraft und der Verschleiß sind geringer als bei der Festkörperreibung. Für den Dauerbetrieb ist dieser Zustand jedoch nicht zulässig.

**Flüssigkeitsreibung:** Unter idealen Bedingungen ist so viel Schmierstoff zwischen den Gleitflächen, dass diese vollständig voneinander getrennt sind. Die Reibungskraft ist deshalb klein; sie entsteht durch das Gleiten der Schmierstoffmoleküle aufeinander.

**18**

- Flüssige Schmierstoffe (Öle): Sie sind flüssig.
- Schmierfette: Sie sind pastenartig.
- Festschmierstoffe: Sie sind fest.

**19**

Die Viskosität gibt das Fließverhalten auf Grund der inneren Reibung der Flüssigkeitsmoleküle an. Flüssigkeiten mit hoher Viskosität sind zähfließend (honigartig), Flüssigkeiten mit niedriger Viskosität sind dünnflüssig (z.B. Wasser).

**20**

Schmierfette sind der geeignete Schmierstoff. Sie werden verwendet, wenn eine einmalig vorgenommene Schmierung für längere Zeit vorhalten muss, da eine nachträgliche Schmierung nicht möglich oder nur sehr aufwändig ist. Die Kegelrollenlager sind so eingebaut, dass eine spätere Schmierung nur durch eine Demontage der mitlaufenden Zentrierspitze erfolgen kann.

**21**

Schmierfett für Wälz- und Gleitlager (K) auf Mineralölbasis (NLGI-Klasse 2) (2), obere Gebrauchstemperatur +120 °C (K), untere Gebrauchstemperatur –20 °C (–20).

**22 a)**

Legierter Stahl 17CrNi6-6

**22 a)**

0,17% C, 6/4% = 1,5% Cr, 6/4% = 1,5% Ni

**22 c)**

Der Vorteil wäre ein geringerer Verschleiß der Zentrierspitze und damit eine größere Standzeit.

**23**

| | **Arbeitsschritte zur Montage der Zentrierspitze** |
|---|---|
| 1 | Nadellager (Pos. 7) in das Gehäuse (Pos. 1) einbauen |
| 2 | Kegelrollenlager (Pos. 5) auf die Zentrierspitzenwelle (Pos. 3) montieren |
| 3 | Sicherungsring (Pos. 6) montieren |
| 5 | Innenlaufring des Nadellagers (Pos. 7) auf Zentrierspitze montieren und mit Sprengring (Pos. 8) sichern |
| 5 | Zentrierspitze (Pos. 2) mit Kegelrollenlager (Pos. 5) und Sicherungsring (Pos. 6) von links in das Gehäuse (Pos. 1) montieren |
| 6 | Abstandstück (Pos. 9) von rechts in das Gehäuse (Pos. 1) montieren |
| 7 | Sicherungsring (Pos. 10) montieren |
| 8 | Zweilochschraube (Pos. 3) montieren und Lagerspiel einstellen |
| 9 | Gewindestift (Pos. 4) festschrauben |
| 10 | Probelauf/Funktionskontrolle durchführen |

**24**

Das Lagerspiel der Kegelrollenlager (Pos. 5) wird über die Zweilochschraube (Pos. 3) eingestellt.

Durch Hereindrehen der Zweilochschraube (Pos. 3) wird die äußere (keilförmige) Lagerschale gegen die Kegelrolle gedrückt. Dadurch verringet sich das Lagerspiel in axialer und radialer Richtung.

**25 a)**

Das Abnahmeprotokoll sollte folgende Angaben enthalten:

Hersteller der Zentrierspitze, interne Betriebsnummer, Standort der Zentrierspitze, Beschreibung der Prüfkriterien, Bewertung der Prüfkriterien, evtl. Bemerkungen, Name des Prüfers, Datum und Unterschrift des Prüfers.

**25 b)**

Das Abnahmeprotokoll füllt der Instandhalter bei betriebsinterner Instandhaltung aus. Sollte die Instandhaltung durch eine Fremdfirma erfolgt sein, wird das Abnahmeprotokoll von einer durch die Auftragsfirma bestimmten Person ausgefüllt.

## Lösungen der Aufgaben mit Auswahlantworten von Seite 410 (gebundene Aufgaben)

| 1 | 2 | 3 | 4 | 5 | 6 | 7 | 8 | 9 | 10 |
|---|---|---|---|---|---|---|---|---|---|
| e | a | c | d | a | b | a | b | e | c |
| **11** | **12** | **13** | **14** | **15** | **16** | **17** | **18** | **19** | **20** |
| e | c | b | e | c | e | c | a | a | c |
| **21** | | | | | | | | | |
| d | | | | | | | | | |

# Lösungen der Leistungsüberprüfungen zu Lernfeld 10: Herstellen und Inbetriebnehmen von technischen Systemen (von Seite 413)

**Leitprojekt: Getriebeeinheit einer Handbohrmaschine**

## Lösungen der ungebundenen Aufgaben v. Seite 414

**1**

Die Aufgabe des Getriebes einer Handbohrmaschine besteht darin, die an der Antriebswelle anliegende Drehzahl und das Drehmoment in eine geeignete Drehzahl bzw. ein geeignetes Drehmoment für die Bohrerspindel umzuwandeln. Das dargestellte Getriebe ermöglicht hierbei zwei feste Drehzahlen.

Drehzahl und Drehmoment werden von der Antriebswelle ausgehend über einen feststehenden Zahnradblock (Pos. 6) auf die Getriebewelle (Pos. 4) übertragen bzw. übersetzt. Von der Getriebewelle aus erfolgt die weitere Übersetzung über einen verschiebbaren Zahnradblock (Verschiebeblock Pos. 5) auf die Bohrerspindel, mit der das Werkzeug angetrieben wird. Der Verschiebeblock ermöglicht in der linken Stellung (Eingriff $z_5/z_6$) eine andere Drehzahl als in der rechten (Eingriff $z_3/z_4$).

**2**

Getriebe ändern Drehzahlen, Drehmomente und Drehrichtungen.

Bei einem Zahnradgetriebe, wie bei dem Handbohrmaschinengetriebe, wird die Drehzahl und das Drehmoment zunächst von einem Zahnrad (bzw. einer Ritzelwelle) auf das nächste Zahnrad übertragen. Dabei kehrt sich die Drehrichtung des zweiten Zahnrades und der damit verbundenen Welle um.
Erst durch die nachfolgende nochmalige Übersetzung auf ein weiteres Zahnrad wird die ursprüngliche Drehrichtung wieder hergestellt.

Bei Zugmittelgetrieben (Riemengetriebe, Kettengetriebe, ...) bleibt die Drehrichtung der beiden verbundenen Wellen gleich.

Die Drehzahl wird bei der Übertragung auf ein unterschiedlich großes Zahnrad größer oder kleiner. Bei Übersetzung auf ein kleineres Zahnrad wird die Drehzahl größer, bei Untersetzung auf ein größeres Zahnrad wird die Drehzahl kleiner.

Das Drehmoment, für dessen Berechnung der jeweilige Wirkungsgrad des Getriebes beachtet werden muss, verändert sich gegenläufig.

**3**

Mechanische Getriebe lassen sich in folgende Gruppen einteilen:

- nicht schaltbare (verstellbare) Getriebe
- schaltbare (verstellbare) Getriebe
- stufenlos verstellbare Getriebe

**4**

Alternativen zum Zahnrädergetriebe sind Zugmittelgetriebe (Übertragung mittels Riemen, Kette oder anderem Zugmittel) oder auch stufenlos verstellbare Getriebe, z.B. Reibradgetriebe.

Riemengetriebe verfügen über einen ruhigen, schwingungsarmen Lauf und können auch mittelgroße Achsabstände überbrücken. Anwendung finden Riemengetriebe unter anderem bei Werkzeugmaschinen, wie z.B. bei Standbohrmaschinen.

Der Vorteil eines Reibradgetriebes liegt darin, dass es im Überlastungsfall nicht beschädigt wird. Die Reibpaarung, die eine kraftschlüssige Übertragung der Kräfte ermöglicht, rutscht in einem Überlastungsfall durch. Reibradgetriebe finden beispielsweise bei sanft anlaufenden Förderbändern Anwendung.

**5 a)**

Die Getriebewelle Pos. 4 wird an den Krafteinleitungsstellen (an den im Eingriff befindlichen Zahnrädern) überwiegend auf Verdrehung (Torsion) belastet. In geringem Maße wird die Getriebewelle auch auf Biegung belastet.

**5 b)**

Achsen haben nur tragende und stützende Funktion. Im Gegensatz hierzu übertragen Wellen zusätzlich Drehmomente. Von daher werden Achsen nur auf Biegung, Wellen aber auf Biegung und Verdrehung beansprucht.

Anwendungsbeispiele für Achsen sind Achsen von Eisenbahnwaggons (umlaufend) oder auch Achsen von Kranlaufrädern.

**6**

Universalmotoren werden mit Wechselstrom angetrieben. Sie werden bevorzugt zum Antrieb von handgeführten Werkzeugmaschinen, wie z.B. Bohr-, Schraub- und Schleifmaschinen eingesetzt.

Sie besitzen ein hohes Drehmoment bezogen auf ihr Gewicht. Mit steigender Belastung steigt ihr Drehmoment stark an und die Drehzahl geht zurück.

**7**

Die Anforderungen an den Hauptspindelantrieb einer Werkzeugmaschine sind:

- Konstante Leistung über einen hohen Drehzahlbereich
- Stufenlose Drehzahlverstellung
- Hohe Rundlaufgenauigkeit auch bei kleinsten Drehzahlen
- Möglichkeit der Winkelpositionierung

Als Hauptspindelantriebe werden überwiegend Drehstrom-Asynchronmotoren eingesetzt. Sie treiben die Hauptspindel entweder über einen Riemenantrieb an oder sie sind als Hauptspindeleinbaumotoren direkt auf die Hauptspindel aufgebaut (Direktantrieb).

**8 a)**

$$i_1 = \frac{z_2}{z_1} = \frac{48}{10} = 4{,}8$$

$$i_2 = \frac{z_6}{z_5} = \frac{42}{18} = 2{,}\overline{3}$$

$$i_{12} = i_1 \cdot i_2 = 4{,}8 \cdot 2{,}\overline{3} = 11{,}2$$

**8 b)**

$$i_3 = \frac{z_4}{z_3} = \frac{32}{22} = 1{,}\overline{45}$$

$$i_{13} = i_1 \cdot i_2 = 4{,}8 \cdot 1{,}\overline{45} = 6{,}98$$

**8 c)**

$$n_{e12} = \frac{n_a}{i} = \frac{5000\ \text{min}^{-1}}{11{,}2} = 446{,}4\ \text{min}^{-1}$$

$$n_{e13} = \frac{n_a}{i} = \frac{5000\ \text{min}^{-1}}{6{,}98} = 716{,}3\ \text{min}^{-1}$$

**8 d)**

Rechte Lagerkraft (Rillenkugellager):

$$F_{L2} = \frac{3{,}2\ \text{kN} \cdot 0{,}08\ \text{m} - 1{,}2\ \text{kN} \cdot 0{,}025\ \text{m}}{0{,}095\ \text{m}} = 2{,}38\ \text{kN}$$

**8 e)**

Linke Lagerkraft (Nadellager):

$$F_{L1} = \frac{3{,}2\ \text{kN} \cdot 0{,}015\ \text{m} - 1{,}2\ \text{kN} \cdot 0{,}07\ \text{m}}{0{,}095\ \text{m}} = -0{,}38\ \text{kN}$$

Das negative Vorzeichen zeigt an, dass die Lagerkraft $F_{L1}$ nach unten gerichtet ist.

**9 a)**

Kupplungen dienen zur Übertragung von Drehmomenten zwischen Wellen.

Dabei können sie zusätzliche Aufgaben übernehmen:

- Schutz vor Überlastung
- Dämpfung von Stößen
- Ausgleich von Wellenversetzungen

**9 b)**

Bei den Bauarten von Kupplungen unterscheidet man schaltbare und nicht schaltbare Kupplungen.

**10 a)**

Eine kraftschlüssige Verbindung entsteht, indem die Kraft übertragenden Oberflächen so stark zusammengepresst werden, dass mit der dann wirkenden Reibungskraft eine Kraft oder ein Drehmoment übertragen werden kann.

**10 b)**

Einscheibenkupplungen sind im Kraftfahrzeugbau weit verbreitet. Dabei wird durch eine Druckfeder eine Druckplatte gegen eine axial verschiebbare Scheibe gepresst. Die Kupplungsscheibe drückt dadurch gegen das Schwungrad auf der Kurbelwelle. Durch die Reibbeläge auf beiden Seiten der Kupplungsscheibe wird das Drehmoment vom Schwungrad über die Scheibe auf die Getriebeantriebswelle übertragen. Beim Entkuppeln wird die Kupplungsdruckplatte gegen die Federvorspannung von der Kupplungsscheibe abgehoben.

**11 a)**

Reibungskraft

$F_R = F_N \cdot \mu$

$F_R = 8500\ \text{N} \cdot 0{,}6 = 5100\ \text{N}$

**11 b)**

Reibungsmoment

$M_R = F_R \cdot r_m$ ;   $r_m = 1/2\ (D - d)$

$r_m = 1/2\ (380\ \text{mm} - 190\ \text{mm}) = 95\ \text{mm}$

$M_R = 5100\ \text{N} \cdot 0{,}095\ \text{m} \cdot 1 = 484{,}5\ \text{Nm}$

**12 a)**

Sicherheitskupplungen sollen den Kraftfluss zischen zwei Wellen gezielt unterbrechen, wenn das zulässige Drehmoment überschritten wird.

**12 b)**

**Brechbolzenkupplung:**
Bei dieser einfachen Art einer Sicherheitskupplung werden die Antriebswelle und die Abtriebswelle mit Hilfe eines oder mehrerer „Brechbolzen" verbunden. Die Bolzen sind so ausgelegt, dass sie beim Überschreiten des zulässigen Drehmomentes abscheren. Nach einem Bolzenbruch und dem Austausch der Bolzen ist die Kupplung üblicherweise wieder funktionsfähig.

**Rutschkupplung:**
Diese Kupplungsart überträgt das Drehmoment kraftschlüssig über Reibbeläge, die wiederum über Federn vorgespannt werden. Die Federn müssen dabei so vorgespannt sein, dass beim Überschreiten des zulässigen Drehmomentes die Kupplung durchrutscht.

**13**

Eine Bauart von Sicherheitskupplungen in NC-Werkzeugmaschinen ist die Schleppfehlerkupplung. Sie misst über ein Messsystem Drehzahlunterschiede zwischen der An- und der Abtriebswelle, den Schleppfehler. Dieser Schleppfehler kann durch Überlastung entstehen. Beim Erkennen eines solchen Schleppfehlers wird die Maschine abgeschaltet.

**14 a), b)**

**Zeichnung der Getriebewelle, Passungsangaben für Lagerstellen und Zahnradaufnahme**

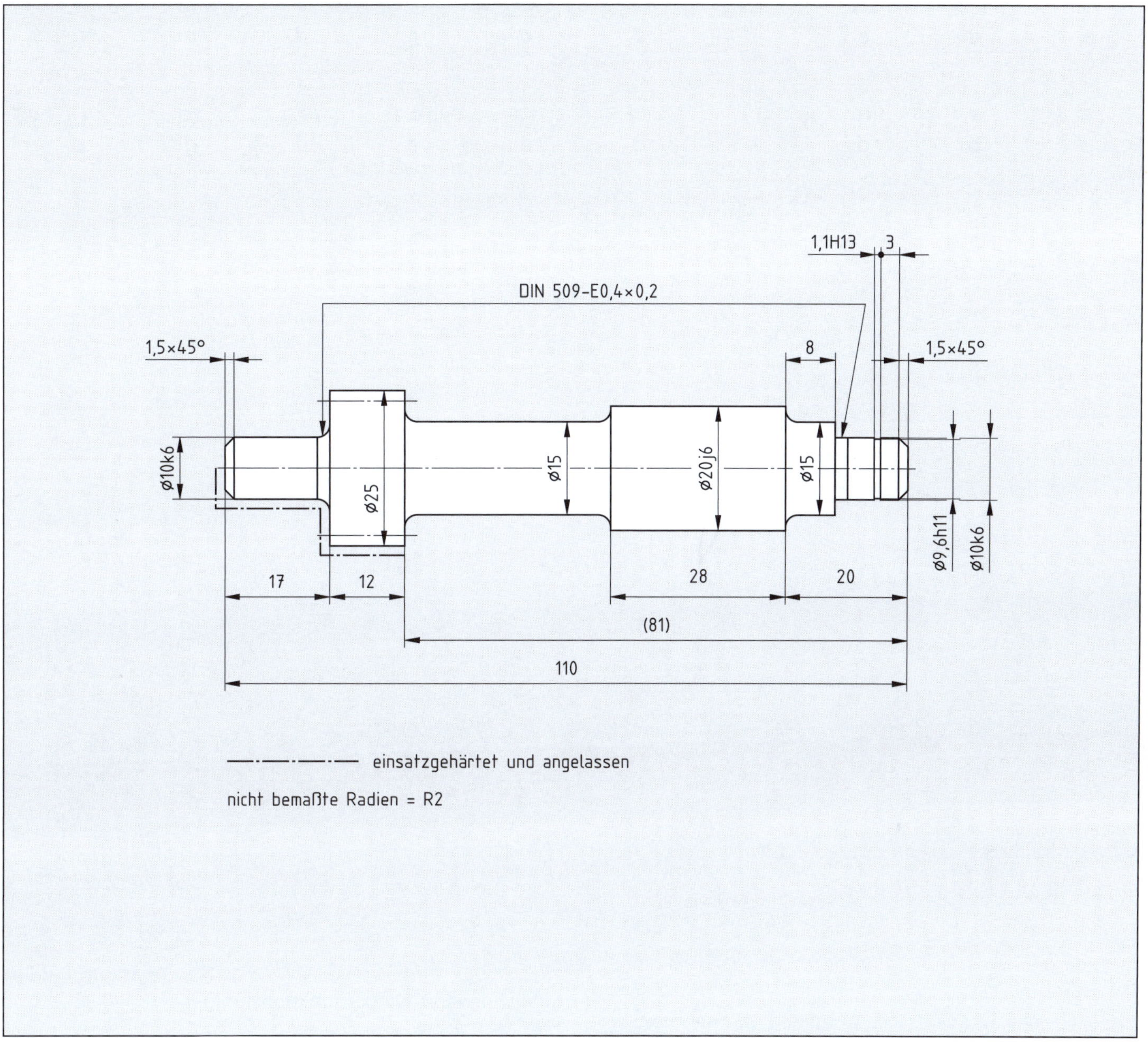


**14 c)**

**Tabelle der Passmaße der Getriebewelle:**

| Benennung | Nennmaß | Toleranzklasse | Abmaße (in mm) | Grenzmaße (in mm) |
|---|---|---|---|---|
| Lagersitz (Nadellager bzw. Rillenkugellager) | 10 | k6 | + 0,010<br>+ 0,001 | $G_{oW}$ = 10,010<br>$G_{uW}$ = 10,001 |
| Zahnradaufnahme | 20 | j6 | + 0,009<br>– 0,004 | $G_{oW}$ = 20,009<br>$G_{uW}$ = 19,996 |

**14 d)**

An der Stelle des Nadellagers muss die Randschicht der Getriebewelle gehärtet werden. Da andere Teile der Getriebewelle ungehärtet bleiben können, bietet sich als Härteverfahren nach Wahl eines geeigneten Werkstoffs das Einsatzhärten an. In der Zeichnung wird dies mit einer breiten strichpunktierten Linie parallel zur behandelten Oberfläche außerhalb des Werkstücks gekennzeichnet. Außerdem muss die zu erzielende Härte (z.B. 60 + 3 HRC) vermerkt sein.

**15 a)**

Für den Zahnradblock (Pos. 6) empfiehlt sich ein legierter Einsatzstahl, z.B. 18CrMo4.

**15 b)**

Außer durch Einsatzhärten kann die Randzone eines Werkstückes auch mit Hilfe des Randschichthärtens (z.B. des Flammhärtens) oder durch Nitrierhärten (Nitrieren) gehärtet werden.

**15 c)**

| Härteverfahren | Vorteil | Nachteil |
|---|---|---|
| **Einsatzhärten** | Teilbereiche eines Werkstücks härtbar | aufwändiger Prozess des „Aufkohlens" |
| **Flammhärten** | Relativ schnelles Verfahren | Härteverzug und Nachbearbeitung |
| **Nitrierhärten** | Härten ohne Erwärmen und Abschrecken | aufwändiger Prozess, relativ dünne Härteschicht |

**Lösungen der Aufgaben mit Auswahlantworten** von Seite 416 ff (gebundene Aufgaben)

| 1.1 | 1.2 | 2.1 | 2.2 | 3.1 | 3.2 | 4 | 5 | 6 | 7 |
|---|---|---|---|---|---|---|---|---|---|
| a | e | e | c | d | c | a | d | a | d |

| 8 | 9 | 10 | 11 | 12 | 13 | 14.1 | 14.2 | 15 | 16 |
|---|---|---|---|---|---|---|---|---|---|
| c | b | d | b | d | e | e | d | d | e |

# Lösungen der Leistungsüberprüfungen zu Lernfeld 11: Überwachen der Produkt- und Prozessqualität (von Seite 419)

**Leitprojekt: Drehteil für Winkelgetriebe**

## Lösungen der ungebundenen Aufgaben von Seite 419

**1**

Als Qualitat bezeichnet man den Grad, in dem die Merkmale eines Produkts die Anforderungen an diesem Produkt erfüllen.

**2**

Quantitative Merkmale sind zählbare Merkmale (Zählgrößen) wie z.B. Bohrungsanzahl, Stückzahl oder messbare Merkmale (Messzahlen) wie z.B. Länge, Lage, Masse.

Qualitative Merkmale sind Ordnungsmerkmale wie z.B. Hellblau – blau – dunkelblau oder Nominalmerkmale wie z.B. gut – schlecht, weis – schwarz.

Das Drehteil hat z.B. messbare Merkmale (quantitative) wie Durchmesser- und Längenmaße, Oberflächengüte und Winkelangaben.

**3**

**Kritische Fehler:**

Sind Fehler mit sehr schwerwiegenden folgen, wie Personenschäden beim Ausfall des Produktes.

Ein kritischer Fehler beim Drehteil ist z.B. ein ungeeigneter Werkstoff, der zum Bruch des Drehteils führt. Damit kann es zum Ausfall des Winkelgetriebes mit eventuellen Personenschäden kommen, wenn das Getriebe z.B. in einem Aufzugantrieb eingebaut ist.

**Hauptfehler:**

Sind Fehler mit erheblicher Beeinträchtigung des Produkts oder erheblicher Herabsetzung der Brauchbarkeit.

Wenn der Einstich mit 50° scharfkantig anstatt ausgerundet hergestellt wird und an dieser Stelle das Drehteil bricht. Es ist ein Fehler mit erheblicher Beeinträchtigung der Brauchbarkeit des Produkts.

**Nebenfehler:**

Sind Fehler mit *nicht* wesentlichen folgen für den Gebrauch oder Betrieb des Produkts.

Ein Nebenfehler liegt z.B. am Drehteil vor, wenn der Radius R1 als Fase 1,5 x 45° hergestellt wurde. Dieser Fehler hat keinen wesentlichen Einfluss auf den Gebrauch des Drehteils.

**4**

**Ishikawa-Diagramm**

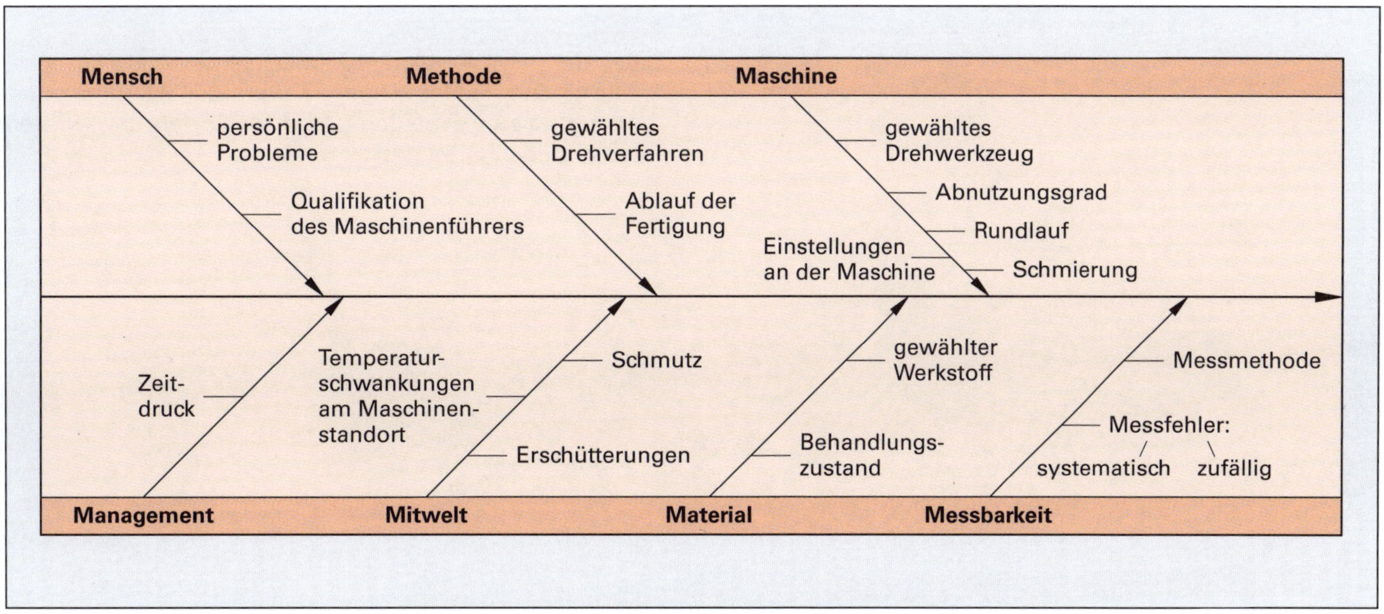

**5**

Produktaudit ist die Bewertung der fertiggestellten und geprüften Produkte auf die Erfüllung der Qualitätsmerkmale aus Sicht der Kunden.

Die Qualitätsmerkmale beim Drehteil sind z.B. die in der Zeichnung verlangten Maße mit deren Abmaßen und die Oberflächengüte.

**6**

Ein Qualitätszirkel ist die betriebliche Einrichtung zur Beseitigung auftretender Probleme. Dazu treffen sich die Mitarbeiter aus allen beteiligten Abteilungen, um eine Problemlösung zu erarbeiten.

Dies könnte z. B. am Drehteil erforderlich sein, um den Hauptfehler „Bruch des Drehteils am 50° Einstich" nicht mehr auftreten zu lassen. Es wird entschieden, am Übergang auf den Durchmesser 17 einen R 0,8 anzubringen.

**7 a)**

Die so genannte Zehnerregel besagt, je später ein Fehler entdeckt und behoben wird, umso höher werden die dadurch entstehenden Kosten zur Beseitigung.

Die Kosten steigen von Phase zu Phase um das 10-fache.

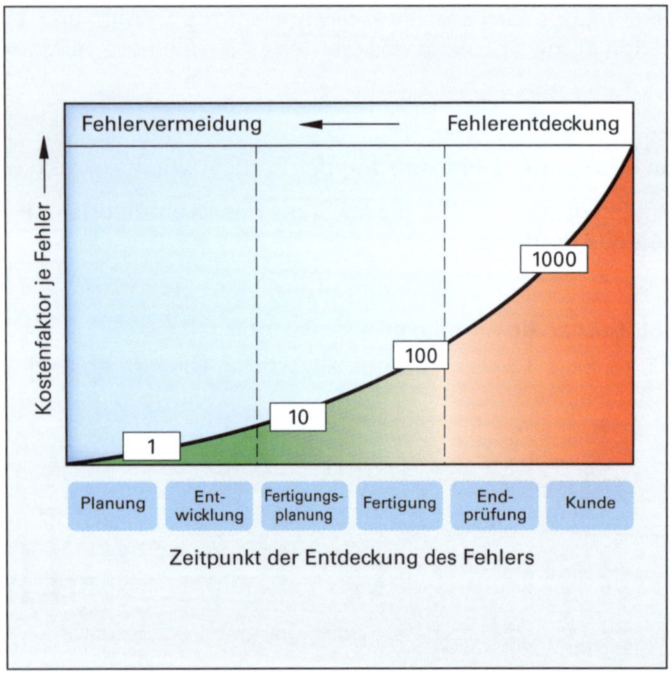


**7 b)**

**Kostensteigerung eines Fehlers am Drehteil im Laufe der Fertigung bzw. des Einsatzes:**

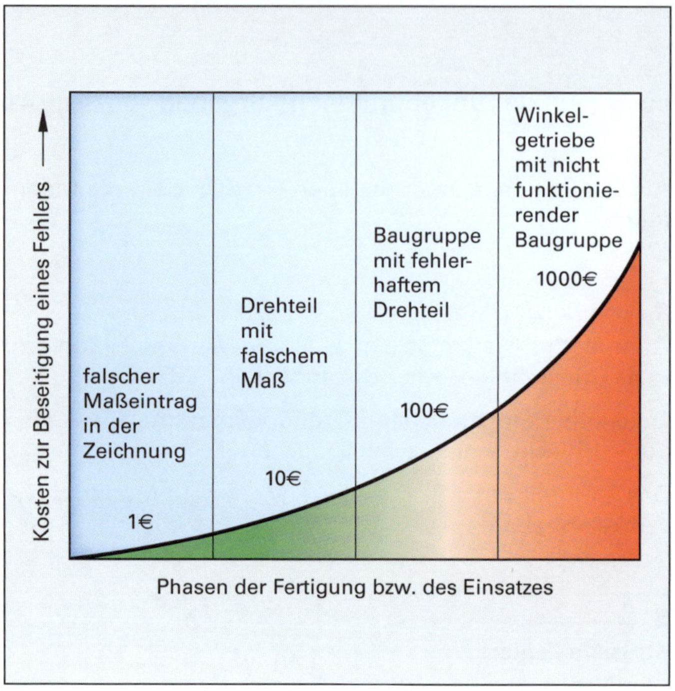


**8**

Qualitätswerkzeuge (Tools) sind grafische Hilfsmittel zur Problemerkennung und Problemanalyse. Es werden Vorgänge, Abläufe, Zusammenhänge und Vergleiche grafisch dargestellt.

Zu den Tools gehören z.B.:

- Flussdiagramm
- Pareto-Analyse
- Ishikawa-Diagramm
- Verlaufsdiagramm
- Baumdiagramm
- Histogramm
- Streudiagramm
- Matrixdiagramm.

**9**

Ziele der FMEA (**F**ehler-**M**öglichkeits- und **E**influss-**A**nalyse) sind, Fehler schon während der Planung zu erkennen und zu vermeiden und dieses Erfahrungswissen für zukünftige Planungen zu nutzen.

**10**

| | **Prüfplan** | | | | Dok.-Nr.: Q-443895-8/08<br>Blatt: 1 von 1 | |
|---|---|---|---|---|---|---|
| | Ident.-Nr.: 275 | | | | Zeichnungs-Nr.: 77A8596 | |
| | Benennung: Drehteil | | | | Prüfplan-Nr.: 10 | |
| **lfd. Nr.** | **Prüfmerkmal** | **Prüfmittel** | **Prüf-umfang** | **Prüf-methode** | **Prüf-zeitpunkt** | **Prüf-dokumentation** |
| 1 | Durchmesser 19-0,1 | digitale Messschraube | n = 5 | 1/V | 2h | Regelkarte |
| 2 | | | | | | |
| 3 | | | | | | |
| 4 | | | | | | |
| 5 | | | | | | |
| 6 | | | | | | |
| 7 | | | | | | |
| 8 | | | | | | |
| 9 | | | | | | |

**Prüfmethode:**
1 = Werker-Selbstprüfung
2 = Prüfung durch Qualitätssicherung
3 = Prüfung durch Messraum
4 = Prüfung durch Labor

V = variabel (quantitativ ermitteln)
A = attributiv (qualitativ ermitteln)
n = Anzeahl der Teile aus dem Gesamtlos (Stichprobe)

| | | | | | |
|---|---|---|---|---|---|
| Erstellt: | Greßler | | | | |
| Datum: | 12.08.2008 | | | | |
| Freigabe: | Göppel | | | | |
| Änderungsstand: | | | | | |
| Verteiler: | Greßler | Göppel | Schmid | Maier | |

**11 a)**

Zur Erstellung der Strichliste werden die Anzahl der Klassen $k$, die Spannweite $R$ und die Klassenweite $w$ berechnet.

Anzahl der Klassen $k = \sqrt{n} = \sqrt{40} = 6{,}33 \approx 6$ Klassen

Spannweite
$R = X_{max} - X_{min} = 18{,}999\text{ mm} - 18{,}922\text{ mm} = 0{,}077\text{ mm}$

Klassenweite
$$w = \frac{R}{k} = \frac{0{,}077\text{ mm}}{6} = 0{,}01283\text{ mm} \approx 0{,}013\text{ mm}$$

Die Durchmesser-Spannweite wird beginnend bei $D = 19{,}000$ mm in 6 Intervalle zu 0,013 mm unterteilt. Die Urwerte werden den 6 Intervallen zugeordnet und ihre Häufigkeit in einer Strichliste durch Striche notiert.

| Klasse Nr. | Durchmesser | | Strichliste | $n_j$ | $h_j$ in % | $F_j$ in % |
|---|---|---|---|---|---|---|
| | ≥ | < | | | | |
| 1 | 18,922 | 18,935 | I | 1 | 2,5 | 2,5 |
| 2 | 18,935 | 18,948 | IIIII I | 6 | 15 | 17,5 |
| 3 | 18,948 | 18,961 | IIIII IIIII | 10 | 25 | 42,5 |
| 4 | 18,961 | 18,974 | IIIII IIIII III | 13 | 32,5 | 75 |
| 5 | 18,974 | 18,987 | IIIII III | 8 | 20 | 95 |
| 6 | 18,987 | 19,000 | II | 2 | 5 | 100 |
| | | | Σ | | 40 | 100 |

Es sind: $n_j$ absolute Häufigkeit; $h_j$ relative Häufigkeit; $F_j$ Summenhäufigkeit

**11 b)**

Die absolute Häufigkeit $n_j$ wird durch Zählen der Striche ermittelt.

Die relative Häufigkeit $h_j$ wird mit der Formel

$h_j = \frac{n_j}{m} \cdot 100\%$ berechnet.

Beispiel: $n_j = 1 \quad \Rightarrow \quad h_j = \frac{1}{40} \cdot 100\% = 2{,}5\%$

Die Summenhäufigkeit $F_j$ wird durch Aufsummieren der relativen Häufigkeit $h_j$ ermittelt.

**11 c)**

**Histogramm der relativen Häufigkeit:**

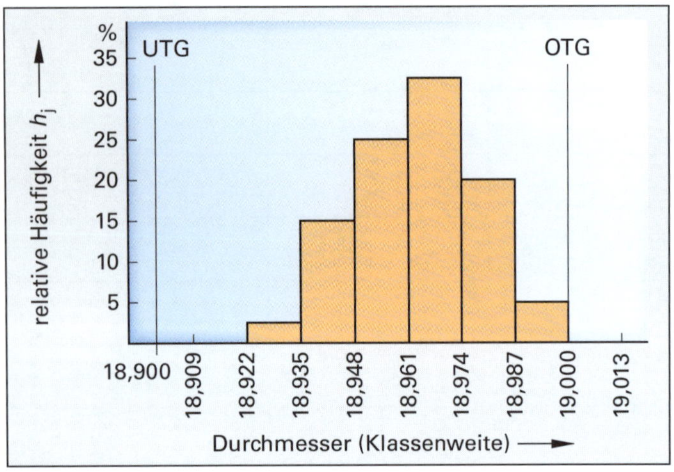


**12**

Maßangabe: ∅ 19 – 0,1 ⇒ OTG = 19,000 mm
UTG = 18,900 mm

**13**

Nach dem Histogramm liegen Messwerte an der oberen Toleranzgrenze (OTG), es sind jedoch keine Messwerte außerhalb der Toleranz.

**14**

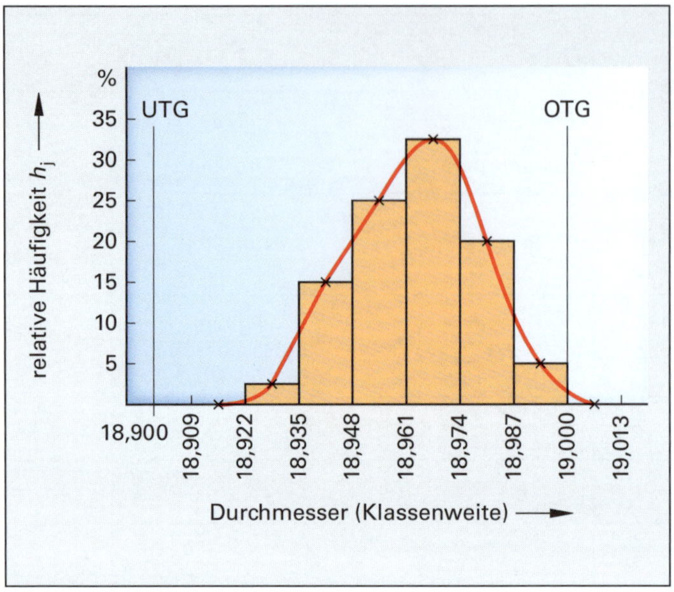


**15**

$$\bar{x} = \frac{x1 + x2 + x3 + \ldots xi}{n} =$$

$$= \frac{18{,}959\ mm + 18{,}967 + 18{,}939\ mm + \ldots}{n}$$

$\bar{x}$ = 1 896 333 mm ≈ **18,9633 mm**

$R = x_{max} - x_{min} = 18{,}999\ \text{mm} - 18{,}922\ \text{mm}$

$\boldsymbol{R} = $ **0,077 mm**

$$s = \sqrt{\frac{\Sigma\,(x_i - \bar{x})^2}{n - 1}}$$

$$s = \sqrt{\frac{(18{,}959 - 18{,}9633)^2 + \ldots}{40 - 1}}$$

$\boldsymbol{s}$ = 0,016356 mm ≈ **0,0164 mm**

**16**

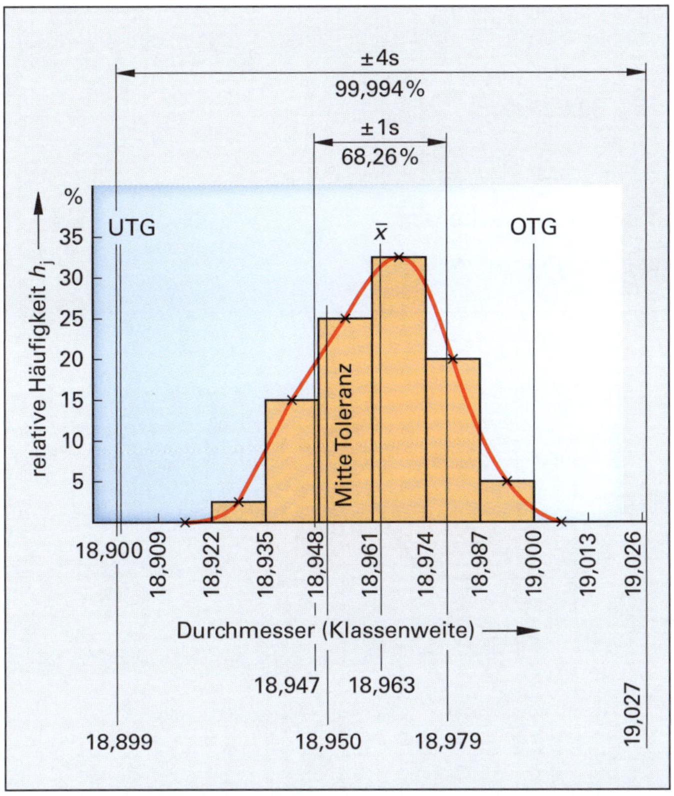


**17**

Die Häufigkeitsangabe gibt an, wie viel der gefertigten Teile nach der Gauß'schen Verteilung in diesem Bereich liegen.

Das bedeutet bei ± 4s sind das 99,994% aller gefertigten Teile.

**18**

Er müsste versuchen, die Fertigungsmitte $\overline{x}$ auf die Toleranzmitte zu bringen.

**19**

Die Fertigung könnte unter Beobachtung begonnen werden und dann die Fertigungsmitte ($\overline{x}$) auf Toleranzmitte gebracht werden.

Dann liegen ± 3s (99,73% der gefertigten Teile) innerhalb der Toleranzgrenzen (UTG und OTG).

**20**

Systematische Einflüsse sind: Erwärmung der Maschine, Werkzeugverschleiß, Werkzeugwechsel.

Zufällige Einflüsse sind:

Schwingungen des Maschinenfundamentes, Stromschwankungen, Materialschwankungen.

**21**

Systematische Einflüsse verändern die Lage der Kurve ($\overline{x}$; arithmetischer Mittelwert).

Zufällige Einflüsse verändern die Kurvenbreite (Streuung; Standardabweichung).

**22**

Es müssen die 5-M-Einflüsse eingehalten werden: Mensch, Material, Methode, Maschine, Mitwelt (Umwelteinflüsse).

**23.1, 23.2**

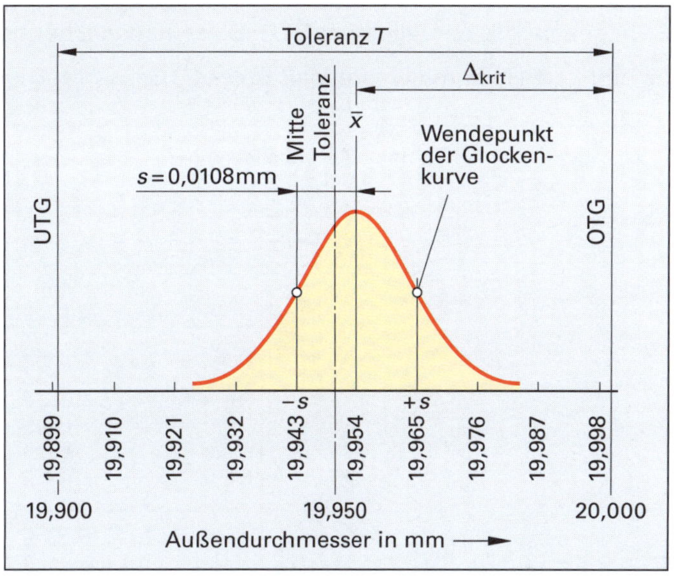


**23.3**

$$c_m = \frac{T}{6 \cdot s} = \frac{0{,}1\ \text{mm}}{6 \cdot 0{,}0108\ \text{mm}}\ \mathbf{1{,}54}$$

$$c_{mk} = \frac{\Delta\text{krit}}{3 \cdot s} = \frac{0{,}046\ \text{mm}}{3 \cdot 0{,}0108\ \text{mm}}\ \mathbf{1{,}42}$$

**23.4**

Nein, da die Forderungen $c_m \geq 1{,}67$ und $c_{mk} \geq 1{,}67$ nicht erfüllt sind.

**24.1**

Ja, da die Punkte im Wahrscheinlichkeitsnetz alle weitgehend auf oder in der Nähe einer Geraden liegen.

**24.2**

Aus dem Wahrscheinlichkeitsnetz wird bei $F_j$ = 50% abgelesen: $\overline{x}$ = 39,935 mm.

**24.3**

Es liegen ca. 1% der Teile über OTG. Diese haben Übermaß und sind nachzuarbeiten.

Es gibt keine Teile mit einem Maß unter UTG. Es brauchen keine Teile entsorgt werden.

**Wahrscheinlichkeitsnetz zu Aufgabe 24**

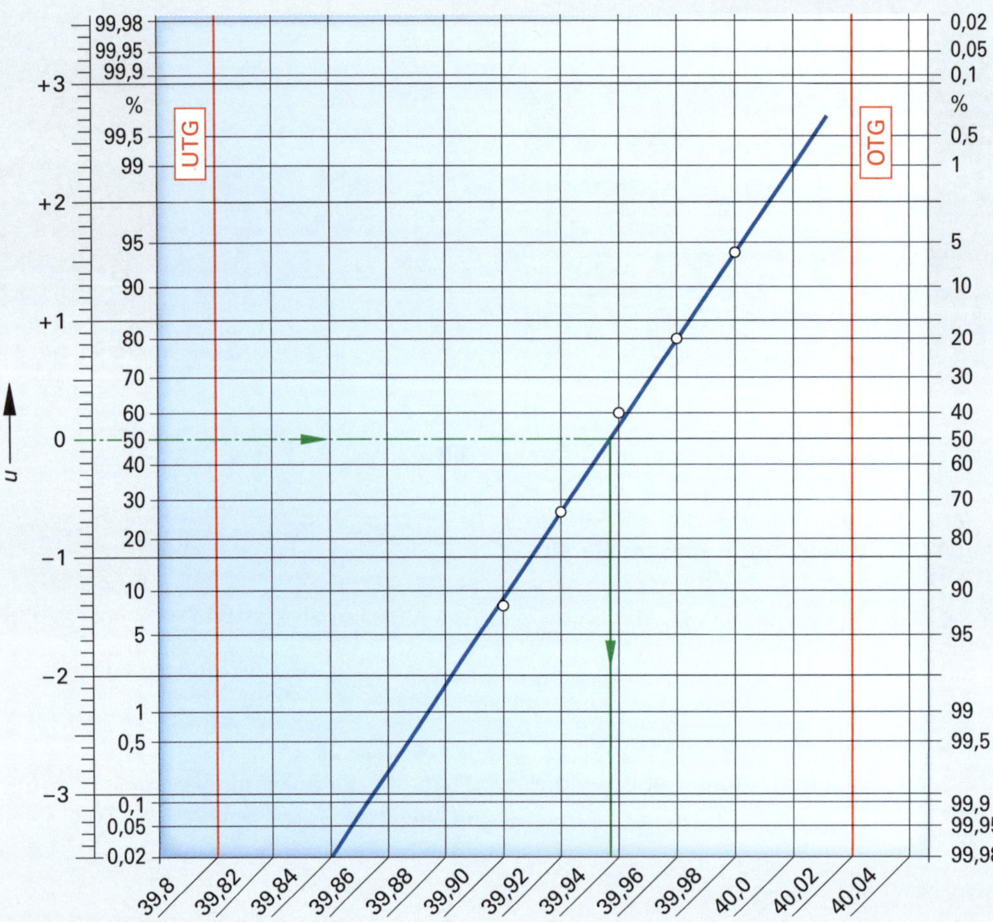


## Lösungen der Aufgaben mit Auswahlantworten von Seite 421 (gebundene Aufgaben)

| 1 | 2 | 3 | 4 | 5 | 6 | 7 | 8 | 9 | 10 |
|---|---|---|---|---|---|---|---|---|---|
| e | e | b | d | c | e | b | a | b | d |
| **11** | **12** | **13.1** | **13.2** | **13.3** | **13.4** | **13.5** | **14** | **15** | |
| c | a | a | b | c | e | b | c | e | |

# Lösungen der Leistungsüberprüfungen zu Lernfeld 12: Instandhalten von technischen System (von Seite 423)

**Leitprojekt: Klappbohrvorrichtung zum Bohren von Werkstücken**

## Lösungen der ungebundenen Aufgaben v. Seite 425

**1**

In der Klappbohrvorrichtung werden Werkstücke positioniert und gespannt. Der Bohrer wird durch die Steckbohrbuchse (Pos. 3 ... 14) geführt. So können die Werkstücke ohne vorherige Zentrierung positionsgenau gebohrt werden.

Durch Ziehen am Ballengriff (Pos. 20) wird die Bohrklappe (Pos. 9) entriegelt und kann nach links geklappt werden. Das Werkstück wird nun eingelegt. Die Bohrklappe (Pos. 9) wird wieder zugeklappt und durch den Schnapper (Pos. 19) verriegelt. Das Werkstück liegt auf den drei Auflagebolzen (Pos. 10) auf und wird durch das Spannstück (Pos. 11) unten gehalten. Vor dem Bohrvorgang wird das Werkstück mechanisch durch die beiden Kolben (Pos. 4) gespannt. Zum Lösen der Kolben müssen diese mit Druckluft beaufschlagt werden.

**2 a)**

Die Bohrklappe wird durch den Zylinderstift (Pos. 7) geführt.

Die seitliche Lage wird durch die Scheibe (Pos. 30) positioniert.

**2 b)**

Die Druckfeder (Pos. 21) hat die Aufgabe, die Bohrklappe (Pos. 9) gegen die Scheibe (Pos. 30) und die Seitenwange des Grundkörpers zu schieben, um die seitliche Lageposition einzuhalten. Dadurch ist gewährleistet, dass die Werkstückbohrungen 35 mm von der Auflagefläche entfernt liegen.

**3 a)**

Insgesamt besitzt die Vorrichtung drei Auflagebolzen zur Höhen-Positionierung des Werkstückes.

**3 b)**

Aufgrund des größeren Abstandes haben Positionierfehler der Auflagebolzen kleinere Auswirkungen.

Die Bestimmgenauigkeit ist um so größer, je weiter die Bestimmelemente auseinanderliegen.

**3 c)**

Das Werkstück ist in Höhe und den seitlichen Lagen vollbestimmt.

**4**

Die Bohrung X ist der Druckluftanschluss.

**5**

Bei Beaufschlagung mit Druckluft wird der Kolben (Pos. 4) gelöst. Bei Wegnahme der Druckluft fixiert der Kolben mit der Kraft der Feder (Pos. 5) das Werkstück.

**6 a)**

Die Druckfedern drücken die Kolben gegen das Werkstück und dieses gegen die Auflagebolzen (Pos. 10). Dadurch wird das Werkstück positioniert.

**6 b)**

Die Druckfedern können die Kolben nicht gegen die Kraft, die die Druckluft bewirkt, verschieben.

**6 c)**

DIN 2098 -2 x 10 x 55

DIN-Nr. → DIN 2098
Drahtdurchmesser → 2
Mittl. Windungsdurchmesser → 10
Länge der unbelastetetn Feder → 55

**7**

| Arb.-Gang | Arbeitsvorgänge/Arbeitsschritte | Werkzeuge/Hilfsmittel |
|---|---|---|
| 1 | Zylinderstift (Pos. 7) entfernen | Austreiber, Hammer |
| 2 | Scheibe (Pos. 30) und Druckfeder (Pos. 21) entnehmen | – |
| 3 | Zylinderschraube (Pos. 15) losschrauben | Innensechskantschlüssel |
| 4 | Spannbuchse (Pos. 16), Bohrbuchse (Pos. 12) und Steckbohrbuchse (Pos. 13) entnehmen | – |
| 5 | Senkschraube (Pos. 28) lösen und Auflage (Pos. 18) entnehmen | Schlitzschraubendreher |
| 6 | Zylinderstift (Pos. 24) entfernen | Austreiber, Hammer |
| 7 | Druckfeder (Pos. 25) entnehmen | – |
| 8 | Ballengriff (Pos. 20) losschrauben | – |
| 9 | 2 x Senkschraube (Pos. 28) lösen und Deckel (Pos. 3) entfernen | Schlitzschraubendreher |
| 10 | 2 x Druckfeder (Pos. 5) und Kolben (Pos. 4) mit Runddichtungen (Pos. 6 und 8) entnehmen und demontieren. | – |
| 11 | Senkschrauben (Pos. 27) lösen und Auflage (Pos. 17) abnehmen | Schlitzschraubendreher |
| 12 | Seitenplatten (Pos. 22 und 2) von Grundkörper (Pos. 1) lösen | – |
| 13 | Auflagebolzen (Pos. 10) abziehen | Austreiber, Hammer |

**8**

| Verschleißteile | |
|---|---|
| Pos. | Bezeichnung |
| 5 | Druckfeder |
| 6 | Runddichtring |
| 8 | Runddichtring |
| 11 | Spannstück |
| 12 | Bohrbuchse |
| 13 | Steckbohrbuchse |
| 14 | Steckbohrbuchse |
| 21 | Druckfeder |
| 25 | Druckfeder |

**9**

Die Instandsetzung der Klappbohrvorrichtung beginnt mit der Inspektion der Bauteile und der Schadensanalyse.

**10**

Da die Klappbohrvorrichtung nicht mehr ordnungsgemäß funktioniert, können keine weiteren Werkstücke auf der Vorrichtung gebohrt werden. Es handelt sich hier also um eine störungsbedingte Instandsetzung.

Vorteile
- Lebensdauer der Maschinenbauteile wird vollständig ausgenutzt.
- Es entstehen nur Kosten, wenn Bauteile ausgetauscht werden müssen.

Nachteile
- hoher Zeitdruck während der Reparatur
- Lagerkosten für die Ersatzteile
- Produktionsausfall

**11 a)**

Es handelt sich um einen Gewaltbruch.

**11 b)**

Die Feder wurde entweder durch zu hohe Kräfte belastet oder sie wurde durch die hohe Wechselbelastung überlastet.

**11 c)**

Auswahl eines anderen Federwerkstoffes oder Auswahl einer Feder, die höheren Wechselbelastungen standhält.

**12**

Ja, die gebrochene Feder kann die Ursache der fehlerhaften Fertigung der Bohrteile sein.

Durch den Bruch der Feder kann der Kolben (Pos. 4) das Werkstück nicht mehr korrekt andrücken und damit positionieren. Das Werkstück kann auf den Auflagebolzen verschoben werden.

**13**

Für eine Schadensanalyse gibt es mehrere Gründe:
1. Ermittlung der Schadensursache
2. Vermeidung der Wiederholung des selben Schadens
3. Verbesserung der Maschine

**14**

Eine Schadensanalyse beginnt mit einer einfachen Sichtprüfung und verläuft über weitere Prüfungen, bis die Schadensursache ermittelt ist.

Im Einzelnen geht man wie folgt vor:
- Feststellung des offensichtlichen Schadengrundes durch Sicht- bzw. Funktionsprüfung ohne Hilfsmittel.
- Erfassung des Schadenumfeldes und der Umgebungsbedingungen
- Ermittlung der Werkstoffdaten
- Gefügeuntersuchungen
- Bauteil-Betriebslasten-Prüfungen, wenn die Ursache des Schadens schwierig zu beurteilen ist.

Als Schaubild dargestellt:

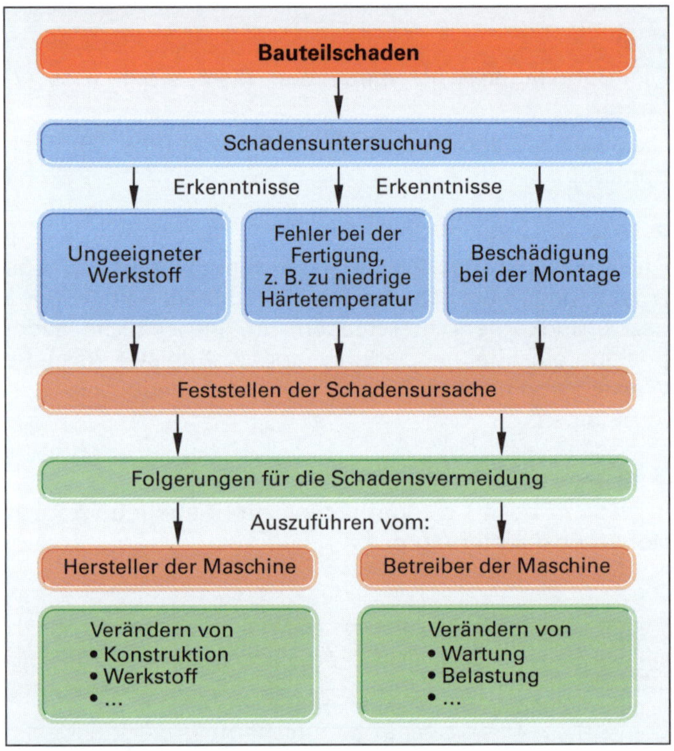


**15 a)**

Bohrbuchsen führen das Bohrwerkzeug und bestimmen die Lage der Werkstückbohrungen.

**15 b)**

Bei der Bohrbuchse (Pos. 12) handelt es sich um eine fest eingebaute Bohrbuchse.

**15 c)**

Diese Bohrbuchse wird in eine Aufnahmebohrung eingesetzt.

**15 d)**

DIN 173-k 11,8 x 18 x 20

DIN-Nr.
Form K: Schnellwechselbuchse
Innendurchmesser
Außendurchmesser
Bohrer-Führlänge

**15 e)**

Durch die Einlaufradien werden die Bohrwerkzeuge im Einlaufbereich geführt und dadurch geschont.

**15 f)**

Da die Bohrung ∅ 12 H7 gerieben werden soll, muss die Bohrung kleiner gewählt werden.

**16 a)**

Einsatzstähle haben einen geringen Kohlenstoffgehalt. Durch das Einsetzen wird ihre Randschicht mit Kohlenstoff angereichert und sie sind dort härtbar.

**16 b)**

Die Bohrbuchsen werden in kohlenstoffabgebenden Einsatzmitteln mehrere Stunden bei 880 °C bis 980 °C geglüht. Dabei dringt Kohlenstoff in die Randschicht ein, die dadurch härtbar wird.

Anschließend werden die Werkstücke auf Härtetemperatur erwärmt. Dann werden sie abgeschreckt. Abschließend werden sie angelassen.

**16 c)**

$$d = \frac{d_1 + d_2}{2}$$

$$d = \frac{1{,}5\ \text{mm} + 1{,}6\ \text{mm}}{2} = 1{,}55\ \text{mm}$$

$$\text{HV} = \frac{0{,}1891 \cdot F}{d^2}$$

$$\text{HV} = \frac{0{,}1891 \cdot 98{,}07}{1{,}55^2} = 771{,}9\ \text{HV}$$

**16 d)**

DIN 173-1 schreibt eine Vickershärte von 780 + 80 HV10 vor.

Die Härte der Bohrbuchse liegt nicht im Toleranzbereich.

**17 a)**

Die einseitige Abnutzung der Bohrbuchse kann die Ursache der fehlerhaften Fertigung der Bohrteile sein. Durch die einseitige Abnutzung kann der Bohrer innerhalb der Bohrbuchse zu einer Seite verlaufen und somit nicht mehr maßhaltig bohren.

**17 b)**

Es könnten Bohrbuchsen aus Hartmetall oder Keramik eingesetzt werden, da diese verschleißärmer sind und eine höhere Standzeit aufweisen.

**18 a)**

Der Werkstoff C70U ist ein Werkzeugstahl mit einem C-Gehalt von 70/100 % = 0,7 %.

**18 b)**

Die Auflage (Pos. 17) bestimmt die exakte Position der Bohrbuchse. Sie darf sich durch häufigen Anschlag nicht abnutzen. Deshalb muss die Auflage aus einem härtbaren Werkstoff gefertigt werden.

**18 c)**

Der Werkstoff wird auf 790 ... 810 °C erwärmt, anschließend in Öl abgeschreckt und bis 100 °C angelassen.

**19 a)**

Härteprüfung nach Rockwell HRC. Die Prüfung erfolgt mit einem Diamantkegel.

Ablauf der Härteprüfung HRC (siehe Bild unten):

1. Der Diamantkegel wird mit einer Prüfvorkraft in die Probe gedrückt. Die Messuhr wird auf Null gestellt.
2. Danach wird die eigentliche Prüfkraft auf den Prüfkegel aufgebracht. Nach der Einwirkzeit wird die Prüfkraft weggenommen.
3. Die bleibende Eindringtiefe *h* des Prüfkegels in das Werkstück kann am Messuhrdisplay direkt als Rockwellhärtewert abgelesen werden.

**19 b)**

Risse in der Werkstückoberfläche können mit folgenden gebräuchlichen Verfahren ermittelt werden:

- Prüfung mit Eindringverfahren
- Prüfung mit Röntgenstrahlen
- Prüfung mit dem Magnetpulverfahren

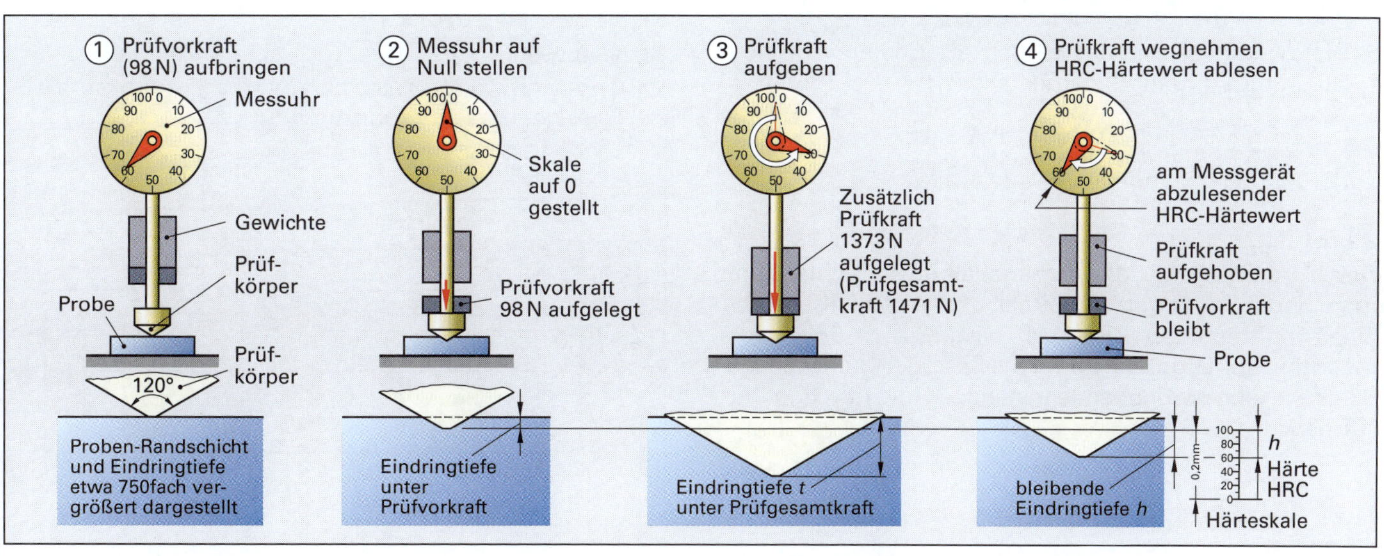

**20 a)**

Der Dichtring (Pos. 6) am Kolben dichtet bei der Kolbenbewegung ab. Es ist eine Bewegungsdichtung.

Der Dichtring (Pos. 29) an der Druckluftbohrung bewegt sich nicht. Er ist eine ruhende Dichtung.

**20 b)**

Die Runddichtringe bestehen aus Nitril-Butadien-Kautschuk mit Shore-A-Härte 70.

**20 c)**

Die Dichtungen reiben bei der Bewegung an den Seitenwänden der Zylinderbohrung. Sie dichten den Luftdruckraum ab. Durch die einströmende Druckluft können kleine Schmutzpartikel zwischen Seitenplatten und Gummidichtung geraten, die einen abrasiven Verschleiß verursachen.

**20 d)**

Nein, die verschlissenen Dichtungen können nicht die Ursache der fehlerhaften Fertigung der Bohrteile sein, da sie für die Positionierung des Werkstückes nicht relevant sind.

**21 a)**

Das Pareto-Diagramms ist ein Säulendiagramm, in dem Fehler und ihre Anzahl aufgetragen sind. Es ordnet die Fehlerursachen nach ihrer Bedeutung.

**21 b)**

Mit Hilfe des Paretodiagramms werden aus vielen möglichen Fehlerursachen für die Abweichungen der Bohrungen die Ursachen herausgefiltert, die den größten Einfluss haben. Die Wichtigkeit eines Fehlers kann direkt aus dem Diagramm abgelesen werden.

**21 c)**

1. Alle Fehlerursachen auflisten.
2. Das Gewichtungsmerkmal festlegen, welches bei den fehlerhaften Bohrungen entscheidend ist (Kosten, erforderliche Nacharbeit, ...)
3. Für jede Fehlerursache wird der Anteil an der Gesamtwirkung und der Prozentanteil errechnet.
4. Die Anteile werden absteigend nach ihrer Bedeutung sortiert.
5. Für jede Fehlerursache wird entsprechend der Reihenfolge die Wirkung aufaddiert.
6. Die Wirkungssummen werden als Säulen in einem Diagramm graphisch dargestellt

**22 a)**

Vorbeugende Instandhaltung

**22 b)**

Durch Auswertung der Instandhaltungsberichte kann man den zukünftigen Zeitpunkt des Verschleißes oder eines auftretenden Defektes bestimmen. Bevor die Maschine auf Grund des Verschleißes oder Defektes ausfällt kann eine vorbeugende Instandsetzung durchgeführt werden.

**23**

Aus einem Tabellenbuch wurde für die Angabe Ø 12H7 entnommen:

Größtmaß der Bohrung $D_H = 12{,}018$

Mindestmaß der Bohrung $D_M = 12{,}000$

Größtmaß des Bohrungsabstandes $l_H = 45{,}03$

Mindestmaß des Bohrungsabstandes $l_M = 44{,}97$

Daraus folgt:

Mindestmaß $a_M = l_M - D_H = 44{,}97 - 12{,}018 = 32{,}952$

Höchstmaß $a_H = l_H - D_M = 14{,}03 - 12{,}000 = 33{,}030$

**24 a)**

Anzahl der Klassen:

$k = \sqrt{n} = \sqrt{50} = 7{,}07$

Spannweite: $R = x_{max} - x_{min} = 33{,}02 - 32{,}95 = 0{,}07$

Klassenweite:

$$w = \frac{R}{k} = \frac{0{,}07 \text{ mm}}{7} = 0{,}01 \text{ mm}$$

| Klasse Nr. | Klassenweite | | Anzahl der Messwerte | $n_j$ | $n_j$ |
|---|---|---|---|---|---|
| | ≥ | < | | | % |
| 1 | 32,95 | 32,96 | \| | 1 | 2 |
| 2 | 32,96 | 32,97 | \|\|\| | 3 | 6 |
| 3 | 32,97 | 32,98 | 𝍸 \| | 6 | 12 |
| 4 | 32,98 | 32,99 | 𝍸 \|\|\|\| | 9 | 18 |
| 5 | 32,99 | 33,00 | 𝍸 𝍸 𝍸 \| | 16 | 32 |
| 6 | 33,00 | 33,01 | 𝍸 \|\|\| | 8 | 16 |
| 7 | 33,01 | 33,03 | 𝍸 \|\| | 7 | 14 |
| | | | Summe: 50 | | |

**24 b)**

Histogramm der Bohrungsabstände Häufigkeit:

Kl. Nr. 1: 1/50 = 0,02 = 2%

Kl. Nr. 2: 3/50 = 0,06 = 6%

Kl. Nr. 3: 6/50 = 0,12 = 12%

Kl. Nr. 4: 9/50 = 0,18 = 18%

Kl. Nr. 5: 16/50 = 0,32 = 32%

Kl. Nr. 6: 8/50 = 0,16 = 16%

Kl. Nr. 7: 7/50 = 0,14 = 14%

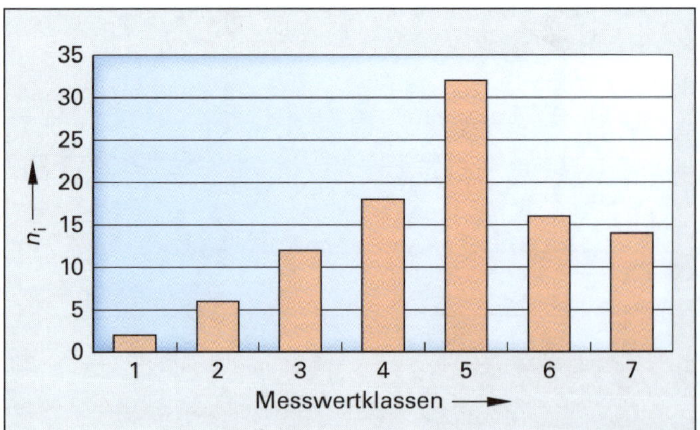

**24 c)**

Der arithmetische Mittelwert $\overline{x}$ wird mit folgender Formel berechnet:

$$\overline{x} = \frac{x_1 + x_2 + x_3 + x_4 + x_5}{5}$$

z.B.

$$\overline{x}_1 = \frac{92{,}980 + 33{,}000 + 32{,}990 + 32{,}970 + 33{,}000}{5}$$

$= 32{,}988$

| Prüf-zeit | Messwerte $x_1$ | $x_2$ | $x_3$ | $x_4$ | $x_5$ | arithm. Mittel $\overline{x}$ |
|---|---|---|---|---|---|---|
| 1 | 32,980 | 33,000 | 32,990 | 32,970 | 33,000 | 32,988 |
| 2 | 33,000 | 32,960 | 32,980 | 32,990 | 33,010 | 32,988 |
| 3 | 32,990 | 32,980 | 32,990 | 33,000 | 32,970 | 32,986 |
| 4 | 32,900 | 32,970 | 33,000 | 32,980 | 32,990 | 32,904 |
| 5 | 32,990 | 32,990 | 32,960 | 33,010 | 33,020 | 32,994 |
| 6 | 33,000 | 32,980 | 33,010 | 32,990 | 33,020 | 33,000 |
| 7 | 32,990 | 33,000 | 33,020 | 32,990 | 32,990 | 32,998 |
| 8 | 32,990 | 32,990 | 32,980 | 33,010 | 32,970 | 32,988 |
| 9 | 32,970 | 32,990 | 33,000 | 32,980 | 32,990 | 32,986 |
| 10 | 32,990 | 32,950 | 32,960 | 32,970 | 32,980 | 32,970 |

Die $\overline{x}$-Werte werden in einer $\overline{x}$-Regelkarte eingetragen. Sie werden mit Linien verbunden.

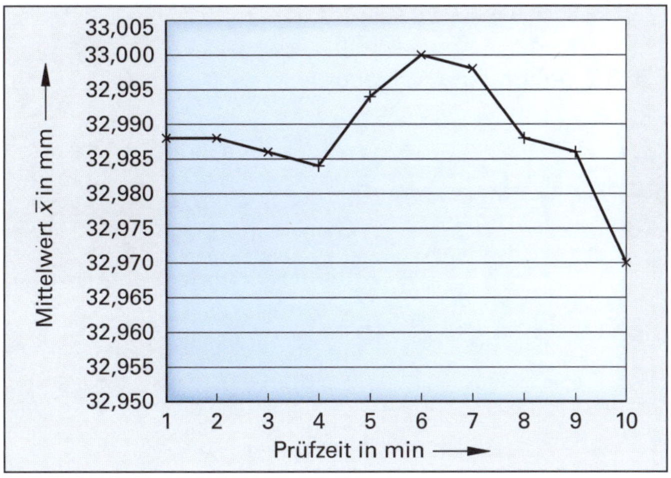


**25 a)**

**Übergabe-/Abnahmeprotokoll**

Maschinenbezeichnung: Klappbohrvorrichtung
Maschinenhersteller: TerSim Maschinenbau GmbH
Maschinennummer: 2003-120 805030 8
Standort der Maschine: Endfertigung Halle 2, Maschinenplatz 23

| Prüf-schritt | Prüfkriterium | Sollmaß | Prüfmittel | Istmaß | Kriterium erfüllt | Kriterium nicht erfüllt | Bemerkung |
|---|---|---|---|---|---|---|---|
| 1 | Funktion der Pneumatikzylinder | – | – | – | | | |
| 2 | Dichtigkeit der Pneumatikleitungen | – | – | – | | | |
| 3 | Schnapper drehbar (Pos. 19) | – | – | – | | | |
| 4 | Bohrklappe drehbar (Pos. 9) | – | – | – | | | |
| 5 | Schnapper (Pos. 19) verriegelt die Bohrklappe (Pos. 9) | – | – | – | | | |
| 6 | Funktion der Druckfeder (Pos. 21) | – | – | – | | | |
| 8 | Bohrungsmittelpunkt mittig im Werkstück | 35+/–0,15 | Messschieber | | | | |
| 10 | Bohrungsabstand vom Werkstückrand | 27,5+/–0,1 | Messschieber | | | | |

Datum: ________ Prüfer: ________ Unterschrift: ________
Kunde: ________ Unterschrift: ________

**25 b)**

Es ist darauf zu achten, dass alle für die Herstellung der Werkstücke relevanten Maße den Vorgaben entsprechen.

**26 a)**

Kosten durch Maschinenausfallzeiten, Mindermengenkosten, Kosten durch Lieferunfähigkeit, Lagerhaltungskosten

**26 b)**

Eine weitere Klappbohrvorrichtung sollte angeschafft und auf Lager gehalten werden. Bei einem Defekt kann die beschädigte Klappbohrvorrichtung ausgetauscht und die Produktion fortgesetzt werden.

**27 a)**

In Deutschland regelt das Produkthaftungsgesetz die Haftung des Herstellers bei fehlerhaft hergestellten Produkten.

**27 b)**

Als Produkt wird jede bewegliche Sache (auch wenn sie in eine unbewegliche Sache eingebaut ist) und Elektrizität bezeichnet.

**27 c)**

Der Hersteller eines Produktes haftet nicht, wenn das Produkt nicht für den Verkauf hergestellt wurde.

**27 d)**

Wird ein Produkt an andere überlassen, wird es damit in Verkehr gebracht. Diebstahl und Unterschlagung schließen das Inverkehrbringen aus. Wird das Produkt anderen übergeben (z.B. zur Prüfung), so handelt es sich noch nicht um ein Inverkehrbringen.

**27 e)**

- Kalkulierte Arbeitszeit und Arbeitskosten,
- Kalkulierte Materialien und Materialkosten
- Maschinenlaufzeiten und Maschinenkosten
- Gemeinkosten
- Gewinnanteil

**28 a)**

Die direkten Instandhaltungskosten beinhalten die Kosten, die unmittelbar durch die Instandhaltung entstehen.

Die indirekten Instandhaltungskosten sind Folgekosten, die entstehen, wenn eine Maschine nicht oder fehlerhaft produziert.

**28 b)**

Direkte Instandhaltungskosten:

z.B.: Wartungskosten, Inspektionskosten, Instandsetzungskosten, Personalkosten, Materialkosten, Lagerhaltungskosten für die Bevorratung von Ersatzteilen

Indirekte Instandhaltungskosten:

z.B.: Maschinenausfallzeiten, Mindermengen, Kosten durch Lieferunfähigkeit, Lagerhaltungskosten für Fertigteile.

**29 a)**

Interner Kundenauftrag: Innerhalb einer Firma gibt eine Abteilung einer anderen einen Auftrag. Das Produkt verlässt die Firma nicht.

**29 b)**

Externer Kundenauftrag: Der Auftrag wird von außerhalb an die Firma übertragen. Das Produkt verlässt nach Auftragserfüllung die Firma.

**29 c)**

Interner Kundenauftrag, da die Klappbohrvorrichtung für eine andere Abteilung instandgesetzt wird.

**30**

In **Großbetrieben** existiert oft eine Instandhaltungsabteilung, welche die Vorschriften der Maschinen- oder Anlagenhersteller, darüber hinaus auch zusätzliche betriebliche Instandhaltungsvorschriften an der Maschine oder Anlage durchführt.

Bei **mittelständigen Betrieben** beschränkt sich die Instandhaltung meist auf die Empfehlungen des Maschinen- oder Anlagenherstellers.

In **Kleinbetrieben** ist eine planmäßige Instandhaltung meist nicht organisiert. Häufig werden erst bei Störungen Maßnahmen eingeleitet.

## **Lösungen der Aufgaben mit Auswahlantworten** von Seite 428 ff (gebundene Aufgaben)

| 1 | 2 | 3 | 4 | 5 | 6.1 | 6.2 | 7 | 8 | 9 |
|---|---|---|---|---|---|---|---|---|---|
| d | b | e | a | c | c | b | d | e | d |

| 10 | 11 | 12 | 13 | 14 | 15 | 16 | 17 |
|---|---|---|---|---|---|---|---|
| b | e | e | b | c | c | a | b |

# Lösungen der Leistungsüberprüfungen zu Lernfeld 13:
## Sicherstellen der Betriebsfähigkeit automatischer Systeme (von Seite 431)

**Leitprojekt: Elektropneumatisch gesteuerte Anlage zum Bohren von Scheibenrohlingen**

### Lösungen der ungebundenen Aufgaben v. Seite 431 ff

**1**

Weniger pneumatische Bauteile werden benötigt. Die Ansprechzeiten sind kürzer.

Der Platzbedarf ist geringer.

**2 a)**

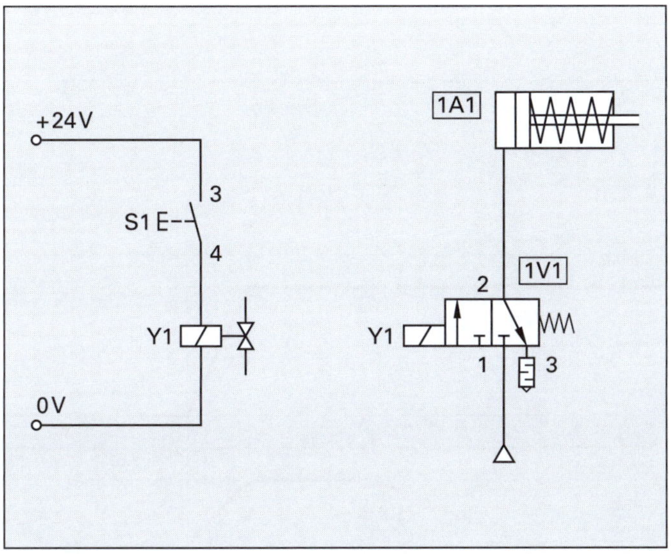


**2 b)**

Der Zylinder bleibt ausgefahren, so lange der Taster gedrückt ist.

**3**

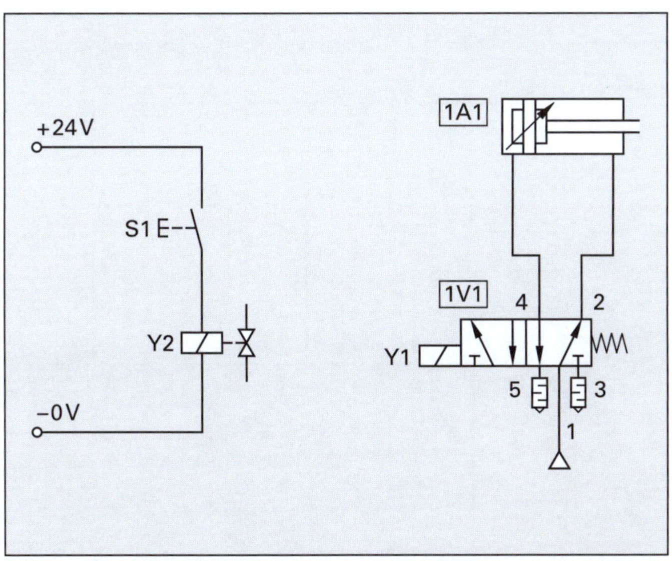


**4**

Schütze können gleichzeitig mehrere Stromkreise ansteuern. Bei Betätigung durch ein elektrisches Signalglied wirkt der Elektromagnet und betätigt gleichzeitig alle seine Kontakte, die Öffner, Schließer oder Wechsler.

**5 a)**

Es ist eine Rollenbetätigung notwendig.

**5 b)**

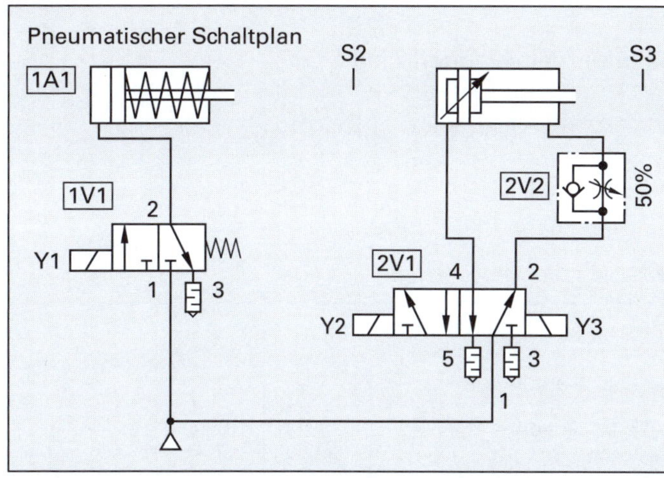


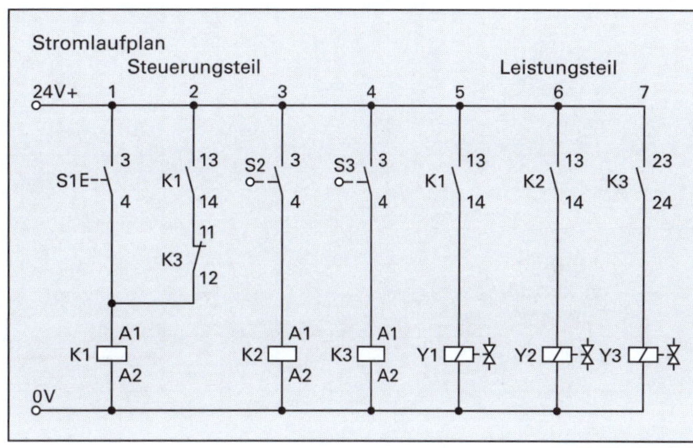


**6**

Es ist eine wegabhängige Steuerung, da der nächste Schritt erst dann ausgeführt wird, wenn der Kolben des Spannzylinder die vordere Endlage erreicht hat.

**7 a)**

Diese Schaltung leistet eine ODER- Verknüpfung. Die Signalglieder sind paral geschaltet.

**7 b)**

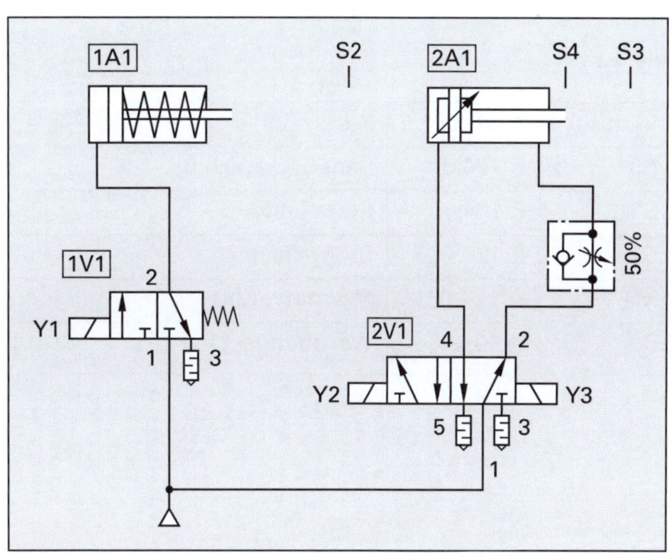

**8**

Wenn S1 betätigt wird, zieht K1 an und schließt die Kontakte in den Strompfaden 2 und 3.

Nach dem Aufladen des Kondensators an K2, zieht K2 im Pfad 5.

Magnetventil Y1 schaltet, Kolben fährt aus und betätigt S2.

K3 öffnet zeitverzögert Pfad 1.

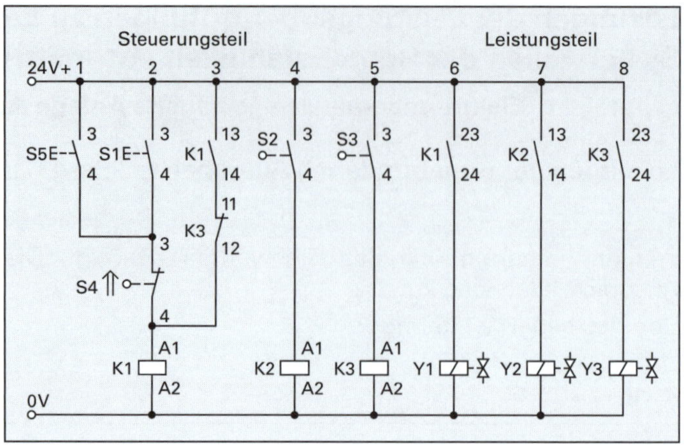


**9**

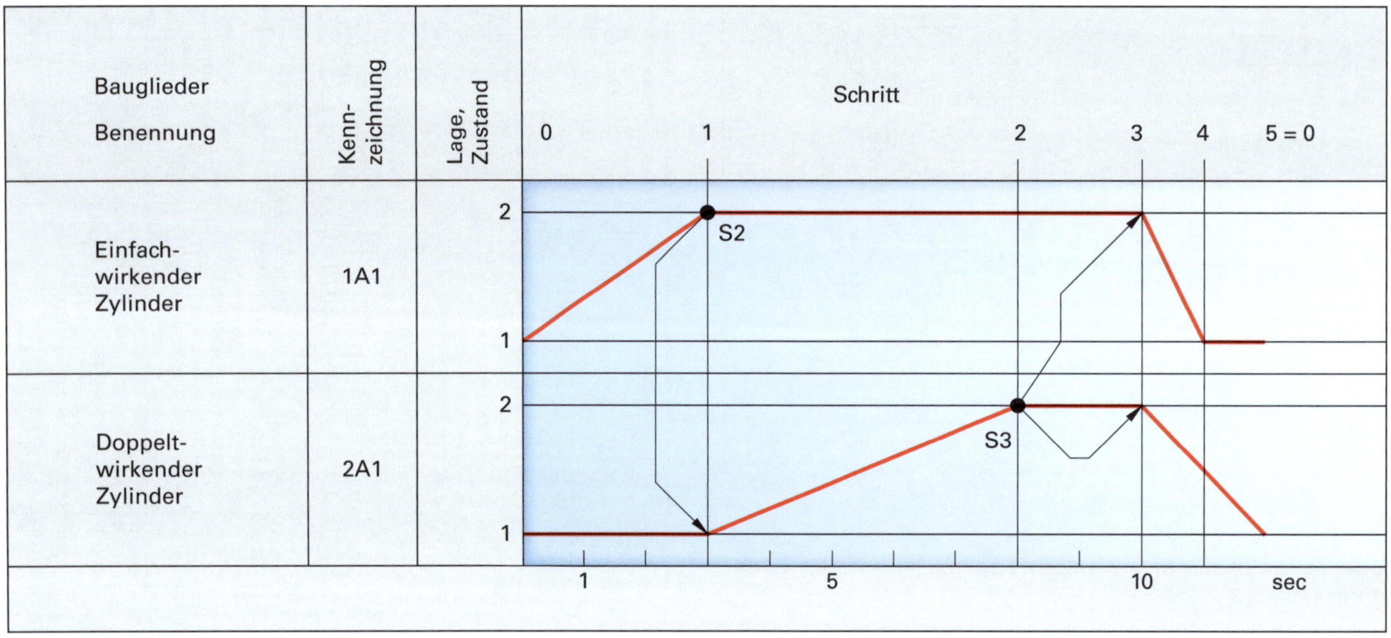


**10 a)**

Es gibt kapazitive, induktive, optische (fotoelektrische) und magnetische Sensoren.

**10 b)**

Für die Erkennung von Werkstücken aus Kunststoffen sind kapazitive und optische Sensoren geeignet.

**11 a)**

Die Steuerung hat drei Eingänge und zwei Ausgänge.

**11 b)**

| Symbol | Adresse | Kommentar |
|---|---|---|
| B3 | E 124.0 | Sensor (kapazitiv) |
| S1 | E 124.1 | Start-Taster |
| S2 | E 124.2 | Stopp-Taster |
| M1 | A 124.0 | Magnetventil |
| P1 | A 124.1 | Warnlampe |

**12**

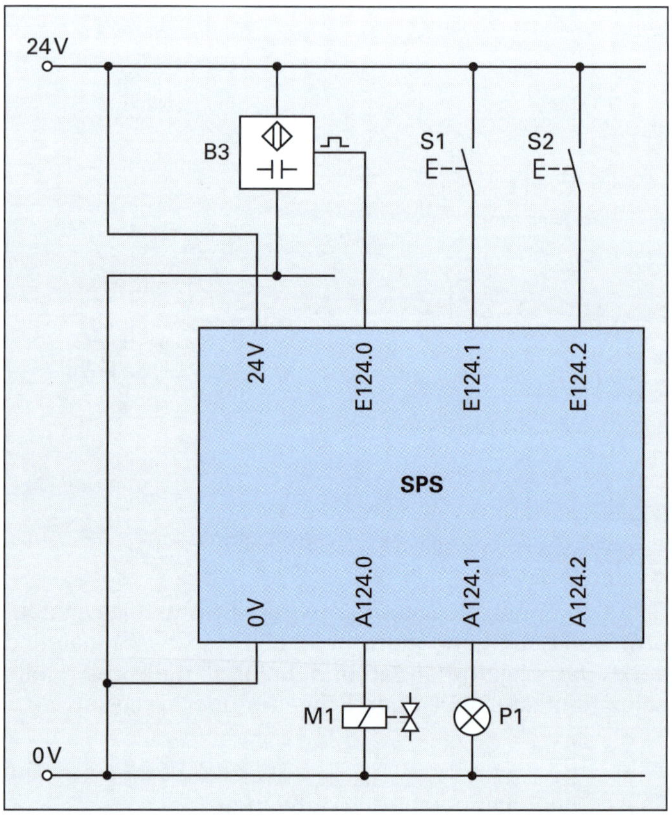

**13**

Aus der Zuordnungsliste geht hervor, wie die SPS beschaltet ist.

Die Liste wird dazu in Spalten eingeteilt. In der ersten Spalte steht die Betriebsmittelkennzeichnung, in der zweiten ist die Zuordnung (Adresse) vermerkt und in der dritten Spalte können Kommentare eingefügt werden.

**14**

Die Merker werden als interne Speicherbausteine verwendet. Als Operanten im Programm dienen sie zur Speicherung von Informationen.

**15**

FUP

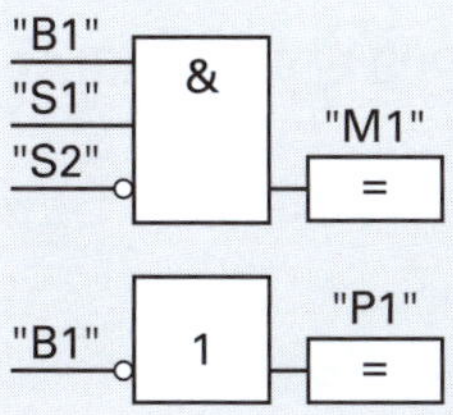


AWL

| | |
|---|---|
| U | E124.0 |
| U | E124.1 |
| UN | E124.2 |
| = | A124.0 |
| UN | E124.0 |
| = | A124.1 |

**16 a)**

Solange der Merker „DB“ gesetzt ist, hat Q ein Signal und gibt somit ein ständiges Signal ab. Fehlt das Signal „B3“ oder wird „S2“ betätigt, so werden der Dauerbetrieb und der Ausgang „M1“ zurückgesetzt.

Sobald der Taster „S2“ betätigt wird oder der Sensor „B3“ anspricht, leuchtet die Warnlampe.

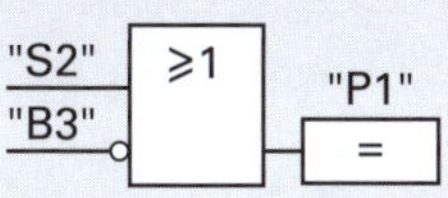


**16 b)**

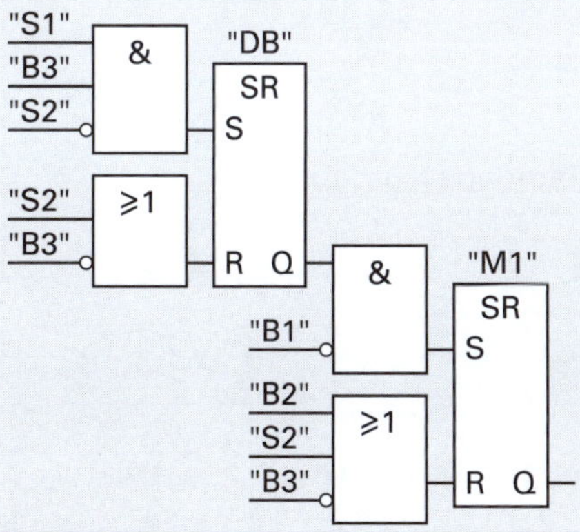


**17 a)**

Die Roboterbauart wird als Horizontalschwenkarmroboter oder SCARA (Selective Compliance Assembly Robot Arm) bezeichnet.

**17 b)**

Diese Bauart hat zwei rotatorische und eine translatorische Achse (RRT-Kinematik).

**17 c)**

Durch die zwei rotatorischen Achsen kann die Position angefahren werden und durch die translatorische Achse wird das Werkstück in die Spannvorrichtung eingelegt.

**17 d)**

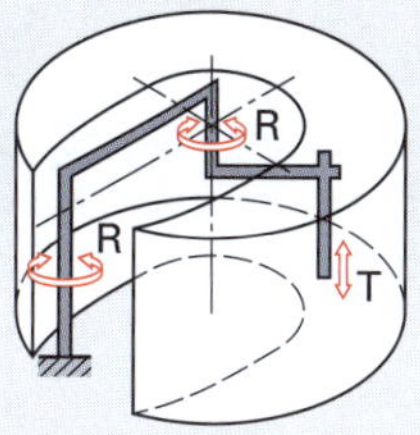


**18**

Anzahl der Freiheitsgrade als Maß der Beweglichkeit.

Größe und Form des Arbeitsraums.

Nutzlast bzw. Tragfähigkeit als Maß für die handhabbare Masse.

Maximale Verfahrgeschwindigkeit

Wiederholgenauigkeit

Positioniergenauigkeit

Mächtigkeit der Steuerung, z.B. PTP, CP

Überschleifen

**19**

Meist werden pneumatisch betätigte Zangengreifer mit Kniehebelgetriebe verwendet. Sind die Scheiben dünn und mit glatter Oberfläche versehen verwendet man meist Sauggreifer.

**20**

Als Standardschnittstellen verwendet man serielle, parallele und USB (Universal Serial Bus) Schnittstellen.

**21 a)**

Die Technische Dokumentation dient der Information und Instruktion definierter Zielgruppen, der haftungsrechtlichen Absicherung des Herstellers, der Produkthaftung, der Rückverfolgbarkeit und Reproduzierbarkeit sowie der dauerhaften bzw. gesetzlich geforderten Archivierung der relevanten Informationsinhalte.

Die Bestandteile der Technischen Dokumentation bieten Informationen über das Produkt selbst, den Umgang mit ihm und über das Verhalten der Nutzer. Sie betrachten alle Lebensphasen des Produktes, von der Entwicklung bis zur Entsorgung.

**21 b)**

Je nach Zielgruppe und Verwendungszweck enthält die Technische Dokumentation Informationen über die Montage und Inbetriebnahme, die Beschaffenheit und die bestimmungsgemäße Verwendung des technischen Produkts.

**21 c)**

Die Technische Dokumentation enthält z.B. folgende Unterlagen: Konstruktions- und Fertigungsunterlagen, Pflichtenheft, Berechnungsunterlagen, Versuchsberichte, Nachweise über Maßnahmen der Qualitätssicherung, Betriebsanleitungen, Gebrauchshinweise, Sicherheitshinweise.

**21 d)**

drill = Bohrer; bolt = Bolzen; control engineering = Regelungstechnik; handling equipment = Handhabungseinrichtung; clamping fixtures = Spannvorrichtung

**22**

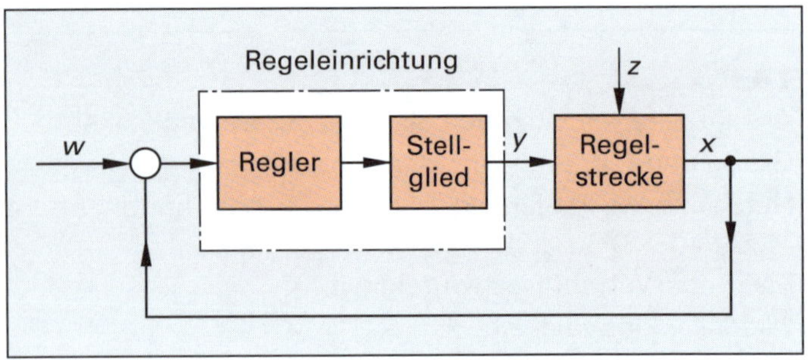


Die Regelung hat einen geschlossenen Wirkungsablauf (mit Rückmeldung, d.h. Soll-/Ist-Vergleich), den man Regelkreis nennt.

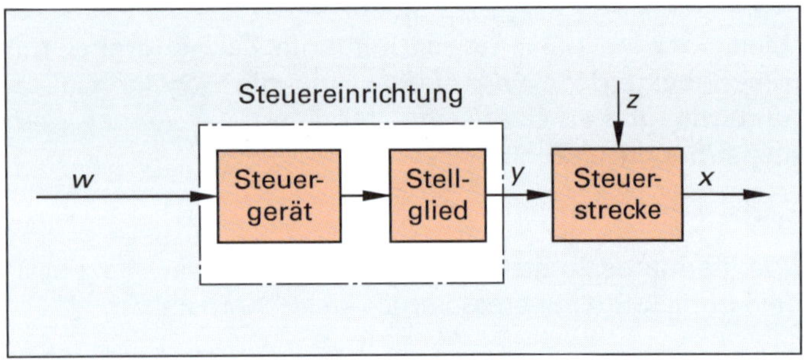


Die Steuerung hat einen offenen Wirkungsablauf (ohne Rückmeldung), den man Steuerkette nennt.

**23**

Die Transition (Übergangsbedingung) 1B2 aktiviert den Schritt 2. Bei Aktivierung von Schritt 2 soll der Zylinder 1A einfahren.

**24**

Die Erfassung der Endlage des Zylinders.

**25**

Es sind magnetische Näherungsschalter mit Schließerkontakt. Sie reagieren auf die Annäherung eines Magneten.

**26**

Es ist die Darstellung im betätigtem Zustand.

**27**

Es ist die Transition (Übergangsbedingung) –S2.

## Lösungen der Aufgaben mit Auswahlantworten von Seite 434 ff (gebundene Aufgaben)

| 1 | 2 | 3 | 4 | 5 | 6 | 7 | 8 | 9 | 10 |
|---|---|---|---|---|---|---|---|---|---|
| a | d | b | b | b | b | e | c | a | c |

| 11 | 12 | 13 | 14 | 15 | 16 | 17 | 18 | 19 | 20 |
|---|---|---|---|---|---|---|---|---|---|
| e | d | d | b | c | a | a | b | c | e |

| 21 | 22 |
|---|---|
| c | a |

# Teil IX Lösungen der Übungs-Abschlussprüfungen

## Lösungen der Übungs-Abschlussprüfungen Teil 1

### Lösungen zu Teil A: Aufgaben mit Auswahlantworten (Gebundene Aufgaben) von Seite 443 ff

(Schwarz unterlegte Aufgaben dürfen nicht abgewählt werden!)

| 1 | 2 | 3 | 4 | 5 | 6 | 7 | 8 | 9 | 10 | 11 | 12 | 13 | 14 | 15 | 16 | 17 | 18 | 19 | 20 |
|---|---|---|---|---|---|---|---|---|---|---|---|---|---|---|---|---|---|---|---|
| ① | ② | ⑤ | ③ | ⑤ | ③ | ④ | ③ | ③ | ② | ④ | ⑤ | ③ | ④ | ② | ① | ⑤ | ⑤ | ② | ④ |
| **21** | **22** | **23** | **24** | **25** | **26** | **27** | **28** | **29** | **30** | **31** | **32** | **33** | **34** | **35** | **36** | **37** | **38** | **39** | **40** |
| ② | ③ | ④ | ③ | ③ | ⑤ | ⑤ | ② | ③ | ③ | ④ | ② | ① | ⑤ | ② | ④ | ③ | ① | ③ | ④ |

### Lösungen zu Teil B: Ungebundene Aufgaben von Seite 452

**U1**

4

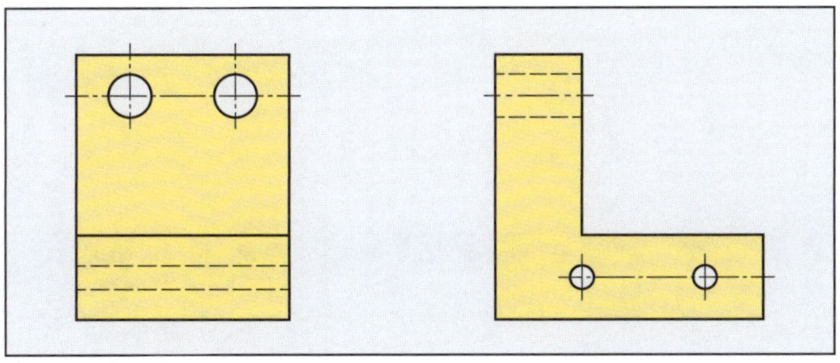

**U2**

∅ 20f7

mit folgenden Werten aus dem Tabellenbuch:

$N$ = 20 mm; $es$ = –0,020 mm; $ei$ = –0,041 mm

Höchstmaß:

$N + es$ = 20,000 mm – 0,020 mm = 19,980 mm

Mindestmaß:

$N + ei$ = 20,000 mm – 0,041 mm = 19,959 mm

**U3**

Zur Herstellung der Nut für den Runddichtring (Pos. 11) wird die Grundplatte (Pos. 3) auf der Drehmaschine im Vier-Backenfutter eingespannt.

**U4**

1 Kühlen
2 Schmieren
3 Korrosionsschutz

**U5**

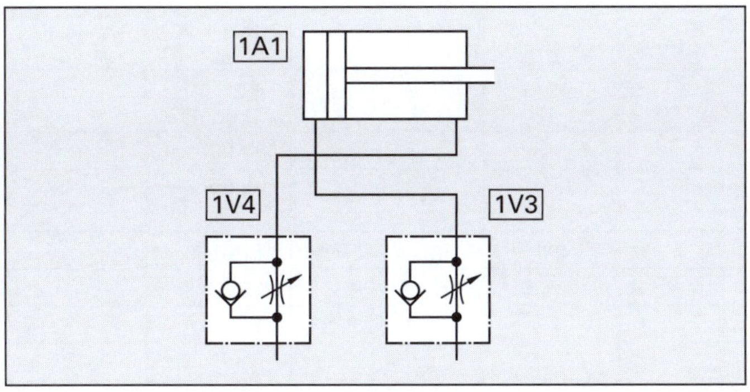


**U6**

$$p = \frac{F_D}{A} \quad \Rightarrow \quad F_D = p \cdot A\text{; mit } p_e = 7 \text{ bar}$$

$$F_D = 0{,}7 \text{ N/mm}^2 \cdot \frac{20^2 \text{ mm}^2 \cdot \pi}{4} = \mathbf{219{,}9\ N}$$

**U7 a)**

$$p = \frac{F_{ZK}}{A} \Rightarrow F_{ZK} = p \cdot A$$

mit $A = \pi/4 \cdot (D^2 - d^2)$ folgt

$$F_{ZK} = p \cdot \pi/4 \cdot (D^2 - d^2)$$

$$F_{ZK} = 0{,}7 \text{ N/mm}^2 \cdot \pi/4 \cdot (20^2 \text{ mm}^2 - 10^2 \text{ mm}^2)$$

$$F_{ZK} = \mathbf{164{,}93\ N}$$

Freigemachte Bauteile:

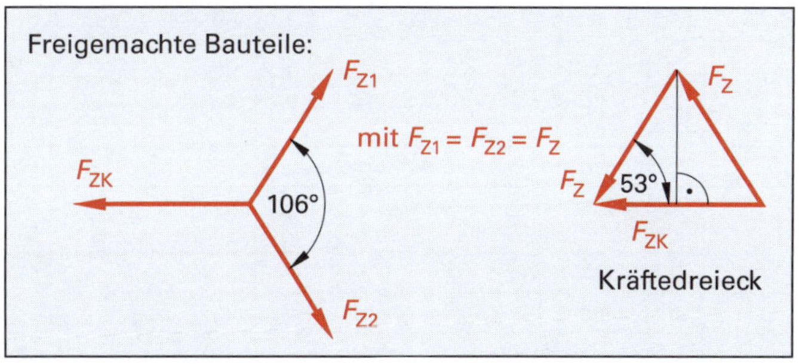


$$\cos(\alpha) = \frac{F_{ZK}/2}{F_Z}$$

$$F_Z = \frac{F_{ZK}}{2 \cdot \cos(\alpha)}$$

$$F_Z = \frac{164{,}93 \text{ N}}{2 \cdot \cos(53°)} = \mathbf{137{,}03\ N}$$

**U7 b)**

$$\sigma = \frac{F_Z}{A}$$

$$\sigma = \frac{180 \text{ N}}{2{,}5 \text{ mm} \cdot 6 \text{ mm}} = \mathbf{7{,}8\ N/mm^2}$$

## U8

| Symbol | Die Symbole weisen auf folgendes hin: | Verbotszeichen | Warnzeichen | Gebotszeichen | Rettungszeichen | Brandschutzzeichen | Gefahrensymbol |
|---|---|---|---|---|---|---|---|
|  | Augenschutz benutzen | | | x | | | |
|  | Hinweis auf Sammelstelle | | | | x | | |
|  | Mobilfunk (Handy-benutzung) verboten | x | | | | | |

## U9 a)

- Oberflächenvergleichsmuster
- Kufen-Tastsystem
- Bezugsebenen-Tastsystem

## U9 b)

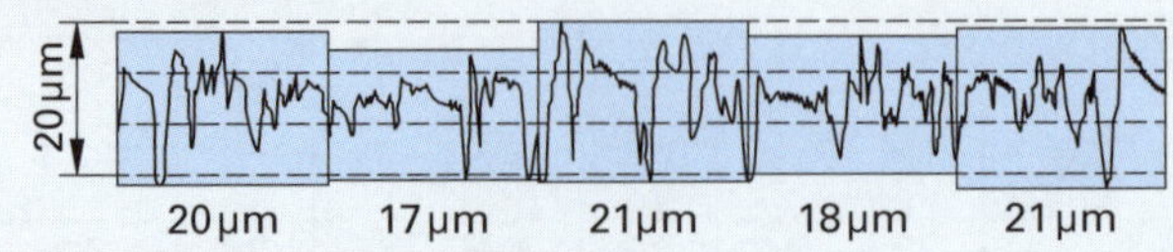


$$Rz = \frac{(20+17+21+18+21)\,\mu m}{5}$$

$$= 19{,}4\,\mu m$$

## U10

| Arb.-Gang | Arbeitsvorgänge/Arbeitsschritte | Maschinen/Geräte | Werkzeuge | Einstelldaten $v_c$ | $f$ | $n$ | Arbeits-sicherheit | Prüf-geräte |
|---|---|---|---|---|---|---|---|---|
| 1 | Habzeug entgraten und Rohmaterial prüfen | | | | | | | Mess-schieber |
| 2 | Halbzeug auf Fräsmaschine-einspannen | Maschinen-schraubstock | | | | | | |
| 3 | Auf Maß 36 fräsen | | Planfräser ∅ 50 | 275 m/min | 0,75 | 1750 1/min | UW Fräsen | Mess-schieber |
| 4 | Habzeug umspannen. 2. Seite fräsen | | | | | | | |
| 5 | Auf Maß 36 fräsen | | Planfräser ∅ 50 | 275 m/min | 0,75 | 1750 1/min | UW Fräsen | Mess-schieber |
| 6 | In Drehmaschine einspannen | 4-Backen-Futter | | | | | | |
| 7 | 1. Seite plandrehen | | rechter gebogener Drehmeißel | 150 m/min | 0,1 | 1050 1/min | UW Drehen | |
| 8 | Zentrieren | | Zentrierbohrer | | | 200 1/min | UW Drehen | |
| 9 | Vorbohnen aufTiefe 48 + Bohrerspitze | | Bohrer ∅ 19,5 | 60 m/min | | 980 1/min | UW Drehen | |
| 10 | Fase drehen | | rechter gebogener Drehmeißel | 150 m/min | | 1650 1/min | UW Drehen | |
| 11 | Auf ∅ 20H8 reiben | | Maschinenreibahle | | 0,05 | 200 1/min | | |
| 12 | Unspannen | | | | | | | |
| 13 | 2. Seite plandrehen | | rechter gebogener Drehmeißel | 150 m/min | 0,1 | 1650 1/min | UW Drehen | |
| 14 | Fase drehen | | rechter gebogener Drehmeißel | 150 m/min | 0,1 | 1650 1/min | UW Drehen | |
| 15 | 2. Seite plandrehen auf Länge 60 | | rechter gebogener Drehmeißel | 150 m/min | 0,1 | 1650 1/min | UWDrehen | Mess-schieber |
| 16 | Zentrieren | | Zentrierbohrer | | | 200 1/min | UW Drehen | |
| 17 | Loch für Pneumatikanschluss bohren | | Bohrer | | | | UW Drehen | |
| 18 | Gewinde für Preumatikanschluss schneiden | | Gewindebohrer | | | | UW Drehen | |
| 19 | Zylinder auf Ständerbohrmaschine einspannen | Maschinen-Schraubstock | | | | | | |
| 20 | Loch für Pneumatikanschluss bohren | | Bohrer | | | | UW Bohren | |
| 21 | Gewinde für Preumatkanschluss schneiden | | Gewindebohrer | | | | UW Bohren | |
| 22 | 4 Löcher M4 bohren | | Bohrer ∅ 3,2 | 20 m/min | | 1990 1/min | W Bohren | |
| 23 | 4 Löcher M4 Gewinde bohren | | Gewindebohrer M4 | | | | | |
| 24 | Bauteil entgraten | | | | | | | |
| 25 | Endmaß prüfen | | | | | | | |

# Lösungen der Übungs-Abschlussprüfungen Teil 2

## Lösungen zur Auftrags- und Funktionsanalyse

### Lösungen zu Teil A: Aufgaben mit Auswahlantworten (Gebundene Aufgaben) von Seite 461 ff

(Schwarz unterlegte Aufgaben dürfen nicht abgewählt werden!)

| 1 | 2 | 3 | 4 | 5 | 6 | 7 | 8 | 9 | 10 | 11 | 12 | 13 | 14 |
|---|---|---|---|---|---|---|---|---|---|---|---|---|---|
| ③ | ① | ⑤ | ② | ② | ④ | ⑤ | ③ | ③ | ② | ③ | ① | ④ | ④ |
| 15 | 16 | 17 | 18 | 19 | 20 | 21 | 22 | 23 | 24 | 25 | 26 | 27 | 28 |
| ⑤ | ② | ③ | ① | ⑤ | ④ | ② | ① | ⑤ | ① | ③ | ③ | ② | ① |

### Lösungen zu Teil B: Ungebundene Aufgaben von Seite 468 ff

**U1**

1. Eine verformbare zylindrische Stahlbuchse mit Außenverzahnung **(Flexspline)**
2. Einem starren zylindrischen Außenring mit Innenverzahnung **(Circular Spline)**
3. Einer elliptischen Stahlscheibe mit aufgeschrumpftem ebenfalls elliptischen Kugellager mit dünnen Laufringen **(Wave Generator)**

**U2**

Das Lagerspiel der beiden Schrägkugellager (Pos. 9) kann über die Mutter (Pos. 4) eingestellt werden.

**U3 a)**

O-Anordnung

**U3 b)**

Die Lager nehmen axiale Belastungen in beide Richtungen bei einem bestimmten Axialspiel auf. Die Lageranordnung ist starr. In O-Anordnung können von Lagern Kippmomente aufgenommen werden.

**U4**

Bei einem absoluten Wegmesssystem kann die momentane Position immer exakt bestimmt werden, auch nach einem Stromausfall, da jedem Teischritt ein exakter Zahlenwert zugeordnet ist.

Bei einem inkrementalen Wegmesssystem ist die Messskala in gleich große Teilstücke unterteilt. Das Wegmesssystem zählt nur die Anzahl der abgefahrenen Teilstücke. Die Maschine muss nach einem Neustart zunächst eine Referenzmarke anfahren.

**U5**

Bei einer Punktsteuerung fährt der Roboter von der Position 1 zur Position 2. Der zurückgelegte Weg spielt dabei keine Rolle.

Bei einer Bahnsteuerung fährt der Roboter mit festgelegter Geschwindigkeit auf einem vorher festgelegten Weg von der Position 1 zur Position 2. Eine Kollision mit anderen Maschinenteilen oder Werkstücken kann dadurch vermieden werden.

**U6 a)**

Dauerbrüche treten bei Bauteilen auf, die lange Zeit dynamischen Belastungen ausgesetzt sind.

**U6 b)**

Im Gegensatz zu einem Gewaltbruch, der durch eine große Bruchfläche zu erkennen ist, haben Dauerbrüche einen Anriss, Rasterlinien und eine Gewaltbruch-Restfläche.

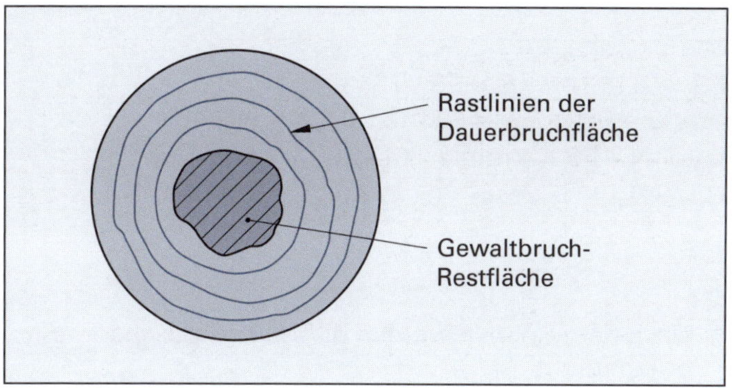


**U7**

1 Reinigen.
2 Ölstände prüfen und gegebenenfalls Öl auffüllen.
3 Wasser aus dem Wasserabscheider der Druckluftaufbereitungseinheit entleeren.

**U8**

$$F = p_e \cdot A \cdot \eta \quad \text{mit} \quad A = \frac{d^2}{4} \cdot \pi \quad \text{folgt}$$

$$F = p_e \cdot \frac{d^2}{4} \cdot \pi \cdot \eta$$

$$\boldsymbol{d} = \sqrt{\frac{F \cdot 4}{p_e \cdot \pi \cdot \eta}} = \sqrt{\frac{500\ \text{N} \cdot 4\ \text{mm}^2}{0{,}5\ \text{N} \cdot \pi \cdot 0{,}88}} = \mathbf{38{,}03\ mm^2}$$

## Lösungen zur Fertigungstechnik

### Lösungen zu Teil A: Aufgaben mit Auswahlantworten (Gebundene Aufgaben) von Seite 472 ff

(Schwarz unterlegte Aufgaben dürfen nicht abgewählt werden!)

| 1 | 2 | 3 | 4 | 5 | 6 | 7 | 8 | 9 | 10 | 11 | 12 | 13 | 14 |
|---|---|---|---|---|---|---|---|---|---|---|---|---|---|
| ① | ③ | ③ | ④ | ② | ④ | ① | ③ | ⑤ | ④ | ③ | ① | ① | ⑤ |
| **15** | **16** | **17** | **18** | **19** | **20** | **21** | **22** | **23** | **24** | **25** | **26** | **27** | **28** |
| ② | ② | ② | ⑤ | ④ | ① | ④ | ⑤ | ④ | ③ | ① | ① | ⑤ | ② |

### Lösungen zu Teil B: Ungebundene Aufgaben von Seite 480 ff

**U1**

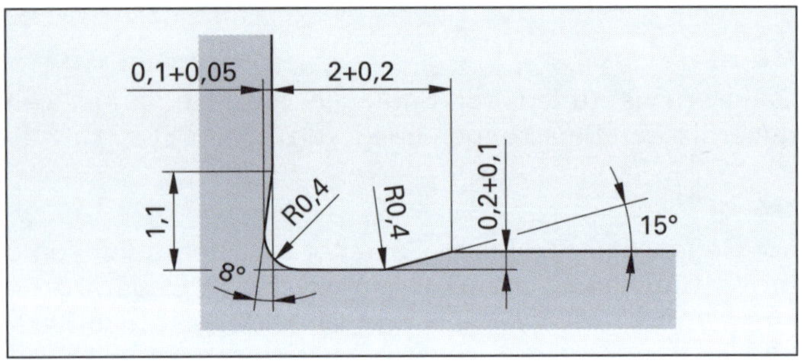


**U2**

ES = –0,012 EI = ES – IT

EI = –0,012 – 0,030 = –0,042

$G_{oB}$ = N + ES = 4 mm – 0,012 mm = **3,988 mm**

$G_{uB}$ = N + EI = 4 mm – 0,042 mm = **3,958 mm**

**U3**

1 Nach dem Spanen werden die Werkstücke spannungsarm geglüht.
2 Erwärmen auf Härtetemperatur
3 Abschrecken in Wasser, Öl, Warmbad oder an der Luft
4 Anlassen

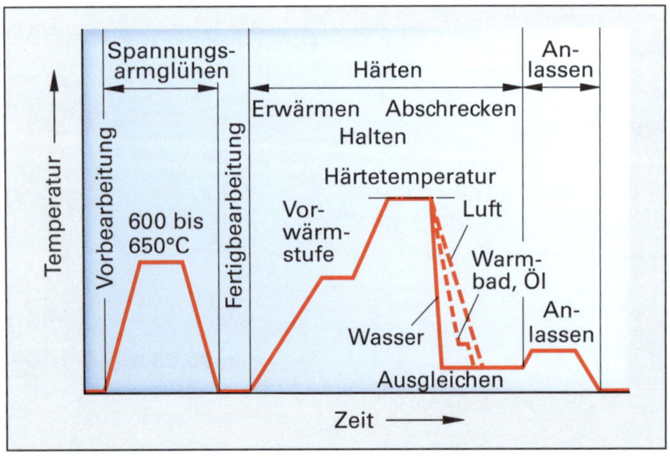


**U4**

$R_m$ = 1000 – 1200 N/mm²

$v_c$ = 40 … 80 m/min; gewählt: $v_c$ = 60 m/min

$f$ = 0,1 … 0,5 mm; gewählt: $f$ = 0,1 mm

$$n = \frac{v_c}{d_m \cdot \pi}$$

$$\boldsymbol{n} = \frac{60000 \text{ mm}}{\text{min} \cdot 12{,}5 \text{ mm} \cdot \pi} = 1528 \text{ min}^{-1}$$

$$t_h = \frac{L \cdot i}{n \cdot f} = \frac{(12{,}5 + 3) \text{ mm} \cdot \text{min}}{1528 \cdot 0{,}1 \text{ mm}} = 0{,}10 \text{ min} = \mathbf{6\ s}$$

**U5**

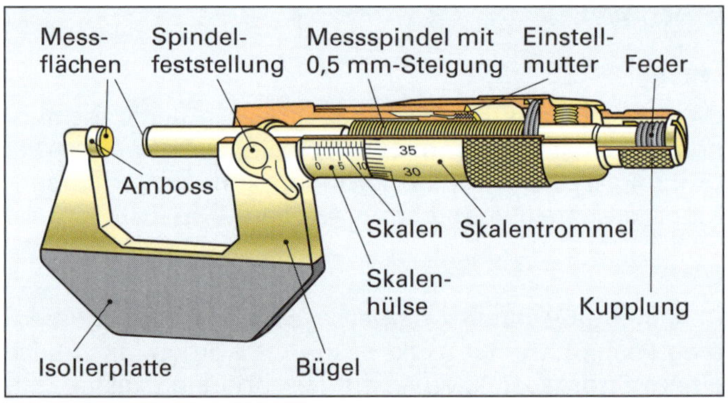


Die geschliffene Messspindel hat eine Gewindesteigung von 0,5 mm. Bei einer Umdrehung der Messspindel vergrößert (verkleinert) sich der Abstand der Messflächen um 0,5 mm. Auf dem Umfang der Skalentrommel sind 50 Teilstriche aufgezeichnet. Wird die Skalentrommel um einen Teilstrich gedreht, verschiebt sich die Messspindel um 0,5 mm : 50 = 0,01 mm.

**U6**

Hartmetalle sind härter, verschleißfester und können höhere Bearbeitungstemperaturen aushalten und haben eine höhere Standzeit als Schnellarbeitsstähle.

Durch die höhere Schnittgeschwindigkeit verkürzt sich die Herstellungszeit.

**U7**

Mit der Maschinenfähigkeitsuntersuchung (MFU) prüft man, ob die Maschine fehlerfreie Teile fertigen kann. Die MFU ist eine Kurzzeituntersuchung über die Fertigungsgenauigkeit einer Maschine.

Sie wird eingesetzt vor dem erstmaligen Einsatz oder der Änderung von Maschinen und Betriebsmitteln.

**U8**

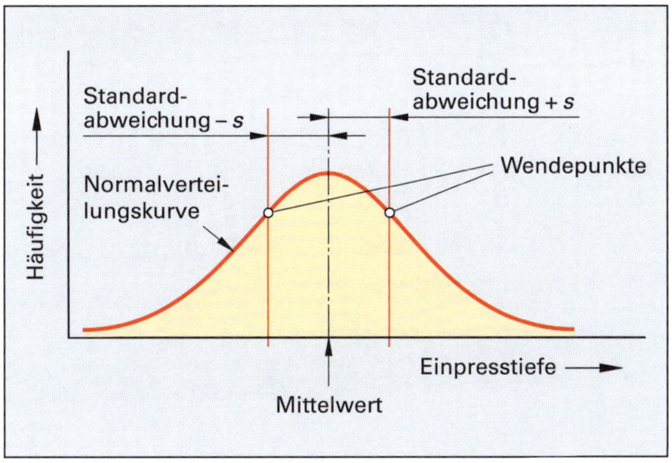

# Lösungen der Übungs-Abschlussprüfungen Teil 2

## Wirtschafts- und Sozialkunde

### Lösungen zu Teil A: Aufgaben mit Auswahlantworten (Gebundene Aufgaben) von Seite 484

| 1 | 2 | 3 | 4 | 5 | 6 | 7 | 8 | 9 | 10 |
|---|---|---|---|---|---|---|---|---|---|
| b | c | d | e | d | b | c | d | e | d |
| **11** | **12** | **13** | **14** | **15** | **16** | **17** | **18** | **19** | **20** |
| e | d | b | b | a | d | a | b | c | e |
| **21** | **22** | **23** | **24** | **25** | **26** | **27** | **28** | **29** | **30** |
| e | c | b | e | d | c | d | d | c | c |
| **31** | | | | | | | | | |
| c | | | | | | | | | |

### Lösungen zu Teil B: Ungebundene Aufgaben von Seite 489

**U1**

Das **Pflichtzeugnis** (einfaches Zeugnis) enthält Art, Dauer, Ziel der Berufsausbildung und die erworbenen Fertigkeiten und Kenntnisse des Auszubildenden.

Das **qualifizierte Zeugnis** enthält auf Verlangen des Auszubildenden Angaben über Führung, Leistung und besondere fachliche Fähigkeiten.

**U2**

**Merkmale eines Einzelunternehmers sind:**

- Alle Rechte und Pflichten sind in der Person des alleinigen Eigentümers vereinigt.
- Er hat das alleinige Recht der Geschäftsführung und aller Entscheidungen.
- Er ist der alleinige Eigentümer des Betriebes.
- Er haftet für Verluste mit seinem Geschäftsund Privatvermögen.
- Er ist der alleinige Nutznießer des Gewinns.

**U3**

**Pflichten des Arbeitnehmers:**

- Dienstleistungspflicht
- Treuepflicht
- Wahrung von Betriebsgeheimnissen
- Weisungsrecht des Arbeitgebers anerkennen

**Pflichten des Arbeitgebers:**

- Pünktliche Zahlung des Lohns
- Fürsorgepflicht
- Gewährung von Urlaub
- Pflicht zur Ausstellung eines Zeugnisses
- Pflicht, die vorgeschriebenen Sozialversicherungsbeiträge abzuführen

**U4**

**Mögliche Gründe für eine außerordentliche Kündigung sind folgende Verfehlungen des Arbeitnehmers:**

- Arbeitsverweigerung
- Verrat von Betriebsgeheimnissen
- Diebstahl im Betrieb
- Tätlichkeiten im Betrieb
- Schwarzarbeit

**U5**

Der **Betriebsrat** hat u.a. in folgenden sozialen Angelegenheiten ein Mitbestimmungsrecht:

- Fragen der Betriebsordnung
- Beginn und Ende der täglichen Arbeitszeit
- Zeit, Ort und Art der Auszahlung der Arbeitsentgelte
- Form, Ausgestaltung und Verwaltung von Sozialeinrichtungen
- Fragen der betrieblichen Lohngestaltung
- Grundsätze über das betriebliche Vorschlagswesen

**U6**

**Grundlage des Solidaritätsprinzips** ist der Ausgleich zwischen den finanziell stärkeren und schwächeren Versicherten. Dies geschieht dadurch, dass die Versicherten nach der Höhe ihres Einkommens unterschiedlich hohe Beiträge zahlen müssen, alle aber den gleichen Versicherungsschutz haben.

Beispiel: Ein Auszubildender hat einen geringeren Beitrag zur Krankenkasse zu zahlen als ein voll verdienender Facharbeiter, besitzt aber bei Krankheit denselben Anspruch auf gesundheitliche Leistungen.

## Korrekturblatt zu den Lösungen der Testaufgaben, Seite 351 und 353

Auf den Seiten 351 und 353 ist es zu bedauerlichen Fehlern in den Lösungen der Testaufgaben gekommen. Auf diesem Korrekturblatt sind die richtigen Lösungen in roter Schrift gedruckt. Sie können dieses Blatt in Ihr Prüfungbuch vor der Seite 351 einlegen oder die Lösungsblöcke ausschneiden und im Buch auf den Seiten 351 und 353 überkleben.

### zu Seite 351

Lösungen der Testaufgaben zu: **1 Prüftechnik** — Testaufgaben ab Seite 22

| TP 1 | TP 2 | TP 3 | TP 4 | TP 5 | TP 6 | TP 7 | TP 8 | TP 9 | TP 10 | TP 11 | TP 12 | TP 13 | TP 14 | TP 15 |
|---|---|---|---|---|---|---|---|---|---|---|---|---|---|---|
| d | c | b | b | d | d | a | c | e | b | d | b | c | a | c |

| TP 16 | TP 17 | TP 18 | TP 19 | TP 20 | TP 21 | TP 22 | TP 23 | TP 24 | TP 25 | TP 26 | TP 27 | TP 28 | TP 29 | TP 30 |
|---|---|---|---|---|---|---|---|---|---|---|---|---|---|---|
| e | e | b | d | d | a | c | d | a | a | e | a | b | d | c |

| TP 31 | TP 32 | TP 33 | TP 34 | TP 35 | TP 36 | TP 37 | TP 38 | TP 39 |
|---|---|---|---|---|---|---|---|---|
| d | c | d | e | d | b | c | e | e |

### zu Seite 352

Lösungen der Testaufgaben zu: **4 Werkstofftechnik** — Testaufgaben ab Seite 140

| TW 91 | TW 92 | TW 93 | TW 94 | TW 95 | TW 96 | TW 97 | TW 98 | TW 99 |
|---|---|---|---|---|---|---|---|---|
| b | d | e | e | b | c | d | e | e |

Lösungen der Testaufgaben zu: **6 Elektrotechnik** — Testaufgaben ab Seite 196

| TE 1 | TE 2 | TE 3 | TE 4 | TE 5 | TE 6 | TE 7 | TE 8 | TE 9 | TE 10 |
|---|---|---|---|---|---|---|---|---|---|
| a | e | a | a | d | a | b | b | d | c |
| **TE 11** | **TE 12** | **TE 13** | **TE 14** | **TE 15** | **TE 16** | **TE 17** | **TE 18** | **TE 19** | |
| e | a | c | c | e | b | c | c | a | |

### zu Seite 353

Lösungen der Testaufgaben zu: **8 Automatisierungstechnik** — Testaufgaben ab Seite 234

| TA 1 | TA 2 | TA 3 | TA 4 | TA 5 | TA 6 | TA 7 | TA 8 | TA 9 | TA 10 |
|---|---|---|---|---|---|---|---|---|---|
| d | c | d | d | a | b | c | d | a | a |
| **TA 11** | **TA 12** | **TA 13** | **TA 14** | **TA 15** | **TA 16** | **TA 17** | **TA 18** | **TA 19** | **TA 20** |
| d | e | e | b | d | e | d | e | c | a |
| **TA 21** | **TA 22** | **TA 23** | **TA 24** | **TA 25** | **TA 26** | **TA 27** | **TA 28** | **TA 29** | **TA 30** |
| a | e | a | d | c | b | a | d | e | b |
| **TA 31** | **TA 32** | **TA 33** | **TA 34** | **TA 35** | **TA 36** | **TA 37** | **TA 38** | **TA 39** | **TA 40** |
| c | d | a | d | c | b | c | b | a | d |
| **TA 41** | **TA 42** | **TA 43** | **TA 44** | **TA 45** | **TA 46** | **TA 47** | **TA 48** | **TA 49** | **TA 50** |
| c | d | b | a | c | b | a | d | a | b |
| **TA 51** | **TA 52** | **TA 53** | **TA 54** | **TA 55** | **TA 56** | **TA 57** | **TA 58** | **TA 59** | **TA 60** |
| e | e | b | c | a | d | b | e | b | d |
| **TA 61** | **TA 62** | **TA 63** | **TA 64** | **TA 65** | **TA 66** | **TA 67** | **TA 68** | **TA 69** | **TA 70** |
| c | a | b | e | e | c | e | c | a | e |
| **TA 71** | **TA 72** | **TA 73** | **TA 74** | **TA 75** | **TA 76** | **TA 77** | **TA 78** | **TA 79** | **TA 80** |
| e | c | b | c | d | c | d | a | e | a |
| **TA 81** | **TA 82** | **TA 83** | **TA 84** | **TA 85** | **TA 786** | **TA 87** | | | |
| c | d | d | c | c | a | e | | | |

Lösungen der Testaufgaben zu: **10 Technische Projekte** — Testaufgaben ab Seite 268

| TP 1 | TP 2 | TP 3 | TP 4 | TP 5 | TP 6 | TP 7 | TP 8 | TP 9 | TP 10 |
|---|---|---|---|---|---|---|---|---|---|
| c | d | c | c | b | d | a | c | d | d |
| **TP 11** | **TP 12** | **TP 13** | **TP 14** | **TP 15** | **TP 16** | **TP 17** | **TP 18** | **TP 19** | **TP 20** |
| a | c | d | b | b | a | a | c | c | a |